高等职业学校电类专业教材

PLC应用技术（西门子）

（第二版）

闫毅平　主　编

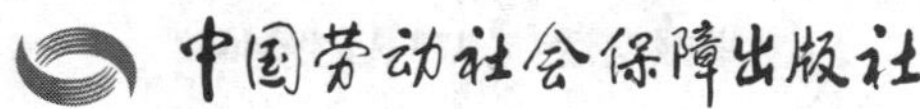

中国劳动社会保障出版社

简　介

本书主要内容包括 S7-1200 PLC 控制系统入门、位逻辑运算指令的应用、定时器与计数器指令的应用、移动操作与比较运算指令的应用、数学函数与移位和循环指令的应用、顺序控制设计法的应用、用户程序块的应用、步进电动机 PLC 控制、S7-1200 PLC 的通信应用和 PLC 与触摸屏的综合应用。

本书由闫毅平任主编，徐子奇任副主编，杨春华、王宇飞、崔凯楠、张玥红、朱政、吴昊、殷春景参与编写，林尔付、王建成任主审。

图书在版编目（CIP）数据

PLC 应用技术：西门子 / 闫毅平主编．--2 版．北京：中国劳动社会保障出版社，2025．--（高等职业学校电类专业教材）．-- ISBN 978-7-5167-6888-4

Ⅰ．TM571.61

中国国家版本馆 CIP 数据核字第 2025Z2E929 号

中国劳动社会保障出版社出版发行

（北京市惠新东街 1 号　邮政编码：100029）

*

北京鑫海金澳胶印有限公司印刷装订　　新华书店经销

787 毫米×1092 毫米　16 开本　20.5 印张　448 千字

2025 年 4 月第 2 版　2026 年 1 月第 2 次印刷

定价：41.00 元

营销中心电话：400-606-6496

出版社网址：https://www.class.com.cn

https://jg.class.com.cn

前言

为了更好地适应高等职业学校电类专业教学要求，全面提升教学质量，我们组织有关学校的一线教师和行业、企业专家，充分调研企业生产和学校教学情况，广泛听取各职业院校对教材使用情况的反馈意见，对高等职业学校电类专业基础课教材和电气自动化技术专业教材进行了修订，并做了适当的补充开发。

本次教材修订（新编）工作的重点主要体现在以下几个方面。

更新教材内容

以《电工》（2018 年版）等国家职业技能标准为依据，根据电类专业毕业生所从事职业的实际需要和教学实际情况的变化，合理确定学生应具备的能力与知识结构，适当调整部分教材的内容及其深度、难度；根据相关工种及专业领域的最新发展，在教材中充实“四新”内容，更新设备型号和软件版本；根据最新的国家标准、行业标准编写教材，保证教材的科学性和规范性。

创新教材形式

在专业课教材中融入工学一体化课改理念，以代表性工作任务为载体，按照工作过程设计和安排教学活动，实现理论与实践的统一，使学生在贴近生产实际的具体情境中学习，从而提高在工作过程中分析问题和解决问题的综合职业能力。

在部分专业课中，配套开发学生用书，按照“资讯、计划、决策、实施、检查、评价”六个步骤进行教学设计，通过引导问题和课堂活动设计体现，贯彻以学生为中心、以能力为本位的教学理念，引导学生自主学习。

增强表现效果

尽可能使用图片、实物照片和表格等形式将知识点生动地展示出来，达到提高学生学习兴趣、提升教学效果的目的，并在《数字电子技术》（第三版）等教材中采用双色印刷方式，在《机械基础（非机械类）》（第二版）等教材中采用彩色印刷方式，使内容更加清晰明了，进一步增强表现效果。

提升教学服务

为方便教师教学和学生学习，在传统纸质资源基础上，充分利用信息技术，构建

“1+3”的教学资源体系，即 1 本学生用书或习题册，加上视频动画资源、电子课件、习题册参考答案 3 种互联网资源。其中，视频动画资源主要为针对重点、难点内容制作的微视频或演示动画；电子课件依据教材内容制作，为教师教学提供帮助；习题册参考答案则针对教材配套习题册编写，为教师指导学生练习提供方便。

视频动画资源、电子课件和习题册参考答案均可通过技工教育网（https://jg.class.com.cn）在线观看或下载使用。

编者

2024 年 10 月

目录

课题一　S7-1200 PLC 控制系统入门

硬件装配和软件平台安装是 PLC 控制系统编程与调试的基础。S7-1200 PLC 控制系统入门课题主要学习 S7-1200 PLC 的安装与接线和 TIA 博途工程软件平台的安装，内容包括 S7-1200 PLC 的组成、安装与接线方法，传感器的组成、技术指标和接线方式，TIA 博途工程软件平台的功能、组成、安装条件和安装方法。

任务 1　S7-1200 PLC 的安装与接线

学习目标

1. 了解 S7-1200 PLC 的组成。
2. 掌握 S7-1200 PLC 的安装方法。
3. 掌握 S7-1200 CPU 模块的接线方法。
4. 了解传感器的组成、技术指标和接线方式。
5. 能正确安装 S7-1200 PLC 硬件，绘制 PLC 接线图并完成接线。

任务引入

正确安装 PLC 和连接 PLC 控制线路是程序调试的前提条件，也是电工职业的必备技能。某工厂贝肯熊玩具分拣与包装自动生产线生产黄色和蓝色两种颜色的贝肯熊玩具，每种颜色的贝肯熊身上镶嵌的饰物又分为铝质和钢质两种。该生产线由西门子 S7-1200 CPU 1214C（AC/DC/Rly）型 PLC 控制，PLC 垂直安装在标准的 35 mm DIN 导轨上，生产现场还装有对射型光电传感器 CX-411、磁性开关 D-C73、电感传感器 BLJ-18A4-8-z/b1z、电容传感器 E2K-X8ME1、光纤传感器 FX-311B、接近开关 TL-Q5MC1-Z 等，用于检测玩具的位置、颜色、饰物材质、包装状态等数据。近日该生产线的 PLC 发生故障，小张在更换 PLC 时，发现拆卸时所做的导线连接位置标识脱落。请你帮助小张更换 PLC，绘制 PLC 的传感器输入接线图，并连接好该部分控制线路。

任务分析

本任务包括更换 PLC、绘制 PLC 的传感器输入接线图和按图接线。

1. 更换 PLC。因 PLC 垂直安装在标准 DIN 导轨上，故按照导轨拆卸和安装流程来实施。注意，必须在 PLC 控制系统断电的情况下更换 PLC。

2. 绘制 PLC 接线图。该生产线共用到 6 种传感器，均为数字量输出。其中，磁性开关 D-C73 为两线式 NPN 型传感器，对射型光电传感器 CX-411、电感传感器 BLJ-18A4-8-z/b1z、电容传感器 E2K-X8ME1、光纤传感器 FX-311B 和接近开关 TL-Q5MC1-Z 均为三线式 NPN 型传感器，因此，PLC 应采用 NPN 型接法，即电源正极与 PLC 的公共端相连，低电平有效，电流从 CPU 模块流出，流向传感器。

3. 按图接线。按照 PLC 的传感器输入接线图进行接线，接线应规范，无接地和短路故障。

相关知识

一、S7-1200 PLC 的组成

S7-1200 是德国西门子公司生产的模块化小型 PLC，主要由 CPU 模块（简称 CPU）、信号板（SB）、信号模块（SM）、通信模块（CM）、通信处理器（CP）和编程软件组成，各种模块安装在标准 DIN 导轨上。S7-1200 设计紧凑、组态灵活且具有功能强大的指令集。

S7-1200 PLC 的硬件组成如图 1-1-1 所示，通信模块安装在 CPU 模块的左侧，信号模块安装在 CPU 模块的右侧。S7-1200 PLC 的硬件组成具有高度的灵活性，用户可以根据自身需求确定 PLC 的结构，系统扩展十分方便。

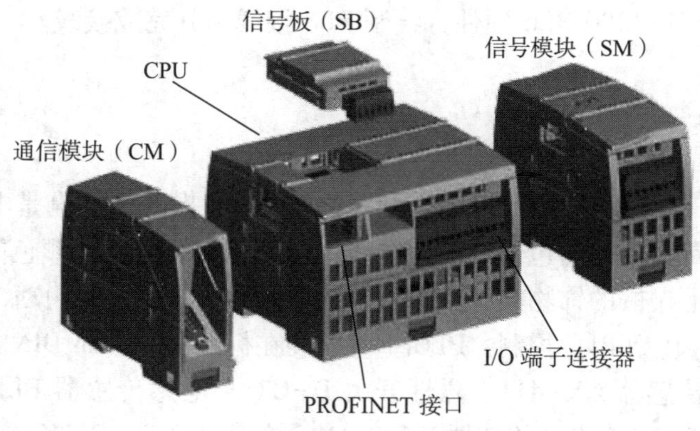

图 1-1-1　S7-1200 PLC 的硬件组成

1. CPU 模块

CPU 模块（见图 1-1-2）是 S7-1200 PLC 控制系统的核心，它将微处理器、集成电

源、数字量 I/O 电路、模拟量 I/O 电路、PROFINET 接口、高速运动控制功能组合到一个设计紧凑的外壳中，形成了一个功能强大的整体式小型 PLC。微处理器相当于人的大脑，它不断地采集输入信号，执行用户程序，刷新系统的输出。

图 1-1-2 S7-1200 CPU 模块

(1) CPU 模块的型号和技术规范

S7-1200 CPU 模块分为标准型和故障安全型，其中标准型 CPU 模块有 CPU 1211C、CPU 1212C、CPU 1214C、CPU 1215C 和 CPU 1217C 五种型号，故障安全型 CPU 模块有 CPU 1212FC、CPU 1214FC、CPU 1215FC 三种型号。

S7-1200 CPU 模块的型号格式为：

CPU 121□☆C ◇◇/△△/◎◎

其中，□表示 S7-1200 系列中的具体型号；☆表示是否为故障安全型，有 F 则为故障安全型，故障安全型 CPU 模块不仅具有标准型 CPU 模块的所有特点，还集成了安全功能，用于有功能安全要求的应用场合；◇◇表示 CPU 模块的供电电源类型，AC 为交流电源，DC 为直流电源；△△表示输入接口的电源类型，DC 为直流电源输入；◎◎表示输出接口的类型，DC 为晶体管输出，Rly 为继电器输出。CPU 1211C、CPU 1212C、CPU 1214C 和 CPU 1215C 有 DC/DC/DC、DC/DC/Rly、AC/DC/Rly 三种类型，CPU 1212FC、CPU 1214FC 和 CPU 1215FC 有 DC/DC/DC、DC/DC/Rly 两种类型，CPU 1217C 只有 DC/DC/DC 一种类型。S7-1200 CPU 模块的接口技术数据见表 1-1-1，S7-1200 CPU 模块的技术规范见表 1-1-2。

表 1-1-1 S7-1200 CPU 模块的接口技术数据

<table>
<tr><th>类型</th><th>供电电源电压</th><th>数字量输入额定电压</th><th>数字量输出电压范围</th><th>数字量输出最大电流和阻性负载功率</th></tr>
<tr><td>DC/DC/DC</td><td rowspan="2">DC 22.0~28.8 V</td><td rowspan="3">DC 24 V</td><td>DC 20.4~28.8 V</td><td>0.5 A，5 W</td></tr>
<tr><td>DC/DC/Rly</td><td rowspan="2">DC 5~30 V 或 AC 5~250 V</td><td rowspan="2">2.0 A，DC 30 W 或 AC 200 W</td></tr>
<tr><td>AC/DC/Rly</td><td>AC 85~264 V</td></tr>
</table>

表 1-1-2 S7-1200 CPU 模块的技术规范

<table>
<tr><th colspan="2">项目</th><th>CPU 1211C</th><th>CPU 1212C/FC</th><th>CPU 1214C/FC</th><th>CPU 1215C/FC</th><th>CPU 1217C</th></tr>
<tr><td rowspan="3">用户存储器</td><td>工作/KB</td><td>50</td><td>75/100</td><td>100/125</td><td>125/150</td><td>150</td></tr>
<tr><td>负载/MB</td><td>1</td><td>2</td><td colspan="3">4</td></tr>
<tr><td>保持性/KB</td><td colspan="5">10</td></tr>
<tr><td rowspan="2">板载 I/O</td><td>数字量</td><td>6 点输入/4 点输出</td><td>8 点输入/6 点输出</td><td colspan="3">14 点输入/10 点输出</td></tr>
<tr><td>模拟量</td><td colspan="3">2 路输入</td><td colspan="2">2 路输入/2 路输出</td></tr>
<tr><td rowspan="2">过程映像存储区容量</td><td>输入 I/B</td><td colspan="5">1024</td></tr>
<tr><td>输出 Q/B</td><td colspan="5">1024</td></tr>
<tr><td colspan="2">位存储器 M/B</td><td colspan="2">4096</td><td colspan="3">8192</td></tr>
<tr><td colspan="2">信号模块 SM 扩展</td><td>—</td><td>2</td><td colspan="3">8</td></tr>
<tr><td colspan="2">信号板 SB、电池板 BB 或通信板 CB 扩展</td><td colspan="5">1</td></tr>
<tr><td colspan="2">通信模块 CM（左侧扩展）</td><td colspan="5">3</td></tr>
<tr><td colspan="2">高速计数器</td><td colspan="5">最多可组态 6 个使用任意内置或 SB 输入的高速计数器</td></tr>
<tr><td colspan="2">脉冲输出</td><td colspan="5">最多可组态 4 个使用任意内置或 SB 输出的脉冲输出</td></tr>
<tr><td colspan="2">存储卡</td><td colspan="5">SIMATIC 存储卡（选件）</td></tr>
<tr><td rowspan="2">数据日志</td><td>数量</td><td colspan="5">每次最多打开 8 个</td></tr>
<tr><td>大小</td><td colspan="5">每个数据日志为 500 MB 或受最大可用装载存储器容量限制</td></tr>
<tr><td colspan="2">实时时钟保持时间</td><td colspan="5">通常为 20 天，40 ℃时最少为 12 天（免维护超级电容）</td></tr>
<tr><td colspan="2">PROFINET 以太网接口</td><td colspan="3">1</td><td colspan="2">2</td></tr>
<tr><td colspan="2">实数数学运算执行速度/(μs/指令)</td><td colspan="5">2.3</td></tr>
<tr><td colspan="2">布尔运算执行速度/(μs/指令)</td><td colspan="5">0.08</td></tr>
</table>

注：对于具有继电器输出的 CPU 模块，必须安装数字量信号板才能使用脉冲输出

（2）CPU 模块的外形结构

如图 1-1-3 所示，S7-1200 CPU 模块的外形结构包括电源接口、存储卡插槽、用户接线连接器、板载 I/O 的状态 LED、PROFINET 连接器与通信状态 LED 和 CPU 运行状态 LED。

1）电源接口。电源接口用于向 CPU 模块供电，有交流和直流两种供电方式。

2）存储卡插槽。存储卡插槽位于上部保护盖的下方，用于安装 SIMATIC 存储卡。

3）用户接线连接器。用户接线连接器位于保护盖的下方。S7-1200 硬件配备了可拆卸的用户接线连接器，只需一次接线即可，简化了硬件组件的更换过程，节省了项目启动和调试的时间。

4）板载 I/O 的状态 LED。板载 I/O 的状态 LED 为绿色，用于指示输入和输出的逻辑状态。当输入或输出为高电平时，LED 点亮，否则 LED 不亮。

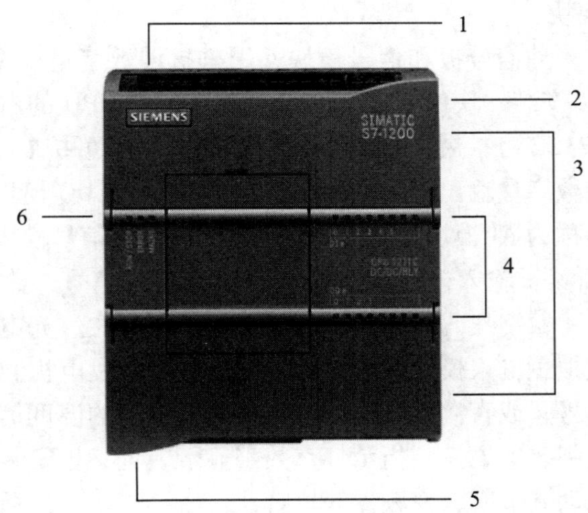

图 1-1-3　S7-1200 CPU 模块的外形结构

1—电源接口　2—存储卡插槽　3—用户接线连接器　4—板载 I/O 的状态 LED
5—PROFINET 连接器与通信状态 LED　6—CPU 运行状态 LED

5）PROFINET 连接器与通信状态 LED。集成的 PROFINET 以太网接口位于 CPU 模块的底部，用于与编程计算机和人机界面（human machine interface，HMI）的通信，以及 PLC 之间的通信。另外，还可通过开放的以太网协议支持与第三方设备的通信。打开底部端子排的盖子，可看到两个通信状态 LED 指示灯：Link（绿色）和 Rx/Tx（黄色），Link LED（绿色）点亮表示通信连接成功，Rx/Tx LED（黄色）点亮表示正在进行数据传输。

6）CPU 运行状态 LED。CPU 模块包含 RUN/STOP（运行/停止）、ERROR（错误）和 MAINT（维护）三个 CPU 运行状态 LED，用于指示 CPU 的工作状态。S7-1200 CPU 处于不同工作状态时 CPU 运行状态 LED 的亮灭情况见表 1-1-3。

表 1-1-3　S7-1200 CPU 处于不同工作状态时 CPU 运行状态 LED 的亮灭情况

CPU 的工作状态	RUN/STOP LED（绿色/黄色）	ERROR LED（红色）	MAINT LED（黄色）
断电	灭	灭	灭
启动、自检或固件更新	闪烁（黄色和绿色交替）	灭	灭
停止模式	亮（黄色）	灭	灭
运行模式	亮（绿色）	灭	灭
取出存储卡	亮（黄色）	灭	闪烁
错误	亮（黄色或绿色）	闪烁	灭
请求维护（强制 I/O、需要更换电池）	亮（黄色或绿色）	灭	亮
硬件故障	亮（黄色）	亮	灭
LED 测试或 CPU 固件故障	闪烁（黄色和绿色交替）	闪烁	闪烁
CPU 组态版本未知或不兼容	亮（黄色）	闪烁	闪烁

2. 信号板和信号模块

S7-1200 PLC 提供多种信号板和信号模块，用来扩展数字量或模拟量 I/O 点数。S7-1200 CPU 的正面都可以安装一块信号板，信号模块连接到 CPU 的右侧。CPU 1211C 不能扩展信号模块，CPU 1212C 可扩展 2 个信号模块，其他 CPU 可扩展 8 个信号模块。

数字量输入模块和数字量输出模块分别简称为 DI 模块和 DQ 模块，模拟量输入模块和模拟量输出模块分别简称为 AI 模块和 AQ 模块，它们统称为信号模块。信号模块是联系外部现场设备和 CPU 的桥梁。输入模块用来接收和采集输入信号，数字量输入模块用来接收来自按钮、选择开关、数字拨码开关、限位开关、接近开关、光电开关、压力继电器等的数字量输入信号，模拟量输入模块用来接收电位器、测速发电机和各种变送器提供的连续变化的电流、电压信号，或直接接收热电阻、热电偶提供的温度信号。数字量输出模块用来控制接触器、电磁阀、电磁铁、指示灯、数字显示装置、报警装置等输出设备，模拟量输出模块用来控制电动调节阀、变频器等执行器。

CPU 模块内部的工作电压一般是 DC 5 V，而 PLC 的外部输入/输出信号电压一般较高，如 DC 24 V 或 AC 220 V。从外部引入的尖峰电压和干扰噪声可能损坏 CPU 中的元器件，或使 PLC 不能正常工作。在信号模块中，用光电耦合器、光敏晶闸管、小型继电器等来隔离 PLC 的内部电路和外部的输入、输出电路。信号模块除了传递信号外，还有电平转换与隔离的作用。

（1）信号板

信号板可用于只需要少量附加 I/O 点数且不增加硬件的安装空间的情况。安装时，首先取下端子盖板，然后将信号板直接插入 S7-1200 CPU 正面的槽内，如图 1-1-4 所示。信号板有可拆卸的端子，更换十分方便。

图 1-1-4　安装 S7-1200 信号板

信号板的型号通常以 SB 开头。此外，通信板 CB 1241 RS485 可以为 CPU 增加一个 RS485 接口，支持 Modbus RTU 主站/从站、自由协议、USS 协议。电池板 BB 1297 用于延长 CPU 实时时钟的断电保持时间。S7-1200 PLC 信号板的型号及规格见表 1-1-4。

（2）信号模块

与信号板相比，信号模块可以为 CPU 系统扩展更多的 I/O 点数。S7-1200 信号模块如图 1-1-5 所示，其型号及规格见表 1-1-5。

表 1-1-4　S7-1200 PLC 信号板的型号及规格

类型	型号及规格		
DI 信号板	SB 1221 DI 4×DC 24 V	SB 1221 DI 4×DC 5 V	—
DQ 信号板	SB 1222 DQ 4×DC 24 V	SB 1222 DQ 4×DC 5 V	—
DI/DQ 信号板	SB 1223 DI 2×DC 24 V/DQ 2×DC 24 V	SB 1223 DI 2×DC 5 V/DQ 2×DC 5 V	—
AI 信号板	SB 1231 AI 1×12 bit ±10 V、±5 V、±2.5 V、0~20 mA	SB 1231 AI 1×RTD	SB 1231 AI 1×TC
AQ 信号板	SB 1232 AQ 1×12 bit ±10 V、0~20 mA	—	—
通信板	CB 1241 RS485	—	—
电池板	BB 1297	—	—

图 1-1-5　S7-1200 信号模块

表 1-1-5　S7-1200 信号模块的型号及规格

类型	型号及规格		
DI 模块	SM 1221 DI 8×DC 24 V（漏型/源型）	SM 1221 DI 16×DC 24 V（漏型/源型）	—
DQ 模块	SM 1222 DQ 8×DC 24 V（源型）	SM 1222 DQ 8×Rly （DC 5~30 V 或 AC 5~250 V）	SM 1222 DQ 8×Rly 切换 （DC 5~30 V 或 AC 5~250 V）
	SM 1222 DQ 16×DC 24 V（漏型）	SM 1222 DQ 16×DC 24 V（源型）	SM 1222 DQ 16×Rly （DC 5~30 V 或 AC 5~250 V）
DI/DQ 模块	SM 1223 DI 8×DC 24 V（漏型/源型） DQ 8×DC 24 V（源型）	SM 1223 DI 16×DC 24 V（漏型/源型） DQ 16×DC 24 V（源型）	SM 1223 DI 16×DC 24 V（漏型/源型） DQ 16×DC 24 V（漏型）
	SM 1223 DI 8×DC 24 V（漏型/源型） DQ 8×Rly（DC 5~30 V 或 AC 5~250 V）	SM 1223 DI 16×DC 24 V（漏型/源型） DQ 16×Rly（DC 5~30 V 或 AC 5~250 V）	SM 1223 DI 8×AC 120/230 V/DQ 8× Rly（DC 5~30 V 或 AC 5~250 V）

续表

类型	型号及规格		
故障安全模块	SM 1226 F-DI 16×DC 24 V（漏型）	SM 1226 F-DQ 4×DC 24 V（PM 输出）	SM 1226 F-DQ 2×Rly
AI 模块	SM 1231 AI 4×13 bit ±10 V、±5 V、±2.5 V/ 0~20 mA 或 4~20 mA 电压数字表示范围 -27 648~27 648/ 电流数字表示范围 0~27 648	SM 1231 AI 8×13 bit ±10 V、±5 V、±2.5 V/ 0~20 mA 或 4~20 mA 电压数字表示范围 -27 648~27 648/ 电流数字表示范围 0~27 648	SM 1231 AI 4×16 bit ±10 V、±5 V、±2.5 V、±1.25 V/ 0~20 mA 或 4~20 mA 电压数字表示范围 -27 648~27 648/ 电流数字表示范围 0~27 648
	SM 1231 AI 4×16 bit TC 热电偶/mV	SM 1231 AI 8×16 bit TC 热电偶/mV	SM 1231 AI 4×16 bit RTD 热电阻/电阻
	SM 1231 AI 8×16 bit RTD 热电阻/电阻	SM 1238 电能表 AC 480 V	—
AQ 模块	SM 1232 AQ 2×14 bit ±10 V 电压输出为 14 bit/ 0~20 mA 或 4~20 mA 电流 输出为 13 bit 电压数字表示范围 -27 648~27 648/ 电流数字表示范围 0~27 648	SM 1232 AQ 4×14 bit ±10 V 电压输出为 14 bit/0~ 20 mA 或 4~20 mA 电流 输出为 13 bit 电压数字表示范围 -27 648~27 648/ 电流数字表示范围 0~27 648	—
AI/AQ 模块	SM 1234 AI 4×13 bit ±DC 10 V/0~20 mA AQ 2×14 bit ±DC 10 V/0~20 mA	—	—
工艺模块	SM 1278 4×I/O-Link 主站	—	—

3. 通信模块和通信处理器

与通信相关的模块包括通信模块和通信处理器，如图 1-1-6 所示，用于增加 CPU 的通信接口。例如，利用 CM 可以支持 PROFIBUS、RS232/RS485 或 AS-i 主站通信。利用 CP 可以提供其他通信类型，如通过 GPRS、IEC、DNP3 或 WDC 网络连接到 CPU。S7-1200 CPU 的 CM 或 CP 安装在 CPU 的左侧（或连接到另一 CM 或 CP 的左侧），最多支持 3 个 CM 或 CP 的扩展。

通信模块包括 CM 1241 RS232、CM 1241 RS422/485、CM 1243-5 PROFIBUS-DP 主站、CM 1242-5 PROFIBUS-DP 从站、CM 1243-2 AS-i 主站。通信处理器包括 CP 1242-7 GPRS、CP 1243-7 LTE-US、CP 1243-7 LTE-EU、CP 1243-1 以太网、CP 1243-8 IRC 等。

S7-1200 可以通过 CM 1241 RS422/485、CM 1241 RS232、CB 1241 RS485 实现串口通信，支持点到点（point-to-point，PtP）通信、Modbus 主站/从站通信、USS 通信（CM 1241 RS232 不支持）、3964（R）（CB 1241 RS485 不支持）。

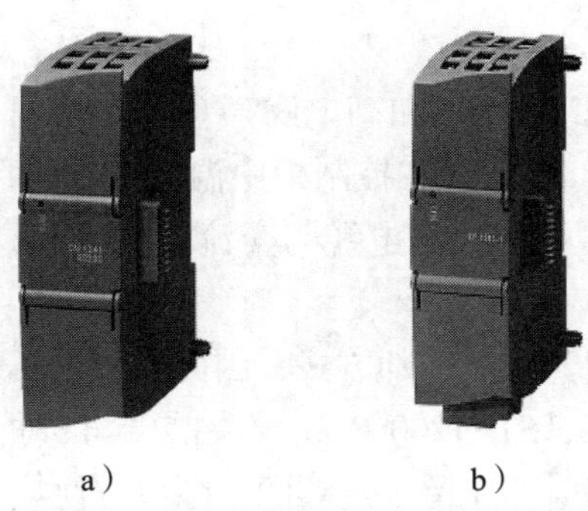

a）　　b）

图 1-1-6　通信模块和通信处理器

a）通信模块　b）通信处理器

4. 编程软件

TIA 博途是西门子全集成自动化软件平台。S7-1200 PLC 用 TIA 博途中的 STEP7 Basic（基本版）或 STEP 7 Professional（专业版）编程。

二、S7-1200 PLC 的安装

1. 安装准则

（1）S7-1200 PLC 可以水平或垂直安装在面板或标准 DIN 导轨上。可使用 DIN 导轨卡夹将 PLC 固定到 DIN 导轨上。这些卡夹还能掰到一个伸出位置以提供 PLC 面板安装时所用螺钉的安装位置，如图 1-1-7 所示。当采用垂直安装方式时，其允许的最高环境温度要比水平安装方式低 10 ℃，此时要确保 CPU 模块被安装在最下方。如果要安装在垂直的 DIN 导轨上，应该使用 DIN 导轨固定端子。

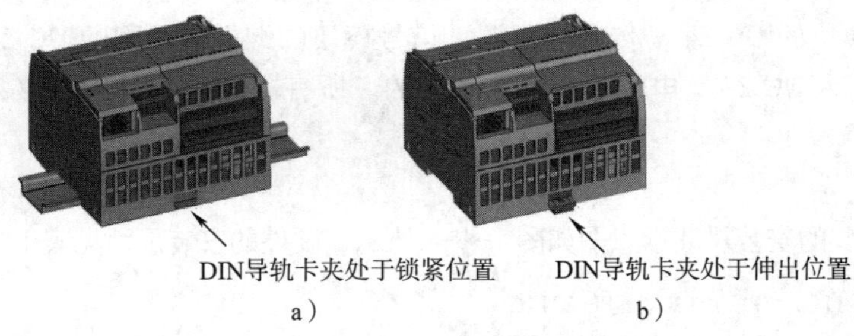

a）　　b）

图 1-1-7　在 DIN 导轨或面板上安装 CPU 模块

a）DIN 导轨安装　b）面板安装

（2）S7-1200 PLC 为开放式设备，必须将其安装在外壳、控制柜或电控室内。只有获得授权的人员才能打开外壳、控制柜或进入电控室。

（3）S7-1200 PLC 应安装在干燥的环境中。

（4）安装 S7-1200 PLC 时，应按照适用的电气和建筑规范，为其提供合格的机械强度和可燃性保护以及稳定性防护。

（5）在可能存在导电性污染的区域安装 S7-1200 PLC 时，必须采用具有适当防护等

级的外壳对其实施保护。

（6）必须将 S7-1200 PLC 与高压和高电噪声设备隔离开。在面板上配置 PLC 的布局时，必须考虑发热设备并将 PLC 布置在控制柜中温度较低的区域。另外，还要考虑面板中设备的布线，避免将低压信号线和通信电缆与交流动力线和高能量快速开关的直流线布置在同一个走线槽中。

（7）S7-1200 PLC 采用自然对流冷却方式，因此要确保其安装位置的上、下部分与邻近设备之间的距离至少为 25 mm，S7-1200 PLC 模块前端与机柜内壁间的距离至少为25 mm。规划 S7-1200 PLC 系统的布局时，应留出足够的空隙以方便接线和通信电缆连接。

2. 功率预算

所有 S7-1200 CPU 模块都有一个内部电源，用于为 CPU、扩展模块（包括信号模块、通信模块、信号板、通信板和电池板）以及 DC 24 V 传感器供电。

CPU 模块为信号模块、信号板、通信模块提供 DC 5 V 电源，不同的 CPU 模块能够提供的电源功率是不同的。在硬件选型时，用户需要计算所有扩展模块的功率总和，检查此数值是否在 CPU 模块提供的功率之内，如果超出，则必须更换容量更大的 CPU 模块或减少扩展模块的数量。

每个 CPU 模块都有一个 DC 24 V 传感器电源，该电源可以为本地输入点、扩展模块上的继电器线圈等提供 DC 24 V 电源。如果 DC 24 V 负载功率超过了传感器电源的功率，则应该为系统增加一个外部 DC 24 V 电源。必须将此外部 DC 24 V 电源手动连接到输入点或扩展模块上的继电器线圈。此外部 DC 24 V 电源不可与 CPU 模块提供的传感器电源并联，并且建议将所有 DC 24 V 电源的公共端（M）连接到一起，以提高电噪声防护能力。

S7-1200 PLC 系统中的一些 DC 24 V 电源输入端口是互连的，并且通过一个公共逻辑电路连接多个 M 端子。例如，在数据表中指定为“非隔离”时，CPU 模块的 DC 24 V 电源输入、CPU 模块的 DC 24 V 传感器电源、信号模块的继电器线圈的 DC 24 V 电源输入和非隔离模拟量输入 DC 24 V 电源等电路是互连的。所有非隔离的 M 端子必须连接到同一个外部参考电位。

3. 安装尺寸

S7-1200 PLC 的安装尺寸示意图如图 1-1-8 所示，硬件的安装尺寸见表 1-1-6~表 1-1-8。

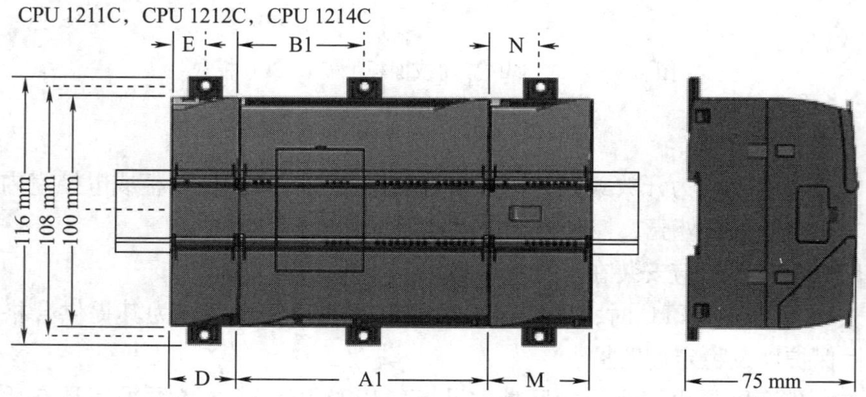

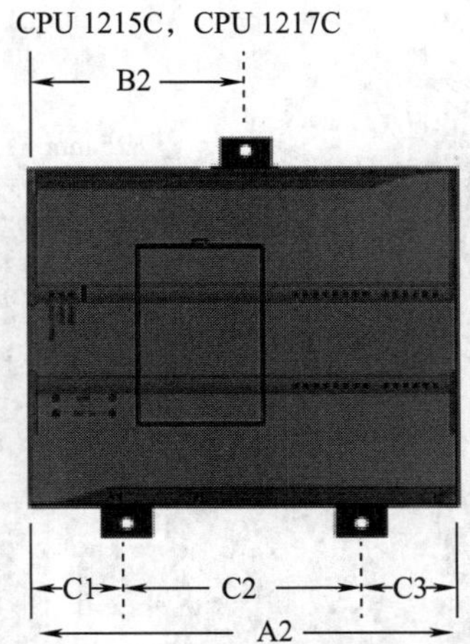

图 1-1-8 S7-1200 PLC 的安装尺寸示意图

表 1-1-6 CPU 模块的安装尺寸

组件	规格型号	宽度 A1 或 A2/mm	宽度 B1 或 B2/mm	宽度 C1/mm	宽度 C2/mm	宽度 C3/mm
CPU 模块	CPU 1211C 和 CPU 1212（F）C	90	45	—	—	—
	CPU 1214（F）C	110	55	—	—	—
	CPU 1215（F）C	130	65	32. 5	65	32. 5
	CPU 1217C	150	75	37. 5	75	37. 5

表 1-1-7 信号模块的安装尺寸

组件	规格型号	宽度 D/mm	宽度 E/mm
信号模块	数字 8 和 16 点，模拟 2、4 和 8 点，热电偶 4 和 8 点，RTD 4 点，SM 1278 I/O-Link 主站	45	22. 5
	数字量 DQ 8×继电器（切换）	70	35
	模拟 16 点、RTD 8 点	70	35
	SM 1238 电能表模块	45	22. 5

表 1-1-8 通信模块的安装尺寸

组件	规格型号	宽度 M/mm	宽度 N/mm
通信模块	CM 1241 RS232 和 CM 1241 RS422/485，CM 1243-5 PROFIBUS 主站和 CM 1242-5 PROFIBUS 从站、CM 1243-2 AS-i 主站	30	15

S7-1200 PLC 的安装方式、方向和间距如图 1-1-9 所示。

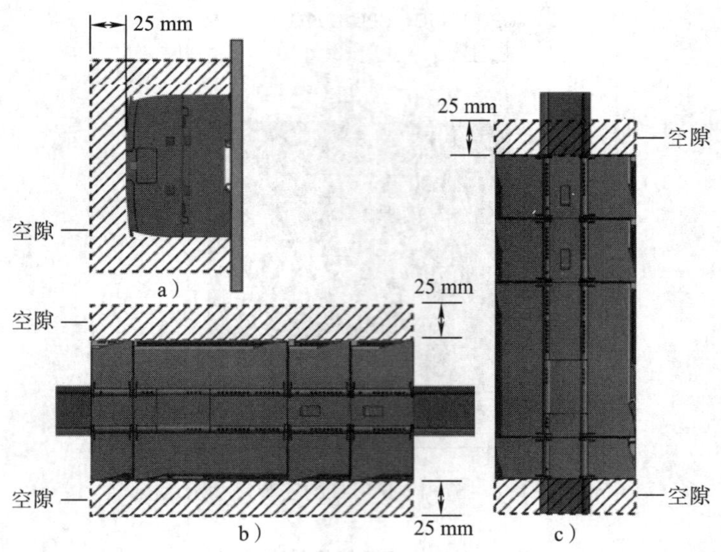

图 1-1-9　S7-1200 PLC 的安装方式、方向和间距
a）侧视图　b）水平安装　c）垂直安装

三、S7-1200 CPU 模块的接线

S7-1200 CPU 模块的规格较多，接线方式类似。以 CPU 1214C 模块为例，介绍 AC/DC/Rly、DC/DC/Rly、DC/DC/DC 三种类型的 CPU 模块的接线。

1. CPU 1214C AC/DC/Rly 模块的接线

CPU 1214C AC/DC/Rly 模块的接线如图 1-1-10 所示。图中，L1 和 N 为供电电源接线端子，应接入 AC 220 V 电源，输入电压范围为 AC 85~264 V，最大负载时的输入电流为 300 mA（AC 120 V 时）或 150 mA（AC 240 V 时），L1 接电源的相线，N 接电源的中性线。⏚为接地端，接保护地线。L+和 M 为 DC 24 V 传感器电源输出端子，用向外的箭头标识，用户可根据需要选用，该端子可提供的最大电流为 400 mA。1M 为数字量输入公共端子，S7-1200 CPU 模块的输入接线支持 NPN 型和 PNP 型两种接法，这里采用 PNP 型接法，即高电平有效，电流流入 CPU 模块，DC 24 V 电源的负极与输入公共端子 1M 相连。2M 为模拟量输入公共端子，与输入模拟量的负极相连。1L 为 DQ a 的公共端子，当输出端负载采用 AC 220 V 电源供电时，1L 接电源的相线 L；当输出端负载采用 DC 24 V 电源供电时，1L 接电源的正极。2L 为 DQ b 的公共端子，接线类似。

2. CPU 1214C DC/DC/Rly 模块的接线

CPU 1214C DC/DC/Rly 模块的接线如图 1-1-11 所示。图中，用向内箭头标识的 L+和 M 为供电电源接线端子，应接入 DC 24 V 电源，输入电压允许的最大变化范围为 DC 20. 4~28. 8 V，最大负载时的输入电流为 1 500 mA，L+接电源的正极，M 接电源的负极。其他部分的接线同 CPU 1214C AC/DC/Rly 模块。

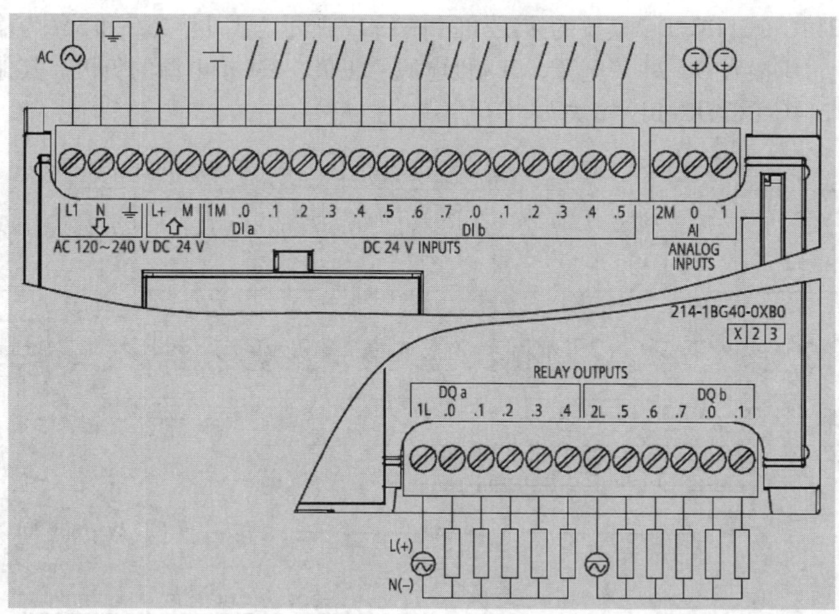

图 1-1-10 CPU 1214C AC/DC/Rly 模块的接线图

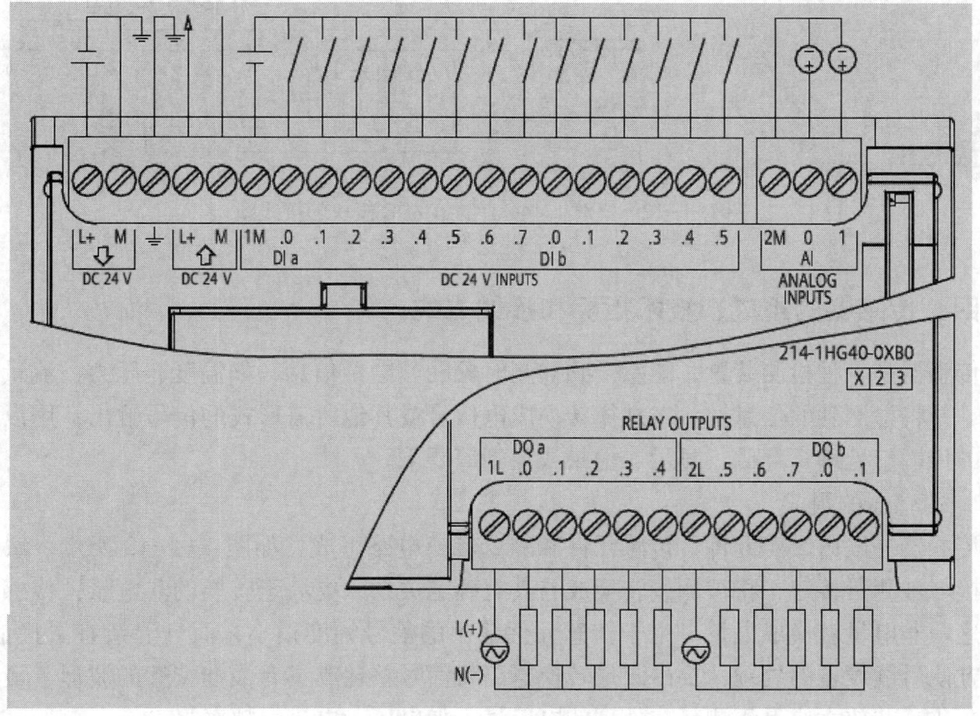

图 1-1-11 CPU 1214C DC/DC/Rly 模块的接线图

3. CPU 1214C DC/DC/DC 模块的接线

CPU 1214C DC/DC/DC 模块的接线如图 1-1-12 所示。图中，3L+和 3M 为输出负载供电接线端子，应接入 DC 24 V 电源，3L+接电源的正极，3M 接电源的负极。其他部分的接线同 CPU 1214C DC/DC/Rly 模块。

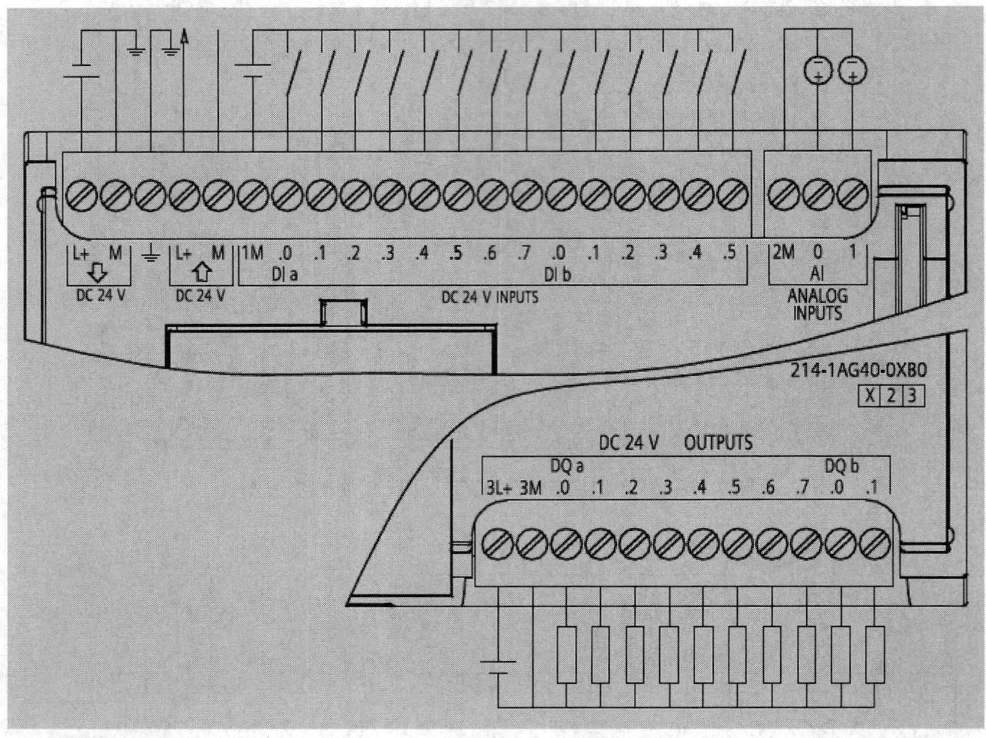

图 1-1-12 CPU 1214C DC/DC/DC 模块的接线图

四、传感器的组成、技术指标和接线方式

传感器是一种检测装置，能感受到被测对象的非电量信息，如温度、压力、流量、位移等，并将检测到的信息按一定规律转换成电信号或其他所需形式的信号输出，用以满足信息的传输、处理、存储、显示、记录或控制等要求。

1. 传感器的组成

传感器一般由敏感元件、传感元件和测量转换电路组成，如图 1-1-13 所示。敏感元件直接与被测量接触，将被测量转换成与其有确定关系、更易于转换的非电量；传感元件再将这一非电量转换成电量。由于传感元件输出的信号幅度很小，而且混杂有干扰信号，为了方便后续设备的处理，要由测量转换电路将信号整理成具有最佳特性的波形，最好能够线性化，并放大成易于测量、处理的电信号，如电压、电流、频率等。

2. 传感器的技术指标

磁性开关 D-C73、光电传感器 CX-411、电感传感器 BLJ-18A4-8-z/b1z、电容传感器

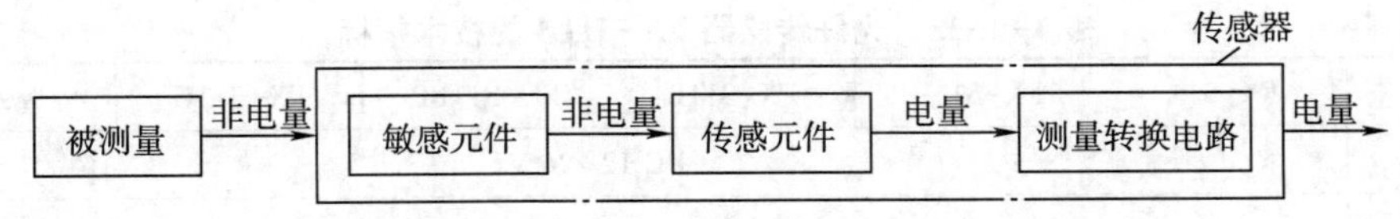

图 1-1-13　传感器的组成

E2K-X8ME1、光纤传感器 FX-311B、接近开关 TL-Q5MC1-Z 等传感器的技术指标见表 1-1-9~表 1-1-14。

表 1-1-9　磁性开关 D-C73 的技术指标

序号	项目	技术指标
1	电源电压	DC 24 V，AC 110 V
2	工作电流	5~40 mA（DC 24 V 时），5~20 mA（AC 110 V 时）
3	工作方式	当磁性开关处于磁环正上方时，指示 LED 亮，有信号输出

表 1-1-10　光电传感器 CX-411 的技术指标

序号	项目	技术指标	序号	项目	技术指标
1	电源电压	DC 12~24 V	6	灵敏度调节	连续可变调节器
2	工作电流	≤20 mA	7	检测输出操作	可在入光时 ON/遮光时 ON 之间调节
3	反应时间	1 ms 以内	8	最大输出电流	100 mA
4	检测范围	10 m	9	输出类型	NPN
5	重复精度	≤0. 5 mm			

表 1-1-11　电感传感器 BLJ-18A4-8-z/b1z 的技术指标

序号	项目	技术指标	序号	项目	技术指标
1	电源电压	DC 6~36 V	4	复位精度	≥0. 01 mm
2	最大输出电流	300 mA	5	出线盒输出方式	三线常开
3	额定动作距离	8 mm	6	输出形式	NPN

表 1-1-12　电容传感器 E2K-X8ME1 的技术指标

序号	项目	技术指标	序号	项目	技术指标
1	电源电压	DC 12~24 V	5	检测物体	导体及电介质体
2	工作电流	≤15 mA	6	检测距离	8 mm±10%
3	最大输出电流	200 mA	7	输出形式	NPN
4	外形	圆柱形	8	接线方式	直流三线式

表 1-1-13　光纤传感器 FX-311B 的技术指标

项目	FX-311	FX-311P	FX-311B	FX-311BP	FX-311G	FX-311GP
电源电压	DC 12~24 V					
功率消耗	840 mW 以下（电源电压为 DC 24 V 时，工作电流 35 mA 以下）					
输出形式	NPN	PNP	NPN	PNP	NPN	PNP
反应时间	250 μs 以下（S-D/STD 近距离/常规距离检测）、2 ms 以下（LONG 长距离检测），通过转换开关选择			150 μs 以下（FAST 高速检测）、250 μs 以下（STD 常规距离检测）、2 ms 以下（LONG 长距离检测），通过转换开关选择		
输出动作	入光时 ON 或遮光时 ON，可通过转换开关选择					
短路保护	有					
工作状态指示灯	橙色 LED					
稳定指示灯	绿色 LED					
光源	红色 LED		蓝色 LED		绿色 LED	

表 1-1-14　接近开关 TL-Q5MC1-Z 的技术指标

序号	项目	技术指标	序号	项目	技术指标
1	电源电压	DC 12~24 V	5	检测距离	5 mm±10%
2	工作电流	≤10 mA	6	输出形式	NPN
3	响应时间	2 ms 以下	7	接线方式	直流三线式
4	检测物体	磁性物体（非磁性金属会降低检测距离）			

3. 传感器的接线方式

磁性开关 D-C73、光电传感器 CX-411、电感传感器 BLJ-18A4-8-z/b1z、电容传感器 E2K-X8ME1、光纤传感器 FX-311B、接近开关 TL-Q5MC1-Z 的接线方式如图 1-1-14~图 1-1-19 所示。接线时，直流电源的正极与 PLC 的公共端相连，传感器低电平有效，电流从 PLC 的数字量输入端流出，流向传感器的信号端。

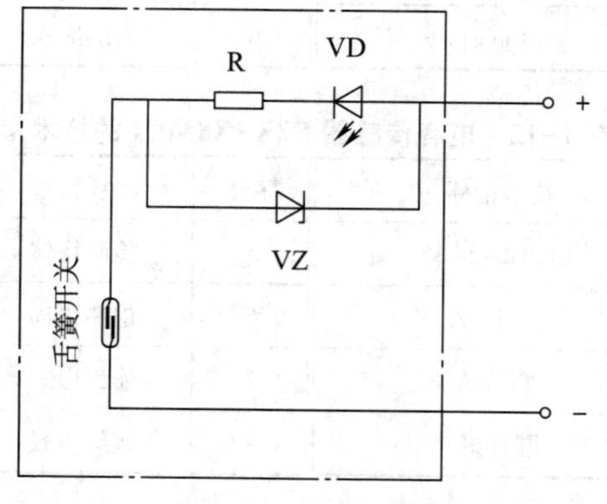

图 1-1-14　磁性开关 D-C73 的接线图

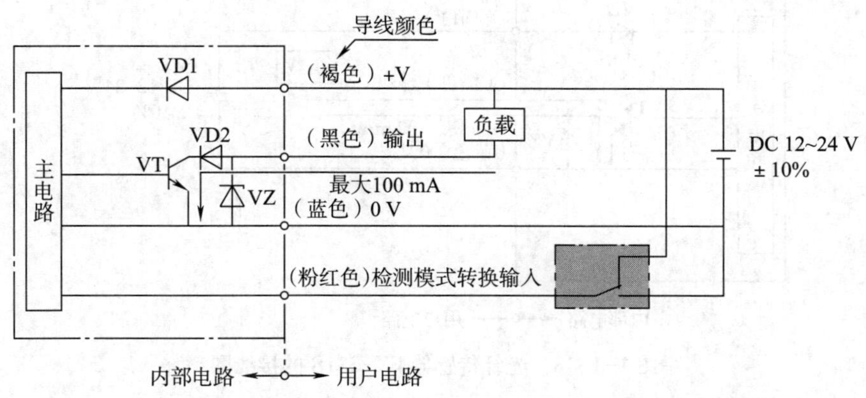

图 1-1-15　光电传感器 CX-411 的接线图

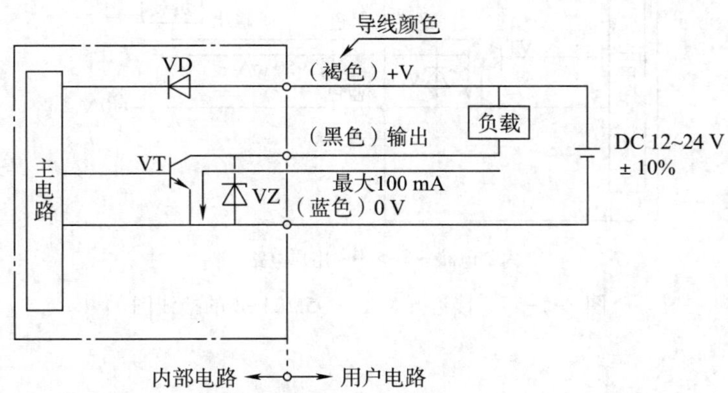

图 1-1-16　电感传感器 BLJ-18A4-8-z/b1z 的接线图

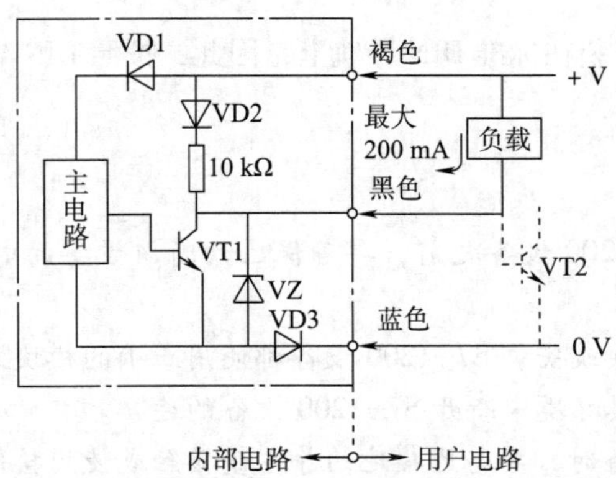

图 1-1-17　电容传感器 E2K-X8ME1 的接线图

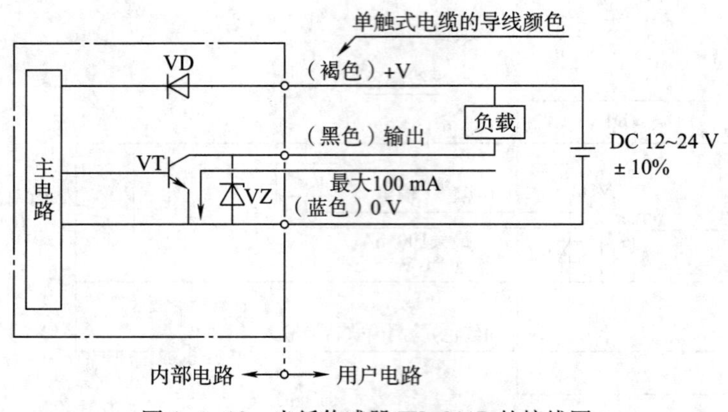

图 1-1-18　光纤传感器 FX-311B 的接线图

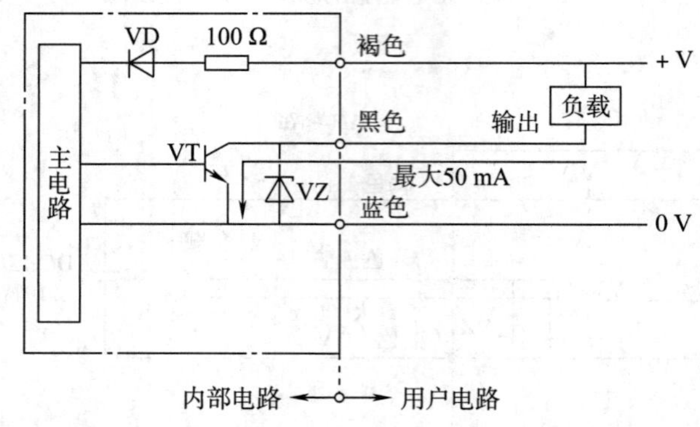

图 1-1-19　接近开关 TL-Q5MC1-Z 的接线图

任务实施

一、更换 PLC

S7-1200 PLC 垂直安装在标准 DIN 导轨上，因此，按照 DIN 导轨拆卸和安装流程来更换 PLC。

注意

1. 拆卸或安装 S7-1200 设备之前，要确保已切断该设备的电源。同时，还要确保已切断所有相关设备的电源。

2. 确保无论何时更换或安装 S7-1200 设备都使用正确的模块或同等设备。

3. 切勿在易燃或易爆环境中断开 S7-1200 设备的连接。

4. 拿放 S7-1200 设备时，要与已接地的导电垫接触或使用接地腕带。

1. 拆卸 PLC

从标准 DIN 导轨上拆卸 CPU 模块的步骤如下：

（1）断开 CPU 模块和所有 S7-1200 设备的电源。

（2）从 CPU 模块上断开 I/O 连接器、接线和电缆。

（3）将 CPU 和所有相连的通信模块作为一个完整单元拆卸。所有信号模块应保持安装状态。

（4）如果信号模块已连接到 CPU 模块，则需要缩回总线连接器。如图 1-1-20 所示，将旋具放到信号模块上方的小接头旁，向下按使连接器与 CPU 模块分离，将小接头完全滑到右侧。

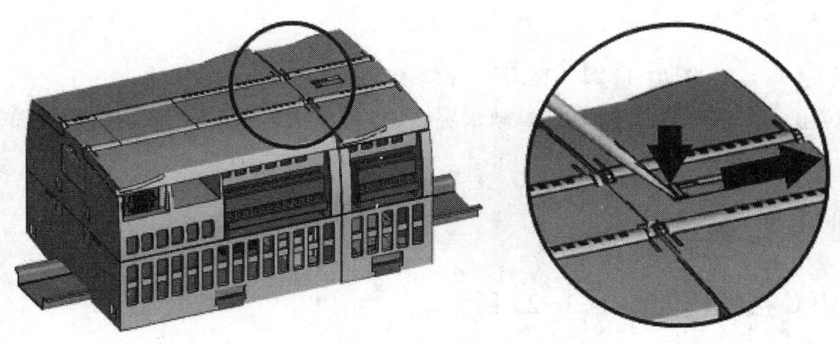

图 1-1-20　缩回总线连接器的方法

（5）拉出 DIN 导轨卡夹，从导轨上松开 CPU 模块，然后向上转动 CPU 模块使其脱离导轨，从系统中卸下 CPU 模块，如图 1-1-21 所示。

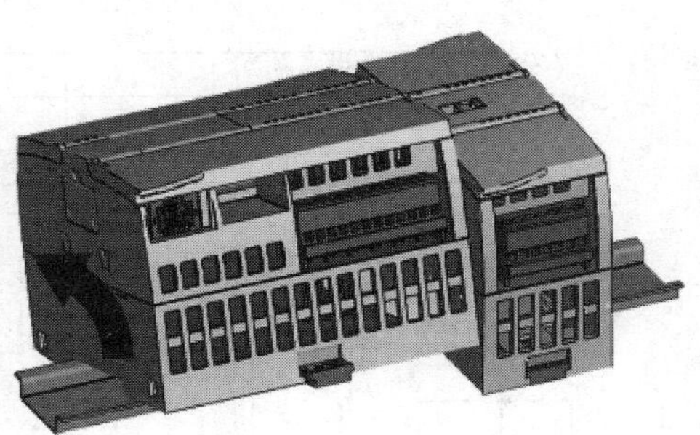

图 1-1-21　从系统中卸下 CPU 模块的方法

2. 安装 PLC

首先，将通信模块连接到 S7-1200 CPU 模块上，然后将该组件作为一个完整单元来安装。安装 CPU 模块之后，安装信号模块。

在标准 DIN 导轨上安装 CPU 模块的步骤如下：

（1）安装 DIN 导轨，每隔 75 mm 左右将导轨固定到安装板上。

（2）确保 CPU 模块和所有 S7-1200 设备都与电源断开。

（3）将 CPU 模块挂到 DIN 导轨上方。

（4）拉出 CPU 模块下方的 DIN 导轨卡夹，以便将 CPU 模块安装到导轨上，如图 1-1-22a 所示。

（5）向下转动 CPU 模块，使其在导轨上就位。

（6）推入卡夹，将 CPU 模块锁定在导轨上，如图 1-1-22b 所示。

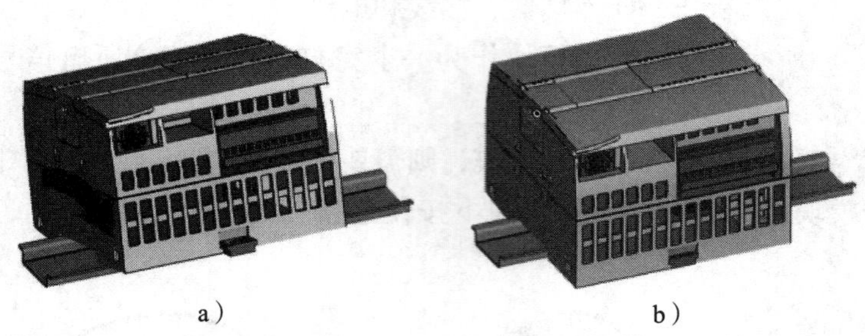

a）　　b）

图 1-1-22　在 DIN 导轨上安装 CPU 模块的方法

a）拉出 CPU 模块下方的 DIN 导轨卡夹　b）推入卡夹将 CPU 模块锁定在导轨上

二、绘制 PLC 接线图

本任务的 PLC 接线图如图 1-1-23 所示。

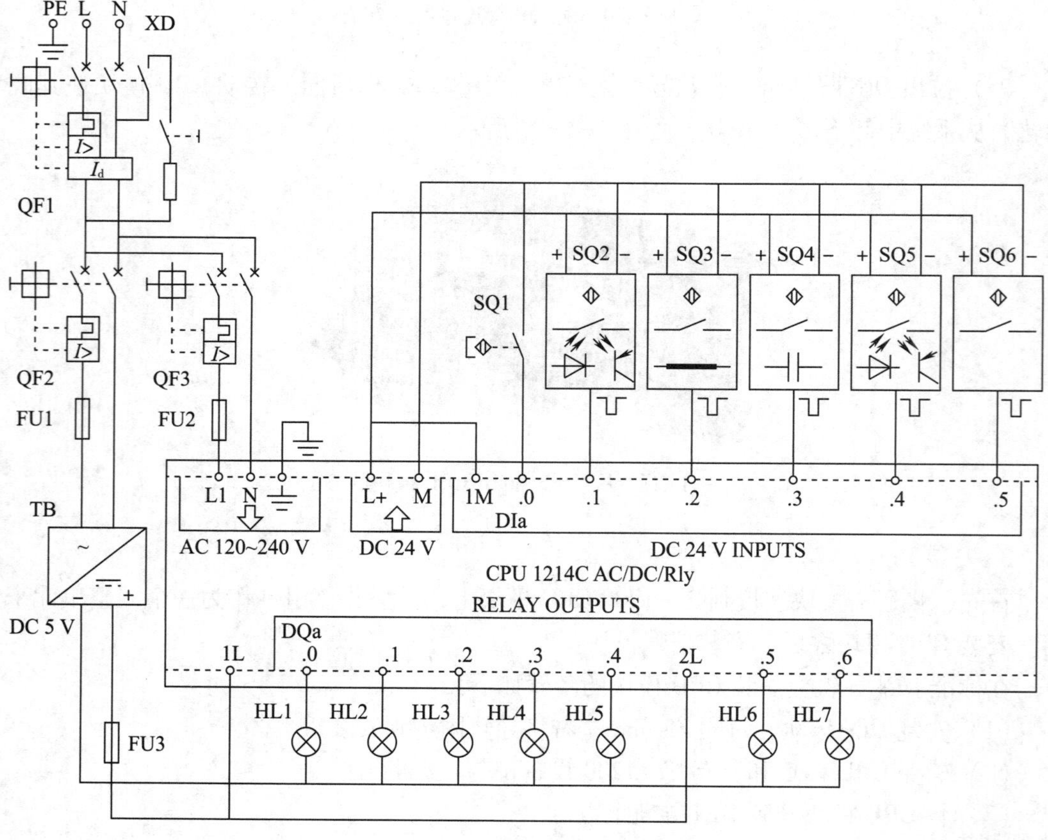

图 1-1-23　PLC 接线图

三、接线

按照图 1-1-23 所示的接线图进行 S7-1200 CPU 1214C AC/DC/Rly 模块的接线，接线应规范，无接地和短路故障。

任务测评

贝肯熊玩具分拣与包装自动生产线维修任务测评见表 1-1-15。

表 1-1-15 贝肯熊玩具分拣与包装自动生产线维修任务测评表

序号	考核内容	配分	考核标准	扣分	得分
1	PLC 的更换	30	（1）PLC 拆卸步骤正确，操作规范，每错一处扣 5 分 （2）PLC 安装步骤正确，操作规范，每错一处扣 5 分 （3）PLC 的更换应在 PLC 控制系统断电的情况下进行，出现错误扣 30 分		
2	接线图绘制	30	（1）元器件图形符号绘制正确、规范，每错一处扣 5 分 （2）PLC 供电电源接线电路绘制正确，每错一处扣 5 分 （3）传感器接线电路绘制正确，每错一处扣 5 分		
3	接线操作	40	（1）按照接线图接线，每错一处扣 5 分 （2）接线正确、规范，每错一处扣 5 分		
4	安全与文明生产		遵守国家相关专业安全与文明生产规程，如有违反，酌情扣分		
开始时间		结束时间		成绩	

知识拓展

扫描右侧二维码，可了解 PLC 的起源与发展、PLC 的分类与性能指标的相关知识。

扫描右侧二维码，可了解安装和拆卸 PLC 相关组件的方法和步骤。

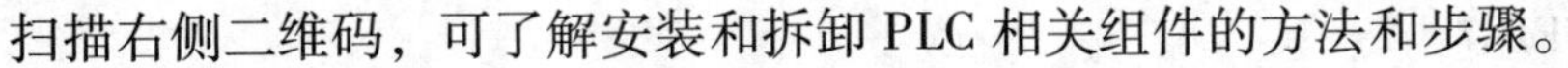

任务 2 TIA Portal 工程软件平台的安装

学习目标

1. 了解 TIA Portal V16 软件的功能和安装条件。
2. 了解 TIA Portal V16 软件的安装注意事项。

3. 掌握 TIA Portal V16 软件的安装方法。

4. 了解 TIA Portal V16 软件的卸载与修复方法。

5. 能正确完成 TIA Portal V16 软件的安装。

任务引入

TIA Portal 是德国西门子公司发布的一款工业自动化领域的工程软件平台，它提供了一个集成化的环境，可以集中管理各种自动化工程任务，包括 PLC 编程、HMI 设计、传感器和执行器配置、网络设置等。利用该工程软件平台，可快速、直观地开发和调试自动化系统。TIA Portal 是数字化企业实现自动化的理想途径。

本任务的重点是安装 TIA Portal V16 工程软件平台。

任务分析

安装 TIA Portal V16 软件，应做好以下工作：

1. 按照 TIA Portal V16 软件推荐的计算机硬件配置和操作系统要求，做好安装准备工作。

2. 了解 TIA Portal V16 软件的安装注意事项和常见问题，以便应对安装过程中出现的问题。

3. 按照安装步骤和方法，安装 TIA Portal V16 软件。

相关知识

一、TIA Portal V16 软件的功能

TIA Portal 是软件开发领域的一个里程碑，它将所有自动化任务整合在一个工程设计环境中。TIA Portal V16 软件包括 SIMATIC STEP 7、SIMATIC WinCC、SIMATIC WinCC Unified、SINAMICS Startdrive、SIMOTION SCOUT TIA 和 SIRIUS SIMOCODE ES 六个部分。

1. SIMATIC STEP 7

SIMATIC STEP 7 软件用于组态 SIMATIC 控制器系列 S7-1200、S7-1500、S7-300/400 和各种软件控制器（WinAC）。STEP 7 包括 STEP 7 Basic（STEP 7 基本版）和 STEP 7 Professional（STEP 7 专业版）两个版本，STEP 7 Basic 用于组态 S7-1200，STEP 7 Professional 用于组态 S7-1200、S7-1500、S7-300、S7-400 和 WinAC。

2. SIMATIC WinCC

SIMATIC WinCC 用于组态可视化监控系统，支持触摸屏和 PC 工作站。

3. SIMATIC WinCC Unified

SIMATIC WinCC Unified 是面向各种平台提供可视化功能的新型可视化系统。WinCC Unified 项目在 TIA Portal 中统一组态。

4. SINAMICS Startdrive

SINAMICS Startdrive 调试软件用于将 SINAMICS 驱动集成到自动化系统中，实现所有 SINAMICS 驱动设备的系统组态、参数设置、调试和诊断。

5. SIMOTION SCOUT TIA

SIMOTION SCOUT TIA 工程组态软件用于对运动控制系统 SIMOTION D（基于驱动器）、SIMOTION C（基于 PLC）、SIMOTION P（基于 PC）进行编程、参数分配、组态、测试和调试。

6. SIRIUS SIMOCODE ES

SIRIUS SIMOCODE ES 是一款核心软件，用于对 SIMOCODE pro 电机管理和控制装置进行组态、调试、操作和诊断。它支持 PROFINET、Modbus-TCP 和 EtherNet/IP 等通信协议。

二、TIA Portal V16 软件的安装条件

1. 硬件要求

TIA Portal V16 软件对计算机的硬件要求较高。用于安装 TIA Portal V16 的计算机硬件配置推荐见表 1-2-1。

表 1-2-1　用于安装 TIA Portal V16 的计算机硬件配置

项目	计算机硬件配置（推荐）
处理器	Intel® Core™ i5-8400H（2.5~4.2 GHz，4 核+超线程，8 MB 智能缓存）
内存	16 GB 或更大（对于大型项目，为 32 GB）
硬盘	至少 50 GB 的 SSD（固态硬盘）
图形分辨率	最小 1 920 像素×1 080 像素
显示器	15.6 in 宽屏显示（1 920 像素×1 080 像素）

2. 软件要求

TIA Portal 软件对计算机操作系统要求较高，不支持 32 位的操作系统。适于安装 TIA Portal V16 的操作系统见表 1-2-2。

表 1-2-2　适于安装 TIA Portal V16 的操作系统

操作系统	对应版本
Windows 11 操作系统（64 位）	Windows 11 Home Version 21H2* Windows 11 Professional Version 21H2 Windows 11 Enterprise Version 21H2
Windows 10 操作系统（64 位）	Windows 10 Home Version 21H2* Windows 10 Home Version 21H1* Windows 10 Professional Version 21H2 Windows 10 Professional Version 21H1 Windows 10 Enterprise Version 21H2 Windows 10 Enterprise Version 21H1

续表

操作系统	对应版本
Windows 10 操作系统（64 位）	Windows 10 Enterprise Version 20H2 Windows 10 Enterprise Version 2009 Windows 10 Enterprise LTSC 2021 Windows 10 Enterprise LTSC 2019 Windows 10 Enterprise LTSC 2016
Windows Server（64 位）	Windows Server 2022 Standard Windows Server 2019 Standard Windows Server 2016 Standard

注：* 表示仅适用于基本版

三、TIA Portal V16 软件的安装注意事项

安装 TIA Portal V16 需要管理员权限。安装 TIA Portal V16 之前，需要注意以下几点：

1. 同时安装 TIA Portal V16 和其他版本的 TIA Portal

可以和 TIA Portal V16 同时安装的其他版本的 TIA Portal 软件包括 TIA Portal V13 SP2 到 V18，TIA Portal V5. 6 SP1、V5. 6 SP2，TIA Portal Professional 2017 SR1、2017 SR2 和 TIA Portal Micro/Win V4. 0 SP9。注意：仅 TIA Portal V13 SP1 以后的项目才能升级到 TIA Portal V16。

2. 与 SIMATIC HMI 产品的兼容性

可以和 TIA Portal V16 同时安装的 SIMATIC HMI 产品为 WinCC flexible 2008 SP5。需要注意的是，WinCC flexible 和 WinCC（TIA 博途）可以同时安装在同一台计算机上。WinCC 和 WinCC TIA Professional 不能同时安装在同一台计算机上。在 STEP 7 V16 中使用“项目>项目移植…”功能，可将 WinCC V7. 5 以上版本的项目移植到 WinCC V16。

3. 与 STEP 7 项目的兼容性

在 STEP 7 V16 中使用“项目>项目移植…”功能，可以将 STEP 7 V5. 4 SP5 以上版本软件创建的项目移植到 STEP 7 V16。

四、TIA Portal V16 软件的安装

软件安装的前提条件是计算机的硬件和操作系统符合 TIA Portal V16 软件的安装要求。安装时，首先关闭正在运行的其他程序，然后将 TIA Portal V16 的安装光盘插入计算机的光驱，打开安装程序。具体安装步骤如下：

1. 安装 TIA Portal V16

（1）初始化。打开图 1-2-1 所示的 TIA_ Portal_ STEP7_ Prof_ Safety_ WINCC_ Adv_ Unified_ V16 文件夹，选择以管理员身份运行图 1-2-2 所示的 Start 文件，初始化界面如图 1-2-3 所示。

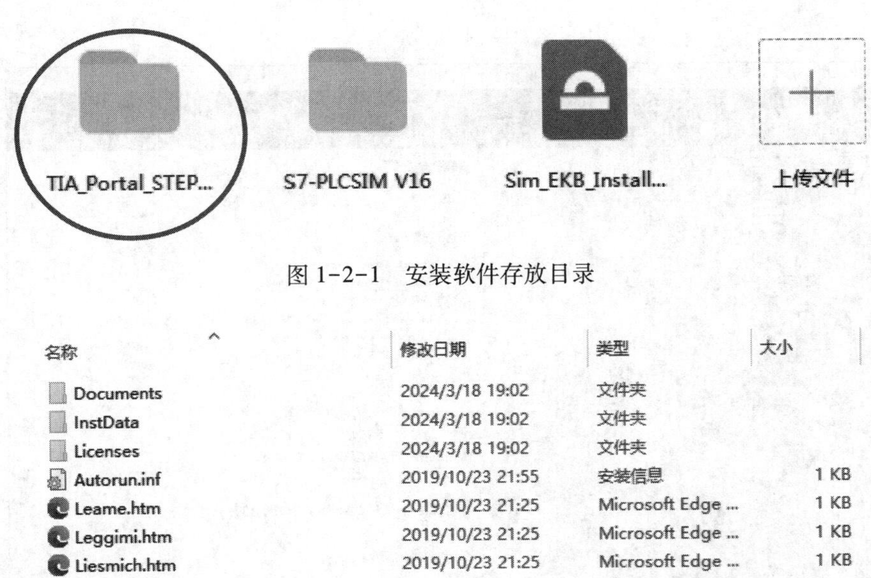

图 1-2-1　安装软件存放目录

名称	修改日期	类型	大小
Documents	2024/3/18 19:02	文件夹	
InstData	2024/3/18 19:02	文件夹	
Licenses	2024/3/18 19:02	文件夹	
Autorun.inf	2019/10/23 21:55	安装信息	1 KB
Leame.htm	2019/10/23 21:25	Microsoft Edge ...	1 KB
Leggimi.htm	2019/10/23 21:25	Microsoft Edge ...	1 KB
Liesmich.htm	2019/10/23 21:25	Microsoft Edge ...	1 KB
Lisezmoi.htm	2019/10/23 21:25	Microsoft Edge ...	1 KB
Readme.htm	2019/10/23 21:25	Microsoft Edge ...	1 KB
Readme_OSS.htm	2019/10/23 22:23	Microsoft Edge ...	33 KB
ReadmeChinese.htm	2019/10/23 21:25	Microsoft Edge ...	1 KB
Start.exe	2019/10/23 21:26	应用程序	722 KB

图 1-2-2　可执行安装文件

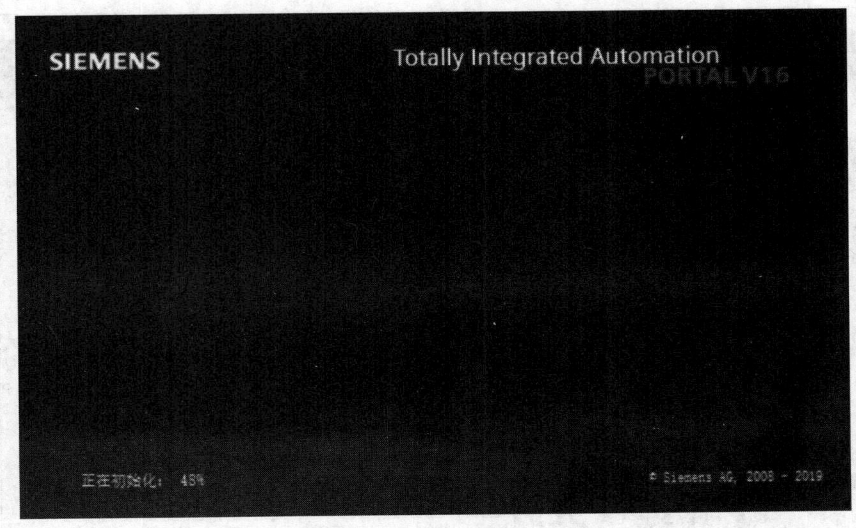

图 1-2-3　初始化界面

（2）选择安装语言。选中图 1-2-4 中的“安装语言：中文（H）”单选按钮，单击“下一步（N）”按钮，弹出需要安装的组件界面。

（3）选择需要安装的组件。本例选择图 1-2-5 所示的组件，并根据需要修改安装路径。

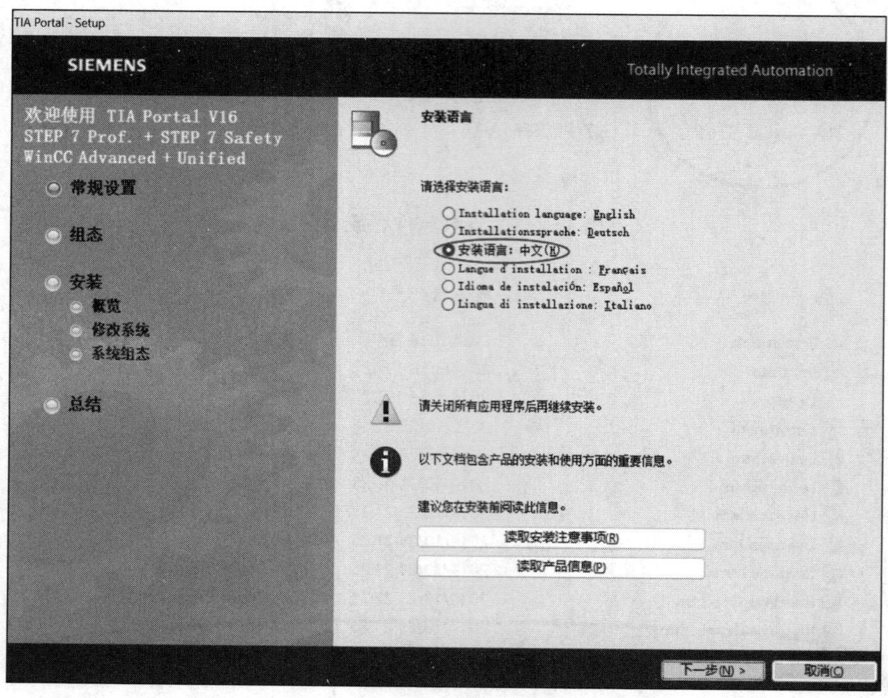

图 1-2-4　选择安装语言

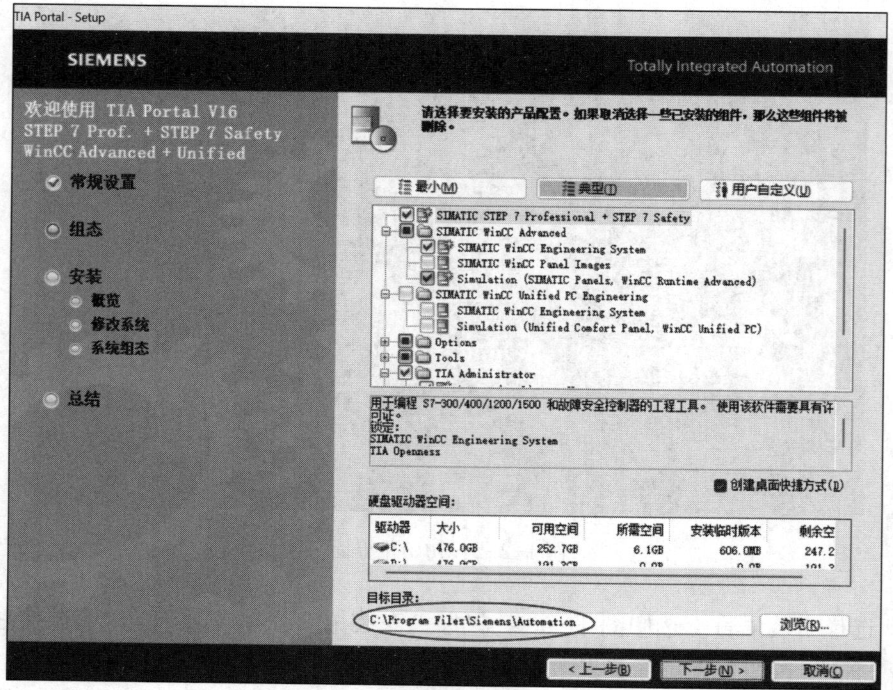

图 1-2-5　选择安装组件

（4）选择许可条款。如图 1-2-6 所示，勾选相应复选框，同意许可条款，单击“下一步（N）”按钮。

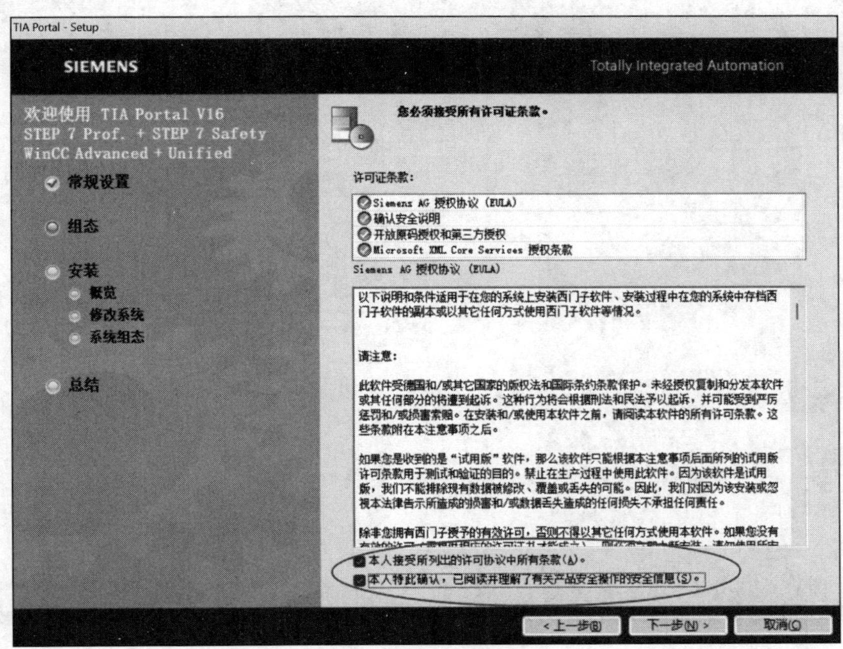

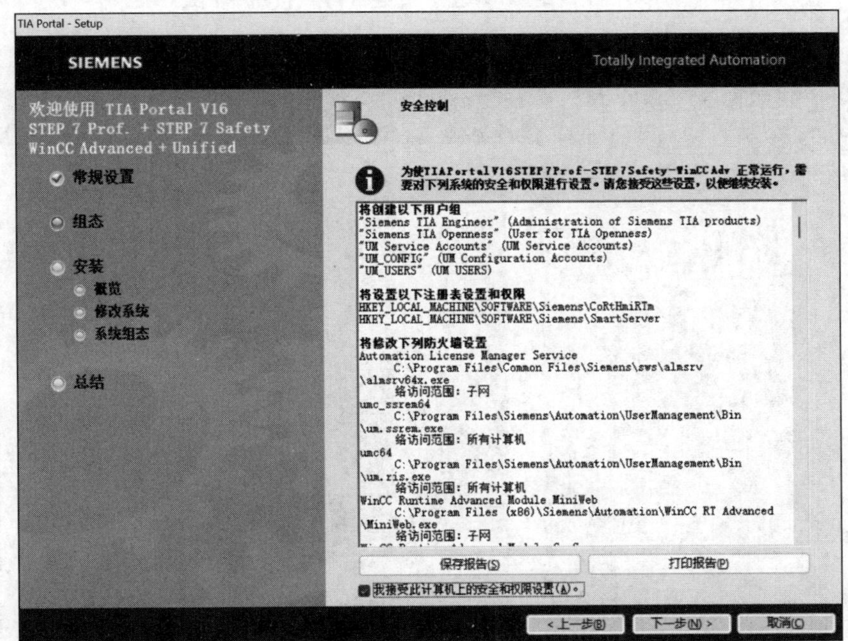

图 1-2-6 选择许可条款

（5）安装。单击图 1-2-7 中的“安装（I）”按钮，弹出安装过程界面，如图 1-2-8 所示。安装完成后，单击“否，稍后重启计算机（N）”→“关闭（C）”按钮。

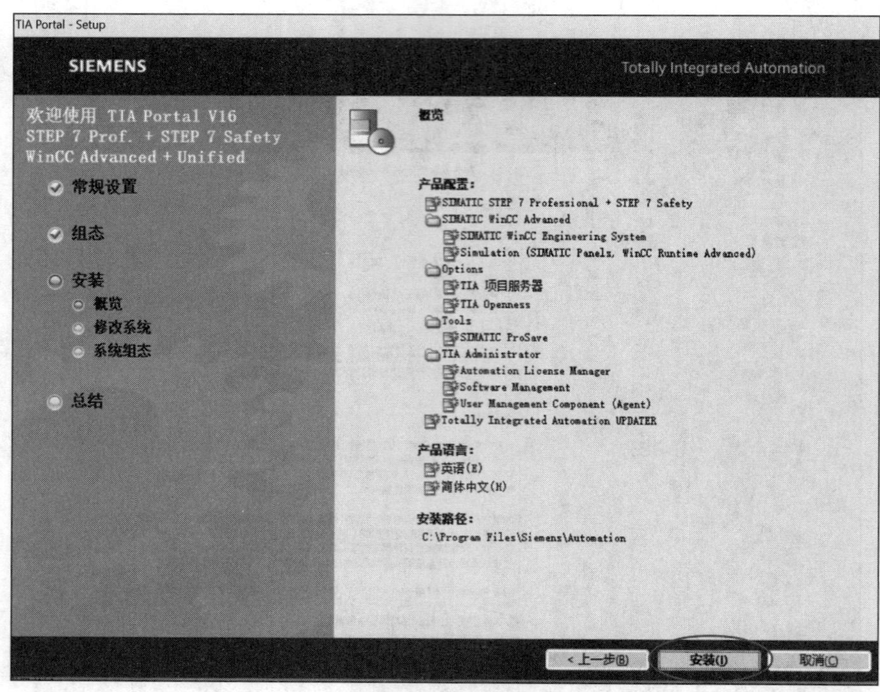

图 1-2-7　单击“安装（I）”按钮

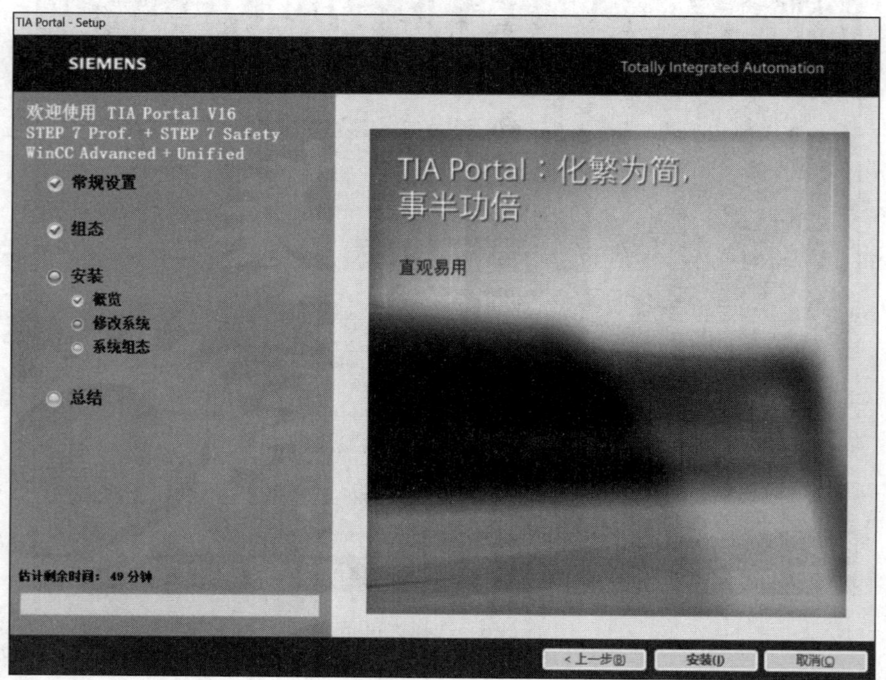

图 1-2-8　安装过程界面

2. 安装仿真

（1）初始化。打开图 1-2-9 所示的 SIMATIC_ S7PLCSIM_ V16 文件夹，选择以管理员身份运行 Start 文件，初始化界面如图 1-2-10 所示。

名称	修改日期	类型	大小
SIMATIC_PLCSIM_Advanced_V3	2024/7/23 10:57	文件夹	
SIMATIC_S7PLCSIM_V16	2024/7/23 10:57	文件夹	
TIA_Portal_STEP7_Prof_Safety_WINCC_Adv_Unified_V16	2024/7/23 10:56	文件夹	

图 1-2-9　安装软件存放目录

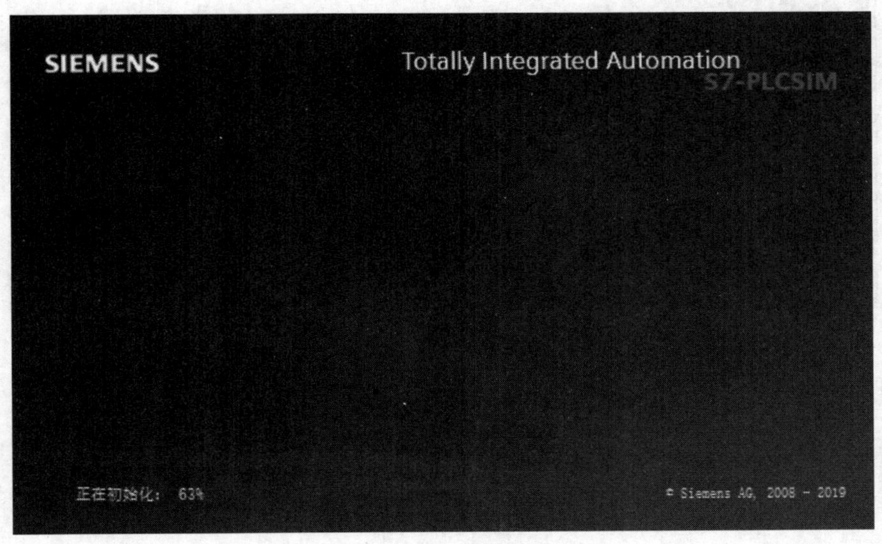

图 1-2-10　初始化界面

（2）选择安装语言。选中“安装语言：中文（H）”单选按钮，单击“下一步（N）”按钮，弹出需要安装的组件界面。

（3）选择需要安装的组件。本例选择图 1-2-11 所示的组件，并根据需要修改安装路径，单击“下一步（N）”按钮。

（4）选择许可条款。勾选相应复选框，同意许可条款，单击“下一步（N）”按钮。

（5）安装。单击“安装（I）”按钮，弹出安装过程界面。安装完成后，单击“否，稍后重启计算机（N）”按钮。

3. 安装驱动

（1）初始化。打开图 1-2-12 所示的 Startdrive_ Advanced_ V16 文件夹，选择以管理员身份运行 Start 文件，初始化界面如图 1-2-13 所示。

（2）选择安装语言。选中“安装语言：中文（H）”单选按钮，单击“下一步（N）”按钮，直至弹出需要安装的组件界面。

（3）选择需要安装的组件。选择图 1-2-14 所示的选项，单击“下一步（N）”按钮。

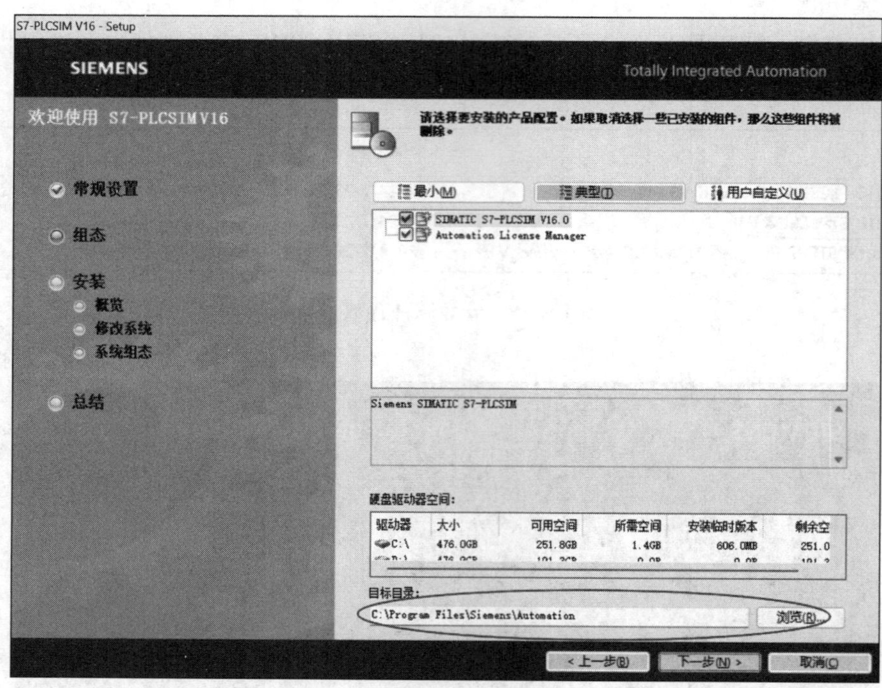

图 1-2-11　选择安装组件

图 1-2-12　安装软件存放目录

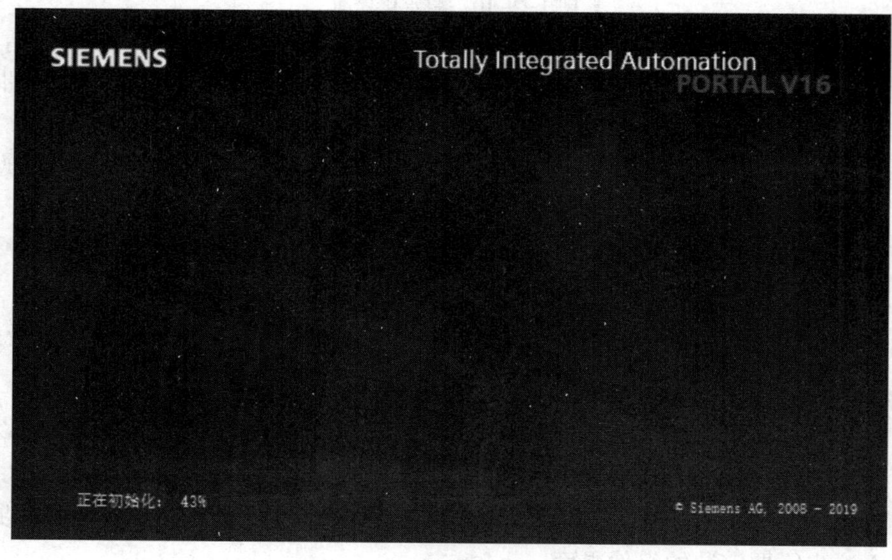

图 1-2-13　初始化界面

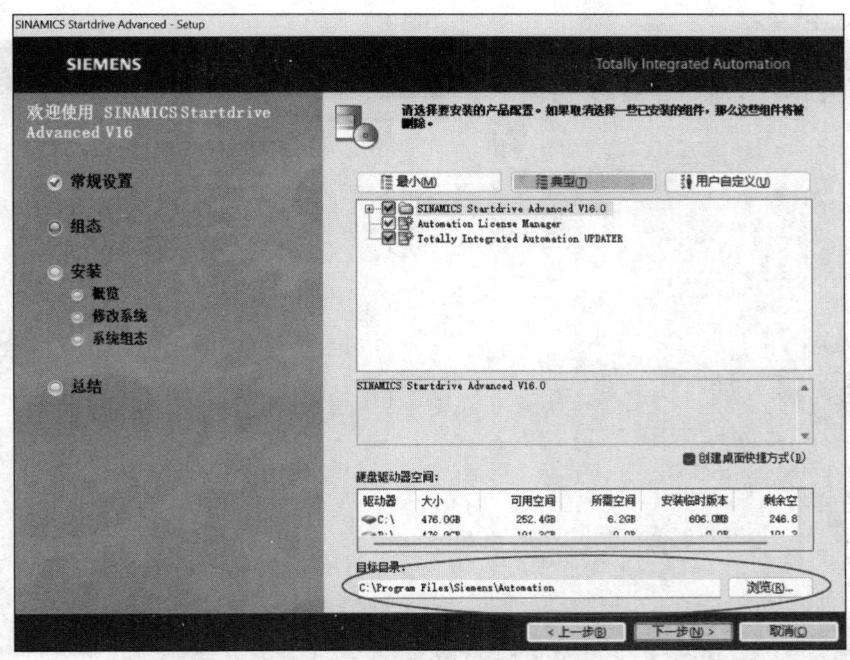

图 1-2-14　选择安装组件

（4）选择许可条款。勾选相应复选框，同意许可条款，单击“下一步（N）”按钮。

（5）安装。安装概览界面如图 1-2-15 所示，单击“安装（I）”按钮，软件开始安装，安装完成后弹出图 1-2-16 所示界面。

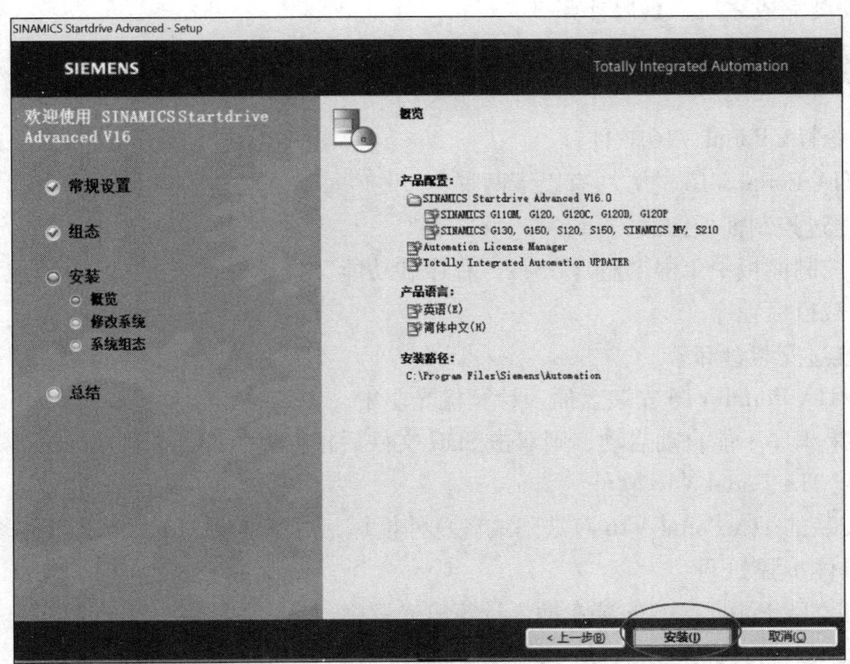

图 1-2-15　安装概览界面

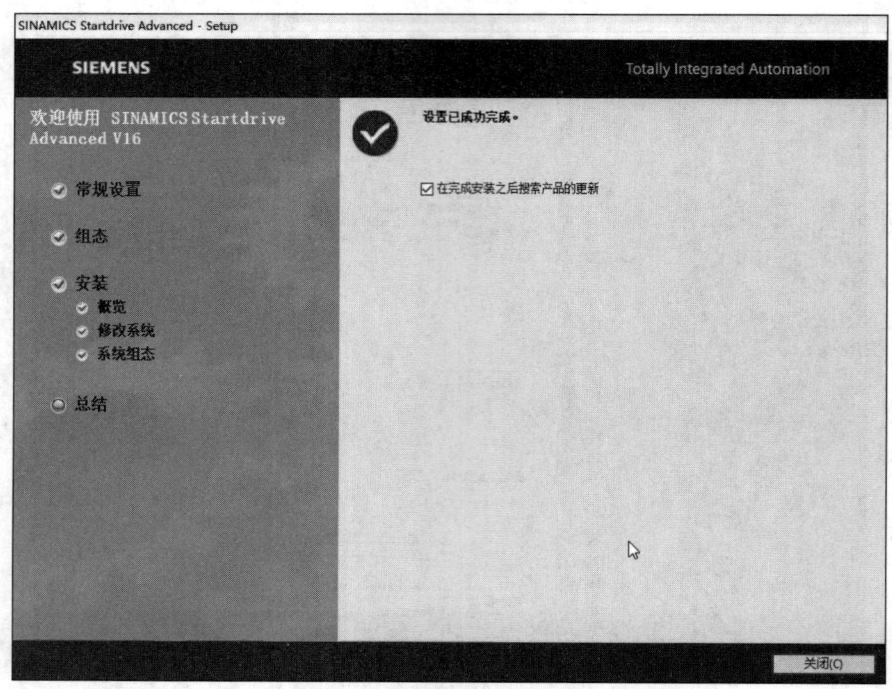

图 1-2-16　安装完成界面

等待自动进入安装引导界面，开始进行后续安装，注意不要选择重启计算机。

4. 重启计算机

以上安装完成之后，重启计算机。

五、TIA Portal V16 软件的卸载与修复

1. 卸载 TIA Portal V16 软件

卸载 TIA Portal V16 的方法有以下两种：

（1）通过控制面板卸载

1）在控制面板中单击“程序”→“程序和功能”选项。

2）卸载目标程序。

（2）通过安装盘卸载

1）将 TIA Portal V16 安装盘插入计算机光驱中。

2）如果程序不能自动启动，则双击 Start 文件后根据提示卸载软件。

2. 修复 TIA Portal V16 软件

如果安装的 TIA Portal V16 有缺陷或者意外损坏，可以使用 TIA Portal V16 修复软件进行修复，具体步骤如下：

（1）将 TIA Portal V16 安装盘插入计算机光驱中。

（2）如果程序不能自动启动，则双击 Start 文件后根据提示修复软件。

任务实施

一、安装准备

检查计算机的硬件配置和操作系统，确保其分别满足表 1-2-1 和表 1-2-2 的要求。

二、安装 TIA Portal V16

根据 TIA Portal V16 的安装步骤和方法，安装 TIA Portal V16 并处理安装过程中出现的问题。

任务测评

按照表 1-2-3 中的要求进行任务测评。

表 1-2-3 任务测评表

序号	考核内容	配分	考核标准	扣分	得分
1	软件安装条件检查	40	（1）处理器、内存、硬盘、图形分辨率、显示器等硬件条件符合要求，每错一处扣 6 分 （2）计算机操作系统符合要求，出现错误扣 10 分		
2	软件安装	60	（1）TIA Portal V16 的安装，初始化、语言选择、组件选择等安装过程正确，每错一处扣 5 分 （2）PLCSIM V16 的安装，初始化、语言选择、组件选择等安装过程正确，每错一处扣 5 分 （3）Startdrive Advanced V16 的安装，初始化、语言选择、组件选择等安装过程正确，每错一处扣 4 分		
3	安全与文明生产		遵守国家相关专业安全与文明生产规程，如有违反，酌情扣分		
开始时间		结束时间		成绩	

课题二　位逻辑运算指令的应用

S7-1200 PLC 的指令从功能上可分为基本指令、扩展指令、工艺指令、通信指令等。其中，基本指令包括位逻辑运算指令、定时器指令、计数器指令、比较指令、数学指令、移动指令、移位和循环指令等。位逻辑运算指令是 PLC 重要的基本指令之一，包括触点和线圈输出指令、置位和复位指令、上升沿和下降沿指令。使用位逻辑运算指令的梯形图程序类似于传统的继电器控制电路图，便于电气技术人员理解和掌握。

任务 1　三相异步电动机点动正转控制

学习目标

1. 了解 PLC 的工作过程和 S7-1200 PLC 的编程语言。
2. 掌握编程元件过程映像输入/输出的功能和使用方法。
3. 掌握触点和输出线圈指令的功能、表示形式和使用方法。
4. 能使用 TIA Portal V16 创建新项目、添加新设备和组态硬件。
5. 能使用触点和输出线圈指令设计三相异步电动机点动正转 PLC 控制程序，并完成控制线路的绘制、安装和调试。

任务引入

点动控制适用于电动机短时间运转操作，CA6140 型普通车床刀架快速移动的驱动电动机就采用了点动控制方式。三相异步电动机点动正转继电器控制线路如图 2-1-1 所示。控制原理为：合上电源开关 QF1～QF3，当按下点动按钮 SB 时，接触器 KM 线圈得电，KM 主触点闭合，电动机通电运转。当松开点动按钮 SB 时，接触器 KM 线圈断电，KM 主触点分断，电动机断电停止运转。停止工作时，断开电源开关 QF3～QF1。

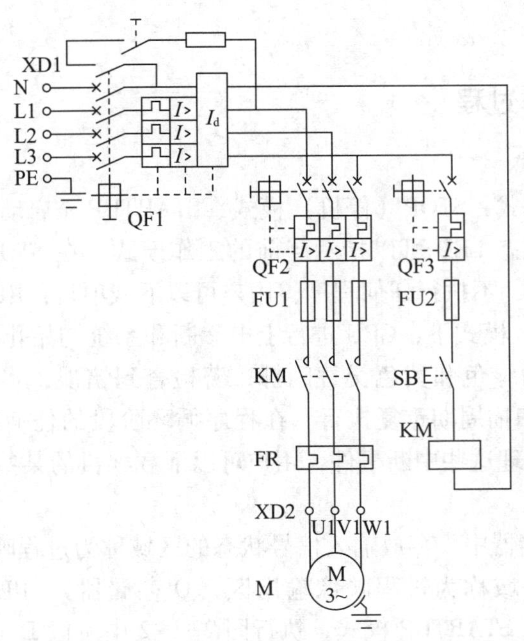

图 2-1-1　三相异步电动机点动正转继电器控制线路图

本任务要求将图 2-1-1 所示传统的继电器控制方式改为 PLC 控制方式，完成三相异步电动机点动正转 PLC 控制线路的设计、安装和调试。控制要求如下：

1. 当按下点动按钮 SB 时，电动机运行；当松开点动按钮 SB 时，电动机停止。
2. 具有短路、过载保护等必要的保护措施。

任务分析

利用 PLC 改造继电器控制线路主要是针对控制电路（主电路一般保持不变），即用 PLC 的外部硬件接线和 PLC 存储的程序控制逻辑（如梯形图、函数块图等）来代替继电器电路，以实现继电器电路的硬件接线所表达的控制逻辑。

三相异步电动机点动正转 PLC 控制系统需要 1 个点动按钮输入和 1 个接触器线圈驱动输出。因此，PLC 的 I/O 信号均为数字量，点数应不小于 2，输出接口应为继电器型，故选用西门子 CPU 1214C AC/DC/Rly 模块即可。考虑实际教学条件限制，本书后续任务统一选择西门子 CPU 1214C AC/DC/Rly 模块（除有特殊要求的任务）。由于 CPU 1214C AC/DC/Rly 模块输出端子允许的电压范围为 AC 5～250 V，因此，需要将图 2-1-1 中接触器 KM 线圈的额定电压由 AC 380 V 改为 AC 220 V，以适应 PLC 输出端子的电压要求。针对三相异步电动机点动正转控制线路中点动按钮 SB 和接触器 KM 线圈之间的简单逻辑关系，使用触点指令和输出线圈指令编写梯形图程序。

相关知识

一、PLC 的工作过程

1. CPU 的工作模式

CPU 有三种工作模式：STOP（停机）模式、STARTUP（启动）模式和 RUN（运行）模式。CPU 面板上的状态 LED 可以指示当前的工作模式。在 STOP 模式下，CPU 只处理通信请求和进行自诊断，不执行任何程序，用户可以下载项目，RUN/STOP LED 为黄色且持续点亮。在 STARTUP 模式下，CPU 进行上电诊断和系统初始化，CPU 不会处理中断事件，RUN/STOP LED 为绿色和黄色交替闪烁；若检查到错误，将禁止 CPU 进入 RUN 模式。在 RUN 模式下，扫描周期重复执行。在程序循环阶段的任何时刻都可能发生中断事件，CPU 也可以随时处理这些中断事件，用户可以下载项目的某些部分，RUN/STOP LED 为绿色且持续点亮。

在 CPU 内部的存储器中，存放输入信号状态的区域称为过程映像输入区（I 存储器），存放输出信号状态的区域称为过程映像输出区（Q 存储器）。PLC 从 STOP 模式切换到 RUN 模式时，CPU 进入 STARTUP 模式，执行图 2-1-2 中阶段 E（阶段 A～阶段 F）的操作。在阶段 A，复位 I 存储器；在阶段 B，用上一次 RUN 模式最后的值或替代值来初始化 Q 存储器；在阶段 C，执行一个或多个启动 OB，将非保持性 M 存储器和数据块初始化为其初始值，并启动组态的循环中断事件和时钟事件；在阶段 D，将外设输入状态复制到 I 存储器；在阶段 E，将中断事件保存到队列，以便在 RUN 模式进行处理；在阶段 F，将 Q 存储器写到外设输出。

PLC 启动结束后，进入 RUN 模式。为了使 PLC 的输出及时响应各种输入信号，CPU 反复地分阶段处理各种不同的任务，执行图 2-1-2 中的扫描循环阶段，即阶段⑤（阶段①～阶段④）的操作。在阶段①，将 Q 存储器写到物理输出；在阶段②，将物理输入的状态复制到 I 存储器；在阶段③，执行程序循环 OB（组织块），首先执行 OB1；在阶段④，执行自检诊断；在阶段⑤，即扫描周期的任何阶段处理中断和通信。阶段①～阶段④的任务是按顺序循环执行的，这种周而复始的循环工作方式称为扫描循环。

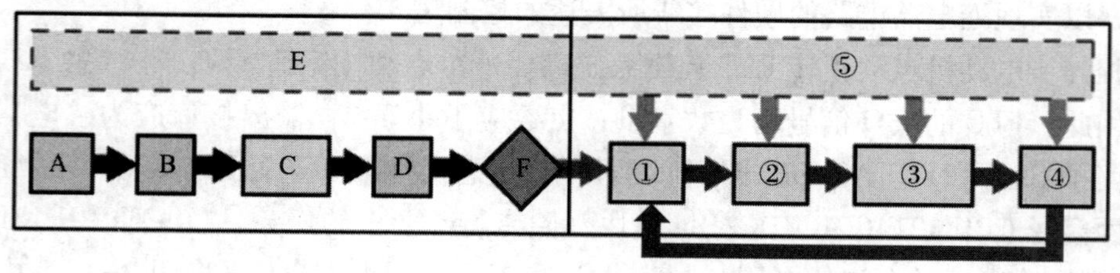

图 2-1-2 PLC 启动与运行过程示意图

2. RUN 模式下 CPU 的操作

（1）写外设输出

在扫描循环的第一个阶段，操作系统将 Q 存储器中的值写入输出模块，并锁存起来。

梯形图中某输出位的线圈“通电”时，对应的过程映像输出位中的二进制数为1。信号经输出模块隔离和功率放大后，继电器型输出模块中对应的硬件继电器的线圈得电，其常开触点闭合，使外部负载通电工作。若梯形图中某输出位的线圈“断电”，则对应的过程映像输出位中的二进制数为0。将它送到继电器型输出模块，对应的硬件继电器的线圈断电，其常开触点断开，外部负载断电，停止工作。可以用指令立即改写外设输出点的值，同时将刷新过程映像输出。

（2）读外设输入

在扫描循环的第二阶段，读取输入模块的输入并传送到过程映像输入区。外接的输入电路闭合时，对应的过程映像输入位中的二进制数为1，梯形图中对应的输入点的常开触点接通，常闭触点断开。外接的输入电路断开时，对应的过程映像输入位中的二进制数为0，梯形图中对应的输入点的常开触点断开，常闭触点接通。可以用指令立即读取数字量或模拟量的外设输入点的值，但是不会刷新过程映像输入。

（3）执行用户程序

用户程序由若干条指令组成，指令在存储器中按顺序排列。PLC读取输入后，从第一条指令开始，逐条顺序执行用户程序中的指令，包括程序循环OB调用FC（函数）和FB（函数块）的指令。执行指令时，从过程映像输入/输出或其他位元件的存储单元读出其0、1状态，并根据指令的要求执行相应的逻辑运算，运算的结果写入相应的过程映像输出和其他存储单元，它们的内容随着程序的执行而变化。

在程序执行过程中，各输出点的值被保存到过程映像输出，而不是立即写入输出模块。在程序执行阶段，即使外部输入信号的状态发生了变化，过程映像输入的状态也不会随之改变，变化的输入信号状态只能在下一个扫描周期的读取输入阶段被读入。执行程序时，对输入/输出的访问通常是通过过程映像，而不是实际的I/O点。这样做的优点是：第一，在整个程序执行阶段，各过程映像输入点的状态是固定不变的，程序执行完毕后再用过程映像输出的值更新输出模块，使系统运行稳定。第二，由于过程映像保存在CPU的系统存储器中，访问速度比直接访问信号模块快得多。

（4）通信处理与自诊断

在循环扫描的通信处理和自诊断阶段可以处理接收到的报文，在适当的时候将报文发送给通信的请求方。此外，还要周期性地检查固件、用户程序和I/O模块的状态。

（5）中断处理

事件驱动的中断可以在扫描循环的任意阶段发生。有事件发生时，CPU中断扫描循环，调用组合给该事件的OB。OB处理完事件后，CPU在中断点恢复用户程序的执行。中断功能可以提高PLC对事件的响应速度。

二、S7-1200 PLC的编程语言

国际电工委员会正式颁布的IEC 61131-3（可编程序控制器编程语言标准）规定了文本化编程语言和图形化编程语言两大类编程语言。前者包括指令表（instruction list，IL）和结构化文本（structured text，ST），后者包括梯形图（ladder diagram，LD）和功能块图

（function block diagram，FBD）。指令表也称为语句表（statement list，STL），是一种类似于汇编语言的文本语言。结构化文本也称为结构化控制语言（structured control language，SCL），是基于 Pascal 的高级编程语言。梯形图（西门子 PLC 将梯形图简称为 LAD）是使用最多的图形化编程语言；功能块图类似于数字电路的图形逻辑符号，国内很少使用。S7-1200 PLC 没有把顺序功能图（SFC）单独列入编程语言，而是将它在公用元素中予以规范。也就是说，无论在文本化语言还是图形化语言中，都可以运用 SFC 的概念、句法和语法，但习惯上也把顺序功能图称为另一种编程语言。

S7-1200 PLC 使用梯形图、功能块图和结构化文本这三种编程语言。本书主要采用梯形图语言。

三、过程映像输入/输出（I/Q）

过程映像输入区与输入端相连，是专门用来接收 PLC 外部开关信号的元件，在用户程序中的标识符为 I。每次扫描循环开始时，CPU 读取数字量输入点的外部输入电路的状态，并将它们写入过程映像输入区，可以按位、字、节字或双字来存取过程映像输入区中的数据，过程映像输入区的等效电路如图 2-1-3 所示。当输入端子 I0. 0 连接的常开按钮闭合时，线圈 I0. 0 得电，经过 PLC 内部电路转换，使梯形图中的常开触点 I0. 0 闭合，常闭触点 I0. 0 断开。

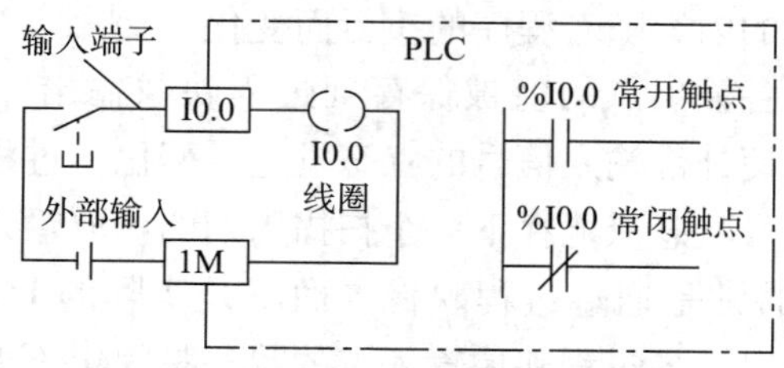

图 2-1-3　过程映像输入区的等效电路

过程映像输出区与输出端相连，将 PLC 内部信号输出传送给外部负载，即用户输出设备，在用户程序中的标识符为 Q。过程映像输出区线圈由 PLC 内部程序的指令驱动，其线圈状态传送给输出单元，再由输出单元对应的硬件触点驱动外部负载。过程映像输入和输出区的等效电路如图 2-1-4 所示，工作过程为：按下输入端按钮 SB1→PLC 内部电路转换，线圈 I0. 0 得电→梯形图中的 I0. 0 常开触点闭合→梯形图的 Q0. 0 得电自锁→PLC 内部电路转换，真实电路中的常开触点 Q0. 0 闭合→外部设备线圈得电；按下输入端按钮 SB2→PLC 内部电路转换，线圈 I0. 1 得电→梯形图中的 I0. 1 常闭触点断开→梯形图的 Q0. 0 断电→PLC 内部电路转换，真实电路中的常开触点 Q0. 0 断开→外部设备线圈断电。在每个扫描周期的结尾，PLC 将过程映像输出区中的数值复制到物理输出点上，可以按位、字节、字或双字来存取过程映像输出区。

过程映像输入和过程映像输出均可按位、字节、字和双字来访问。程序编辑器自动地在绝对操作数前加入“%”，如%I1. 2。在 SCL 中，必须在地址前输入“%”表示该地址为绝对地址，否则 STEP7 将在编译时生成未定义的变量错误。

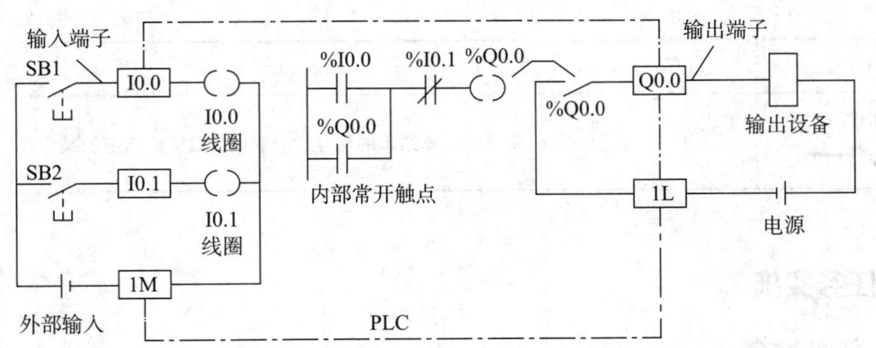

图 2-1-4　过程映像输入和输出区的等效电路

位格式为 I/Q［字节地址］.［位地址］，字节、字和双字格式为 I/Q［长度］［起始字节地址］。如 I0.1 代表过程映像输入区第 0 字节第 1 位，IB2 代表过程映像输入区第 2 字节，IW2 代表过程映像输入区第 2 个字（即 IB2、IB3），ID2 代表过程映像输入区第 2 双字（即 IB2～IB5）；Q0.1 代表过程映像输出区第 0 字节第 1 位，QB2 代表过程映像输出区第 2 字节，QW2 代表过程映像输出区第 2 个字，QD2 代表过程映像输出区第 2 双字。

四、触点和输出线圈指令

位逻辑运算指令是最常用的指令，用于二进制数的逻辑运算，逻辑运算的结果称为 RLO（result of logic operation）。在梯形图中，触点和线圈输出指令的功能见表 2-1-1。常开触点在指定的位为 1 状态（TRUE）时闭合，为 0 状态（FALSE）时断开。常闭触点在指定的位为 1 状态时断开，为 0 状态时闭合。梯形图中的线圈对应于输出线圈指令（也称为赋值指令），该指令将线圈输入端的逻辑运算结果的信号状态写入指定的操作数地址，线圈得电（RLO 的状态为 1）时写入 1，线圈断电（RLO 的状态为 0）时写入 0。赋值取反指令的功能与赋值指令相反，它将线圈输入端的逻辑运算结果取反后赋值给指定的操作数，线圈输入端的 RLO 为 1 时写入 0，线圈输入端的 RLO 为 0 时写入 1。

表 2-1-1　触点和线圈输出指令的功能

LAD	功能
"IN"	常开触点，可将触点相互连接，并创建用户自己的组合逻辑
"IN"	常闭触点，可将触点相互连接，并创建用户自己的组合逻辑
"OUT"	赋值，将逻辑运算结果的信号状态赋值给指定的操作数

续表

LAD	功能
"OUT" —(/)—	赋值取反，将逻辑运算结果的信号状态取反后赋值给指定的操作数

任务实施

一、任务准备

实施本任务所使用的元器件可参考表 2-1-2。

表 2-1-2　实训元器件清单

序号	设备名称	型号及规格	数量	备注
1	PLC	CPU 1214C AC/DC/Rly	1 台	配 C45 导轨
2	剩余电流动作断路器	DZ47LE-63 D16，3P+N，30 mA	1 个	电源开关，漏电保护
3	低压断路器	DZ47-63 D10，3P	1 个	主电路短路保护
4	低压断路器	DZ47-63 D5，1P	2 个	PLC 供电电源和输出电路短路保护
5	熔断器	RT28-32/2	5 个	电动机主电路、PLC 供电及负载回路短路保护
6	按钮	LA38-11/203，绿色	1 个	点动信号输入
7	交流接触器	CJ20-10，线圈电压 220 V	1 个	电动机运行控制
8	接线端子排	TB-1520，20 位	1 条	
9	配电盘	600 mm×900 mm	1 块	
10	三相异步电动机	YS5024，40 W	1 台	控制对象

二、分配输入/输出端口

三相异步电动机点动正转 PLC 控制系统需要 1 个数字量输入点，用于连接点动按钮 SB；1 个数字量输出点，用于驱动交流接触器 KM，进而控制三相异步电动机。PLC 的输入/输出端口分配见表 2-1-3。

表 2-1-3　输入/输出端口分配

输入端口			输出端口		
输入继电器	输入元器件	作用	输出继电器	输出元器件	作用
I0.1	按钮 SB	点动	Q0.2	交流接触器 KM	控制电动机

三、绘制并安装 PLC 控制线路

三相异步电动机点动正转 PLC 控制系统接线图如图 2-1-5 所示。断路器 QF1 起电源开关控制作用，且可实现对电路过载、短路和欠电压的保护。接触器 KM 控制电动机通电和断电。熔断器 FU1 为主电路提供短路保护。PLC 为西门子 CPU 1214C AC/DC/Rly，使用 AC 220 V 电源供电。PLC 输入电路使用本机的 DC 24 V 电源（L+、M），其中 M 端子和输入电路公共端子 1M 连接，L+端子接按钮 SB 的一端，按钮 SB 的另一端接 PLC 的 I0.1 端子。PLC 输出电路公共端子 1L 接熔断器 FU2，接触器 KM 的线圈两端分别接 PLC 的 Q0.2 端子和中性线 N。

安装 PLC 控制线路时，接触器 KM 暂时不接到 PLC 的输出端 Q0.2，待程序调试通过后再连接。安装完毕，要用万用表检测电路的通断情况是否正确，用兆欧表检测电路的绝缘电阻值是否符合要求。

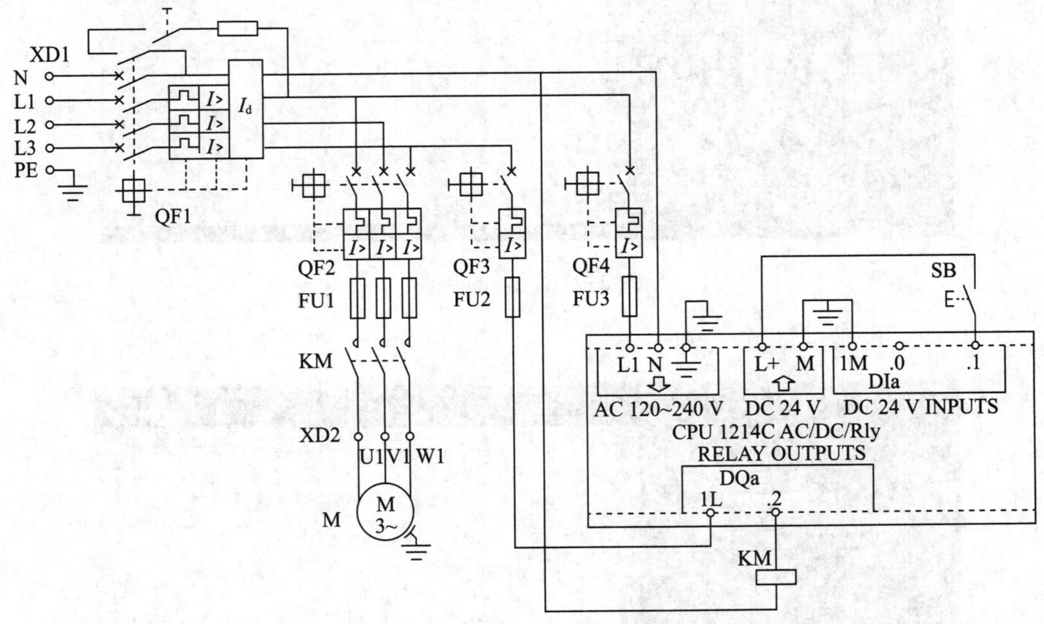

图 2-1-5 三相异步电动机点动正转 PLC 控制系统接线图

四、程序编写与仿真

1. 创建新项目

（1）启动 TIA Portal V16 软件。双击计算机桌面上的“TIA Portal V16”图标，先后出现启动画面和图 2-1-6 所示的 Portal 视图。

（2）创建项目。在 Portal 视图中，选中“创建新项目”单选按钮，进入图 2-1-7 所示的“创建新项目”界面。在“创建新项目”界面中输入项目名称和路径，单击“创建”按钮，进入图 2-1-8 所示的“新手上路”界面。

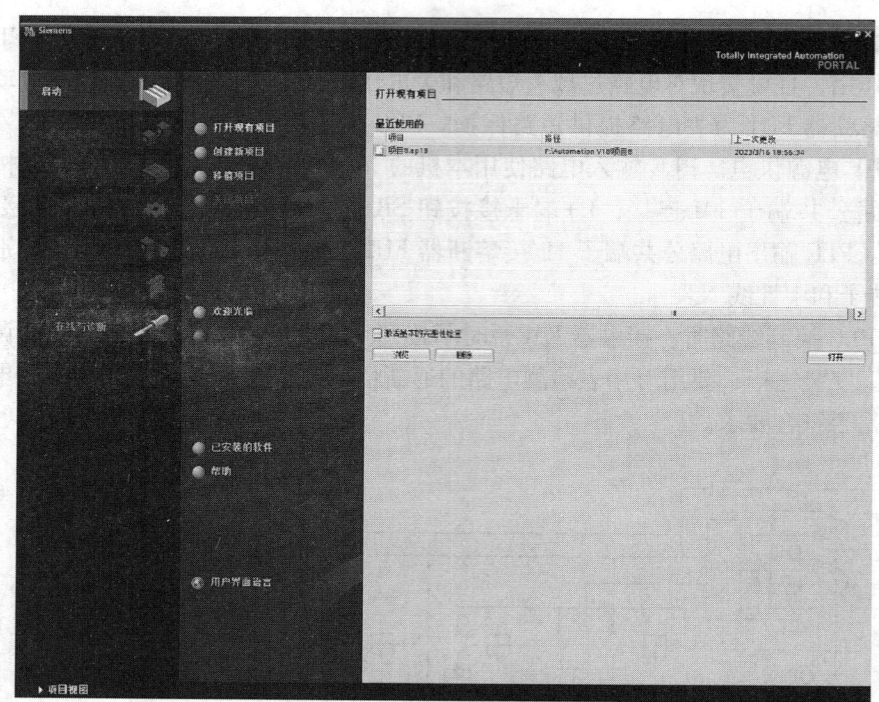

图 2-1-6　Portal 视图

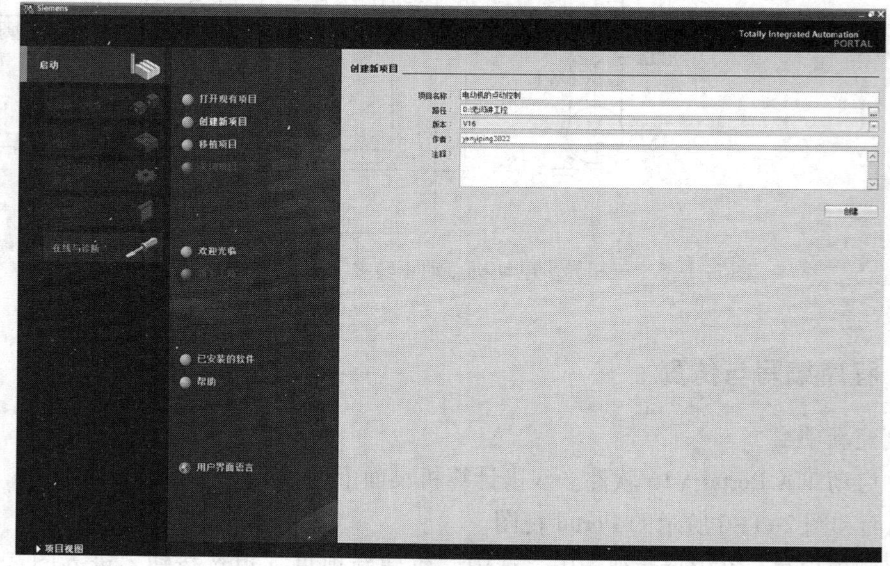

图 2-1-7　“创建新项目”界面

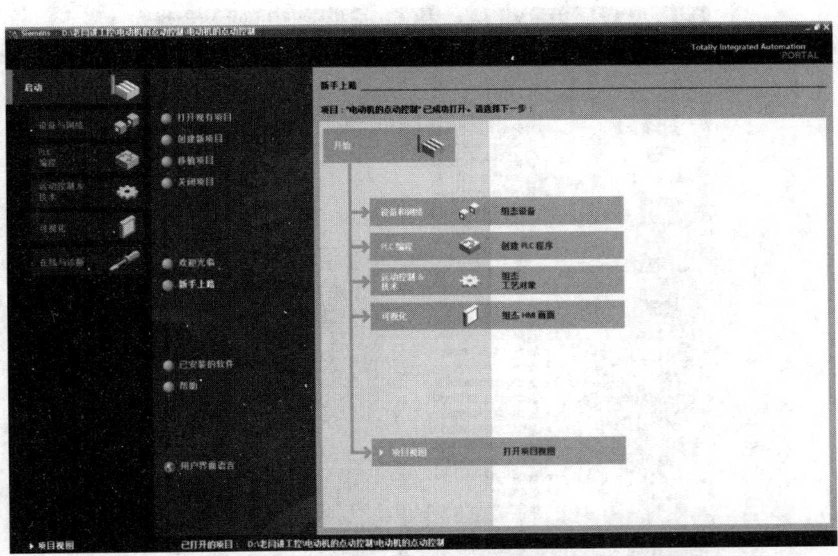

图 2-1-8 “新手上路”界面

2. 添加新设备

(1) 打开项目视图。单击左下角的“项目视图”选项或中间偏下位置的“打开项目视图”选项，进入图 2-1-9 所示的“项目视图”界面。

图 2-1-9 “项目视图”界面

(2) 添加设备。双击项目树中的“添加新设备”选项，在弹出的“添加新设备”对话框中单击“控制器”按钮，单击控制器文件夹下的 SIMATIC S7-1200→CPU→CPU 1214C AC/DC/Rly→6ES7 214-1BG40-0XB0→版本 V4.4，如图 2-1-10 所示，单击“确定”按钮。

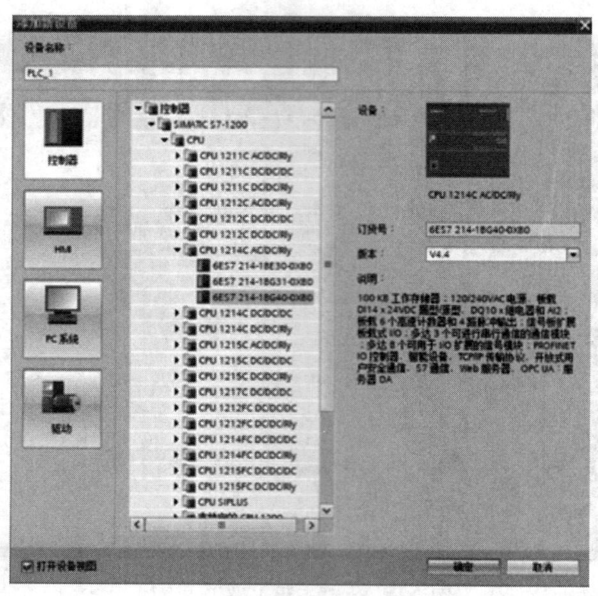

图 2-1-10　添加新设备

3. 硬件组态

硬件组态的主要任务是进行 CPU 参数和 I/O 参数配置。在软件底部的 CPU 属性视图中，可以配置 CPU 的启动特性、组织块、存储区等，可以修改数字量 I/O 和模拟量 I/O 的地址等。大多数情况下，CPU 的参数不用设置，可以直接采用默认值。

4. 编辑变量表

单击项目树中“PLC 变量”左侧的▼，双击“显示所有变量”选项，弹出右侧的 PLC 变量表，在变量表中输入本任务所需变量，如图 2-1-11 所示。

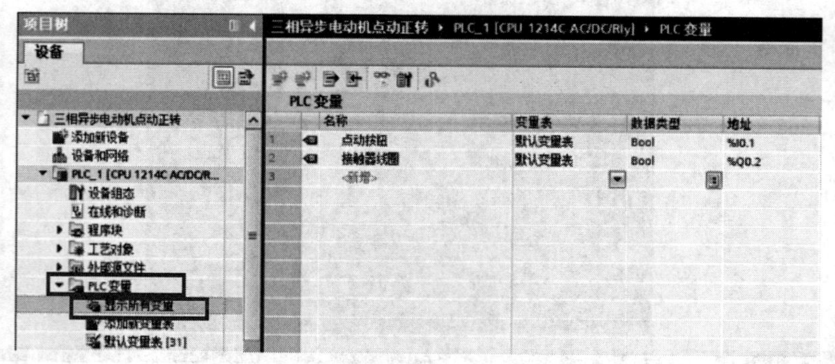

图 2-1-11　编辑变量表

5. 编写与输入程序

单击项目树中的“PLC_1[CPU 1214C AC/DC/Rly]”→“程序块”，打开“程序块”文件夹，双击主程序块“Main［OB1］”，项目树右侧会显示程序编辑器窗口，如图 2-1-12 所示，在程序编辑器窗口中写入程序。

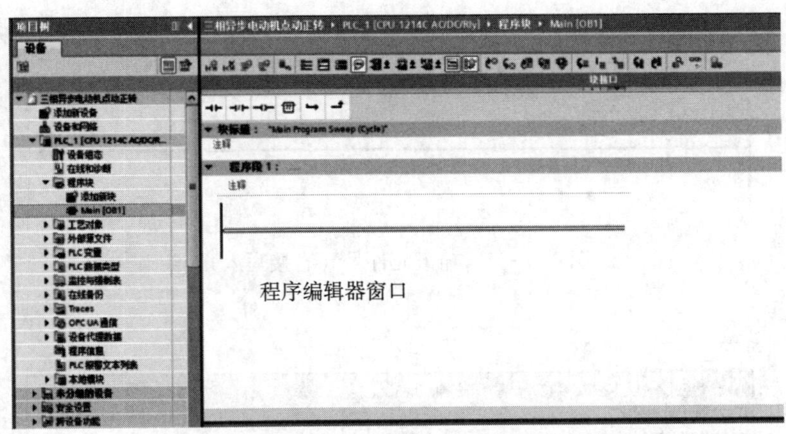

图 2-1-12 程序编辑器窗口

在写入程序时，为方便阅读，可以为每段程序编写注释。本程序为三相异步电动机点动正转控制程序，我们注释为“三相异步电动机点动正转”，如图 2-1-13 所示。

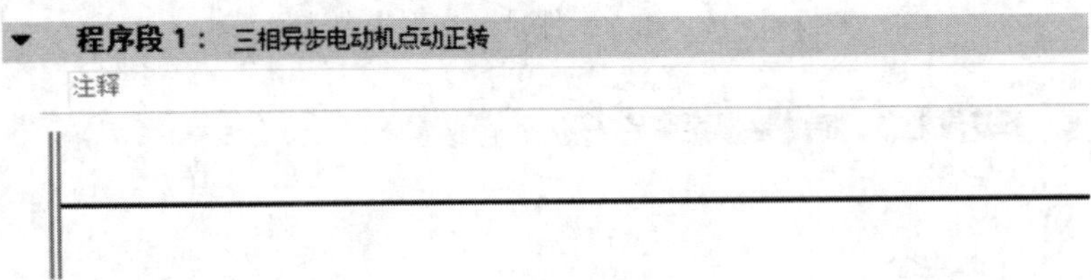

图 2-1-13 程序注释

本程序第一逻辑行的第一个触点为常开触点，单击右侧“基本指令”，双击指令列表中的第一个指令，或将该指令拖到程序段中，该指令即被写入逻辑行中，如图 2-1-14 所示。

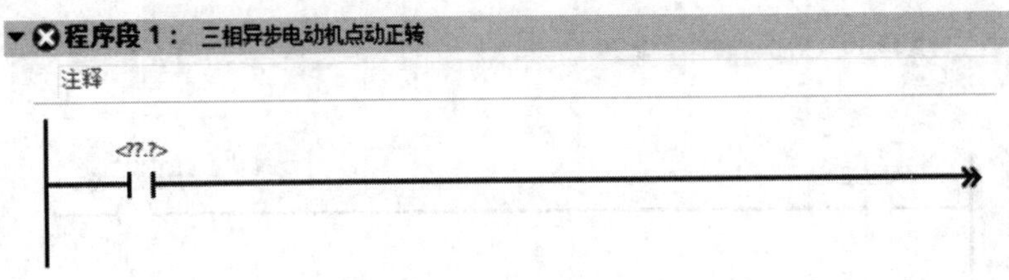

图 2-1-14 写入常开触点指令

单击指令上方的<??.?>，弹出图 2-1-15 所示的文本框，在文本框中输入 I0.1。也可以单击文本框右侧的按钮，在列表中进行选择，如图 2-1-16 所示，输入后的程序如图 2-1-17 所示。

采用同样的方法写入线圈 Q0.2，写入后的程序如图 2-1-18 所示。

6. 编译程序

单击工具栏中的（编译）按钮，程序编译界面如图 2-1-19 所示。编译结果应为成功编译，无错误，无警告。否则，应检查程序并进行修改。

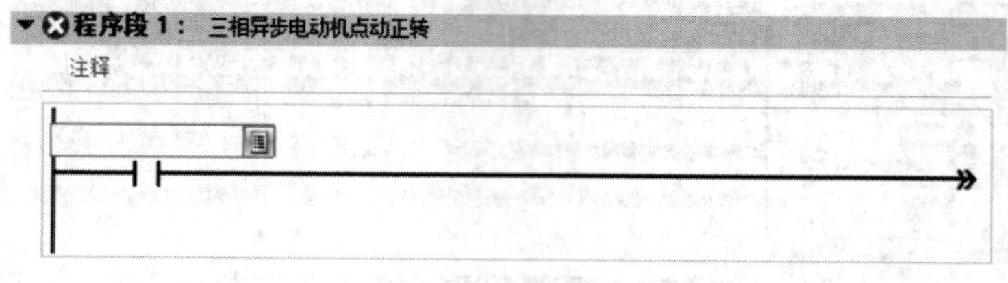

图 2-1-15　输入元件号（直接写入）

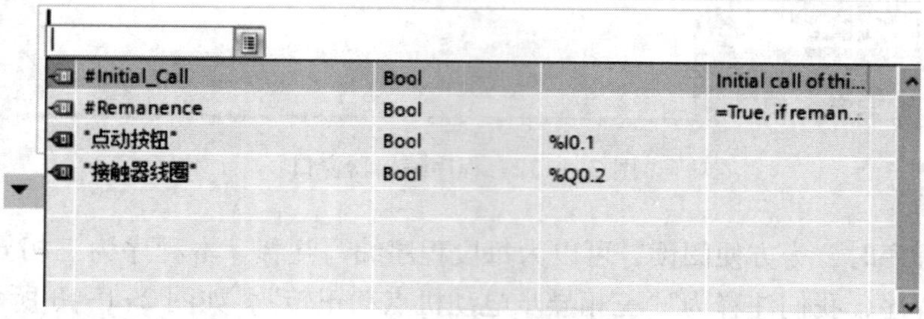

#Initial_Call	Bool		Initial call of thi...
#Remanence	Bool		=True, if reman...
"点动按钮"	Bool	%I0.1	
"接触器线圈"	Bool	%Q0.2	

图 2-1-16　输入元件号（在列表中选择）

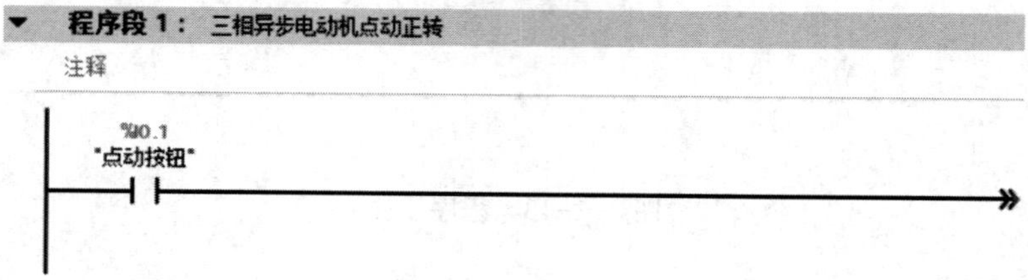

程序段 1： 三相异步电动机点动正转

注释

%I0.1
"点动按钮"

图 2-1-17　写入触点 I0. 1

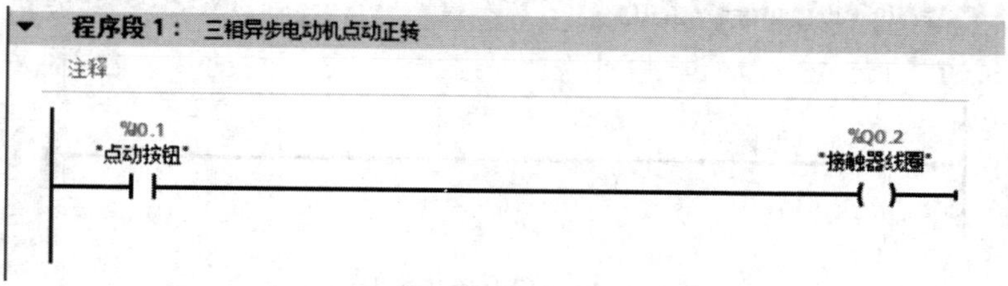

程序段 1： 三相异步电动机点动正转

注释

%I0.1
"点动按钮"

%Q0.2
"接触器线圈"

图 2-1-18　三相异步电动机点动正转 PLC 控制程序

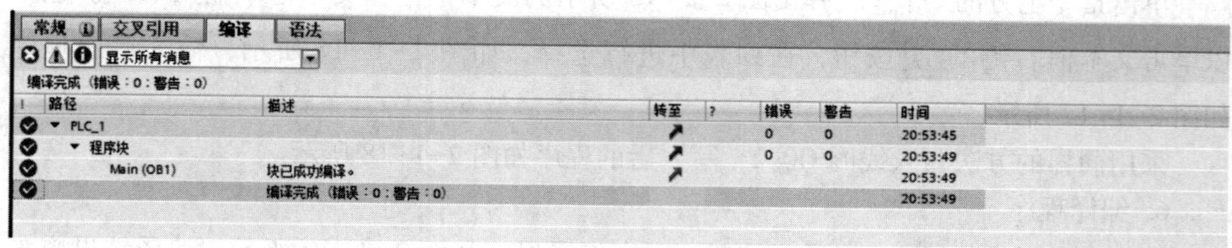
常规　交叉引用　编译　语法

显示所有消息

编译完成（错误：0；警告：0）

路径	描述	转至	?	错误	警告	时间
PLC_1		↗		0	0	20:53:45
程序块		↗		0	0	20:53:49
Main (OB1)	块已成功编译。	↗				20:53:49
	编译完成（错误：0；警告：0）					20:53:49

图 2-1-19　程序编译界面

7. 程序仿真

（1）虚拟装载。单击工具栏中的 （启动仿真）按钮，弹出图 2-1-20 所示的“扩展下载到设备”对话框。单击“开始搜索”按钮，执行搜索后的对话框如图 2-1-21 所示。单击“下载”按钮，弹出图 2-1-22 所示的“下载预览”对话框；单击“装载”按钮，弹出图 2-1-23 所示的“下载结果”对话框，将启动模块的动作设置为“启动模块”，单击“完成”按钮，弹出图 2-1-24 所示的仿真视窗。

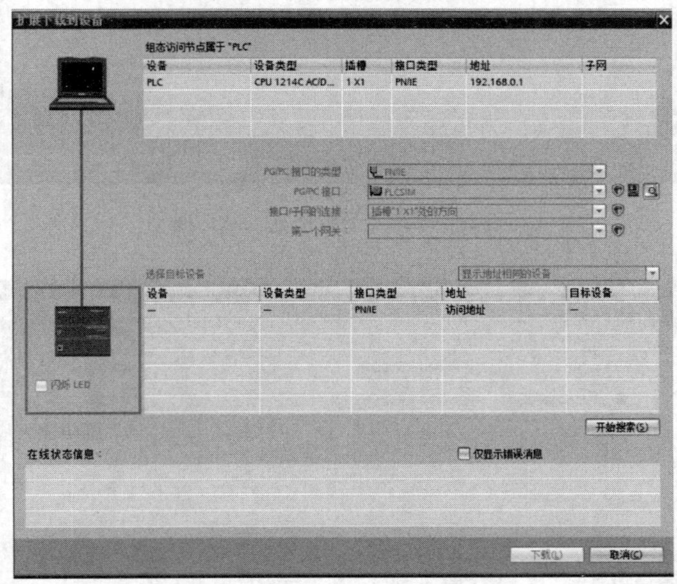

图 2-1-20 “扩展下载到设备”对话框

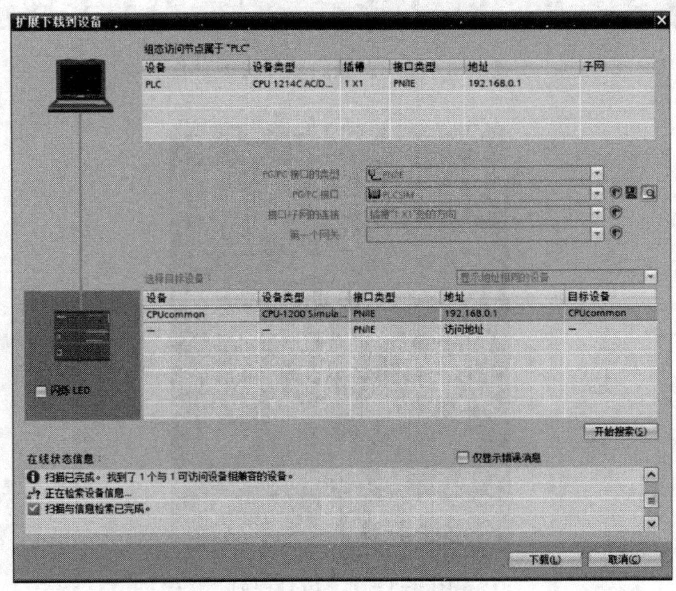

图 2-1-21　执行搜索后的对话框

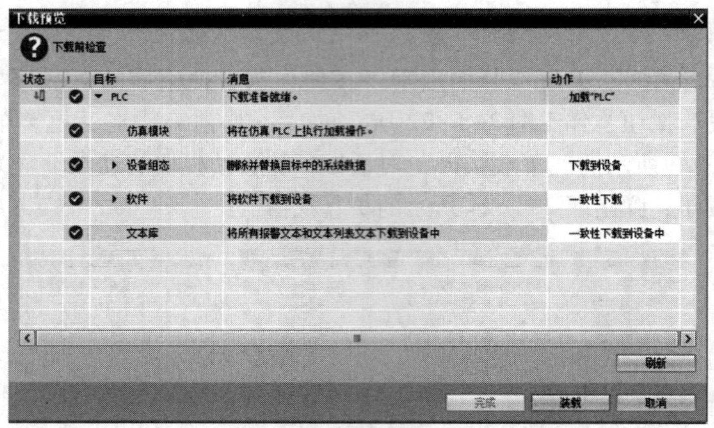

图 2-1-22 “下载预览”对话框

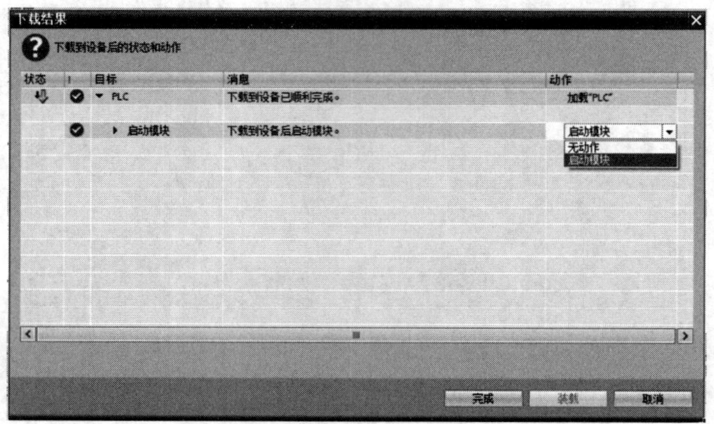

图 2-1-23 设置启动模块的动作

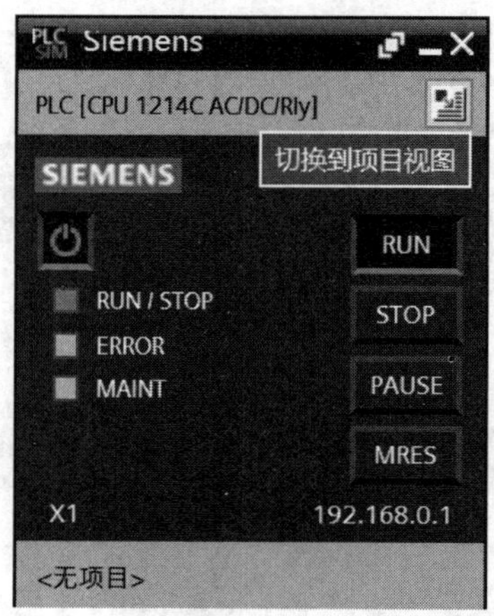

图 2-1-24 仿真视窗

（2）创建仿真新项目。单击图 2-1-24 中的 （切换到项目视图）按钮，打开仿真项目视图。在仿真项目视图中单击“项目”→“新建”，弹出图 2-1-25 所示的“创建新项目”对话框。输入项目名称和路径，单击“创建”按钮后，在“SIM 表格_1”中添加 I0.1 和 Q0.2，如图 2-1-26 所示。

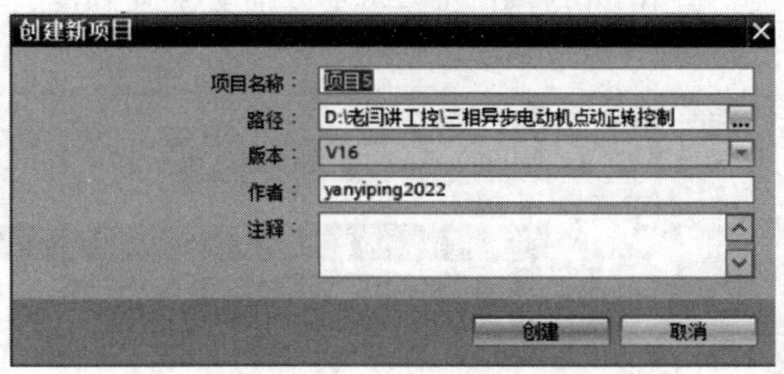

图 2-1-25 “创建新项目”对话框

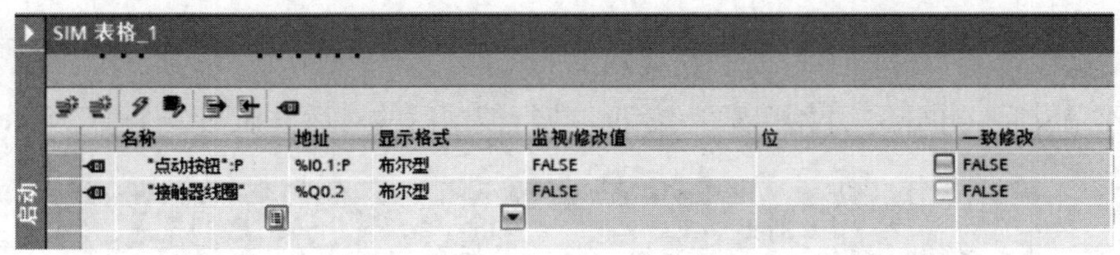

图 2-1-26 SIM 表格的设置

（3）点动仿真。按下点动按钮，I0.1 和 Q0.2 的“监视/修改值”变为 TRUE，如图 2-1-27 所示。松开点动按钮，I0.1 和 Q0.2 的“监视/修改值”变为 FALSE，如图 2-1-28 所示。

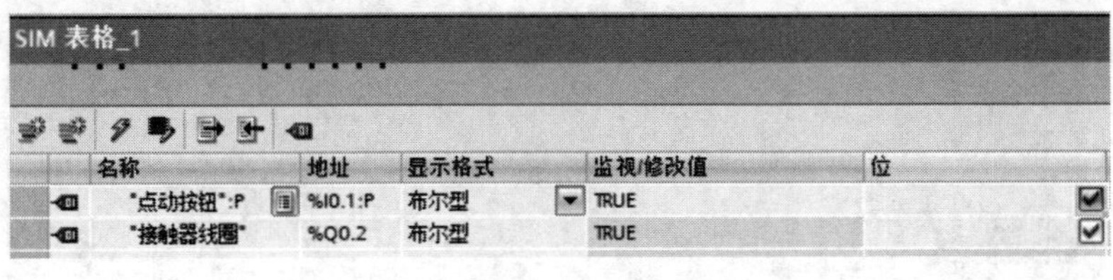

图 2-1-27 按下点动按钮

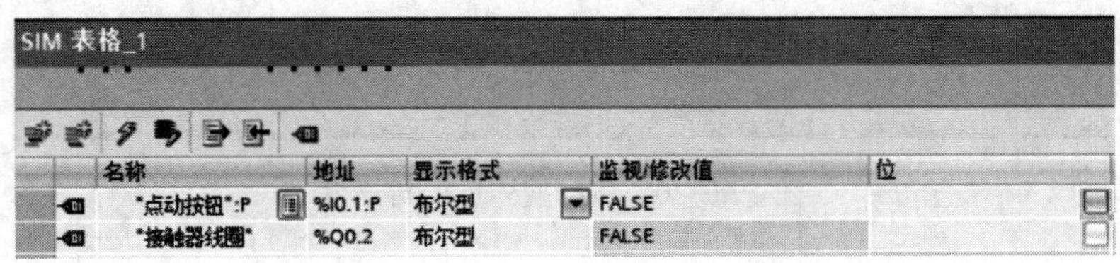

图 2-1-28 松开点动按钮

五、调试

1. 建立通信

将 PLC 与计算机用网线连接，单击工具栏中的 （下载到设备）按钮，弹出“扩展下载到设备”对话框，对 PG/PC 接口进行设置，如图 2-1-29 所示。

图 2-1-29　PG/PC 接口设置

设置完成后，单击“开始搜索”按钮，执行搜索后的对话框如图 2-1-30 所示。

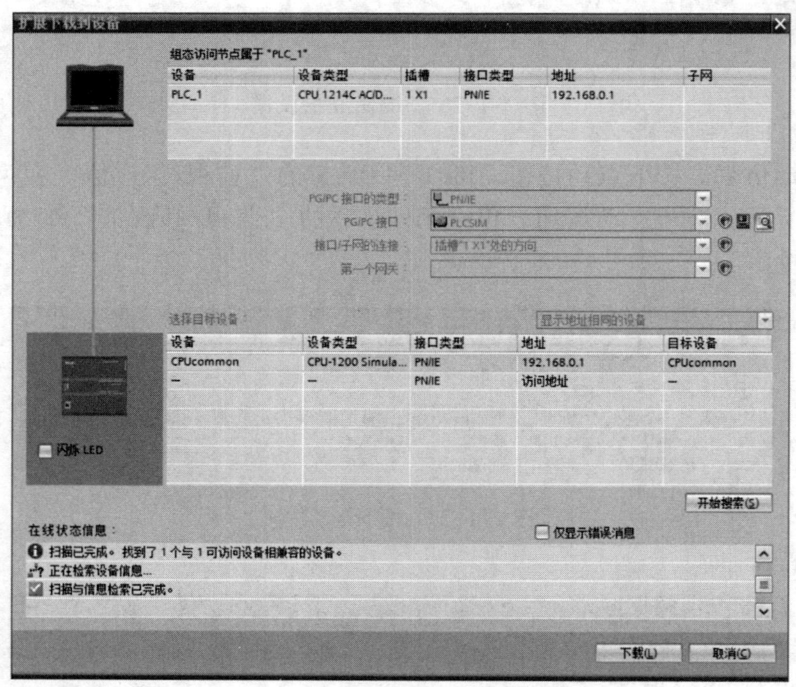

图 2-1-30　执行搜索后的对话框

2. 下载程序

单击“下载”→“装载”按钮，将启动模块的动作设置为“启动模块”，单击“完成”按钮，将程序下载到连接的 PLC 中。

3. 用程序状态功能调试程序

(1) 打开需要监视的三相异步电动机点动正转 PLC 控制程序，单击工具栏中的 (启用/禁用监视) 按钮，启动程序状态监视。

(2) 按下点动按钮，监视画面如图 2-1-31 所示，同时 PLC 的 I0.1 和 Q0.2 指示灯点亮。

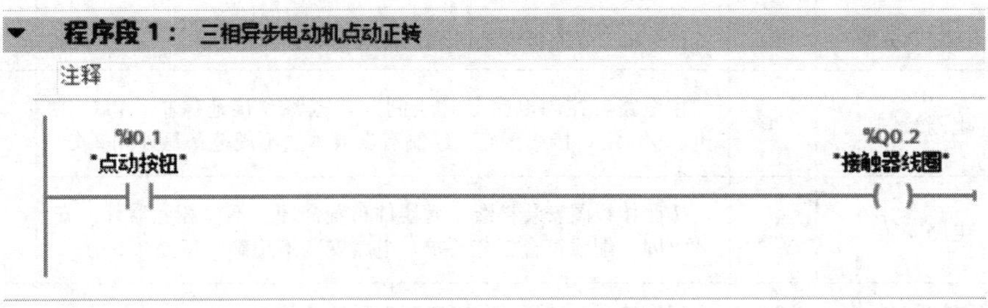

图 2-1-31 按下点动按钮后的监视画面

(3) 松开点动按钮，监视画面如图 2-1-32 所示，同时 PLC 的 I0.1 和 Q0.2 指示灯熄灭。

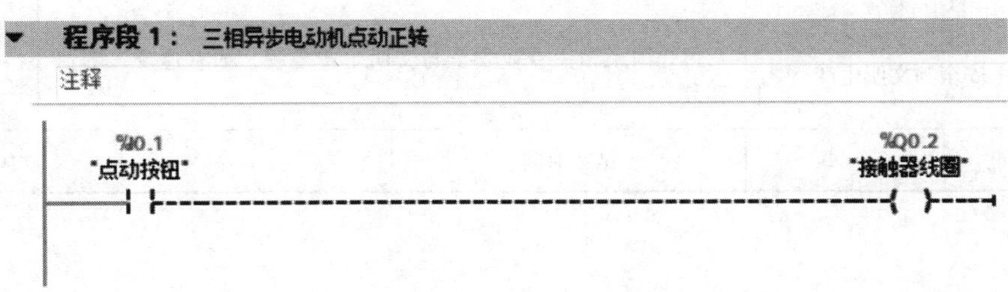

图 2-1-32 松开点动按钮后的监视画面

(4) 单击工具栏中的 按钮，停止程序状态监视。

4. 联机调试

在断电的情况下，将接触器 KM 的线圈连接到 PLC 的输出端 Q0.2。注意：联机调试过程中若出现故障，应立即切断电源，分析原因，检查电路。排除故障后，方可重新进行调试，直到调试成功。

合上电源开关 QF1～QF4，按下点动按钮 SB，PLC 输出继电器 Q0.2 通电，使接触器 KM 的线圈得电，KM 主触点闭合，电动机通电运转。松开点动按钮 SB，PLC 输出继电器 Q0.2 断电，使接触器 KM 的线圈断电，KM 主触点断开，电动机断电停转。断开电源开关 QF2～QF4、QF1。

任务测评

按照表 2-1-4 中的要求进行任务测评。

表 2-1-4 任务测评表

<table>
<tr><th>序号</th><th>考核内容</th><th>配分</th><th colspan="2">考核标准</th><th>扣分</th><th>得分</th></tr>
<tr><td>1</td><td>I/O 端口分配</td><td>10</td><td colspan="2">I/O 端口分配错误或遗漏，每处扣 5 分</td><td></td><td></td></tr>
<tr><td>2</td><td>电路绘制</td><td>20</td><td colspan="2">主电路与控制电路分开绘制，有短路和接地保护，PLC 供电、I/O 端口接线正确。绘制有误或画法不规范，每处扣 2 分</td><td></td><td></td></tr>
<tr><td>3</td><td>电路安装</td><td>25</td><td colspan="2">按照接线图安装接线，元器件布置合理，不损坏元器件，安装牢固，配线符合工艺要求。电路安装不正确，每处扣 5 分</td><td></td><td></td></tr>
<tr><td>4</td><td>程序编写与仿真</td><td>25</td><td colspan="2">程序编写、编译及仿真正确。每错一处扣 5 分</td><td></td><td></td></tr>
<tr><td>5</td><td>通电调试</td><td>20</td><td colspan="2">通电调试步骤正确，操作规范，安全无事故，功能正常。通电调试不正确或不规范，每次扣 5 分；出现事故，扣 20 分；第一次通电调试不成功，扣 5 分；第二次通电调试不成功，扣 10 分；第三次通电调试不成功，扣 20 分</td><td></td><td></td></tr>
<tr><td>6</td><td colspan="2">安全与文明生产</td><td colspan="2">遵守国家相关专业安全与文明生产规程，如有违反，酌情扣分</td><td></td><td></td></tr>
<tr><td>开始时间</td><td colspan="2"></td><td>结束时间</td><td></td><td>成绩</td><td></td></tr>
</table>

任务 2　三相异步电动机单向连续运转控制

学习目标

1. 掌握触点逻辑运算的表示形式、功能和使用方法。
2. 掌握置位与复位指令的表示形式、功能和使用方法。
3. 能使用触点串联/并联方法和置位/复位指令设计三相异步电动机单向连续运转 PLC 控制程序，并完成控制线路的绘制、安装和调试。

任务引入

接触器自锁控制适用于电动机连续运转的场合，在工业领域应用极其广泛。三相异步电动机单向连续运转继电器控制线路如图 2-2-1 所示。控制原理为：合上电源开关 QF1，当按下启动按钮 SB2 时，接触器 KM 线圈得电，KM 主触点闭合，并接在 SB2 两端的 KM 常开辅助触点（自锁触点）也同时闭合，电动机通电连续运转。当松开启动按钮 SB2 时，接触器 KM 线圈因自锁而继续得电，电动机继续运转。当按下停止按钮 SB1 或电动机发生过载故障时，接触器 KM 线圈断电且解除自锁，KM 主触点断开，电动机断电停止运转。停止工作时，断开电源开关 QF1。

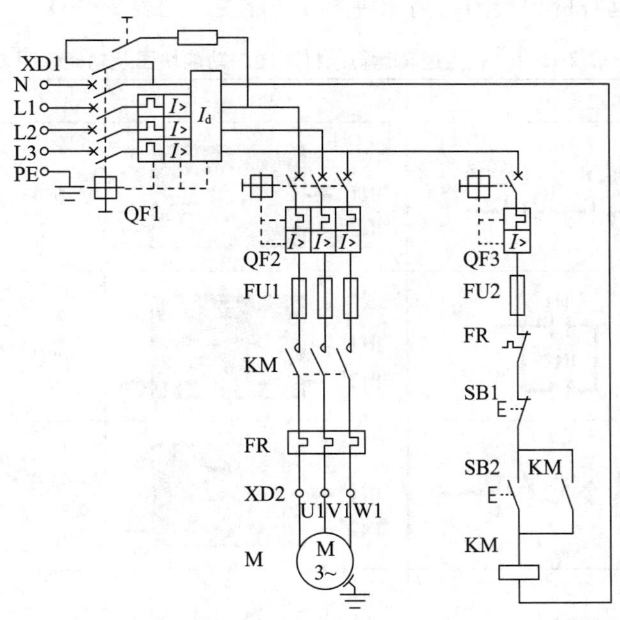

图 2-2-1　三相异步电动机单向连续运转继电器控制线路图

本任务要求将图 2-2-1 所示的传统继电器控制方式改为 PLC 控制方式，完成三相异步电动机单向连续运转 PLC 控制线路的设计、安装和调试。控制要求如下：

1. 当按下启动按钮 SB2 时，电动机连续运转。
2. 当按下停止按钮 SB1 或电动机发生过载故障时，电动机停止运转。
3. 具有短路、过载保护等必要的保护措施。

任务分析

按照继电器控制方式改为 PLC 控制方式的原则，主电路保留不变，控制电路改用 PLC 实现。三相异步电动机单向连续运转 PLC 控制系统有启动、停止及过载保护 3 个输入信号和交流接触器线圈驱动 1 个输出信号。因此，PLC 的 I/O 信号应为数字量，点数应不小于 4，输出接口应为继电器型，故选西门子 CPU 1214C AC/DC/Rly 模块。对应于线路图中按钮和触点的串、并联逻辑关系，应使用 PLC 的触点串联/并联方法编写 PLC 控制程序，也可以直接使用置位/复位指令编程。

相关知识

一、触点的逻辑运算

常用的触点逻辑运算有与（AND）、或（OR）、非（NOT）、与非、或非、异或（XOR），触点逻辑运算的梯形图、功能块图及功能说明见表 2-2-1。

表 2-2-1　触点逻辑运算的梯形图、功能块图及功能说明

逻辑运算	LAD	FBD	功能说明
与	"IN1" "IN2"	& "IN1" "IN2"	常开触点串联
或	"IN1" "IN2"	>=1 "IN1" "IN2"	常开触点并联
非	NOT	& "IN1" "IN2"	逻辑反相器，将当前 RLO 值取反
与非	"IN1" "IN2" NOT	—	与逻辑取反，等效于常闭触点并联
或非	"IN1" "IN2" NOT	—	或逻辑取反，等效于常闭触点串联
异或	—	X "IN1" "IN2"	必须有奇数个输入为“真”，输出才为“真”

图 2-2-2 所示的梯形图实现了与逻辑运算及赋值，常开触点 I0.1 和 I0.2 串联，当 I0.1 和 I0.2 都接通时，输出线圈 Q0.1 得电，即 Q0.1=1，Q0.1=1 就是 RLO 值。

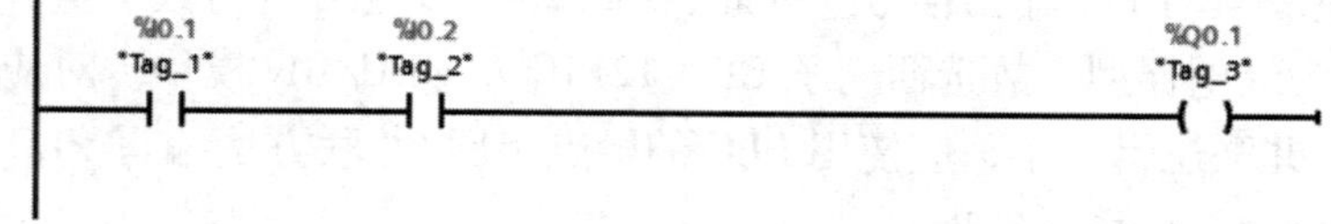

图 2-2-2　与逻辑运算及赋值

图 2-2-3 所示的梯形图实现了或逻辑运算及赋值，常开触点 I0. 2 和 I0. 3 并联，当 I0. 2 或 I0. 3 接通时，输出线圈 Q0. 2 得电，即 Q0. 2=1，Q0. 2=1 就是 RLO 值。

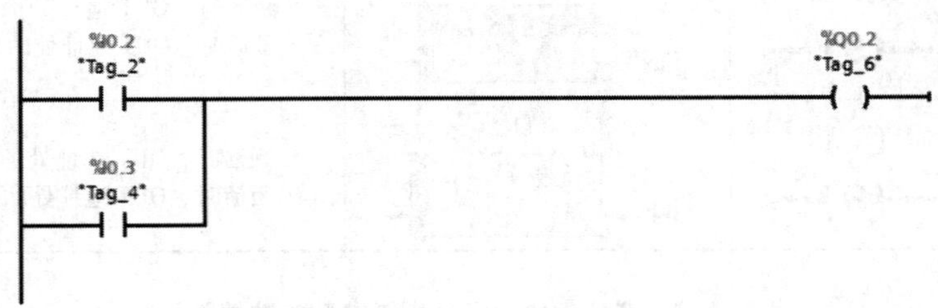

图 2-2-3　或逻辑运算及赋值

图 2-2-4 所示的梯形图实现了非逻辑运算及赋值，当 I0. 4 接通，即 I0. 4=1 时，输出线圈 Q0. 3=0；反之，当 I0. 4 断开，即 I0. 4=0 时，输出线圈 Q0. 3=1。

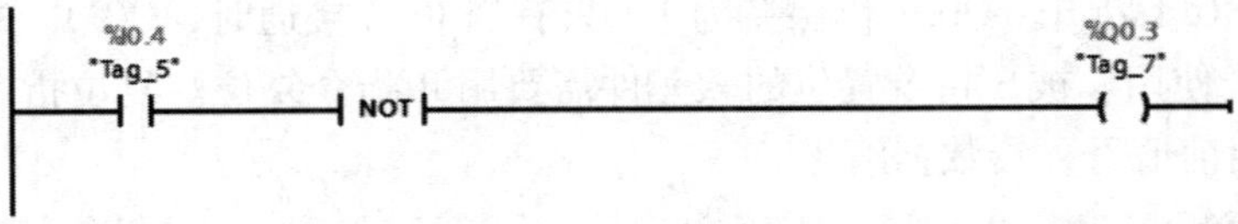

图 2-2-4　非逻辑运算及赋值

图 2-2-5 所示为起保停程序的梯形图，当 I0. 0 接通时，输出线圈 Q0. 0 得电，其常开触点（tag_2）闭合，即使 I0. 0 断开，线圈 Q0. 0 也能持续得电；当 I0. 1 接通时，线圈 Q0. 0 断电。

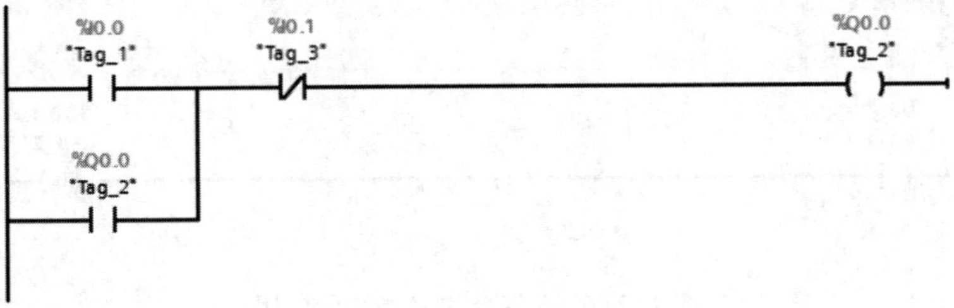

图 2-2-5　起保停程序

二、置位指令与复位指令

置位指令即 S（Set）指令，复位指令即 R（Reset）指令，其梯形图、功能块图及功能说明见表 2-2-2，参数的数据类型见表 2-2-3。执行置位指令时，将指令操作数（bit）指定的地址位置位（即变为 1）并保持；执行复位指令时，将指令操作数（bit）指定的地址位复位（即变为 0）并保持。

表 2-2-2　置位指令和复位指令的梯形图、功能块图及功能说明

指令名称	LAD	FBD	功能说明
置位指令	"OUT" —(S)—	"OUT" S "IN"	S 激活时，OUT 地址处的数据值设置为 1。S 未激活时，OUT 地址处的数据值不变
复位指令	"OUT" —(R)—	"OUT" R "IN"	R 激活时，OUT 地址处的数据值设置为 0。R 未激活时，OUT 地址处的数据值不变

表 2-2-3　置位指令和复位指令参数的数据类型

参数	数据类型	说明
IN	Bool	要监视位置的位变量
OUT	Bool	要置位或复位位置的位变量

图 2-2-6 所示为 S 指令和 R 指令的应用实例。当 I0.1 接通时，Q0.1 置位，即 Q0.1 = 1，之后，即使 I0.1 断开，Q0.1 仍保持为 1；只有当 I0.2 接通时，Q0.1 才复位为 0。S 指令和 R 指令配合使用，被 S 指令置位的软元件需要用 R 指令复位。复位指令还可以将定时器和计数器的当前值寄存器数据清零。

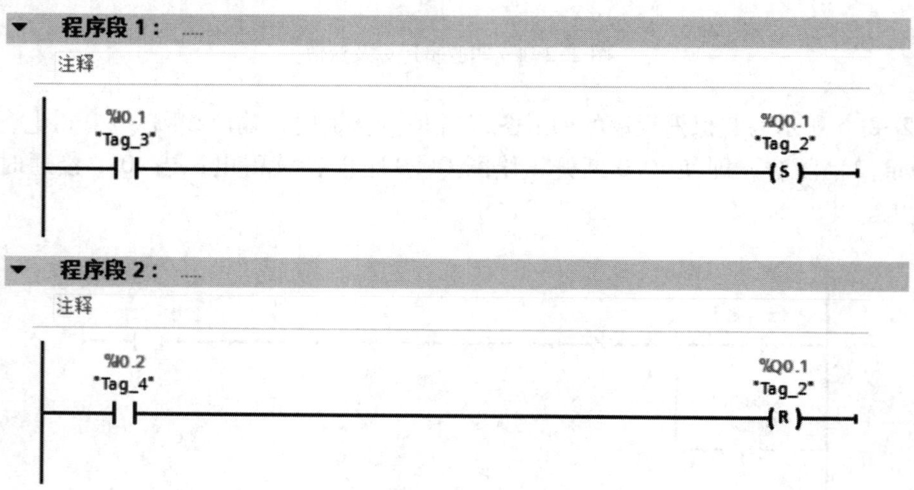

图 2-2-6　S 指令和 R 指令的应用

注意，使用 S 指令和 R 指令时，输出线圈允许出现两次或多次，这不属于双线圈输出情况。

任务实施

一、任务准备

实施本任务所使用的元器件可参考表 2-2-4。

表 2-2-4　实训元器件清单

序号	设备名称	型号及规格	数量	备注
1	PLC	CPU 1214C AC/DC/Rly	1 台	配 C45 导轨
2	剩余电流动作断路器	DZ47LE-63 D16，3P+N，30 mA	1 个	电源开关，漏电保护
3	低压断路器	DZ47-63 D10，3P	1 个	主电路短路保护
4	低压断路器	DZ47-63 D5，1P	2 个	PLC 供电电源和输出电路短路保护
5	熔断器	RT28-32/2	5 个	电动机主电路、PLC 供电及负载回路短路保护
6	按钮	LA38-11/203	2 个	SB1（红）/SB2（绿），停止/启动信号输入
7	热继电器	JR20-10 L，整定电流范围为 0.15~0.23 A	1 个	电动机过载保护
8	交流接触器	CJ20-10，线圈电压 220 V	1 个	电动机运行控制
9	接线端子排	TB-1520，20 位	1 条	
10	配电盘	600 mm×900 mm	1 块	
11	三相异步电动机	YS5024，40 W	1 台	控制对象

二、分配输入/输出端口

输入/输出端口分配见表 2-2-5。

表 2-2-5　输入/输出端口分配

输入端口			输出端口		
输入继电器	输入元器件	作用	输出继电器	输出元器件	作用
I0.0	热继电器 FR	过载保护	Q0.1	交流接触器 KM	控制电动机
I0.1	按钮 SB1	停止			
I0.2	按钮 SB2	启动			

三、绘制并安装 PLC 控制线路

三相异步电动机单向连续运转 PLC 控制系统的接线如图 2-2-7 所示。安装时，接触器暂时不接到 PLC 的输出端 Q0.1，待程序调试通过后再连接。安装完毕，要用万用表检测电路的通断情况是否正确，用兆欧表检测电路的绝缘电阻值是否符合要求。

四、程序编写与仿真

1. 建立变量表

本任务的变量表如图 2-2-8 所示。

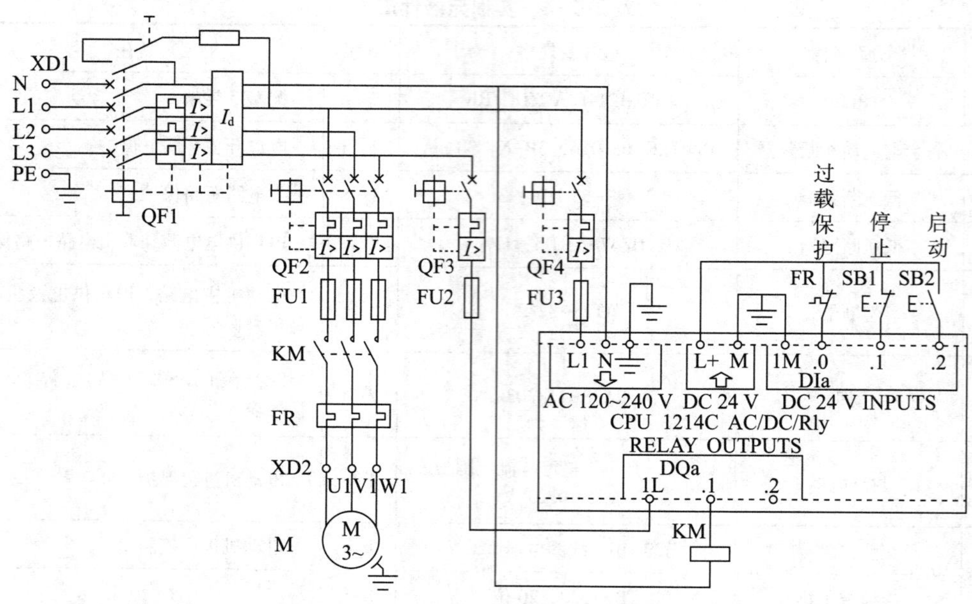

图 2-2-7 三相异步电动机单向连续运转 PLC 控制系统的接线图

默认变量表

		名称	数据类型	地址
1		过载保护	Bool	%I0.0
2		停止按钮	Bool	%I0.1
3		启动按钮	Bool	%I0.2
4		交流接触器线圈	Bool	%Q0.1
5		<新增>		

图 2-2-8 变量表

2. 采用触点串联/并联方法编写程序并仿真

在程序编辑器窗口中输入图 2-2-9 所示的三相异步电动机单向连续运转 PLC 控制程序并编译，然后在新建仿真项目的“SIM 表格_1”中添加 I0.0、I0.1、I0.2 和 Q0.1 变量，如图 2-2-10 所示。

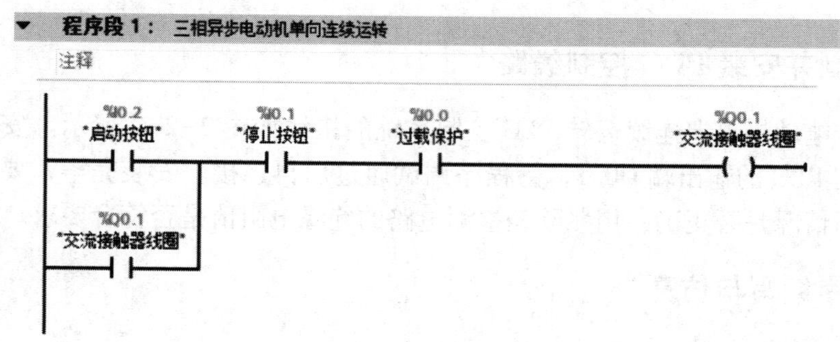

图 2-2-9 采用触点串联/并联方法的三相异步电动机单向连续运转 PLC 控制程序

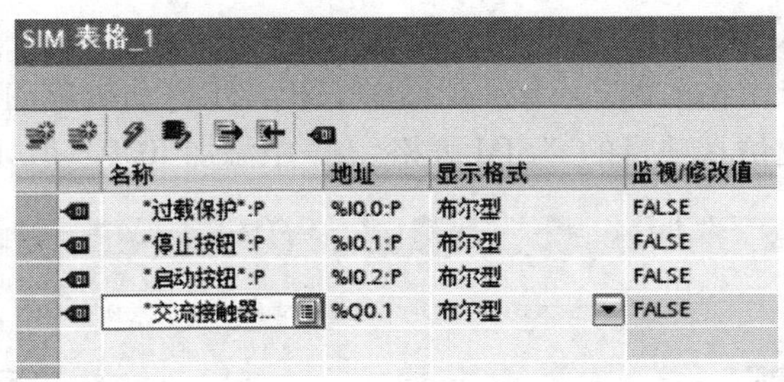

SIM 表格_1

名称	地址	显示格式	监视/修改值
"过载保护":P	%I0.0:P	布尔型	FALSE
"停止按钮":P	%I0.1:P	布尔型	FALSE
"启动按钮":P	%I0.2:P	布尔型	FALSE
"交流接触器...	%Q0.1	布尔型	FALSE

图 2-2-10　SIM 表格的设置

（1）连续运转仿真。按下启动按钮，Q0.1 的“监视/修改值”变为 TRUE；松开启动按钮，I0.0 的“监视/修改值”变为 FALSE，Q0.1 的“监视/修改值”保持 TRUE。仿真界面如图 2-2-11 和图 2-2-12 所示。

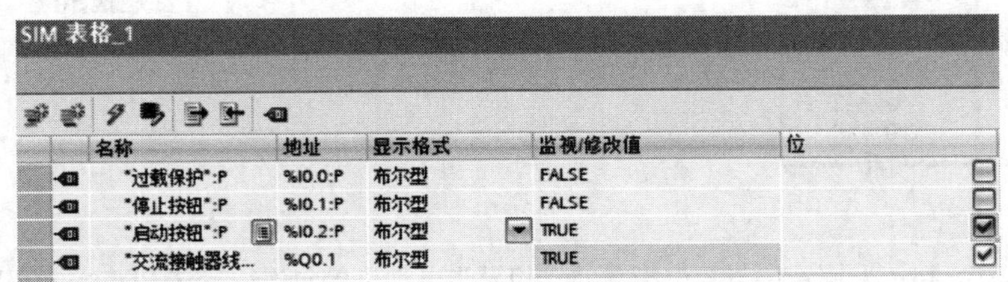

SIM 表格_1

名称	地址	显示格式	监视/修改值	位
"过载保护":P	%I0.0:P	布尔型	FALSE	☐
"停止按钮":P	%I0.1:P	布尔型	FALSE	☐
"启动按钮":P	%I0.2:P	布尔型	TRUE	☑
"交流接触器线...	%Q0.1	布尔型	TRUE	☑

图 2-2-11　按下启动按钮后的仿真界面

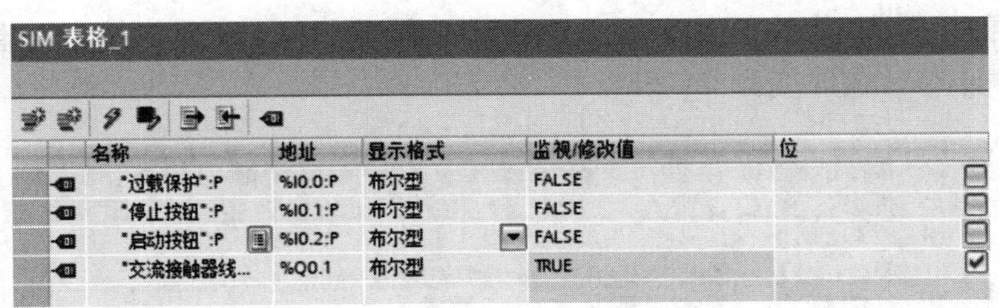

SIM 表格_1

名称	地址	显示格式	监视/修改值	位
"过载保护":P	%I0.0:P	布尔型	FALSE	☐
"停止按钮":P	%I0.1:P	布尔型	FALSE	☐
"启动按钮":P	%I0.2:P	布尔型	FALSE	☐
"交流接触器线...	%Q0.1	布尔型	TRUE	☑

图 2-2-12　松开启动按钮后的仿真界面

（2）停止运转仿真。按下停止按钮，Q0.1 的“监视/修改值”变为 FALSE，仿真界面如图 2-2-13 所示。

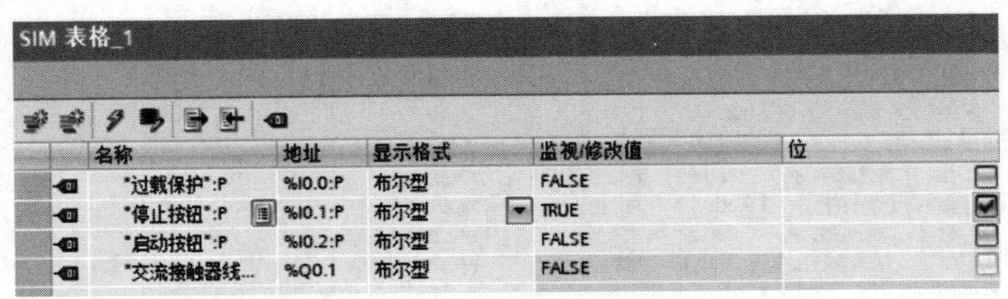

SIM 表格_1

名称	地址	显示格式	监视/修改值	位
"过载保护":P	%I0.0:P	布尔型	FALSE	☐
"停止按钮":P	%I0.1:P	布尔型	TRUE	☑
"启动按钮":P	%I0.2:P	布尔型	FALSE	☐
"交流接触器线...	%Q0.1	布尔型	FALSE	☐

图 2-2-13　按下停止按钮后的仿真界面

（3）过载保护仿真。按下过载保护按钮，Q0.1 的“监视/修改值”变为 FALSE。

3. 采用置位与复位指令编写程序并仿真

在程序编辑器窗口中输入图 2-2-14 所示的三相异步电动机单向连续运转 PLC 控制程序并编译，然后在新建仿真项目的“SIM 表格_1”中添加 I0.0、I0.1、I0.2 和 Q0.1。

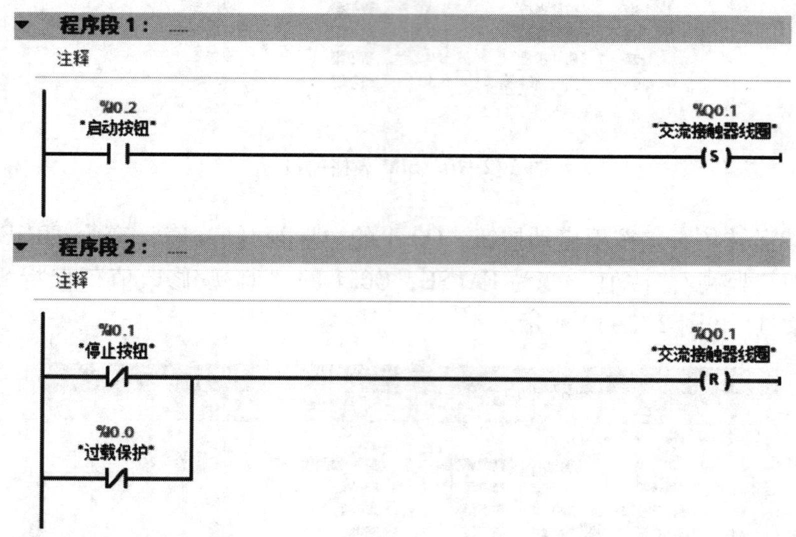

图 2-2-14 采用置位与复位指令的三相异步电动机单向连续运转 PLC 控制程序

按下启动按钮，Q0.1 的“监视/修改值”变为 TRUE，如图 2-2-15 所示。按下停止按钮，Q0.1 的“监视/修改值”变为 FALSE，如图 2-2-16 所示。按下过载保护按钮，Q0.1 的“监视/修改值”变为 FALSE。

SIM 表格_1

名称	地址	显示格式	监视/修改值	位
"过载保护":P	%I0.0:P	布尔型	FALSE	☐
"停止按钮":P	%I0.1:P	布尔型	FALSE	☐
"启动按钮":P	%I0.2:P	布尔型	TRUE	☑
"交流接触器线...	%Q0.1	布尔型	TRUE	☑

图 2-2-15 连续运转仿真界面

SIM 表格_1

名称	地址	显示格式	监视/修改值	位
"过载保护":P	%I0.0:P	布尔型	FALSE	☐
"停止按钮":P	%I0.1:P	布尔型	TRUE	☑
"启动按钮":P	%I0.2:P	布尔型	FALSE	☐
"交流接触器线...	%Q0.1	布尔型	FALSE	☐

图 2-2-16 停止运转仿真界面

五、程序调试

运行 TIA Portal V16 的计算机与 PLC 之间建立通信连接后，首先将控制程序下载到 PLC，然后使用程序状态功能调试程序，最后进行联机调试。

1. 模拟调试

（1）打开图 2-2-9 所示的梯形图程序，单击工具栏中的按钮，启动程序状态监视。

（2）按下按钮 SB2，PLC 的 Q0.1 指示灯点亮，Q0.1 端输出 220 V 电压，Q0.1 常开触点闭合实现自锁。松开按钮 SB2，Q0.1 指示灯仍然点亮，Q0.1 端口持续输出 220 V 电压，电动机持续运转，监视画面如图 2-2-17 所示。按下停止按钮 SB1，PLC 的 Q0.1 指示灯熄灭，Q0.1 端无输出，电动机停止运行，监视画面如图 2-2-18 所示。

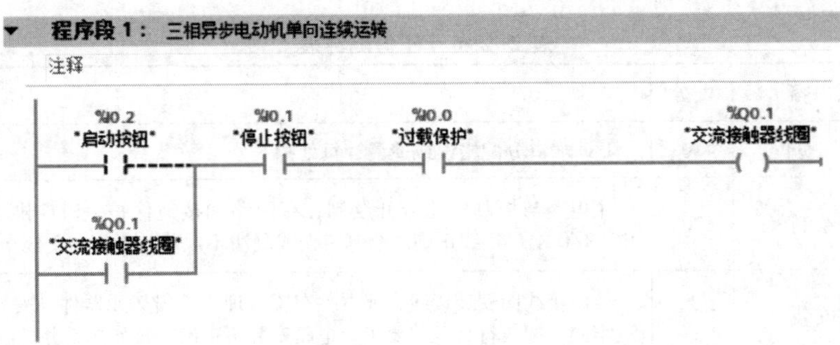

图 2-2-17　连续运转监视画面

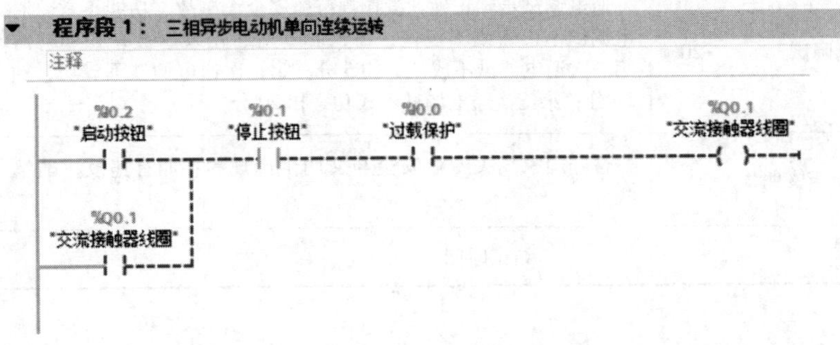

图 2-2-18　停止运转监视画面

用程序状态功能调试图 2-2-14 所示程序的方法同上，请读者自行调试。

2. 联机调试

在断电的情况下，将接触器 KM 的线圈连接到 PLC 的输出端 Q0.1。注意：若联机调试过程中出现故障，应立即切断电源，分析原因，检查电路。排除故障后，方可重新进行调试，直到调试成功。

（1）合上电源开关 QF1～QF4。

（2）启动控制。将 CPU 切换到 RUN 模式，按下启动按钮 SB2，PLC 输出继电器 Q0.1 通电自锁，使接触器 KM 的线圈得电，KM 主触点闭合，电动机通电单向连续运转。

（3）停止控制。按下停止按钮 SB1，PLC 输出继电器 Q0.1 断电且解除自锁，使接触器 KM 的线圈断电，KM 主触点断开，电动机断电停转。

（4）过载保护。按下启动按钮 SB2 后，当发生过载故障时，热继电器 FR 的常闭触点断开，PLC 输出继电器 Q0.1 断电且解除自锁，使接触器 KM 的线圈断电，KM 主触点断开，电动机断电停转。

（5）断开电源开关 QF2～QF4、QF1。

任务测评

按照表 2-2-6 中的要求进行任务测评。

表 2-2-6　任务测评表

序号	考核内容	配分	考核标准	扣分	得分
1	I/O 端口分配	10	I/O 端口分配错误或遗漏，每处扣 5 分		
2	电路绘制	20	主电路与控制电路分开绘制，有短路和接地保护，PLC 供电、I/O 端口接线正确。绘制有误或画法不规范，每处扣 2 分		
3	电路安装	25	按照接线图安装接线，元器件布置合理，不损坏元器件，安装牢固，配线符合工艺要求。电路安装不正确，每处扣 5 分		
4	程序编写与仿真	25	程序编写、编译及仿真正确。每错一处扣 5 分		
5	通电调试	20	通电调试步骤正确，操作规范，安全无事故，功能正常。通电调试不正确或不规范，每次扣 5 分；出现事故，扣 20 分；第一次通电调试不成功，扣 5 分；第二次通电调试不成功，扣 10 分；第三次通电调试不成功，扣 20 分		
6	安全与文明生产		遵守国家相关专业安全与文明生产规程，如有违反，酌情扣分		
开始时间		结束时间		成绩	

知识拓展

扫描右侧二维码，可了解置位优先和复位优先触发器、置位位域指令和复位位域指令的相关知识。

任务3　三相异步电动机点动与连续运转控制

学习目标

1. 掌握编程元件位存储器的功能和使用方法。
2. 掌握位字符串的编址方式。
3. 能使用位存储器和触点串联/并联方法设计三相异步电动机点动与连续运转 PLC 控制程序，并完成控制线路的绘制、安装和调试。

任务引入

在生产实践中，有的生产机械既要求能连续运行，又要求能点动控制。例如，机床设备在正常工作时，通常需要电动机处于连续运转状态。但在试车或调整刀具与工件的相对位置时，又要求电动机能够实现点动控制，实现这种工艺要求的是连续与点动的混合控制线路。三相异步电动机点动与连续运转继电器控制线路如图 2-3-1 所示，该控制线路有 3 个按钮，分别是停止按钮、启动按钮和点动按钮。其中点动按钮是复合按钮，当按下点动按钮时，其常闭触点先断开从而分断自锁电路，使自锁功能不起作用；当松开点动按钮时，其常开触点先断开控制电路。

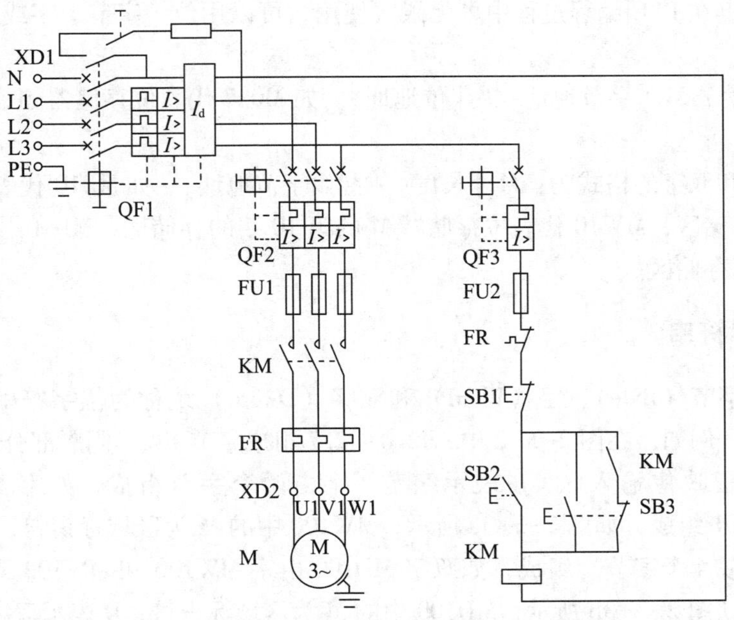

图 2-3-1　三相异步电动机点动与连续运转继电器控制线路图

本任务要求将图 2-3-1 所示的继电器控制方式改为 PLC 控制方式，完成三相异步电动机点动与连续运转 PLC 控制线路的设计、安装和调试。控制要求如下：

1. 点动正转。当按下点动按钮 SB3 时，接触器 KM 的线圈得电，电动机正转；当松开点动按钮 SB3 时，接触器 KM 的线圈断电，电动机停止正转。

2. 连续运转。当按下启动按钮 SB2 时，接触器 KM1 的线圈得电自锁，电动机连续运转；当按下停止按钮 SB1 或电动机发生过载故障时，接触器 KM1 的线圈断电并解除自锁，电动机停止运转。

3. 具有短路、过载保护等必要的保护措施。

任务分析

三相异步电动机点动与连续运转 PLC 控制系统有点动、启动、停止和过载保护 4 个输入信号，交流接触器线圈驱动 1 个输出信号。PLC 的 I/O 信号应为数字量，点数不小于 5，输出接口为继电器型，故选用西门子 CPU 1214C AC/DC/Rly 模块。使用位存储器和触点串联/并联的方法编写 PLC 控制程序。

相关知识

一、位存储器（M）

位存储器是 PLC 的系统存储器之一，用来存储运算的中间操作状态或其他控制信息，不能直接驱动外部负载，其作用与继电器控制系统中的中间继电器相似。标志位存储器的常开与常闭触点在 PLC 编程过程中可无限次使用，可以用位、字节、字或双字读/写位存储器。

位的格式为：M［字节地址］.［位地址］。如 M0.7 代表位存储器 M 的第 0 字节第 7 位的存储区。

字节、字和双字的格式为：M［长度］［起始字节地址］。如 MB10 代表位存储器 M 的第 10 字节的存储区，MW10 代表位存储器 M 的第 10 字的存储区，MD10 代表位存储器 M 的第 10 双字的存储区。

二、位字符串

数据类型字节（Byte）、字（Word）和双字（Dword）统称为位字符串。字节由 8 位二进制数组成。例如，在图 2-3-2 中，I2.0~I2.7 组成字节 IB2，阴影部分表示 I2.3，IB2 中的 I 表示过程映像输入区，B 表示字节。字由两个字节组成，如字 MW100 由字节 MB100 和 MB101 组成，如图 2-3-3a 所示，MW100 中的 M 为区域标识符，W 表示字。双字由两个字（或 4 个字节）组成，如双字 MD100 由字 MW100 和 MW102 或字节 MB100~MB103 组成，如图 2-3-3b 所示，MD100 中的 M 为区域标识符，D 表示双字。

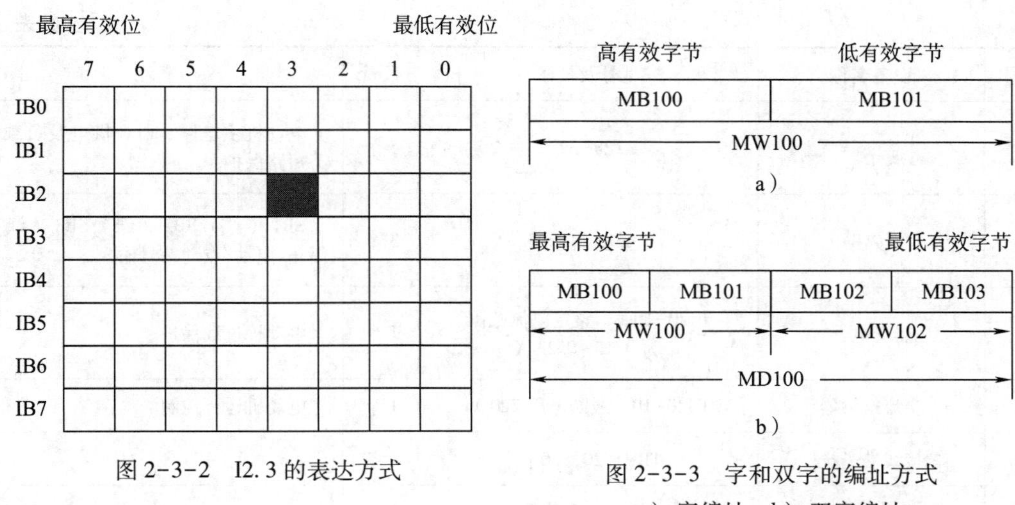

图 2-3-2　I2.3 的表达方式

图 2-3-3　字和双字的编址方式
a）字编址　b）双字编址

【例 2-3-1】如果 MD0=16#2E，那么 MB0、MB1、MB2、MB3、M0.0 和 M3.2 的数值分别是多少？

解：MD0=16#2E=16#0000002E=2#0000 0000 0000 0000 0000 0000 0010 1110，用图 2-3-4 表示。可见，MB0=2#0000 0000，MB1=2#0000 0000，MB2=2#0000 0000，MB3=2#0010 1110，M0.0=0，M3.2=1。

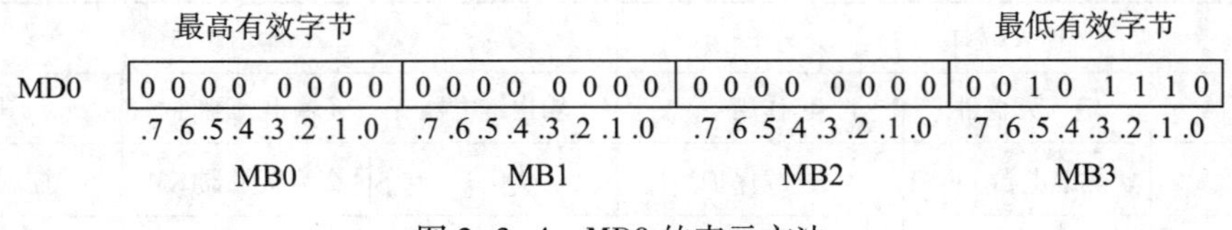

图 2-3-4　MD0 的表示方法

任务实施

一、任务准备

实施本任务所使用的元器件可参考表 2-3-1。

表 2-3-1　实训元器件清单

序号	设备名称	型号及规格	数量	备注
1	PLC	CPU 1214C AC/DC/Rly	1 台	配 C45 导轨
2	剩余电流动作断路器	DZ47LE-63 D16，3P+N，30 mA	1 个	电源开关，漏电保护
3	低压断路器	DZ47-63 D10，3P	1 个	主电路短路保护
4	低压断路器	DZ47-63 D5，1P	2 个	PLC 供电电源和输出电路短路保护

续表

序号	设备名称	型号及规格	数量	备注
5	熔断器	RT28-32/2	5 个	电动机主电路、PLC 供电及负载回路短路保护
6	按钮	LA38-11/203	3 个	SB1（红）/SB2（绿）/SB3（绿），停止/启动/点动信号输入
7	热继电器	JR20-10 L，整定电流范围为 0.15~0.23 A	1 个	电动机过载保护
8	交流接触器	CJ20-10，线圈电压 220 V	1 个	电动机运行控制
9	接线端子排	TB-1520，20 位	1 条	
10	配电盘	600 mm×900 mm	1 块	
11	三相异步电动机	YS5024，40 W	1 台	控制对象

二、分配输入/输出端口

输入/输出端口分配见表 2-3-2。

表 2-3-2 输入/输出端口分配

输入端口			输出端口		
输入继电器	输入元器件	作用	输出继电器	输出元器件	作用
I0.0	热继电器 FR	过载保护	Q0.1	交流接触器 KM	控制电动机
I0.1	按钮 SB1	停止			
I0.2	按钮 SB2	启动			
I0.3	按钮 SB3	点动			

三、绘制并安装 PLC 控制线路

三相异步电动机点动与连续运转 PLC 控制系统的接线如图 2-3-5 所示。安装时，交流接触器 KM 暂时不接到 PLC 的输出端 Q0.1，待程序调试通过后再连接。安装完毕，要用万用表检测电路的通断情况是否正确，用兆欧表检测电路的绝缘电阻值是否符合要求。

四、程序编写与仿真

1. 编辑变量表

本任务的变量表如图 2-3-6 所示。

2. 程序编写

输入图 2-3-7 所示的三相异步电动机点动与连续运转 PLC 控制程序并编译。

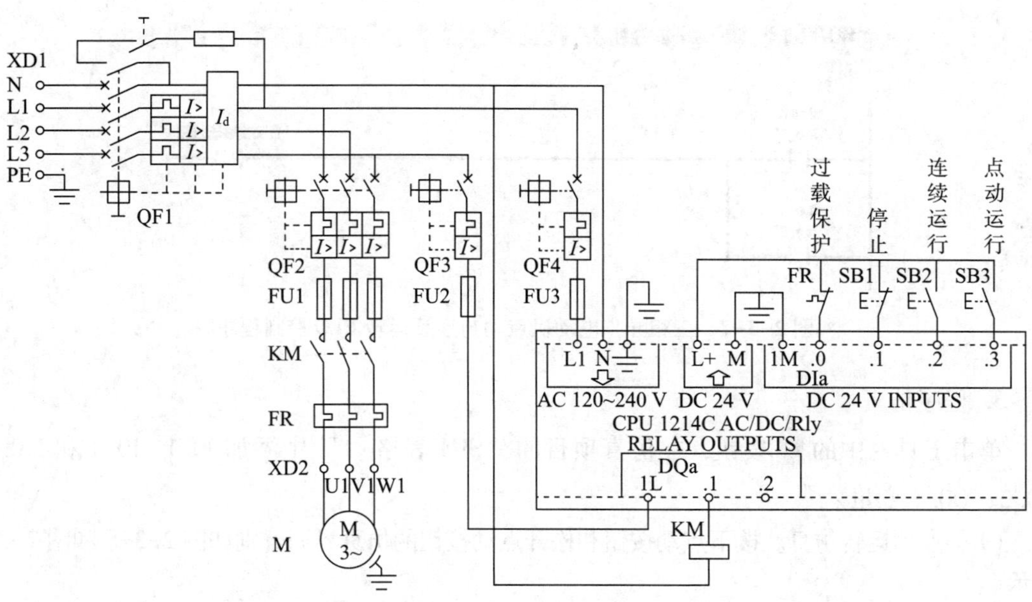

图 2-3-5　三相异步电动机点动与连续运转 PLC 控制系统的接线图

默认变量表

		名称	数据类型	地址	保持	从 H...	从 H...	在 H...
1		过载保护	Bool	%I0.0	☐	☑	☑	☑
2		停止按钮	Bool	%I0.1	☐	☑	☑	☑
3		启动按钮	Bool	%I0.2	☐	☑	☑	☑
4		点动按钮	Bool	%I0.3	☐	☑	☑	☑
5		Tag_1	Bool	%M0.1	☐	☑	☑	☑
6		Tag_2	Bool	%M0.2	☐	☑	☑	☑
7		交流接触器线圈	Bool	%Q0.1	☐	☑	☑	☑
8		<新增>			☐	☑	☑	☑

图 2-3-6　变量表

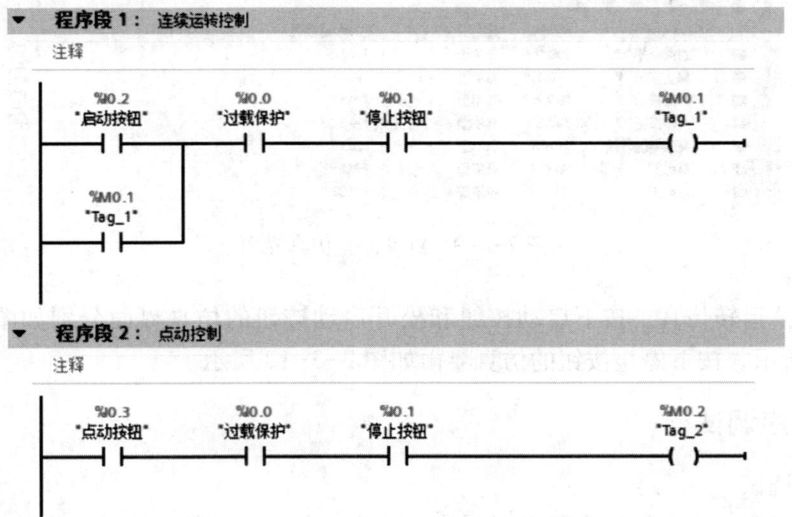

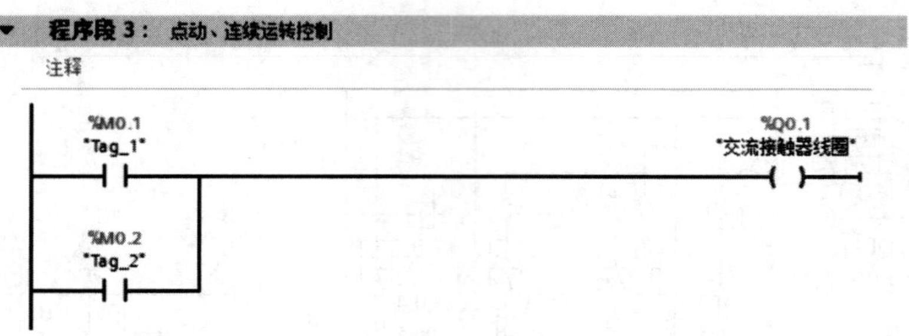

图 2-3-7　三相异步电动机点动与连续运转 PLC 控制程序

3. 程序仿真

单击工具栏中的按钮，在仿真项目的“SIM 表格_1”中添加 I0.1～I0.4 和 M0.1、M0.2、Q0.1 变量。

（1）点动运转仿真。按下点动按钮和松开点动按钮的仿真界面分别如图 2-3-8 和图 2-3-9 所示。

SIM 表格_1

名称	地址	显示格式	监视/修改值	位	一致修改
"过载保护":P	%I0.0:P	布尔型	FALSE	☐	FALSE
"傅止按钮":P	%I0.1:P	布尔型	FALSE	☐	FALSE
"启动按钮":P	%I0.2:P	布尔型	FALSE	☐	FALSE
"点动按钮":P	%I0.3:P	布尔型	TRUE	☑	FALSE
"交流接触器线...	%Q0.1	布尔型	TRUE	☑	FALSE
"Tag_1"	%M0.1	布尔型	FALSE	☐	FALSE
"Tag_2"	%M0.2	布尔型	TRUE	☑	FALSE

图 2-3-8　点动运转仿真界面

SIM 表格_1

名称	地址	显示格式	监视/修改值	位
"过载保护":P	%I0.0:P	布尔型	FALSE	☐
"傅止按钮":P	%I0.1:P	布尔型	FALSE	☐
"启动按钮":P	%I0.2:P	布尔型	FALSE	☐
"点动按钮":P	%I0.3:P	布尔型	FALSE	☐
"交流接触器线...	%Q0.1	布尔型	FALSE	☐
"Tag_1"	%M0.1	布尔型	FALSE	☐
"Tag_2"	%M0.2	布尔型	FALSE	☐

图 2-3-9　点动停止仿真界面

（2）连续运转仿真。按下启动按钮和松开启动按钮的仿真界面分别如图 2-3-10 和图 2-3-11 所示。按下停止按钮的仿真界面如图 2-3-12 所示。

五、程序调试

1. 模拟调试

（1）打开需要监视的梯形图程序，单击工具栏中的按钮，启动程序状态监视。

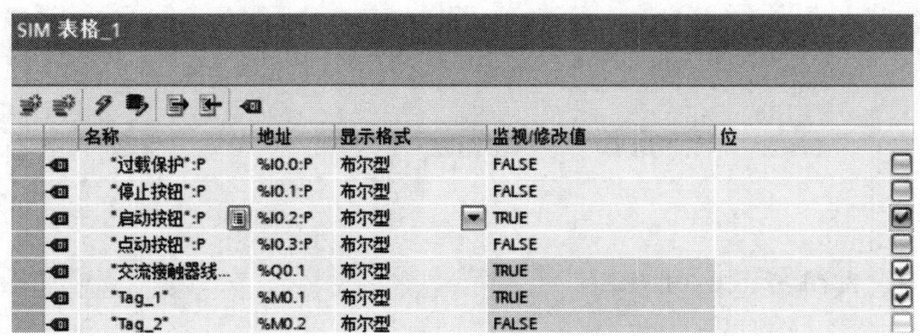

SIM 表格_1

名称	地址	显示格式	监视/修改值	位
"过载保护":P	%I0.0:P	布尔型	FALSE	☐
"停止按钮":P	%I0.1:P	布尔型	FALSE	☐
"启动按钮":P	%I0.2:P	布尔型	TRUE	☑
"点动按钮":P	%I0.3:P	布尔型	FALSE	☐
"交流接触器线...	%Q0.1	布尔型	TRUE	☑
"Tag_1"	%M0.1	布尔型	TRUE	☑
"Tag_2"	%M0.2	布尔型	FALSE	☐

图 2-3-10　连续运转仿真界面

SIM 表格_1

名称	地址	显示格式	监视/修改值	位
"过载保护":P	%I0.0:P	布尔型	FALSE	☐
"停止按钮":P	%I0.1:P	布尔型	FALSE	☐
"启动按钮":P	%I0.2:P	布尔型	FALSE	☐
"点动按钮":P	%I0.3:P	布尔型	FALSE	☐
"交流接触器线...	%Q0.1	布尔型	TRUE	☑
"Tag_1"	%M0.1	布尔型	TRUE	☑
"Tag_2"	%M0.2	布尔型	FALSE	☐

图 2-3-11　连续运转保持仿真界面

SIM 表格_1

名称	地址	显示格式	监视/修改值	位
"过载保护":P	%I0.0:P	布尔型	FALSE	☐
"停止按钮":P	%I0.1:P	布尔型	TRUE	☑
"启动按钮":P	%I0.2:P	布尔型	FALSE	☐
"点动按钮":P	%I0.3:P	布尔型	FALSE	☐
"交流接触器线...	%Q0.1	布尔型	FALSE	☐
"Tag_1"	%M0.1	布尔型	FALSE	☐
"Tag_2"	%M0.2	布尔型	FALSE	☐

图 2-3-12　停止运转仿真界面

（2）点动正转。按下点动按钮 SB3，监视画面如图 2-3-13 所示；松开点动按钮 SB3，监视画面如图 2-3-14 所示。

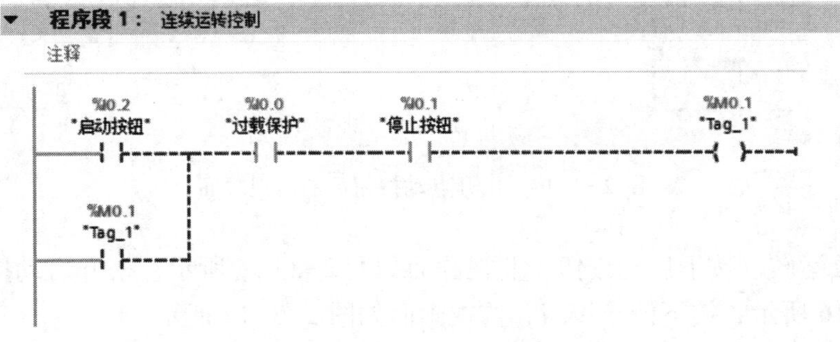

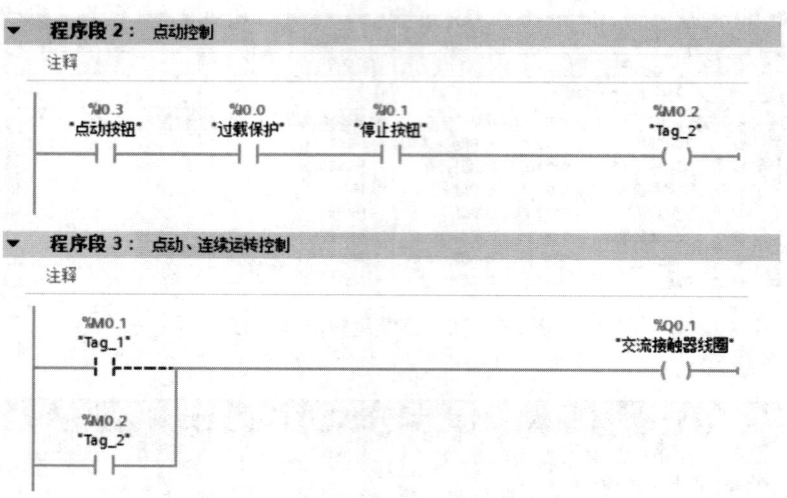

图 2-3-13　按下点动按钮后的监视画面

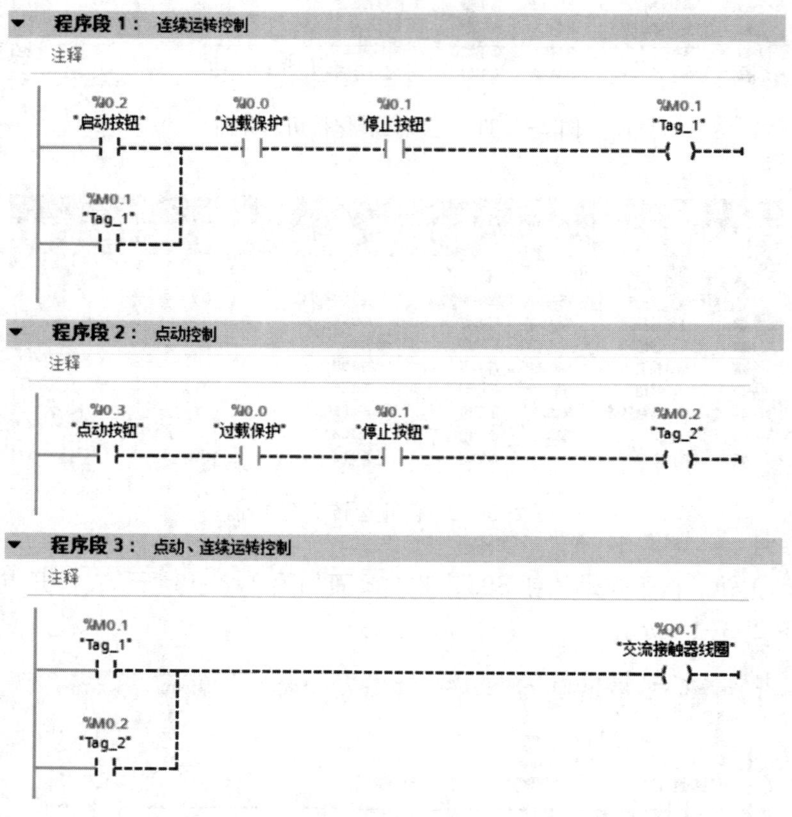

图 2-3-14　松开点动按钮后的监视画面

（3）连续运转。按下启动按钮，监视画面如图 2-3-15 所示；松开启动按钮，监视画面如图 2-3-16 所示；按下停止按钮，监视画面如图 2-3-17 所示。

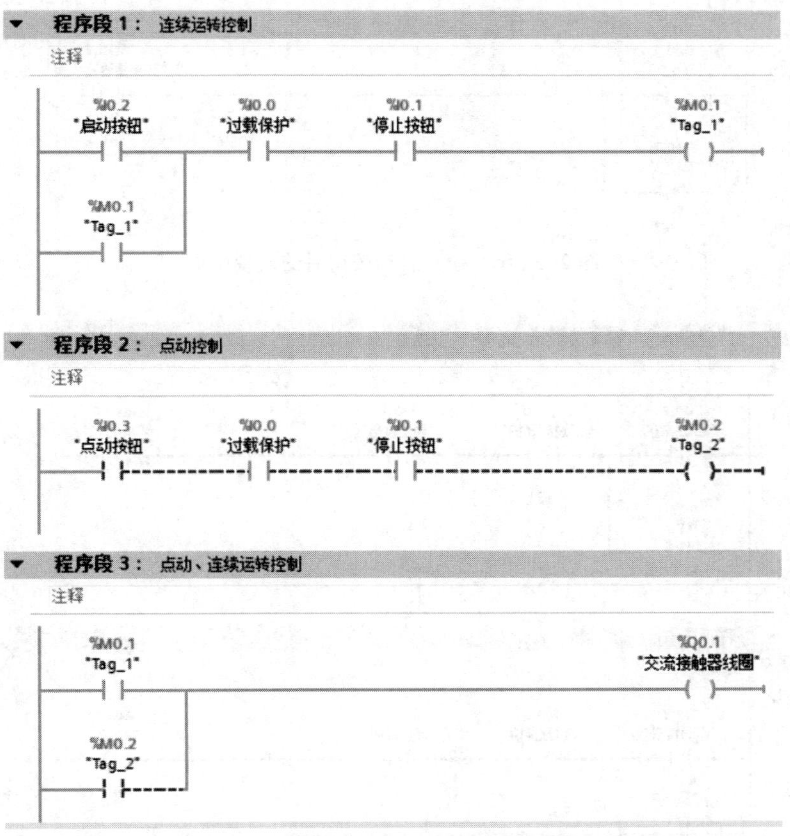

图 2-3-15　按下启动按钮后的监视画面

程序段 1： 连续运转控制
注释
%I0.2
"启动按钮"
%I0.0
"过载保护"
%I0.1
"停止按钮"
%M0.1
"Tag_1"
%M0.1
"Tag_1"
程序段 2： 点动控制
注释
%I0.3
"点动按钮"
%I0.0
"过载保护"
%I0.1
"停止按钮"
%M0.2
"Tag_2"

程序段 3： 点动、连续运转控制
注释
%M0.1
"Tag_1"
%Q0.1
"交流接触器线圈"
%M0.2
"Tag_2"

图 2-3-16　松开启动按钮后的监视画面

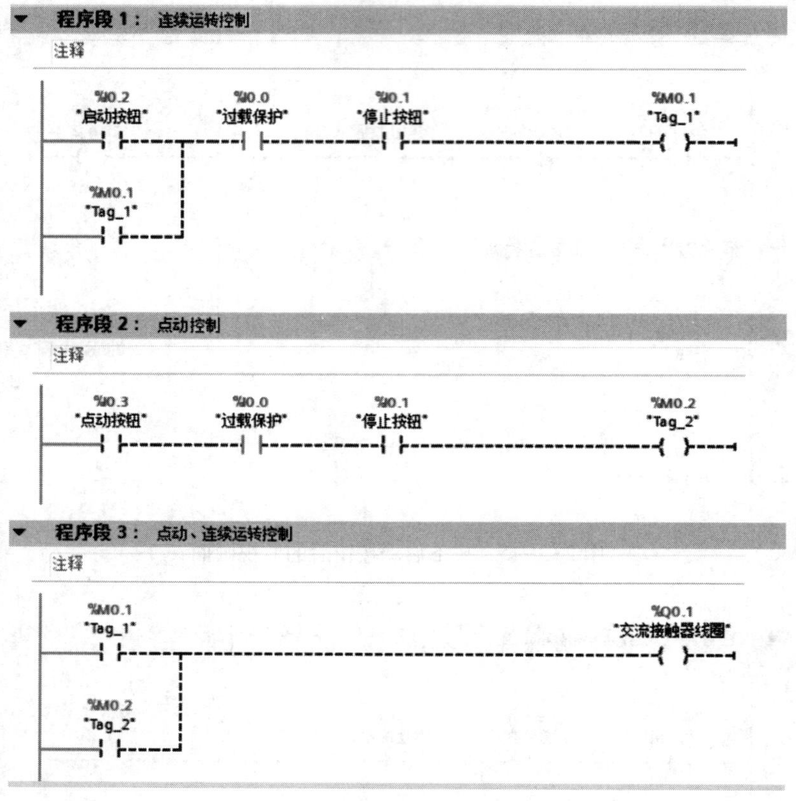

图 2-3-17　按下停止按钮后的监视画面

2. 联机调试

在断电的情况下，将接触器 KM 的线圈连接到 PLC 的输出端 Q0.1。注意，联机调试过程中若出现故障，应立即切断电源，分析原因，检查电路。排除故障后，方可重新进行调试，直到调试成功。

（1）合上电源开关 QF1～QF4。

（2）点动正转控制。按下点动按钮 SB3，PLC 输出继电器 Q0.1 通电，接触器 KM 的线圈得电，KM 主触点闭合，电动机通电正转；松开点动按钮 SB3，PLC 输出继电器 Q0.1 断电，接触器 KM 的线圈断电，KM 主触点断开，电动机断电停转。

（3）连续运转控制。按下启动按钮 SB2，PLC 的输出继电器 Q0.1 通电，接触器 KM 的线圈得电，KM 主触点闭合，电动机通电运转。松开启动按钮 SB2，PLC 的输出继电器 Q0.1 仍然通电，接触器 KM 的线圈保持得电，主触点继续闭合，电动机继续通电运转。

（4）停止控制。按下启动按钮 SB2 后，按下停止按钮 SB1，PLC 的输出继电器 Q0.1 断电，接触器 KM 的线圈断电，KM 主触点断开，电动机断电停转。

（5）过载保护。按下启动按钮 SB2 后，当发生过载故障时，热继电器 FR 的常闭触点断开，PLC 输出继电器 Q0.1 断电并解除自锁，接触器 KM 的线圈断电，KM 主触点断开，电动机断电停转。

（6）断开电源开关 QF2~QF4、QF1。

任务测评

按照表 2-3-3 中的要求进行任务测评。

表 2-3-3　任务测评表

序号	考核内容	配分	考核标准	扣分	得分
1	I/O 端口分配	10	I/O 端口分配错误或遗漏，每处扣 5 分		
2	电路绘制	20	主电路与控制电路分开绘制，有短路和接地保护，PLC 供电、I/O 端口接线正确。绘制有误或画法不规范，每处扣 2 分		
3	电路安装	25	按照接线图安装接线，元器件布置合理，不损坏元器件，安装牢固，配线符合工艺要求。电路安装不正确，每处扣 5 分		
4	程序编写与仿真	25	程序编写、编译及仿真正确。每错一处扣 5 分		
5	通电调试	20	通电调试步骤正确，操作规范，安全无事故，功能正常。通电调试不正确或不规范，每次扣 5 分；出现事故，扣 20 分；第一次通电调试不成功，扣 5 分；第二次通电调试不成功，扣 10 分；第三次通电调试不成功，扣 20 分		
6	安全与文明生产		遵守国家相关专业安全与文明生产规程，如有违反，酌情扣分		
开始时间		结束时间		成绩	

任务 4　三相异步电动机正反转控制

学习目标

1. 掌握触点边沿检测指令的表示形式、功能和使用方法。

2. 能使用触点边沿检测指令设计三相异步电动机正反转 PLC 控制程序，并完成控制线路的绘制、安装和调试。

任务引入

正反转控制线路适用于需要电动机正、反两个方向运转的场合。例如，车库大门的升降、电梯轿厢的上下运行、起重机吊钩的上升与下降、机床工作台的前进与后退等。三相异步电动机正反转继电器控制线路如图 2-4-1 所示。控制原理为：合上电源开关 QF1～QF3，按下正转按钮 SB2，接触器 KM1 通电，电动机正转；按下反转按钮 SB3，接触器 KM2 通电，电动机反转；按下停止按钮 SB1，电动机停止运转。正转和反转接触器不能同时工作，否则将造成电源短路事故，所以必须采取接触器互锁措施，即正转接触器 KM1 的常闭触点与反转接触器 KM2 的线圈串联，反转接触器 KM2 的常闭触点与正转接触器 KM1 的线圈串联。

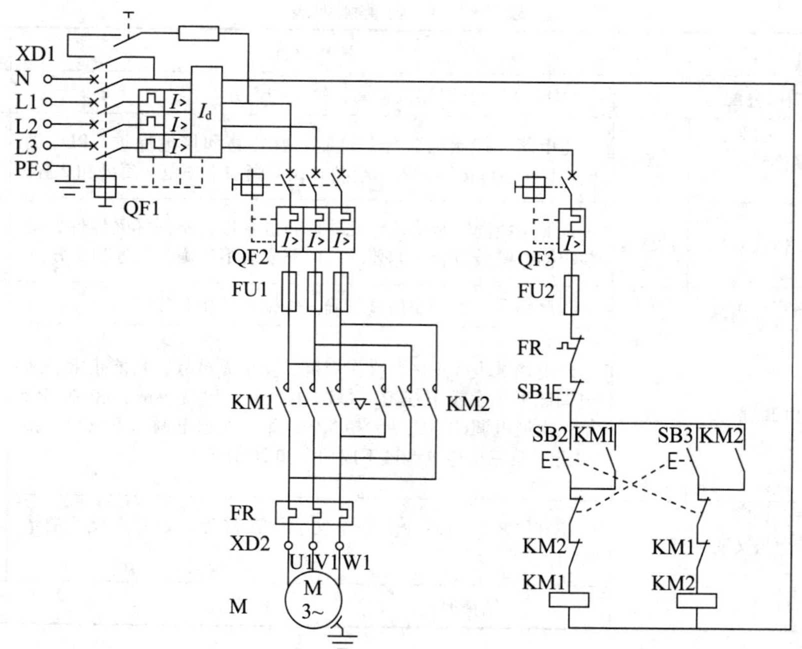

图 2-4-1　三相异步电动机正反转继电器控制线路图

本任务要求将图 2-4-1 所示的继电器控制方式改为 PLC 控制方式，完成三相异步电动机正反转 PLC 控制线路的设计、安装和调试。控制要求如下：

1. 当按下按钮 SB2 时，电动机正转运行。
2. 当按下按钮 SB3 时，电动机反转运行。
3. 当按下停止按钮 SB1 或电动机发生过载故障时，电动机停止运行。
4. 具有短路、过载保护等必要的保护措施。

任务分析

分析图 2-4-1 所示的控制线路可知，采用按钮互锁，即把两个复合按钮 SB1、SB2 的常闭触点串联接入对方的控制电路中，既可以防止电源相间短路，又可以使电动机正、反转直接切换，操作方便；采用接触器互锁，即把两个接触器的常闭触点串联接入对方的控制电路中，可以防止接触器 KM1 和 KM2 同时得电而造成电源相间短路。按钮互锁和接触器互锁都应在 PLC 梯形图程序中予以体现。需要指出的是，仅依靠 PLC 梯形图程序中的软继电器触点互锁是不可靠的，在 PLC 输出端必须有接触器常闭触点的硬件互锁。

三相异步电动机正反转 PLC 控制系统有正转启动、反转启动、停止和过载保护 4 个输入信号，交流接触器线圈驱动 2 个输出信号。因此，PLC 的 I/O 信号应为数字量，点数应不小于 6，输出接口应为继电器型，故选用西门子 CPU 1214C AC/DC/Rly 模块。可以使用 PLC 的触点串联/并联方法和触点边沿检测指令编写 PLC 控制程序，也可以使用置位/复位指令编程。

相关知识

触点边沿检测指令

触点边沿检测指令包括扫描操作数的信号上升沿指令（也称为 P 触点指令）和扫描操作数的信号下降沿指令（也称为 N 触点指令），其梯形图、功能块图以及功能说明见表 2-4-1，参数的数据类型见表 2-4-2。

表 2-4-1 触点边沿检测指令的梯形图、功能块图及功能说明

指令名称	LAD	FBD	功能说明
扫描操作数的信号上升沿指令	"IN" ─┤P├─ "M_BIT"	"IN" P "M_BIT"	LAD：在分配的输入位上检测到正跳变（由断到通）时，该触点的状态为 TRUE。该触点逻辑状态随后与能流输入状态组合以设置能流输出状态。P 触点可以放置在程序段中除分支结尾外的任何位置 FBD：在分配的输入位上检测到正跳变时，输出逻辑状态为 TRUE。P 功能块图只能放置在分支的开头
扫描操作数的信号下降沿指令	"IN" ─┤N├─ "M_BIT"	"IN" N "M_BIT"	LAD：在分配的输入位上检测到负跳变（由通到断）时，该触点的状态为 TRUE。该触点逻辑状态随后与能流输入状态组合以设置能流输出状态。N 触点可以放置在程序段中除分支结尾外的任何位置 FBD：在分配的输入位上检测到负跳变时，输出逻辑状态为 TRUE。N 功能块图只能放置在分支的开头

表 2-4-2　触点边沿检测指令参数的数据类型

参数	数据类型	存储区	说明
IN（操作数 1）	Bool	I、Q、M、D、L 或常量	检测其跳变沿的输入位
M_BIT（操作数 2）	Bool	I、Q、M、D、L	保存输入的前一个状态的存储位

1. 扫描操作数的信号上升沿指令

扫描操作数的信号上升沿指令比较操作数 1 当前的信号状态和操作数 1 上一次扫描的信号状态，操作数 1 上一次扫描的信号状态保存在操作数 2 中。如果操作数 1 上一次扫描信号状态为 0，当前信号状态为 1，则检测到操作数 1 信号的上升沿。当出现上升沿时，RLO=1，P 触点接通一个扫描周期。在其他任何情况下，P 触点均断开。扫描操作数的信号上升沿指令的应用如图 2-4-2 所示，当与 I0.1 关联的按钮按下时，I0.1 产生一个上升沿信号，P 触点接通一个扫描周期，输出 Q0.1 也接通一个扫描周期。注意：无论与 I0.1 关联的按钮闭合多长时间，P 触点和输出 Q0.1 只接通一个扫描周期。

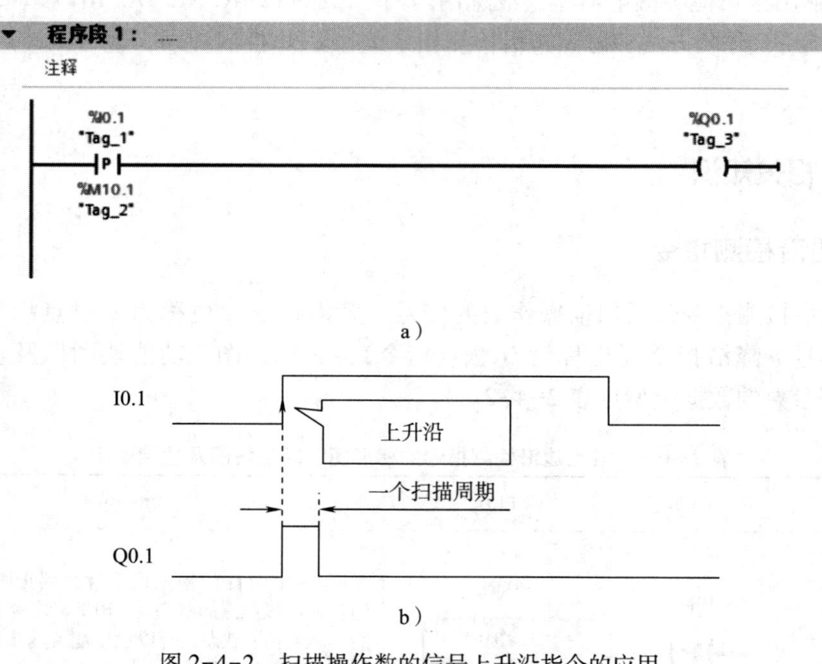

图 2-4-2　扫描操作数的信号上升沿指令的应用

a）梯形图　b）时序图

2. 扫描操作数的信号下降沿指令

扫描操作数的信号下降沿指令比较操作数 1 当前的信号状态和操作数 1 上一次扫描的信号状态，操作数 1 上一次扫描的信号状态保存在操作数 2 中。如果操作数 1 上一次扫描信号状态为 1，当前信号状态为 0，则检测到操作数 1 信号的下降沿。当出现下降沿时，RLO=1，N 触点接通 1 个扫描周期。扫描操作数的信号下降沿指令的应用如图 2-4-3 所示，当与 I0.2 关联的按钮由按下变为松开时，I0.2 产生一个下降沿信号，N 触点接通一个扫描周期，输出 Q0.2 也接通一个扫描周期。

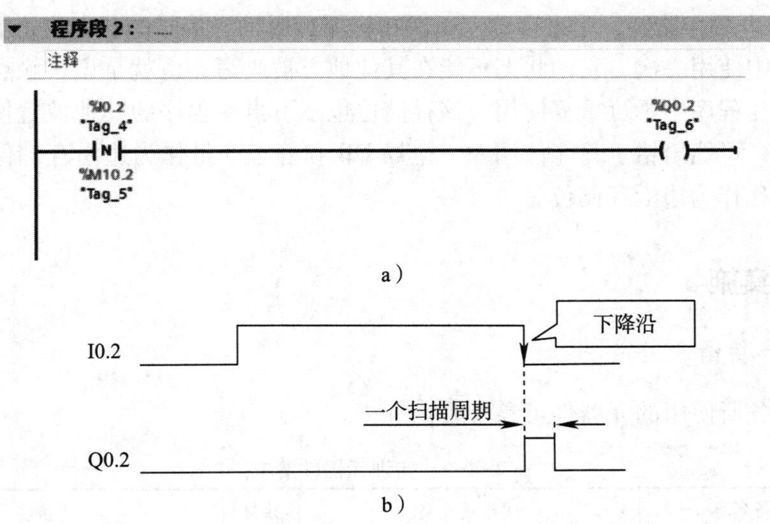

图 2-4-3　扫描操作数的信号下降沿指令的应用
a）梯形图　b）时序图

【例 2-4-1】在图 2-4-4a 中，当输入 I0.1 的信号由 0 变为 1 时，Q0.1 置位；当输入 I0.2 的信号由 1 变为 0 时，Q0.1 复位，其时序图如图 2-4-4b 所示。

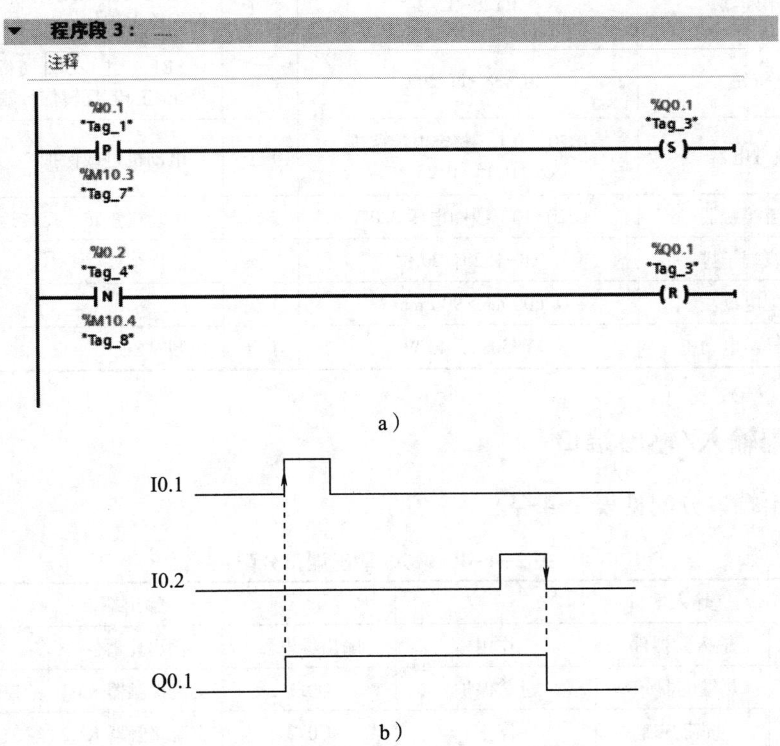

图 2-4-4　扫描操作数的信号上升沿/下降沿指令的应用
a）梯形图　b）时序图

M_BIT 为边沿存储位，用来存储上一次扫描循环时输入信号的状态。边沿存储位的地址只能在程序中使用一次，它的状态不能在其他地方被改写，也就是说，触点边沿检测指令的操作数 2 在程序中不可重复使用，该存储位也不可再在程序的其他位置使用，否则程序逻辑会混乱，可能出错。只能使用 M、全局 DB 和静态变量作为边沿存储位，不能使用局部数据或 I/O 作为边沿存储位。

任务实施

一、任务准备

实施本任务所使用的元器件可参考表 2-4-3。

表 2-4-3　实训元器件清单

序号	设备名称	型号及规格	数量	备注
1	PLC	CPU 1214C AC/DC/Rly	1 台	配 C45 导轨
2	剩余电流动作断路器	DZ47LE-63 D16，3P+N，30 mA	1 个	电源开关，漏电保护
3	低压断路器	DZ47-63 D10，3P	1 个	主电路短路保护
4	低压断路器	DZ47-63 D5，1P	2 个	PLC 供电电源和输出电路短路保护
5	熔断器	RT28-32/2	5 个	电动机主电路、PLC 供电及负载回路短路保护
6	按钮	LA38-11/203	3 个	SB1（红）/SB2（绿）/SB3（绿），停止/正转/反转信号输入
7	热继电器	JR20-10 L，整定电流范围为 0.15~0.23 A	1 个	电动机过载保护
8	交流接触器	CJ20-10，线圈电压 220 V	2 个	电动机正转、反转运行控制
9	接线端子排	TB-1520，20 位	1 条	
10	配电盘	600 mm×900 mm	1 块	
11	三相异步电动机	YS5024，40 W	1 台	控制对象

二、分配输入/输出端口

输入/输出端口分配见表 2-4-4。

表 2-4-4　输入/输出端口分配

输入端口			输出端口		
输入继电器	输入元器件	作用	输出继电器	输出元器件	作用
I0.0	热继电器 FR	过载保护	Q0.1	交流接触器 KM1	控制电动机正转
I0.1	按钮 SB1	停止	Q0.2	交流接触器 KM2	控制电动机反转
I0.2	按钮 SB2	正转启动			
I0.3	按钮 SB3	反转启动			

三、绘制并安装 PLC 控制线路

三相异步电动机正反转 PLC 控制系统的接线如图 2-4-5 所示。安装时，交流接触器 KM1、KM2 暂时不接到 PLC 的输出端 Q0.1、Q0.2，待程序调试通过后再连接。安装完毕，要用万用表检测电路的通断情况是否正确，用兆欧表检测电路的绝缘电阻值是否符合要求。

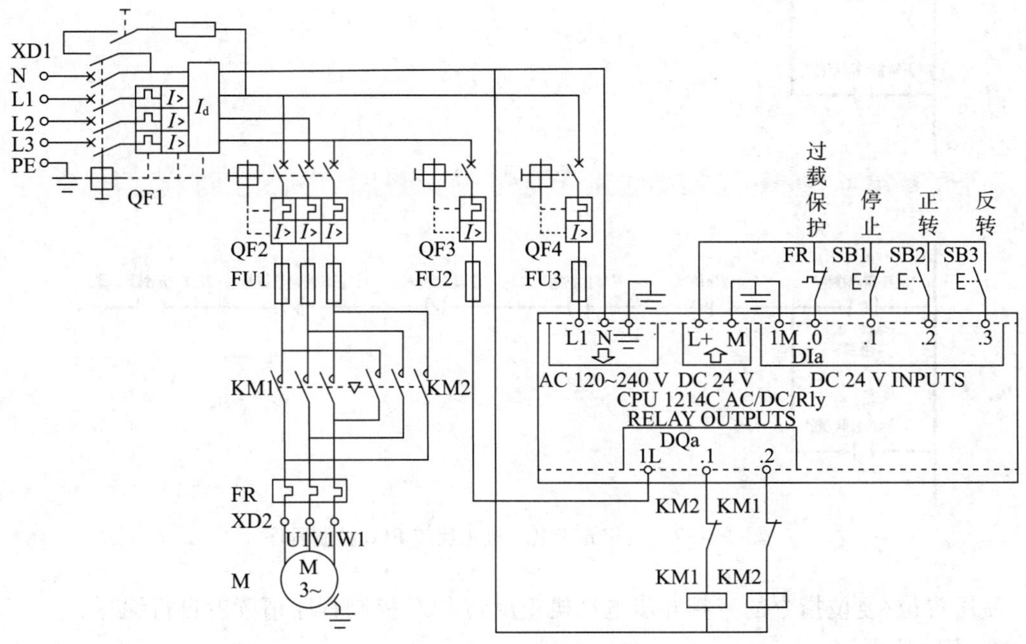

图 2-4-5　三相异步电动机正反转 PLC 控制系统接线图

四、程序编写与仿真

1. 建立变量表

本任务的变量表如图 2-4-6 所示。

默认变量表

	名称	数据类型	地址
1	过载保护	Bool	%I0.0
2	停止按钮	Bool	%I0.1
3	正转启动按钮	Bool	%I0.2
4	反转启动按钮	Bool	%I0.3
5	正转接触器线圈	Bool	%Q0.1
6	反转接触器线圈	Bool	%Q0.2
7	<新增>		

图 2-4-6　变量表

2. 程序编写

输入图 2-4-7 所示的三相异步电动机正反转 PLC 控制程序并编译。

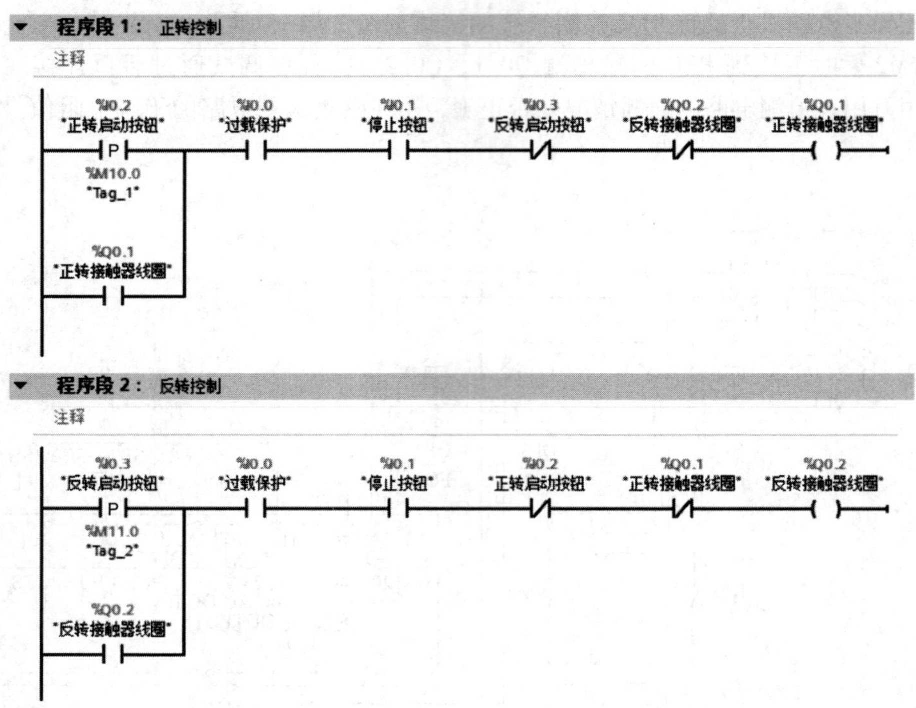

图 2-4-7　三相异步电动机正反转 PLC 控制程序

使用置位/复位指令的三相异步电动机正反转 PLC 控制程序请读者自行编写。

3. 程序仿真

首先进行虚拟装载，然后在仿真编辑器中新建仿真项目。在创建的仿真新项目的“SIM 表格_1”中，添加 I0.0~I0.3、M10.0、M11.0、Q0.1 和 Q0.2。

（1）正转仿真。按下正转启动按钮，仿真界面如图 2-4-8 所示；松开正转启动按钮，仿真界面如图 2-4-9 所示。

名称	地址	显示格式	监视/修改值	位	一致修改
"过载保护":P	%I0.0:P	布尔型	FALSE	☐	FALSE
"停止按钮":P	%I0.1:P	布尔型	FALSE	☐	FALSE
"正转启动按...	%I0.2:P	布尔型	TRUE	☑	FALSE
"反转启动按钮"...	%I0.3:P	布尔型	FALSE	☐	FALSE
"正转接触器线...	%Q0.1	布尔型	TRUE	☐	FALSE
"反转接触器线...	%Q0.2	布尔型	FALSE	☐	FALSE
"Tag_1"	%M10.0	布尔型	TRUE	☑	FALSE
"Tag_2"	%M11.0	布尔型	FALSE	☐	FALSE

图 2-4-8　按下正转启动按钮后的仿真界面

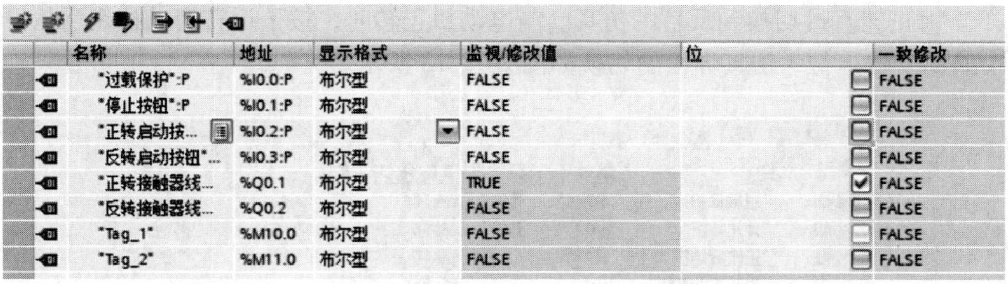

名称	地址	显示格式	监视/修改值	位	一致修改
"过载保护":P	%I0.0:P	布尔型	FALSE		☐ FALSE
"停止按钮":P	%I0.1:P	布尔型	FALSE		☐ FALSE
"正转启动按...	%I0.2:P	布尔型	FALSE		☐ FALSE
"反转启动按钮"...	%I0.3:P	布尔型	FALSE		☐ FALSE
"正转接触器线...	%Q0.1	布尔型	TRUE		☑ FALSE
"反转接触器线...	%Q0.2	布尔型	FALSE		☐ FALSE
"Tag_1"	%M10.0	布尔型	FALSE		☐ FALSE
"Tag_2"	%M11.0	布尔型	FALSE		☐ FALSE

图 2-4-9　松开正转启动按钮后的仿真界面

按下停止按钮，仿真界面如图 2-4-10 所示。

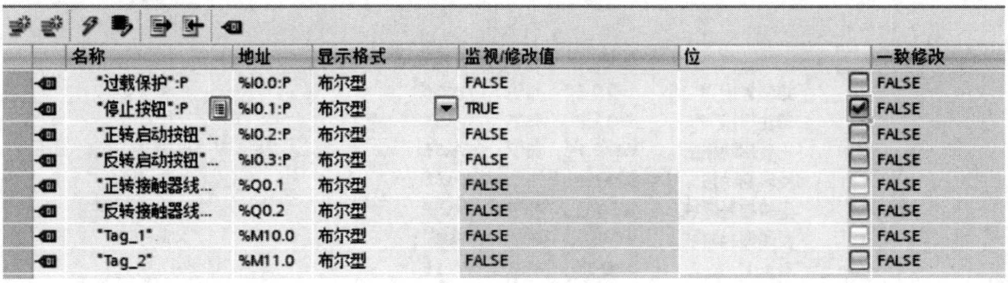

名称	地址	显示格式	监视/修改值	位	一致修改
"过载保护":P	%I0.0:P	布尔型	FALSE		☐ FALSE
"停止按钮":P	%I0.1:P	布尔型	TRUE		☑ FALSE
"正转启动按钮"...	%I0.2:P	布尔型	FALSE		☐ FALSE
"反转启动按钮"...	%I0.3:P	布尔型	FALSE		☐ FALSE
"正转接触器线...	%Q0.1	布尔型	FALSE		☐ FALSE
"反转接触器线...	%Q0.2	布尔型	FALSE		☐ FALSE
"Tag_1"	%M10.0	布尔型	FALSE		☐ FALSE
"Tag_2"	%M11.0	布尔型	FALSE		☐ FALSE

图 2-4-10　按下停止按钮后的仿真界面

（2）反转仿真。按下反转启动按钮，仿真界面如图 2-4-11 所示；松开反转启动按钮，仿真界面如图 2-4-12 所示。

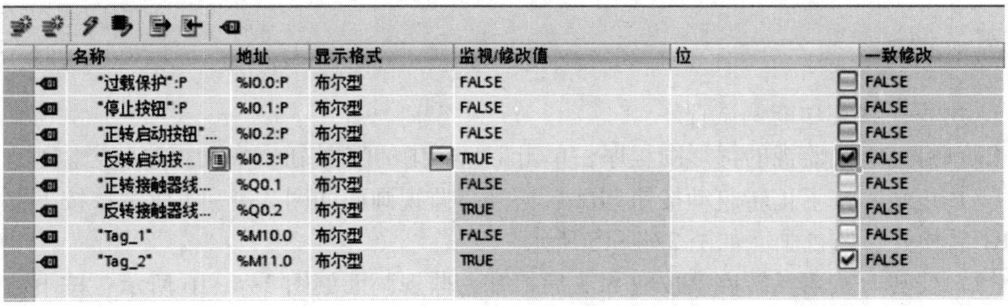

名称	地址	显示格式	监视/修改值	位	一致修改
"过载保护":P	%I0.0:P	布尔型	FALSE		☐ FALSE
"停止按钮":P	%I0.1:P	布尔型	FALSE		☐ FALSE
"正转启动按钮"...	%I0.2:P	布尔型	FALSE		☐ FALSE
"反转启动按...	%I0.3:P	布尔型	TRUE		☑ FALSE
"正转接触器线...	%Q0.1	布尔型	FALSE		☐ FALSE
"反转接触器线...	%Q0.2	布尔型	TRUE		☐ FALSE
"Tag_1"	%M10.0	布尔型	FALSE		☐ FALSE
"Tag_2"	%M11.0	布尔型	TRUE		☑ FALSE

图 2-4-11　按下反转启动按钮后的仿真界面

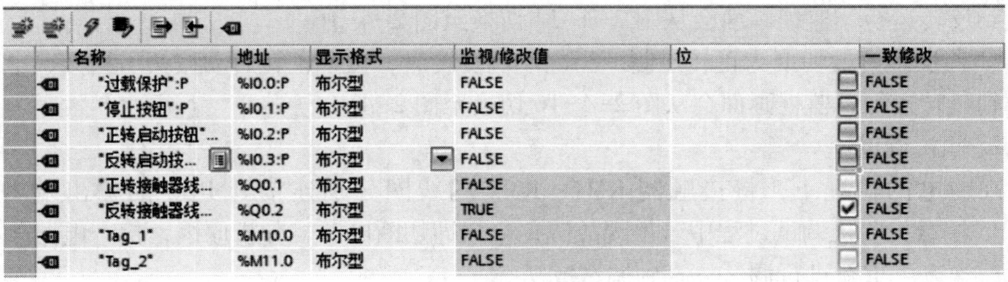

名称	地址	显示格式	监视/修改值	位	一致修改
"过载保护":P	%I0.0:P	布尔型	FALSE		☐ FALSE
"停止按钮":P	%I0.1:P	布尔型	FALSE		☐ FALSE
"正转启动按钮"...	%I0.2:P	布尔型	FALSE		☐ FALSE
"反转启动按...	%I0.3:P	布尔型	FALSE		☐ FALSE
"正转接触器线...	%Q0.1	布尔型	FALSE		☐ FALSE
"反转接触器线...	%Q0.2	布尔型	TRUE		☑ FALSE
"Tag_1"	%M10.0	布尔型	FALSE		☐ FALSE
"Tag_2"	%M11.0	布尔型	FALSE		☐ FALSE

图 2-4-12　松开反转启动按钮后的仿真界面

（3）由正转直接切换到反转的仿真。当电动机正转时，按下反转启动按钮后松开，电动机切换到反转运行，仿真界面的切换如图 2-4-13 所示。

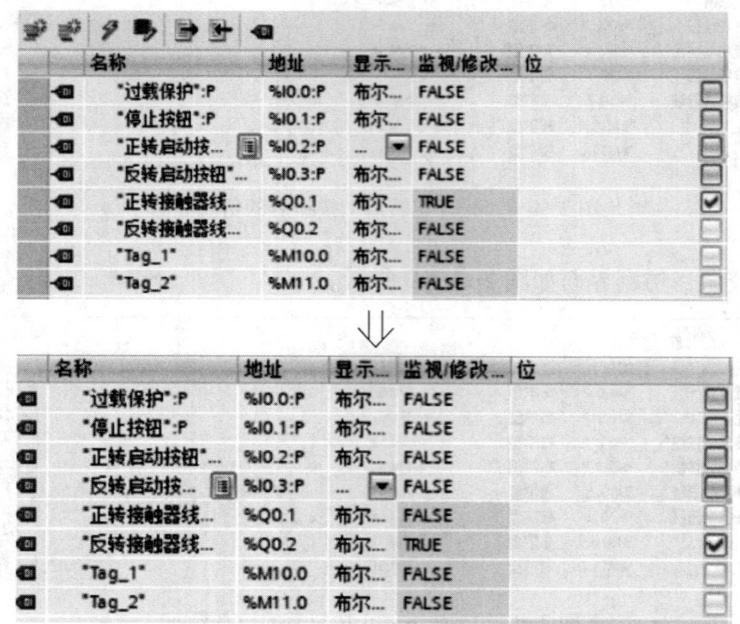

图 2-4-13　正转直接切换到反转的仿真界面

（4）由反转直接切换到正转的仿真请读者自行完成。

五、调试

1. 用程序状态功能调试程序

（1）打开需要监视的梯形图程序，单击工具栏中的按钮，启动程序状态监视。

（2）正转。按下正转启动按钮 SB2 后松开，监视画面如图 2-4-14 所示；按下停止按钮 SB1 后松开，监视画面如图 2-4-15 所示。

（3）反转。按下反转启动按钮 SB3 后松开，监视画面如图 2-4-16 所示；按下停止按钮 SB1 后松开，监视画面同图 2-4-15。

（4）正转直接切换为反转控制。当电动机正转时，按下反转启动按钮后松开，电动机切换到反转运行，监视画面会从图 2-4-14 切换至图 2-4-16。

（5）反转直接切换为正转控制。当电动机反转时，按下正转启动按钮后松开，电动机切换到正转运行，监视画面会从图 2-4-16 切换至图 2-4-14。

2. 联机调试

在断电的情况下，将接触器 KM1、KM2 的线圈分别连接到 PLC 的输出端 Q0.1、Q0.2。注意：联机调试过程中若出现故障，应立即切断电源，分析原因，检查电路。排除故障后，方可重新进行调试，直到调试成功。

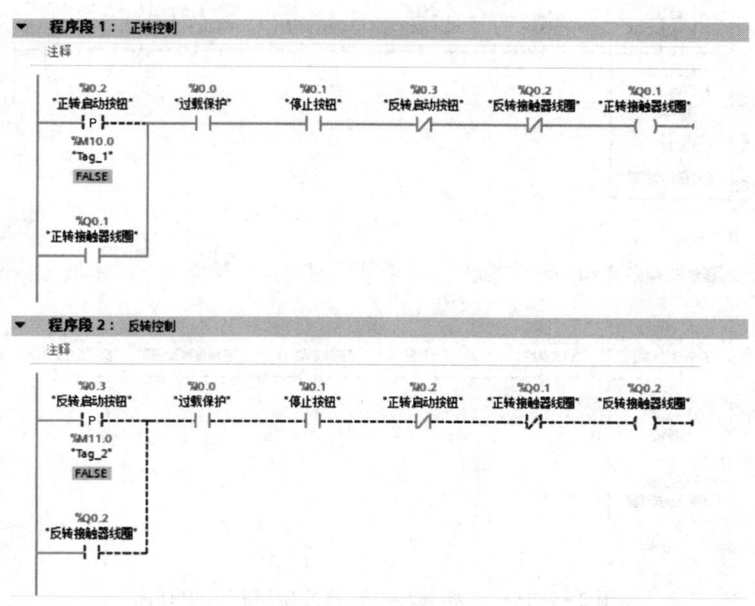

图 2-4-14　三相异步电动机正转运行监视画面

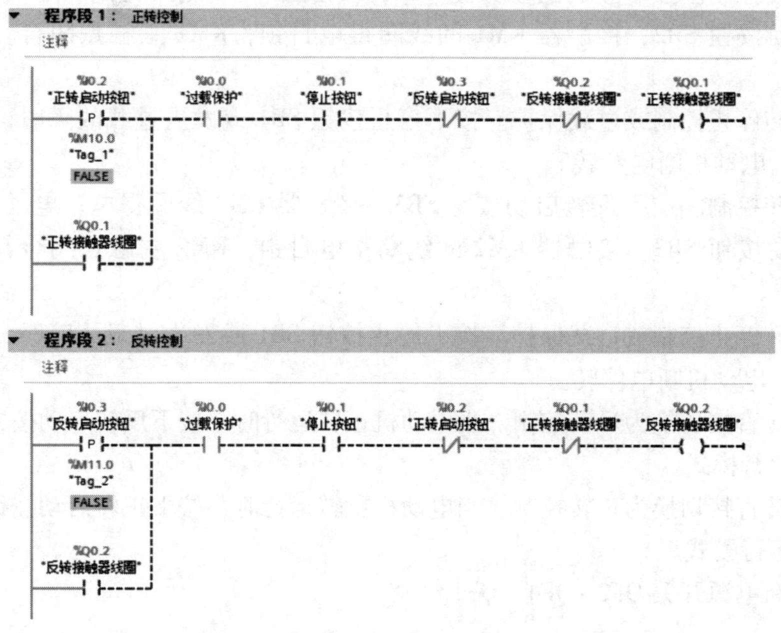

图 2-4-15　三相异步电动机停止运行监视画面

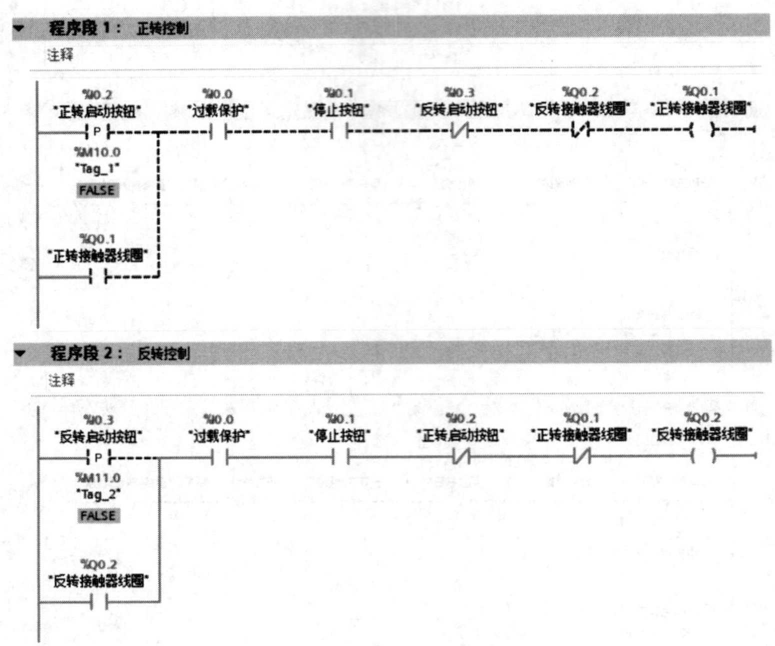

图 2-4-16　三相异步电动机反转运行监视画面

（1）合上电源开关 QF1～QF4。

（2）正转控制。按下正转启动按钮 SB2，接触器 KM1 线圈得电，电动机通电正转；松开正转启动按钮 SB2，接触器 KM1 的线圈得电自锁，KM1 主触点闭合，电动机保持正转。

（3）正转停止控制或过载保护。按下停止按钮 SB1 或发生过载故障时，接触器 KM1 的线圈断电，电动机断电停转。

（4）反转控制。按下反转启动按钮 SB3，接触器 KM2 线圈得电，电动机通电反转；松开反转启动按钮 SB3，接触器 KM2 的线圈得电自锁，KM2 主触点闭合，电动机保持反转。

（5）反转停止控制或过载保护。按下停止按钮 SB1 或发生过载故障时，接触器 KM2 的线圈断电，电动机断电停转。

（6）正转直接切换为反转控制。当电动机正转运行时，按下反转启动按钮，电动机立即转到反转运行模式。

（7）反转直接切换为正转控制。当电动机反转运行时，按下正转启动按钮，电动机立即转到正转运行模式。

（8）关断电源开关 QF2～QF4、QF1。

任务测评

按照表 2-4-5 中的要求进行任务测评。

表 2-4-5　任务测评表

序号	考核内容	配分	考核标准	扣分	得分
1	I/O 端口分配	10	I/O 端口分配错误或遗漏，每处扣 5 分		
2	电路绘制	20	主电路与控制电路分开绘制，有短路和接地保护，PLC 供电、I/O 端口接线正确。绘制有误或画法不规范，每处扣 2 分		
3	电路安装	25	按照接线图安装接线，元器件布置合理，不损坏元器件，安装牢固，配线符合工艺要求。电路安装不正确，每处扣 5 分		
4	程序编写与仿真	25	程序编写、编译及仿真正确。每错一处扣 5 分		
5	通电调试	20	通电调试步骤正确，操作规范，安全无事故，功能正常。通电调试不正确或不规范，每次扣 5 分；出现事故，扣 20 分；第一次通电调试不成功，扣 5 分；第二次通电调试不成功，扣 10 分；第三次通电调试不成功，扣 20 分		
6	安全与文明生产		遵守国家相关专业安全与文明生产规程，如有违反，酌情扣分		
开始时间		结束时间		成绩	

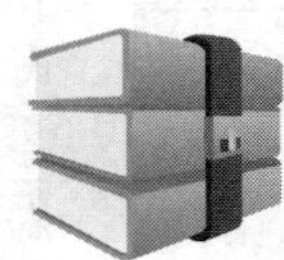

课题三　定时器与计数器指令的应用

定时器指令与计数器指令是PLC重要的基本指令。在生活中，经常需要在某一个动作出现之后间隔一定时间再触发另一个动作，如十字路口的交通灯按照一定的顺序和时间间隔点亮；在生产中，也经常要对生产物品进行计数和控制，如啤酒罐装生产线中将每12瓶啤酒装为一箱。这些自动控制系统中都需要用到定时器指令、计数器指令等。本课题主要学习定时器指令与计数器指令的使用方法及实际应用。

任务1　三相异步电动机顺序启动控制

学习目标

1. 掌握定时器指令的表示形式、功能和使用方法。
2. 掌握设置系统存储器字节与时钟存储器字节的方法。
3. 能使用定时器指令设计三相异步电动机顺序启动PLC控制程序，并完成控制线路的绘制、安装和调试。

任务引入

由多台电动机驱动的生产设备中，由于各电动机所起的作用不同，有时需按一定的顺序启动或停止。本任务要求使用PLC控制方式，完成三相异步电动机顺序启动PLC控制系统的设计、安装和调试。控制要求如下：

1. 某生产设备由三台三相异步电动机驱动，按照生产工艺要求，三台电动机需按照一定的顺序和时间间隔启动。

2. 按下启动按钮，电动机M1启动；电动机M1运行10 s后，电动机M2自动启动；电动机M2运行15 s后，电动机M3自动启动。

3. 启动过程中，指示灯HL点亮，表示正在启动中；启动过程结束后，指示灯HL熄灭。

4. 按下停止按钮，三台电动机同时停止运行。当某台电动机出现过载故障时，三台电动机也同时停止运行，指示灯 HL 以 1 Hz 的频率闪烁，表示出现过载故障。

5. 具有短路、过载保护等必要的保护措施。

任务分析

三相异步电动机顺序启动 PLC 控制系统需要启动、停止和过载保护 3 个输入信号，3 个交流接触器线圈驱动和 1 个指示灯驱动作为输出信号。因此，PLC 的 I/O 信号均为数字量，点数应不小于 7，输出接口应为继电器型，故选 CPU 1214C AC/DC/Rly 模块。本任务中三台电动机的启动顺序和启动间隔时间有严格的要求，时间间隔控制由定时器实现。当电动机出现过载故障时，指示灯的闪烁控制由时钟存储器实现。

相关知识

一、定时器指令概述

定时器是 PLC 最常见的编程元件之一，其功能与继电器控制系统中的时间继电器相似，起延时作用。S7-1200 PLC 使用符合 IEC 标准的定时器，用户程序中使用的定时器数量受 CPU 存储器容量限制。S7-1200 PLC 的定时器分为脉冲定时器 TP、通电延时定时器 TON、断电延时定时器 TOF 和时间累加器 TONR。其中，通电延时定时器最常用。定时器指令的表示形式及功能说明见表 3-1-1，参数的数据类型见表 3-1-2。

表 3-1-1　定时器指令的表示形式及功能说明

定时器类型	LAD/FBD	功能说明
脉冲定时器	TP Time IN　Q <???> PT　ET ...	脉冲定时器可生成具有预设宽度时间的脉冲
通电延时定时器	TON Time IN　Q <???> PT　ET ...	通电延时定时器在预设的延时结束后将输出 Q 设置为 ON
断电延时定时器	TOF Time IN　Q <???> PT　ET ...	断电延时定时器在预设的延时结束后将输出 Q 设置为 OFF
时间累加器	TONR Time IN　Q ... R　ET ... <???> PT	时间累加器在预设的延时结束后将输出 Q 设置为 ON。在通过输入 R 重置经过的时间之前，会跨越多个定时时段一直累加经过的时间

表 3-1-2　定时器指令参数的数据类型

参数		定义	数据类型	备注
输入	IN	输入位	Bool	TP、TON 和 TONR：0=禁用定时器，1=启用定时器 TOF：0=启用定时器，1=禁用定时器
	PT	预设时间值	Time	定时器定时时间设定值
	R	复位输入位	Bool	仅 TONR：0=不重置，1=将经过的时间和输出 Q 置为 0
输出	Q	输出位	Bool	判断是否结束定时的状态位
	ET	经历时间值	Time	定时器当前时间值

当 IN 收到上升沿信号时，TP、TON、TONR 定时器开始定时；当 IN 收到下降沿信号时，TOF 定时器开始定时。参数 PT 为预设时间值，ET 为启动定时器后的当前时间值，它们为 32 位的 Time 数据类型。IEC 定时器支持多种时间单位，包括毫秒（ms）、秒（s）、分（m）、小时（h）、天（d）等。在 S7-1200 PLC 中，用户需要在时间值前加"T#"设定时间，如"T# 200s"表示定时时间为 200 秒，最大定时时间为 T#24d_ 20h_ 31m_ 23s_647ms。定时器指令可以放在程序段的中间或结束处。IEC 定时器属于函数块，调用时需要指定配套的背景数据块，定时器指令的数据保存在背景数据块中，因此 IEC 定时器必须配合数据块使用。

二、脉冲定时器

脉冲定时器用于在 Q 点产生指定时间宽度的脉冲信号。当 IN 收到上升沿信号时，在预设时间内 Q 为 1 状态，超过预设时间后 Q 为 0 状态。

脉冲定时器的工作时序图如图 3-1-1 所示。当使能端 IN 接通时，定时器的输出 Q 置 1，当前值 ET 递增；当当前值 ET 等于预设值 PT 时，输出 Q 置 0。IN 端输入的脉冲宽度可以小于 Q 端输出的脉冲宽度。在定时未达到预设值之前，即使定时器 IN 端的状态发生变化，也不会影响定时器定时。

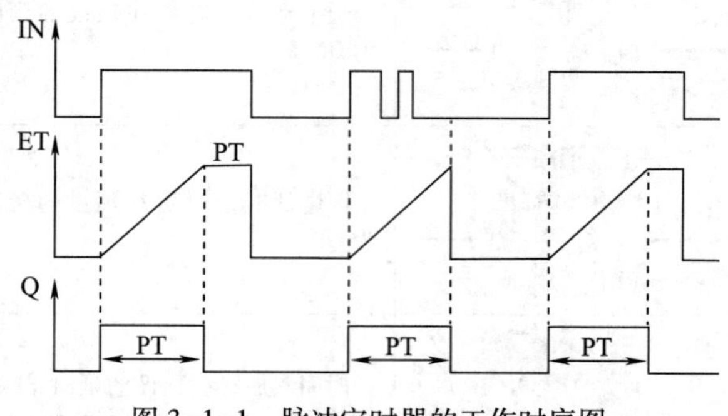

图 3-1-1　脉冲定时器的工作时序图

【例 3-1-1】三相异步电动机的启停控制程序如图 3-1-2 所示。按下启动按钮 SB2（I0.2），三相异步电动机直接启动运行，工作 1 h 后自动停止；按下停止按钮 SB1（I0.1），三相异步电动机停止运行。如果电路发生过载，电动机立即停止运行。

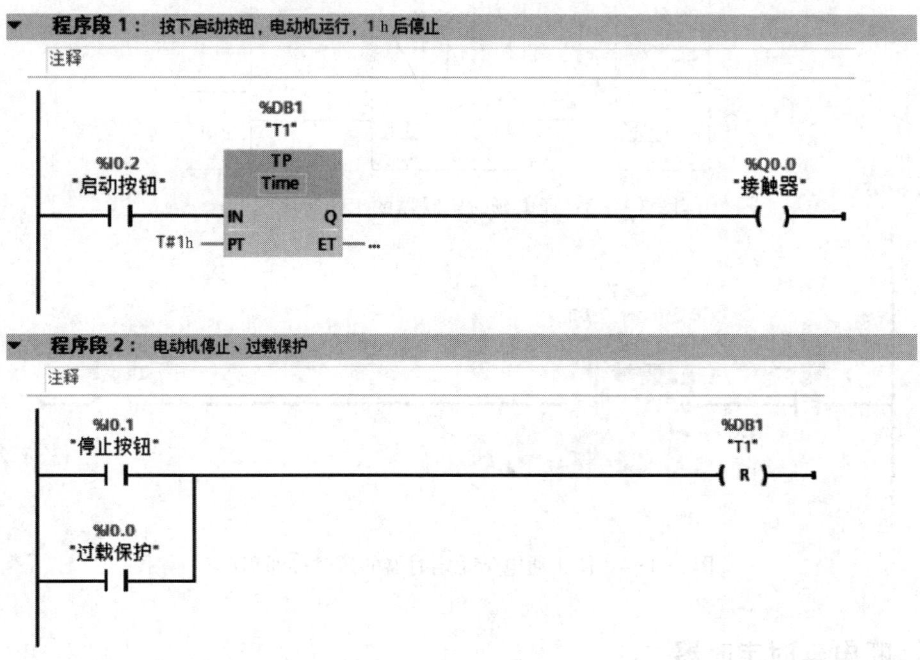

图 3-1-2　三相异步电动机的启停控制程序

利用脉冲定时器对电动机运行时间进行控制，按下启动按钮 SB2，I0.2 常开触点闭合，定时器 T1 开始定时，此时线圈 Q0.0 得电，电动机开始运行。当定时时间达到 1 h 时，线圈 Q0.0 断开，电动机停止运行。当按下停止按钮或电动机过载时，定时器复位，电动机停止运行。

三、通电延时定时器

通电延时定时器用于将输出 Q 的置位操作延时 PT 指定的一段时间。

通电延时定时器的工作时序图如图 3-1-3 所示。当使能端 IN 接通时，定时器开始定时，当前值 ET 递增；当当前值 ET 大于或等于预设值 PT 时，定时器输出置位，Q 变为 1 状态，定时器停止计时并保持为预设值。当使能端 IN 断开时，定时器被复位，当前值清零，输出 Q 变为 0 状态。CPU 第一次扫描时，定时器输出 Q 被清零。如果使能端 IN 在未达到 PT 设定的时间前变为断开状态，输出 Q 保持 0 状态不变。

【例 3-1-2】使用通电延时定时器设计的延时接通程序如图 3-1-4 所示。

当 I0.5 接通时，定时器开始计时。当计时时间等于预设值 5 s 时，输出 Q0.5 变为 1 状态。当计时时间大于预设值 5 s 时，当前值 ET 保持不变，输出 Q0.5 保持 1 状态。当 I0.5 断开时，定时器复位，当前值 ET 变为 0，输出 Q0.5 变为 0 状态。

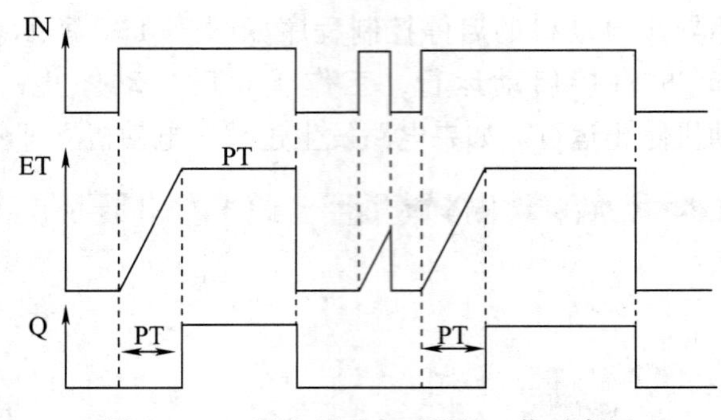

图 3-1-3　通电延时定时器的工作时序图

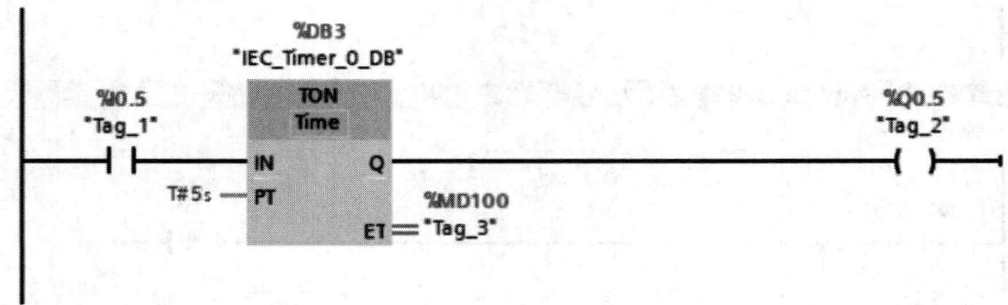

图 3-1-4　使用通电延时定时器的延时接通程序

四、断电延时定时器

断电延时定时器用于将输出 Q 的复位操作延时 PT 指定的一段时间。

断电延时定时器的工作时序图如图 3-1-5 所示。断电延时定时器用于延时复位输出，即当 IN=1 时，Q=1；若输入 IN=0，Q 延时 PT 指定的时间后再变为 0 状态。延时期间，若 IN 变为 1 状态，则重新执行上述过程。

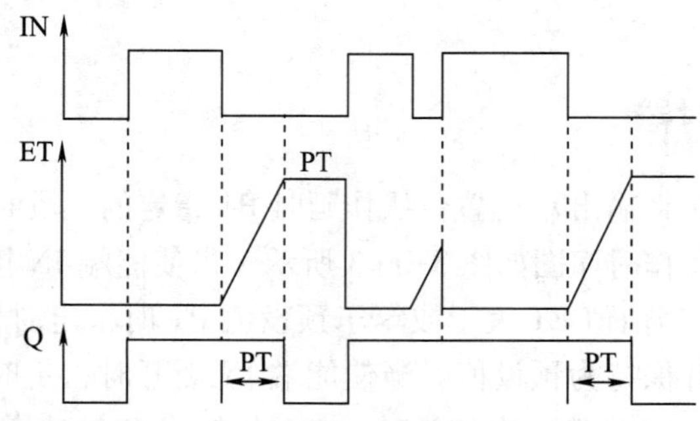

图 3-1-5　断电延时定时器的工作时序图

五、时间累加器

时间累加器可以理解为具有记忆功能的 TON 定时器，即只有当 IN=1 的累计时间等于 PT 指定时间后，Q 才置 1，直到复位。当定时时间未到 PT 指定时间时，如果 IN 由 1 状态变为 0 状态，定时器停止计时，但 ET 值保持不变。当输入参数 R=1 时，ET=0 且 Q=0。时间累加器的工作时序图如图 3-1-6 所示。

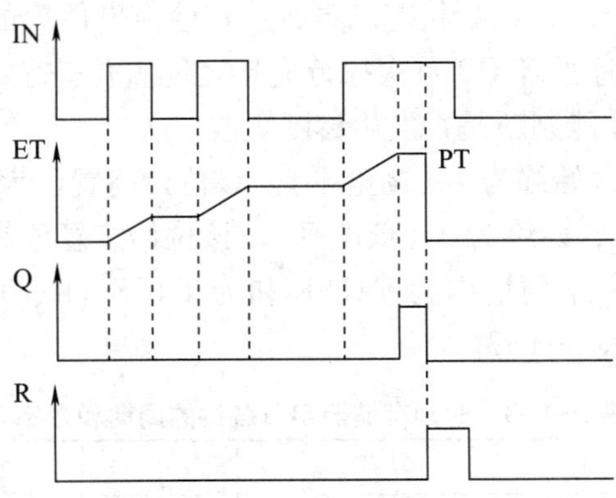

图 3-1-6　时间累加器的工作时序图

六、系统和时钟存储器

编程时，经常用系统存储器位实现进入 RUN 模式的第一个扫描周期的扫描，以完成初始化步骤；也经常用时钟存储器位作为时钟脉冲，产生一个占空比为 50%的方波信号，以实现振荡电路的编程，这就需要在硬件组态时启用系统存储器字节和时钟存储器字节。具体方法为：在项目视图中，双击项目树中的“设备组态”，打开该 PLC 的设备视图。然后单击 CPU 模块，再单击“常规”选项卡下的“系统和时钟存储器”，分别勾选“启用系统存储器字节”和“启用时钟存储器字节”复选框，可以设置它们的地址值，默认地址分别为 MB1 和 MB0，如图 3-1-7 所示。

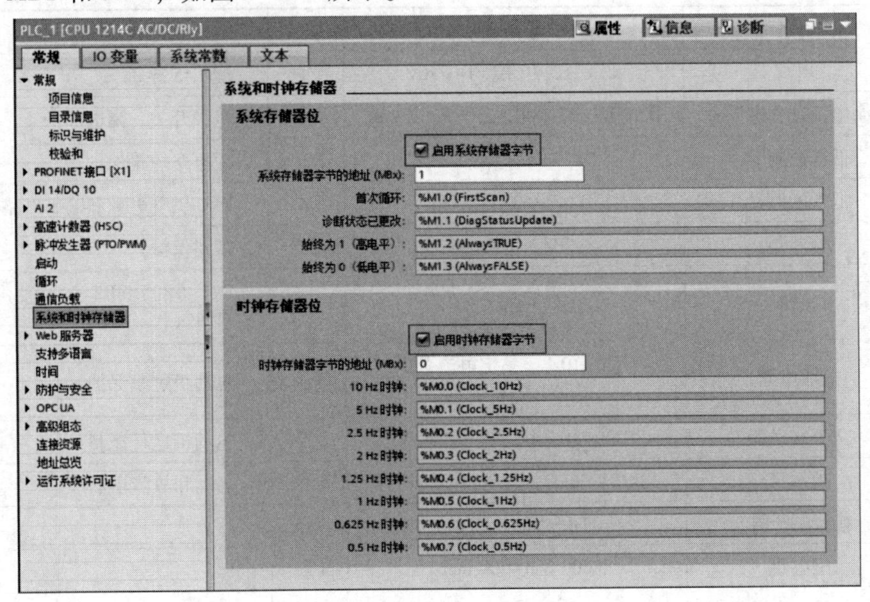

图 3-1-7　启用系统存储器字节和时钟存储器字节

将 MB1 设置为系统存储器字节后，M1.0~M1.3 的意义如下：

M1.0（FirstScan），首次循环。即系统存储器字节中该位的值仅在首次循环执行时为 1。

M1.1（DiagStatusUpdate），诊断状态已更改。在诊断事件后的一个扫描周期内置位为 1。由于直到启动 OB 和程序循环 OB 首次执行完毕才能置位该位，所以在启动 OB 和程序循环 OB 首次执行完毕时才能判断是否发生诊断更改。

M1.2（AlwaysTRUE），始终为 1（高电平）。该位始终置位为 1。

M1.3（AlwaysFALSE），始终为 0（低电平）。该位始终复位为 0。

时钟存储器的各位在一个周期内为 FALSE 和为 TRUE 的时间各占 50%，时钟存储器字节各位的周期和频率见表 3-1-3。

表 3-1-3　时钟存储器字节各位的周期和频率

位	7	6	5	4	3	2	1	0
周期/s	2.0	1.6	1.0	0.8	0.5	0.4	0.2	0.1
频率/Hz	0.5	0.625	1	1.25	2	2.5	5	10

若采用默认的 MB0 作为时钟存储器字节，则 M0.5 的时钟脉冲周期为 1 s，如果用它的触点来控制指示灯，指示灯将以 1 Hz 的频率闪烁。

任务实施

一、任务准备

实施本任务所使用的元器件可参考表 3-1-4。

表 3-1-4　实训元器件清单

序号	设备名称	型号及规格	数量	备注
1	PLC	CPU 1214C AC/DC/Rly	1 台	配 C45 导轨
2	剩余电流动作断路器	DZ47LE-63 D40，3P+N，30 mA	1 个	电源开关，漏电保护
3	低压断路器	DZ47-63 D10，3P	3 个	主电路短路保护
4	低压断路器	DZ47-63 D5，1P	2 个	PLC 供电电源和输出电路短路保护
5	熔断器	RT28-32/2	11 个	短路保护
6	按钮	LA38-11/203	2 个	SB1（红）/SB2（绿），停止/启动信号输入
7	热继电器	JR20-10 L，整定电流范围为 0.15~0.23 A	3 个	电动机过载保护
8	交流接触器	CJ20-10，线圈电压 220 V	3 个	电动机运行控制
9	指示灯	XB2BVM6LC，蓝色，AC 220 V	1 个	启动和故障指示
10	接线端子排	TB-1520，20 位	1 条	
11	配电盘	600 mm×900 mm	1 块	
12	三相异步电动机	YS5024，40 W	3 台	控制对象

二、分配输入/输出端口

输入/输出端口分配见表 3-1-5。

表 3-1-5　输入/输出端口分配表

输入端口			输出端口		
输入继电器	输入元器件	作用	输出继电器	输出元器件	作用
I0.0	热继电器 FR1	过载保护	Q0.0	交流接触器 KM1	控制电动机 M1
I0.1	热继电器 FR2	过载保护	Q0.1	交流接触器 KM2	控制电动机 M2
I0.2	热继电器 FR3	过载保护	Q0.2	交流接触器 KM3	控制电动机 M3
I0.3	按钮 SB1	停止	Q0.3	指示灯 HL	启动和故障指示
I0.4	按钮 SB2	启动			

三、绘制并安装 PLC 控制线路

三相异步电动机顺序启动 PLC 控制系统的接线如图 3-1-8 所示。安装时，交流接触器 KM1、KM2、KM3 及指示灯 HL 暂时不接到 PLC 的输出端 Q0.0、Q0.1、Q0.2、Q0.3，待程序调试通过后再连接。安装完毕，要用万用表检测电路的通断情况是否正确，用兆欧表检测电路的绝缘电阻值是否符合要求。

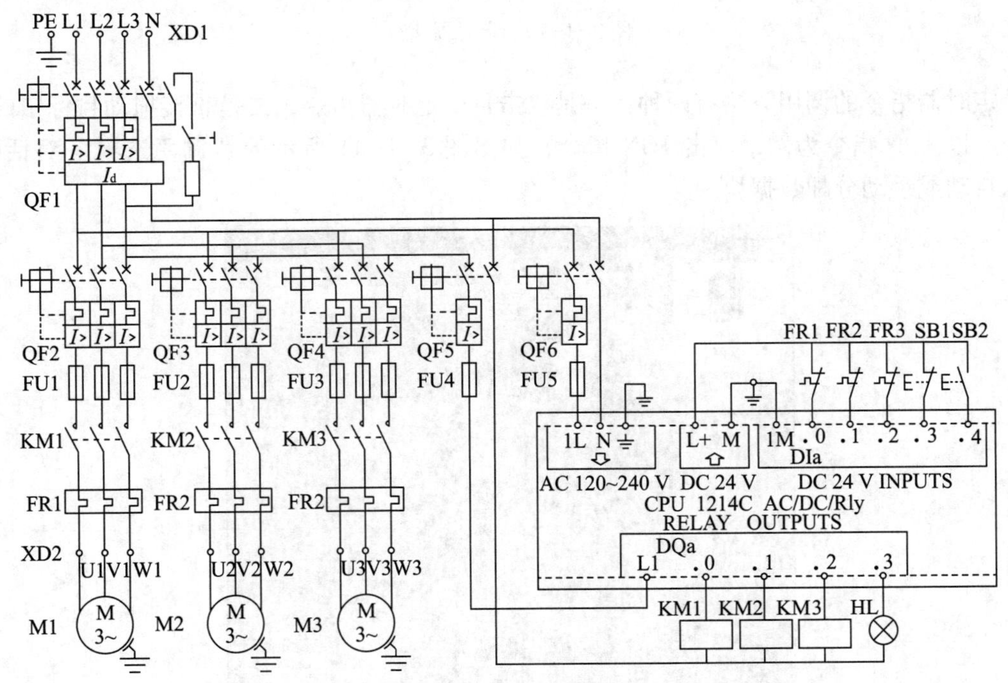

图 3-1-8　三相异步电动机顺序启动 PLC 控制系统接线图

四、程序编写与仿真

1. 编辑变量表

本任务的变量表如图 3-1-9 所示。

		名称	变量表	数据类型	地址
1		电动机M1过载保护	默认变量表	Bool	%I0.0
2		电动机M2过载保护	默认变量表	Bool	%I0.1
3		电动机M3过载保护	默认变量表	Bool	%I0.2
4		停止按钮	默认变量表	Bool	%I0.3
5		启动按钮	默认变量表	Bool	%I0.4
6		接触器KM1线圈	默认变量表	Bool	%Q0.0
7		接触器KM2线圈	默认变量表	Bool	%Q0.1
8		接触器KM3线圈	默认变量表	Bool	%Q0.2
9		指示灯HL	默认变量表	Bool	%Q0.3

图 3-1-9　变量表

2. 调用定时器指令

基本指令下拉菜单中有 4 种定时器指令，如图 3-1-10 所示。

基本指令

名称	描述
定时器操作	
TP	生成脉冲
TON	接通延时
TOF	关断延时
TONR	时间累加器
-(TP)-	启动脉冲定时器

图 3-1-10　定时器指令

定时器指令的调用方法有两种：一是双击目标定时器指令，二是直接拖动目标定时器指令。以 TON 指令为例，双击 TON 指令，弹出图 3-1-11 所示的“调用选项”对话框，可以自动或手动分配数据块。

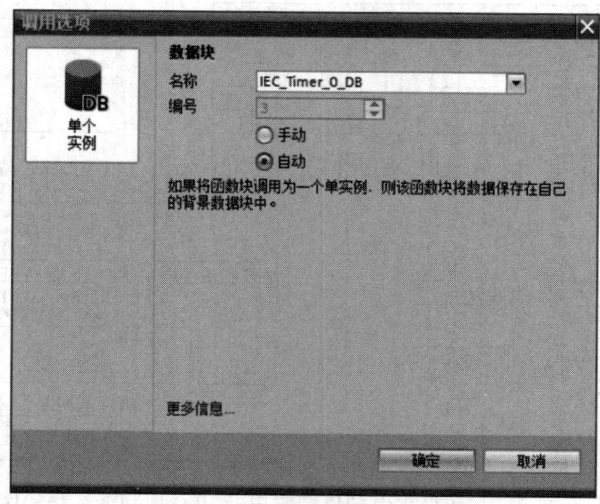

图 3-1-11　“调用选项”对话框

3. 程序编写

输入图 3-1-12 所示三相异步电动机顺序启动 PLC 控制程序并编译。

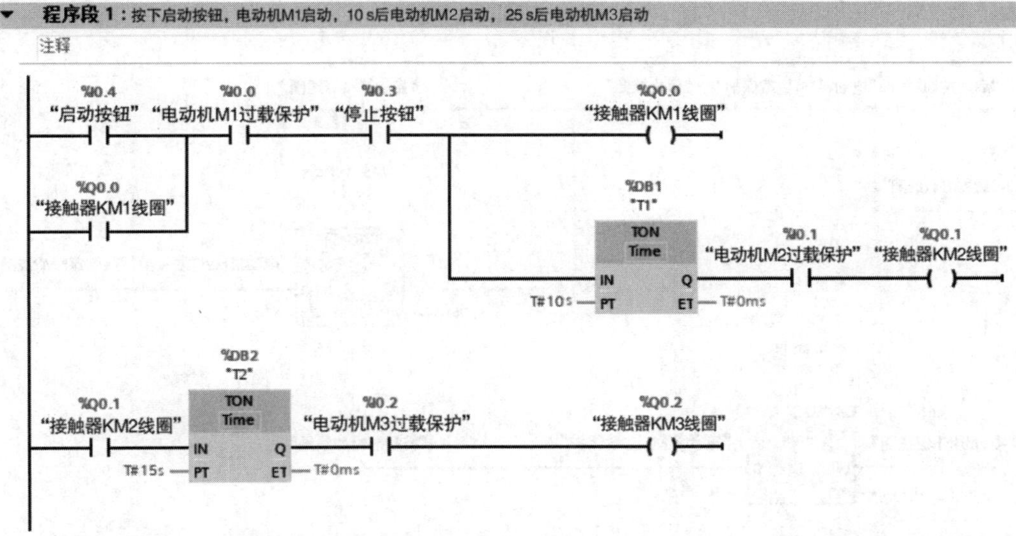

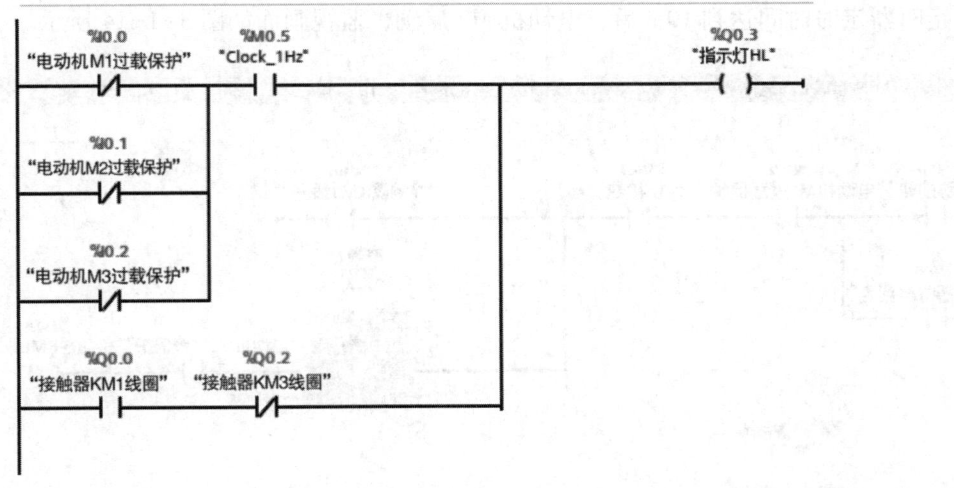

图 3-1-12　三台电动机顺序启动 PLC 控制程序

4. 程序仿真

请读者自行完成程序的仿真。

五、程序调试

1. 模拟调试

（1）打开需要监视的梯形图程序，单击工具栏中的按钮，启动程序状态监视。

（2）启动控制。按下启动按钮，电动机 M1 启动，同时定时器 T1 开始定时，监视画面如图 3-1-13 所示。

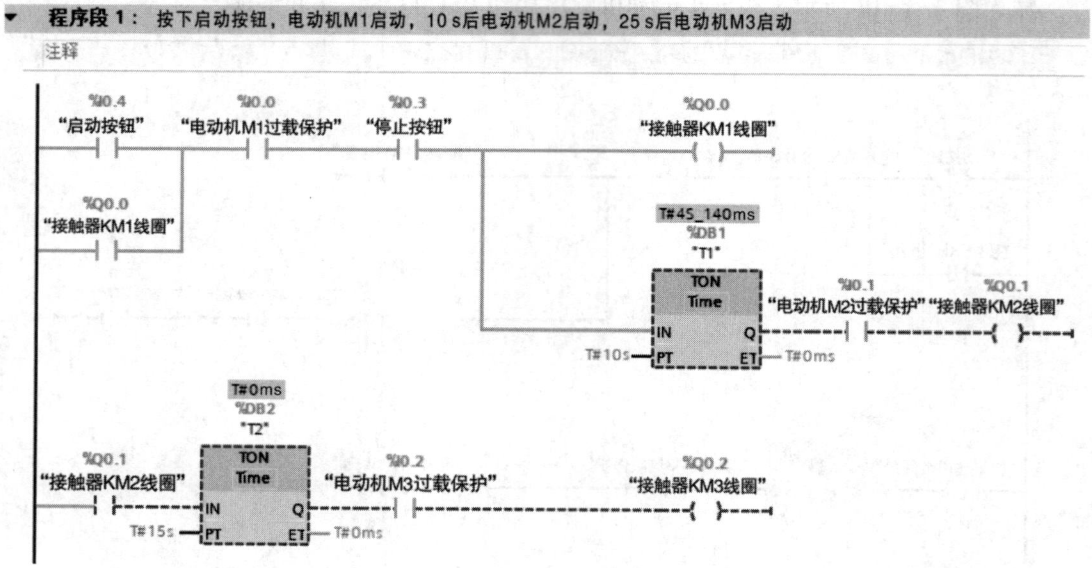

图 3-1-13　电动机 M1 启动监视画面

T1 定时器定时时间达到 10 s 后，电动机 M2 启动，监视画面如图 3-1-14 所示。

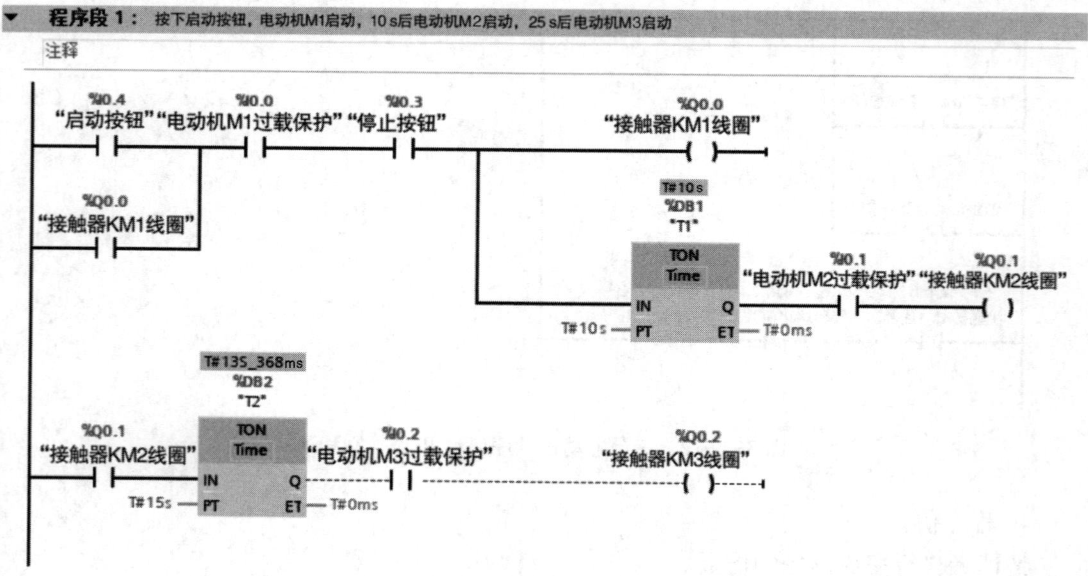

图 3-1-14　电动机 M2 启动监视画面

T2 定时器定时时间达到 15 s 后，电动机 M3 启动，监视画面如图 3-1-15 所示。

电动机启动过程中，指示灯点亮，监视画面如图 3-1-16 所示。

三台电动机都启动之后，指示灯熄灭，监视画面如图 3-1-17 所示。

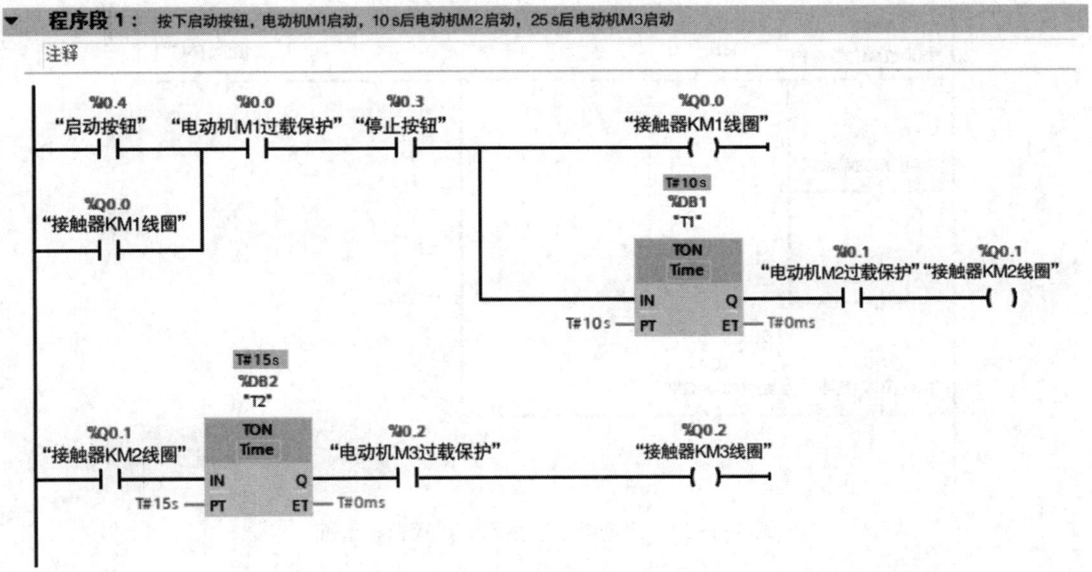

程序段 1： 按下启动按钮，电动机M1启动，10 s后电动机M2启动，25 s后电动机M3启动
注释
%I0.4
"启动按钮"
%I0.0
"电动机M1过载保护"
%I0.3
"停止按钮"
%Q0.0
"接触器KM1线圈"
%Q0.0
"接触器KM1线圈"
T#10s
%DB1
"T1"
TON
Time
IN
Q
PT
ET
T#10s
T#0ms
%I0.1
"电动机M2过载保护"
%Q0.1
"接触器KM2线圈"
T#15s
%DB2
"T2"
%Q0.1
"接触器KM2线圈"
TON
Time
IN
Q
PT
ET
T#15s
T#0ms
%I0.2
"电动机M3过载保护"
%Q0.2
"接触器KM3线圈"

图 3-1-15　电动机 M3 启动监视画面

程序段 2： 过载保护、指示灯控制
注释
%I0.0
"电动机M1过载保护"
%M0.5
"Clock_1Hz"
%Q0.3
"指示灯HL"
%I0.1
"电动机M2过载保护"
%I0.2
"电动机M3过载保护"
%Q0.0
"接触器KM1线圈"
%Q0.2
"接触器KM3线圈"

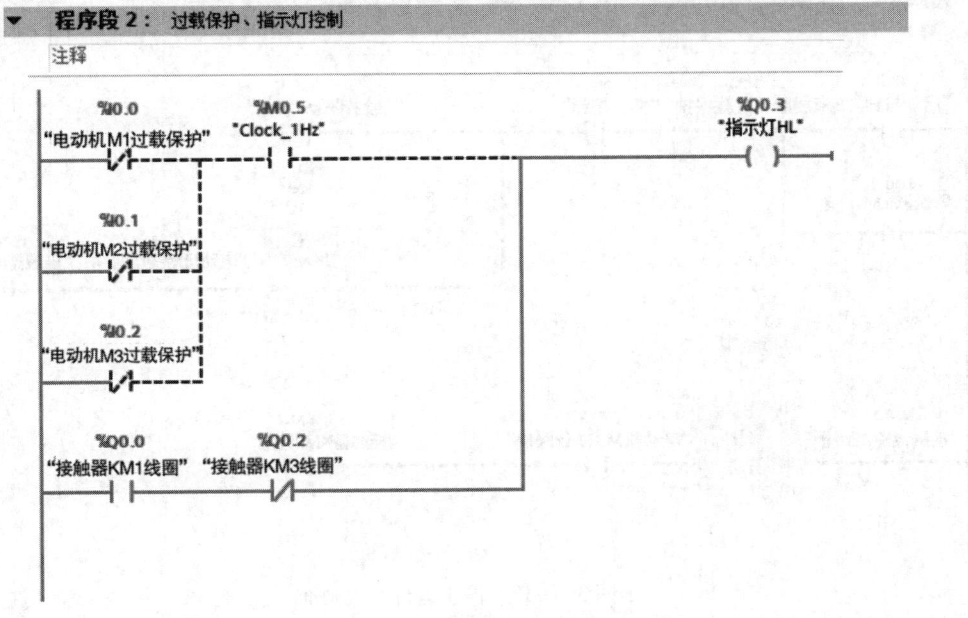

图 3-1-16　指示灯点亮监视画面

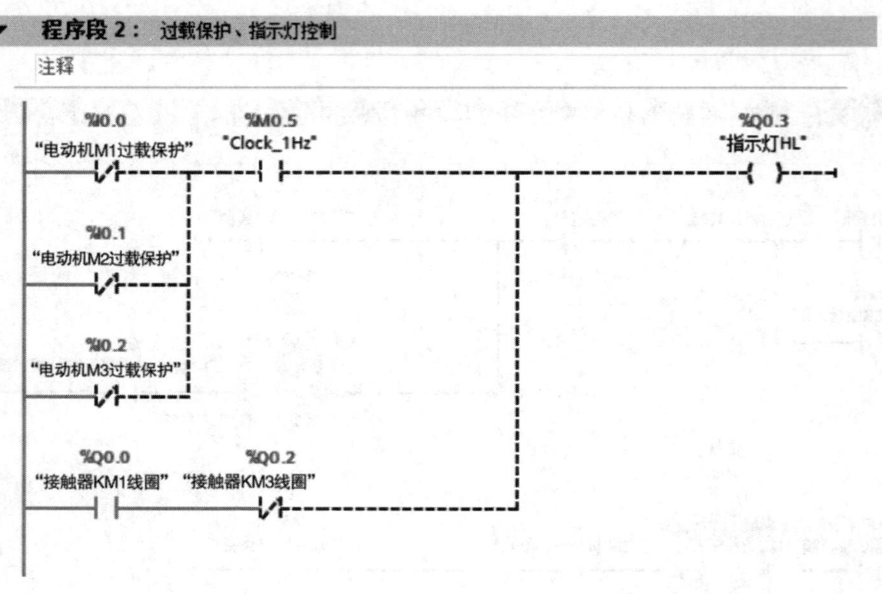

图 3-1-17 启动结束、指示灯熄灭监视画面

（3）停止控制。按下停止按钮 SB1，三台电动机同时停止运行，监视画面如图 3-1-18 所示。

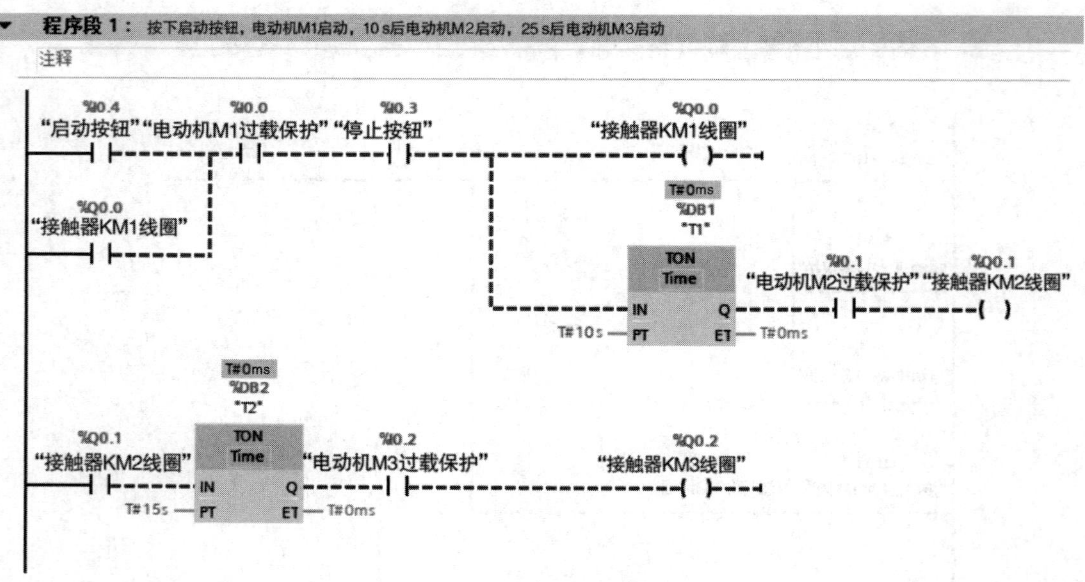

图 3-1-18 停止运行监视画面

（4）过载保护。按下启动按钮 SB2，然后断开任意热继电器，指示灯 HL 闪烁。

2. 联机调试

在断电的情况下，将接触器 KM1、KM2、KM3 的线圈及指示灯 HL 分别连接到 PLC 的输出端 Q0.0、Q0.1、Q0.2、Q0.3。注意，若联机调试过程中出现故障，应立即切断电源，分析原因，检查电路。排除故障后，方可重新进行调试，直到调试成功。

（1）合上电源开关 QF1～QF6。

（2）启动控制。按下启动按钮 SB2，电动机 M1 启动；电动机 M1 启动 10 s 后，电动机 M2 启动；电动机 M2 启动 15 s 后，电动机 M3 启动。启动过程中，指示灯 HL 点亮；启动过程结束后，指示灯 HL 熄灭。

（3）停止控制。按下停止按钮 SB1，电动机 M1、M2、M3 同时停止。

（4）过载保护。按下启动按钮 SB2，电动机 M1、M2、M3 依次启动。当任意电动机发生过载故障时，其相应的热继电器的常闭触点断开，相应的电动机断电停转，指示灯 HL 闪烁。

（5）关断电源开关 QF2～QF6、QF1。

任务测评

按照表 3-1-6 中的要求进行任务测评。

表 3-1-6　任务测评表

序号	考核内容	配分	考核标准	扣分	得分
1	I/O 端口分配	10	I/O 端口分配错误或遗漏，每处扣 5 分		
2	电路绘制	20	主电路与控制电路分开绘制，有短路和接地保护，PLC 供电、I/O 端口接线正确。绘制有误或画法不规范，每处扣 2 分		
3	电路安装	25	按照接线图安装接线，元器件布置合理，不损坏元器件，安装牢固，配线符合工艺要求。电路安装不正确，每处扣 5 分		
4	程序编写与仿真	25	程序编写、编译及仿真正确。每错一处扣 5 分		
5	通电调试	20	通电调试步骤正确，操作规范，安全无事故，功能正常。通电调试不正确或不规范，每次扣 5 分；出现事故，扣 20 分；第一次通电调试不成功，扣 5 分；第二次通电调试不成功，扣 10 分；第三次通电调试不成功，扣 20 分		
6	安全与文明生产		遵守国家相关专业安全与文明生产规程，如有违反，酌情扣分		
开始时间		结束时间		成绩	

任务2　三相异步电动机单按钮启停控制

学习目标

1. 掌握计数器指令的表示形式、功能和使用方法。

2. 能使用计数器指令设计三相异步电动机单按钮启停 PLC 控制程序，并完成控制线路的绘制、安装和调试。

任务引入

在家用电器中，经常有启动和停止功能共用一个按钮的情况。例如，全自动洗衣机用一个按钮实现洗衣机的启动和停止，接通电源后，按一下“启动/停止”按钮，洗衣机开始运行，再按一下“启动/停止”按钮，洗衣机停止运行；如果继续按“启动/停止”按钮，洗衣机会重复切换运行与停止的状态。

本任务要求使用 PLC 控制方式，完成三相异步电动机单按钮启停 PLC 控制系统的设计、安装和调试。控制要求如下：

1. 用一个按钮控制电动机的启动和停止，即第一次按下按钮，电动机启动；第二次按下按钮，电动机停止；继续按下按钮，电动机重复切换运行与停止状态。

2. 当电动机发生过载故障时，电动机断电停止。

3. 具有短路、过载保护等必要的保护措施。

任务分析

三相异步电动机单按钮启停 PLC 控制系统需要启动/停止和过载保护 2 个输入信号，1 个交流接触器线圈驱动输出信号。因此，PLC 的 I/O 信号均为数字量，点数应不小于 3，输出接口应为继电器型，故选用 CPU 1214C AC/DC/Rly 模块。本任务用计数器指令编写控制程序。当“启动/停止”按钮的按动次数为奇数时，电动机启动；当按动次数为偶数时，电动机停止。用计数器统计按动按钮的次数。

相关知识

一、计数器指令概述

S7-1200 PLC 的计数器分为两类：一类是 IEC 计数器，另一类是高速计数器。S7-1200 IEC 计数器的个数受 CPU 存储容量的限制，其最高计数频率受 OB1 扫描时间的限制。

如果需要使用频率更高的计数器，可以使用 CPU 内置的高速计数器。

计数器指令可以对内部程序事件和外部过程事件进行计数。每当计数器输入接收到上升沿信号，即计数器输入信号由 0 变为 1 时，计数一次。与定时器类似，每个计数器都使用数据块中的背景数据块来保存计数器数据，用户在编辑器中放置计数器指令时分配相应的数据块。S7-1200 PLC 提供了三种类型的 IEC 计数器，即加计数器（CTU）、减计数器（CTD）和加减计数器（CTUD）。

计数器指令的表示形式及功能说明见表 3-2-1，参数的数据类型见表 3-2-2。

表 3-2-1　计数器指令的表示形式及功能说明

计数器类型	LAD/FBD	功能说明
加计数器	"Counter name" CTU Int CU　Q R　CV PV	加计数器在当前计数值大于或等于预设计数值时将输出 Q 设置为 ON
减计数器	"Counter name" CTD Int CD　Q LD　CV PV	减计数器在当前计数值等于或小于 0 时将输出 Q 设置为 ON
加减计数器	"Counter name" CTUD Int CU　QU CD　QD R　CV LD PV	加减计数器在当前计数值大于或等于预设计数值时将输出 QU 设置为 ON；在当前计数值小于或等于 0 时将输出 QD 设置为 ON

表 3-2-2　计数器指令参数的数据类型

参数		定义	数据类型	备注
输入	CU	加计数输入位	Bool	仅 CTU、CTUD 功能框。输入信号上升沿到来（从 0 变为 1）时，CV 值加 1
	CD	减计数输入位	Bool	仅 CTD、CTUD 功能框。输入信号上升沿到来（从 0 变为 1）时，CV 值减 1

续表

<table>
<tr><th colspan="2">参数</th><th>定义</th><th>数据类型</th><th>备注</th></tr>
<tr><td rowspan="3">输入</td><td>R</td><td>复位输入位</td><td>Bool</td><td>仅 CTU、CTUD 功能框。将计数值重置为 0，优先于 CU、CD 端。复位输入位为 1 状态时，计数器被复位，CV 被清零，输出 Q、QU 变为 0 状态，QD 变为 1 状态</td></tr>
<tr><td>PV</td><td>预设计数值</td><td>SInt、Int、DInt、USInt、UInt、UDInt</td><td>计数器预设计数值</td></tr>
<tr><td>LD</td><td>装载输入位</td><td>Bool</td><td>仅 CTD、CTUD 功能框。预设值的装载控制。当装载输入信号由 0 变为 1 时，预设计数值作为新的当前计数值装载到计数器</td></tr>
<tr><td rowspan="5">输出</td><td rowspan="2">Q</td><td>加计数器输出位</td><td rowspan="2">Bool</td><td>当 CV≥PV 时，Q=1；当 CV<PV 或 R=1 时，Q=0</td></tr>
<tr><td>减计数器输出位</td><td>当 CV≤0 时，Q=1；当 CV>0 或 LD=1 时，Q=0</td></tr>
<tr><td>QU</td><td rowspan="2">加减计数器输出位</td><td rowspan="2">Bool</td><td>当 CV≥PV 或 LD=1 时，QU=1；当 CV<PV 或 R=1 时，QU=0</td></tr>
<tr><td>QD</td><td>当 CV≤0 或 R=1 时，QD=1；当 CV>0 或 LD=1 时，QD=0</td></tr>
<tr><td>CV</td><td>当前计数值</td><td>SInt、Int、DInt、USInt、UInt、UDInt</td><td>计数器当前计数值</td></tr>
</table>

预设计数值 PV 和当前计数值 CV 的数据类型是短整数（SInt）、整数（Int）、双整数（DInt）、无符号短整数（USInt）、无符号整数（UInt）、无符号双整数（UDInt），它们的位数和取值范围见表 3-2-3。计数值的范围取决于所选的数据类型。如果计数值是无符号整数，则可以减计数到 0 或加计数到范围限值。如果计数值是有符号整数，则可以减计数到负整数限值或加计数到正整数限值。

表 3-2-3　不同数据类型的位数和取值范围

数据类型	位数	取值范围
短整数	8	-128~127
整数	16	-32 768~32 767
双整数	32	-2 147 483 648~2 147 483 647
无符号短整数	8	0~255
无符号整数	16	0~65 535
无符号双整数	32	0~4 294 967 295

S7-1200 IEC 计数器的各变量均可以使用 I（仅用于输入变量）、Q、M、D 和 L 存储区，PV 还可以使用常数。IEC 计数器属于函数块，调用时需要指定配套的背景数据块，计数器指令的数据保存在背景数据块中。

二、加计数器

当 CU 的值从 0 变为 1 时，加计数器的当前计数值 CV 加 1。以 PV=3 为例，加计数器的工作时序图如图 3-2-1 所示。

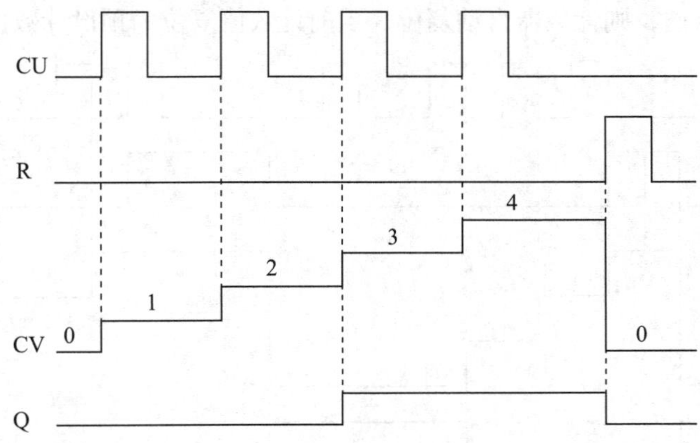

图 3-2-1　加计数器的工作时序图（PV=3）

第一次执行加计数器指令时，当前计数值 CV 被清零。当复位输入 R 为 0 状态时，加计数器从 CV=0 开始，在 CU 信号的每个上升沿递增计数一次。当 CV≥3 时，计数器的 Q 端被置位。当复位输入 R 为 1 状态时，计数器被复位，输出 Q 变为 0 状态，CV 被清零。

【例 3-2-1】加计数器的应用示例如图 3-2-2 所示。I0.0 为计数器脉冲输入端，I0.1 为复位端，当 CV≥5 时，输出端 Q0.0 通电。

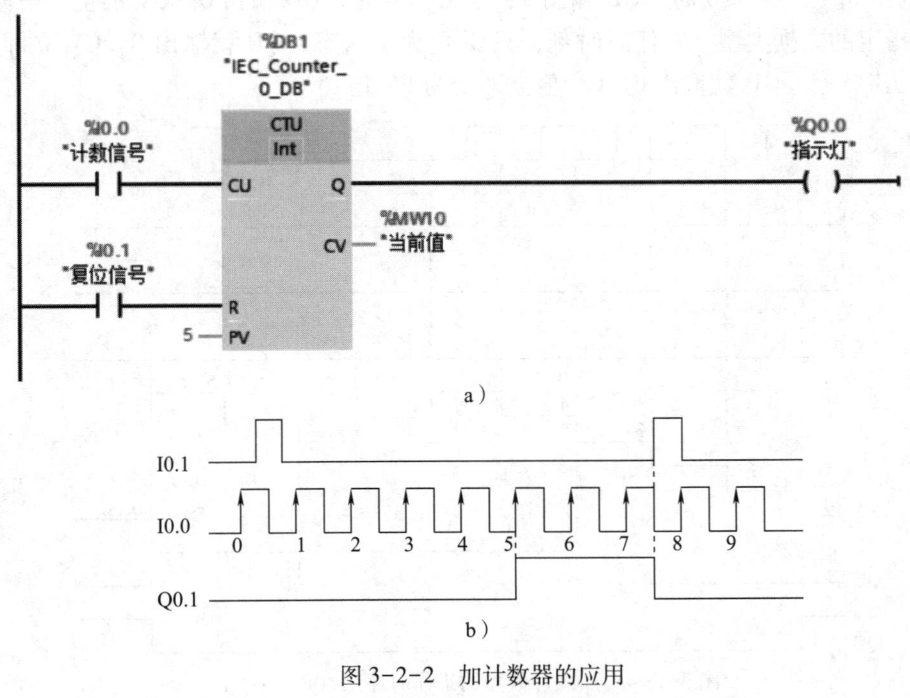

图 3-2-2　加计数器的应用

a）梯形图　b）时序图

三、减计数器

以 PV=3 为例，减计数器的工作时序图如图 3-2-3 所示。减计数器从预设计数值开始，在 CD 信号的每个上升沿递减计数一次。当 CV≤0 时，计数器的 Q 端被置位。在任意时刻，若装载输入端 LD 接通，则计数器自动复位，当前计数值复位为预设计数值，重新开始计数。

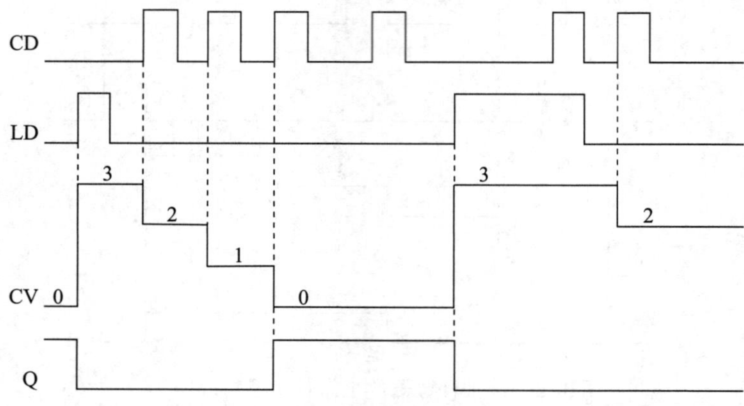

图 3-2-3　减计数器的工作时序图（PV=3）

四、加减计数器

以 PV=4 为例，加减计数器的工作时序图如图 3-2-4 所示。每当 CU 由 0 变为 1 时，CV 值加 1；每当 CD 从 0 变为 1 时，CV 值减 1。当 CV≥PV 时，QU 输出 1；当 CV<PV 时，QU 输出 0。当 CV≤0 时，QD 输出 1；当 CV>0 时，QD 输出 0。CV 的上、下限取决于计数器指定的数据类型。在任意时刻，只要 R 为 1 状态，QU 就输出 0，CV 立即清零；只要 LD 为 1 状态，QD 就输出 0，CV 值立即变为 PV 值。

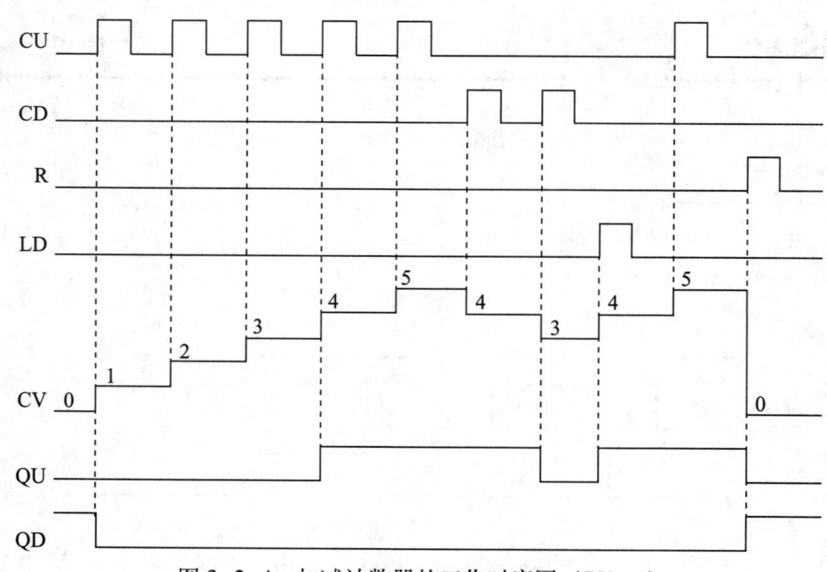

图 3-2-4　加减计数器的工作时序图（PV=4）

任务实施

一、任务准备

实施本任务所使用的元器件可参考表 3-2-4。

表 3-2-4　实训元器件清单

序号	设备名称	型号及规格	数量	备注
1	PLC	CPU 1214C AC/DC/Rly	1 台	配 C45 导轨
2	剩余电流动作断路器	DZ47LE-63 D16，3P+N，30 mA	1 个	电源开关，漏电保护
3	低压断路器	DZ47-63 D10，3P	1 个	主电路短路保护
4	低压断路器	DZ47-63 D5，1P	2 个	PLC 供电电源和输出电路短路保护
5	熔断器	RT28-32/2	5 个	电动机主电路、PLC 供电及负载回路短路保护
6	按钮	LA38-11/203	1 个	SB（绿），启动/停止信号输入
7	热继电器	JR20-10 L，整定电流范围为 0.15~0.23 A	1 个	电动机过载保护
8	交流接触器	CJ20-10，线圈电压 220 V	1 个	电动机运行控制
9	接线端子排	TB-1520，20 位	1 条	
10	配电盘	600 mm×900 mm	1 块	
11	三相异步电动机	YS5024，40 W	1 台	控制对象

二、分配输入/输出端口

输入/输出端口分配见表 3-2-5。

表 3-2-5　输入/输出端口分配表

输入端口			输出端口		
输入继电器	输入元器件	作用	输出继电器	输出元器件	作用
I0.0	热继电器 FR	过载保护	Q0.0	交流接触器 KM	控制电动机 M
I0.1	按钮 SB	启动/停止			

三、绘制并安装 PLC 控制线路

三相异步电动机单按钮启停 PLC 控制系统的接线如图 3-2-5 所示。安装时，交流接触器 KM 的线圈暂时不接到 PLC 的输出端 Q0.0，待程序调试通过后再连接。安装完毕，要用万用表检测电路的通断情况是否正确，用兆欧表检测电路的绝缘电阻值是否符合要求。

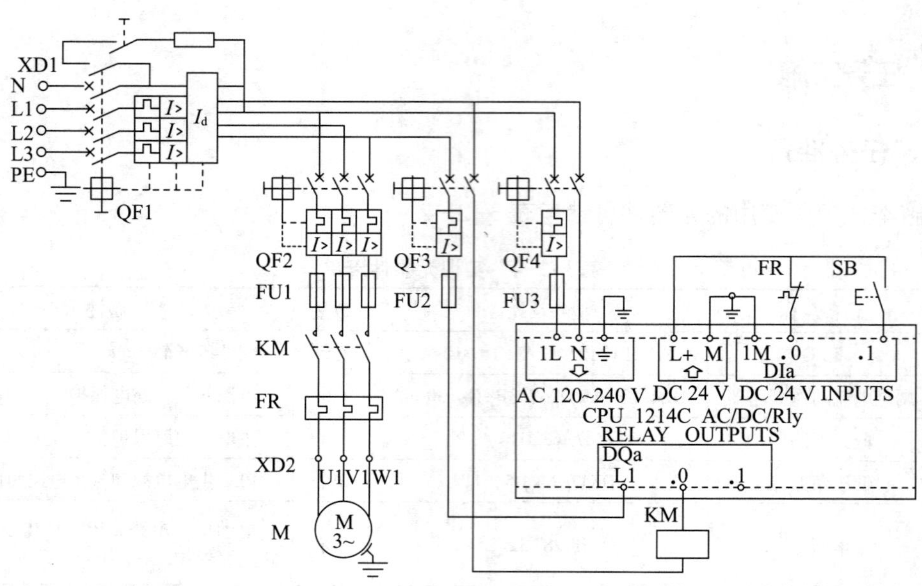

图 3-2-5　三相异步电动机单按钮启停 PLC 控制系统接线图

四、程序编写与仿真

1. 建立变量表

本任务的变量表如图 3-2-6 所示。

		名称	变量表	数据类型	地址	保持	从 H...	从 H...	在 H...
1		启停按钮	默认变量表	Bool	%I0.1	☐	☑	☑	☑
2		过载保护	默认变量表	Bool	%I0.0	☐	☑	☑	☑
3		接触器线圈	默认变量表	Bool	%Q0.0	☐	☑	☑	☑

图 3-2-6　变量表

2. 程序编写

计数器指令的调用方法与计时器指令相同。输入图 3-2-7 所示三相异步电动机单按钮启停 PLC 控制程序并编译。

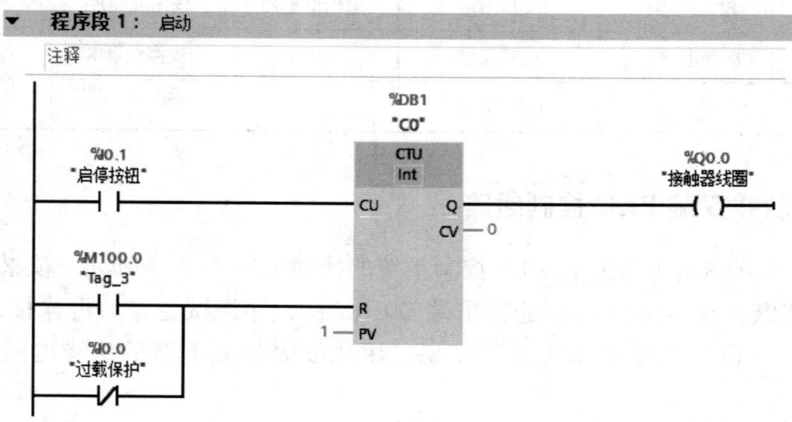

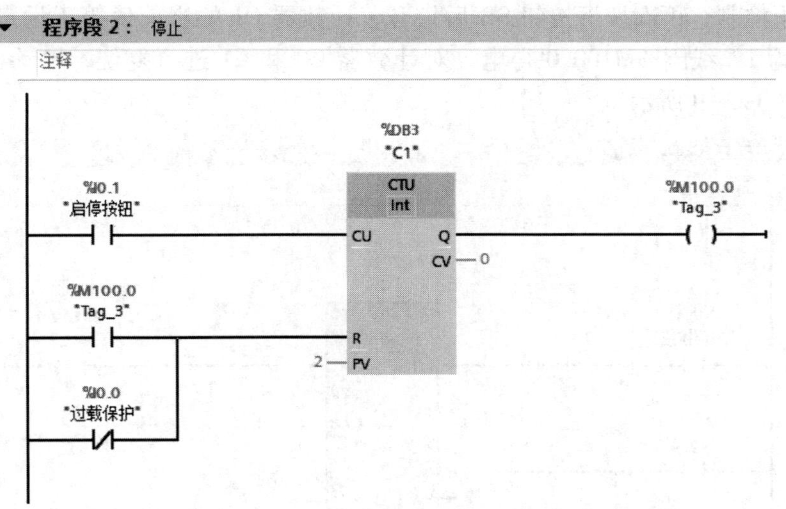

图 3-2-7 三相异步电动机单按钮启停 PLC 控制程序

3. 程序仿真

请读者自行完成程序的仿真。

五、程序调试

1. 模拟调试

（1）打开需要监视的梯形图程序，单击工具栏中的按钮，启动程序状态监视。

（2）启动控制。按下按钮 SB 后松开，计数器 C0 的当前值等于设定值，计数器 C0 的输出值为 1，电动机启动，监视画面如图 3-2-8 所示。

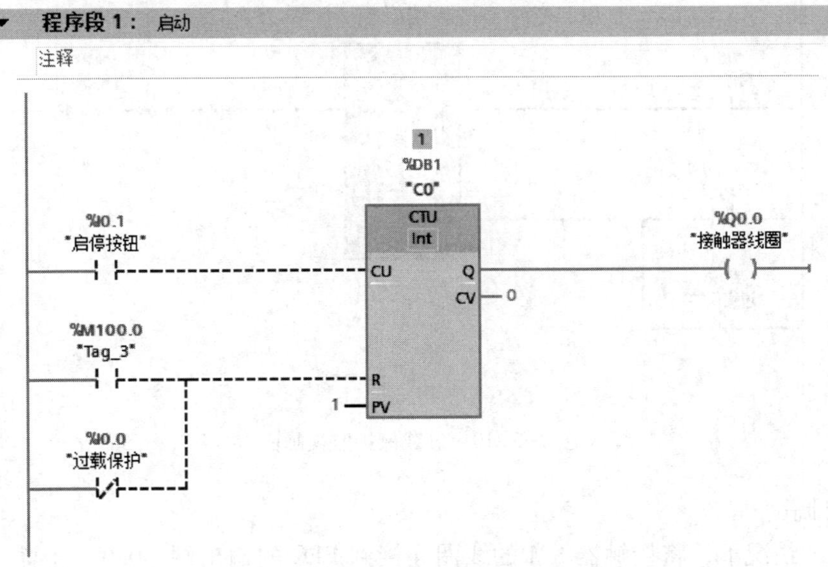

图 3-2-8 电动机启动监视画面

（3）停止控制。再次按下按钮 SB 后松开，计数器 C1 的当前值等于设定值，计数器 C1 的输出值为 1，线圈%M100.0 得电，对计数器 C0 和 C1 进行复位，电动机停止运行，监视画面如图 3-2-9 所示。

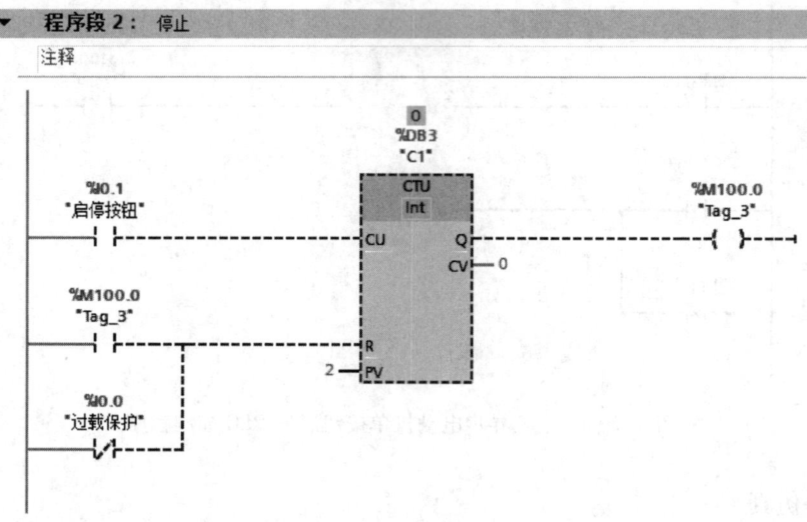

图 3-2-9　电动机停止运行监视画面

（4）过载保护。在电动机运行过程中，断开热继电器 FR 的常闭触点，电动机停止运行，监视画面如图 3-2-10 所示。

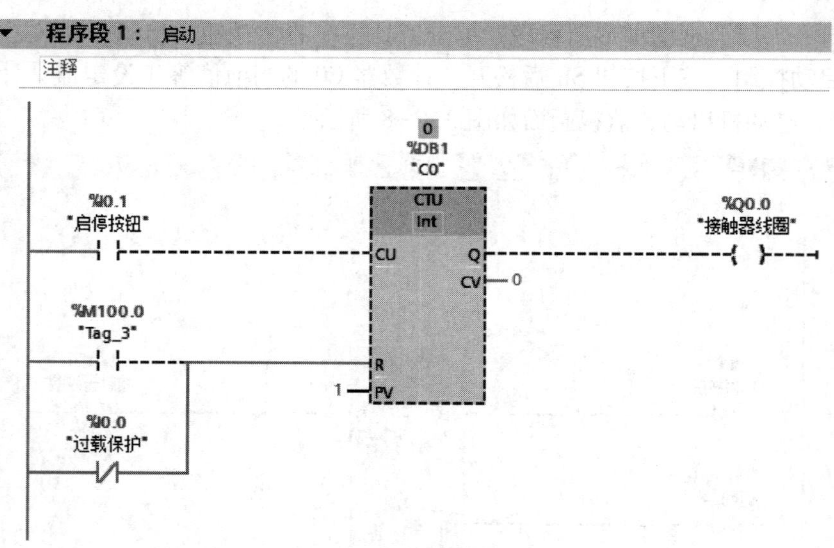

图 3-2-10　过载保护监视画面

2. 联机调试

在断电的情况下，将接触器 KM 的线圈连接到 PLC 的输出端 Q0.0。注意，若联机调试过程中出现故障，应立即切断电源，分析原因，检查电路。排除故障后，方可重新进行调试，直到调试成功。

（1）合上电源开关 QF1～QF4。

（2）启动控制。按下按钮 SB，电动机 M 启动运行。

（3）停止控制。再次按下按钮 SB，电动机 M 停止运行。

（4）过载保护。按下按钮 SB，电动机 M 启动运行。当电动机发生过载故障时，热继电器 FR 的常闭触点断开，接触器 KM 的线圈断电，KM 的主触点断开，电动机 M 断电停转。

（5）关断电源开关 QF2～QF4、QF1。

任务测评

按照表 3-2-6 中的要求进行任务测评。

表 3-2-6 任务测评表

序号	考核内容	配分	考核标准	扣分	得分
1	I/O 端口分配	10	I/O 端口分配错误或遗漏，每处扣 5 分		
2	电路绘制	20	主电路与控制电路分开绘制，有短路和接地保护，PLC 供电、I/O 端口接线正确。绘制有误或画法不规范，每处扣 2 分		
3	电路安装	25	按照接线图安装接线，元器件布置合理，不损坏元器件，安装牢固，配线符合工艺要求。电路安装不正确，每处扣 5 分		
4	程序编写与仿真	25	程序编写、编译及仿真正确。每错一处扣 5 分		
5	通电调试	20	通电调试步骤正确，操作规范，安全无事故，功能正常。通电调试不正确或不规范，每次扣 5 分；出现事故，扣 20 分；第一次通电调试不成功，扣 5 分；第二次通电调试不成功，扣 10 分；第三次通电调试不成功，扣 20 分		
6	安全与文明生产		遵守国家相关专业安全与文明生产规程，如有违反，酌情扣分		
开始时间		结束时间		成绩	

课题四　移动操作与比较运算指令的应用

在 S7-1200 PLC 编程中，移动操作指令和比较运算指令是常用的数据处理类指令。移动操作指令包括移动值、移动块、存储区移动、无中断的存储区移动、交换字节、读/写存储器、Variant、数组、读取域、写入域等指令，经常与其他指令配合使用，主要用于数据记录、设备控制参数的配置、控制逻辑的动态修改等场合。比较运算指令包括比较值、范围内值、范围外值、检查有效性、检查无效性、变型、数组比较等指令，常用于快速、精确地产生控制信号，提高自动化控制的效率和精度。例如，在一个温度控制系统中，可以使用比较运算指令比较当前温度与设定温度的大小关系，从而控制加热器的开关。

本课题主要学习移动值指令和比较值指令的应用。

任务 1　应用移动值指令实现三相异步电动机Y-△启动控制

学习目标

1. 掌握移动值指令的表示形式、功能和使用方法。

2. 能使用移动值指令编写三相异步电动机Y-△启动控制程序，并完成控制线路的绘制、安装和调试。

任务引入

Y-△启动是指在启动时将三相异步电动机定子绕组接成星形，启动成功后再将三相异步电动机定子绕组改接为三角形。Y-△启动属于降压启动，采用Y-△启动方式可使三相异步电动机的启动电流减小为全压启动的 1/3，能有效避免过大的启动电流对供电系统的影响。中、大功率三相异步电动机通常采用Y-△启动方式。当负载对电动机启动力矩无严格要求且限制电动机启动电流、电动机满足 380 V/Δ 接线条件、电动机正常运行时定子绕组接成三角形时才能采用Y-△启动方法。三相异步电动机Y-△启动控制线路如图 4-1-1 所示。

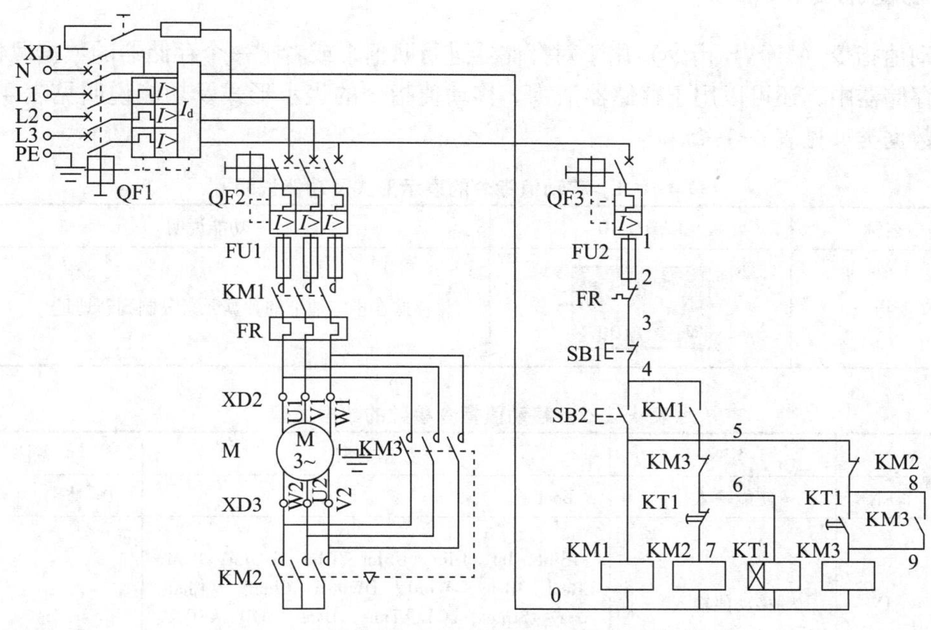

图 4-1-1　三相异步电动机Y-△启动控制线路图

本任务要求将图 4-1-1 所示的传统继电器控制方式改为 PLC 控制方式，使用移动值指令实现Y-△启动控制逻辑，完成三相异步电动机Y-△启动 PLC 控制线路的设计、安装和调试。控制要求如下：

1. 当按下启动按钮 SB2 时，电源控制接触器 KM1 和星形联结控制接触器 KM2 同时通电，电动机星形启动。启动延时一定时间后 KM2 自动断电，然后三角形联结控制接触器 KM3 自动得电，电动机全压运行。

2. 当按下停止按钮 SB1 或电动机过载时，KM1、KM2、KM3 断电，电动机停止运行。

3. 电动机启动和过载时，指示灯 HL 点亮。

4. 具有短路、过载保护等必要的保护措施。

任务分析

三相异步电动机Y-△启动 PLC 控制系统需要停止按钮 SB1、启动按钮 SB2、热继电器 FR 三个输入设备，交流接触器 KM1、KM2、KM3 和指示灯 HL 四个输出设备。因此，PLC 的 I/O 信号均为数字量，输出接口为继电器型即可，故选用 CPU 1214C AC/DC/Rly 模块。可以使用位逻辑运算指令和定时器指令编写三相异步电动机Y-△启动 PLC 控制程序，本任务使用移动值指令编写，程序更为简洁明了。

相关知识

移动值指令

移动值指令（MOVE 指令）用于对存储器进行赋值，或者把一个存储器的数据赋值到另外一个存储器中，还可以用于存储器清零。移动值指令的表示形式及功能说明见表 4-1-1，参数的数据类型见表 4-1-2。

表 4-1-1　移动值指令的表示形式及功能说明

指令名称	LAD/FBD	功能说明
移动值指令	MOVE EN　ENO IN　OUT1	将存储在指定地址的数据元素复制到新地址

表 4-1-2　移动值指令参数的数据类型

参数		定义	数据类型	备注
输入	EN	使能输入位	Bool	0=禁用，1=启用
	IN	移动值输入	SInt、Int、DInt、USInt、UInt、UDInt、Real、LReal、Byte、Word、DWord、Char、WChar、Array、Struct、DTL、Time、Date、TOD、IEC 数据类型	
输出	ENO	使能输出位	Bool	0=无效，1=正确
	OUT1	移动值输出	SInt、Int、DInt、USInt、UInt、UDInt、Real、LReal、Byte、Word、DWord、Char、WChar、Array、Struct、DTL、Time、Date、TOD、IEC 数据类型	

MOVE 指令是将单个数据元素从参数 IN 指定的源地址复制到参数 OUT1 指定的目标地址，并转换为 OUT1 允许的数据类型（与是否进行 IEC 检查有关），源数据保持不变。

如果输入参数 IN 数据类型的位长度超出输出参数 OUT1 数据类型的位长度，则源数据的高位会丢失。如果输入 IN 数据类型的位长度小于输出 OUT1 数据类型的位长度，则目标值的高位被改写为 0。

MOVE 指令允许有多个输出，单击输出参数 OUT1 左侧的 （创建）按钮，或右击 OUT1 的输出短线，并选择快捷菜单中的“插入输出”命令，将会增加一个名为 OUT2 的输出。执行 MOVE 指令的过程中，将输入 IN 的操作数传送给所有可用的输出。

【例 4-1-1】8 个指示灯（HL0～HL7）的控制电路如图 4-1-2 所示。当按下按钮 SB1（I0.0）时，全部灯点亮；当按下按钮 SB2（I0.1）时，序号为奇数的灯点亮；当按下按钮 SB3（I0.2）时，序号为偶数的灯点亮；当按下按钮 SB4（I0.3）时，全部灯熄灭。

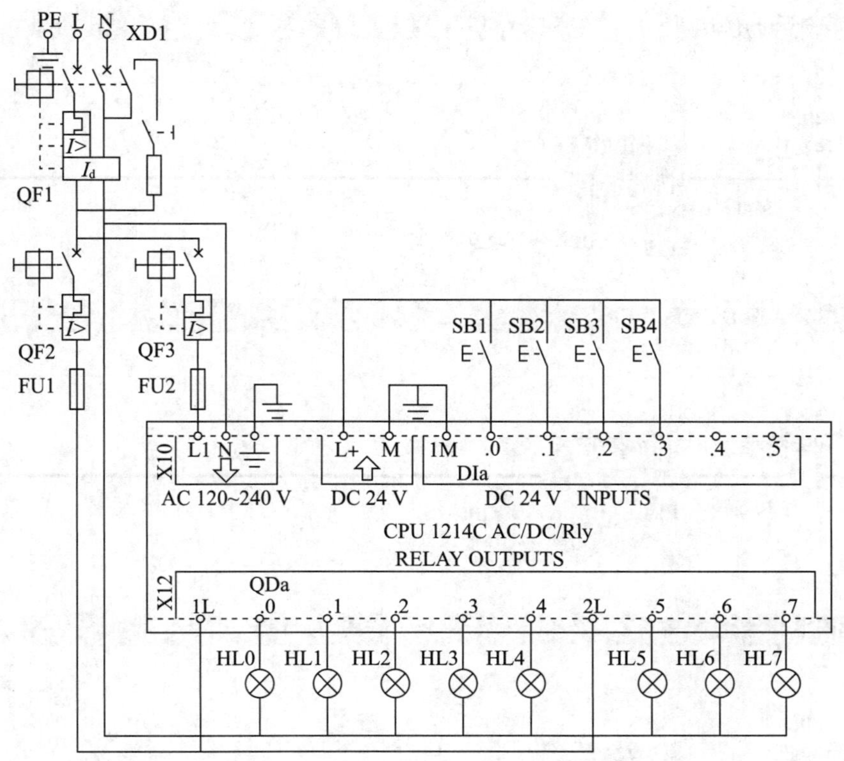

图 4-1-2　8 个指示灯控制电路图

由控制电路可知，8 个指示灯分别由 Q0.7~Q0.0 驱动。当 I0.0 接通时，要求全部灯点亮，PLC 输出应为 16#FF；当 I0.1 接通时，要求奇数灯点亮，PLC 输出应为 16#AA；当 I0.2 接通时，要求偶数灯点亮，PLC 输出应为 16#55；当 I0.3 接通时，要求所有灯熄灭，PLC 输出应为 16#00。根据控制要求列出的输入输出控制关系见表 4-1-3。

表 4-1-3　输入输出控制关系

输入状态	输出状态								输出数据
	Q0.7	Q0.6	Q0.5	Q0.4	Q0.3	Q0.2	Q0.1	Q0.0	
I0.0=1	1	1	1	1	1	1	1	1	16#FF
I0.1=1	1	0	1	0	1	0	1	0	16#AA
I0.2=1	0	1	0	1	0	1	0	1	16#55
I0.3=1	0	0	0	0	0	0	0	0	16#00

用移动值指令编写的 8 个指示灯 PLC 控制梯形图程序如图 4-1-3 所示。

▼ 程序段 1： 所有灯点亮

注释

%I0.0
"Tag_1"
MOVE
EN — ENO
16#FF — IN
OUT1 — %QB0 "Tag_2"

▼ 程序段 2： 奇数灯点亮

注释

%I0.1
"Tag_3"
MOVE
EN — ENO
16#AA — IN
OUT1 — %QB0 "Tag_2"

▼ 程序段 3： 偶数灯点亮

注释

%I0.2
"Tag_4"
MOVE
EN — ENO
16#55 — IN
OUT1 — %QB0 "Tag_2"

▼ 程序段 4： 所有灯熄灭

注释

%I0.3
"Tag_6"
MOVE
EN — ENO
0 — IN
OUT1 — %QB0 "Tag_2"

图 4-1-3　8 个指示灯 PLC 控制梯形图程序

任务实施

一、任务准备

实施本任务所使用的元器件可参考表 4-1-4。

表 4-1-4　实训元器件清单

序号	设备名称	型号及规格	数量	备注
1	PLC	CPU 1214C AC/DC/Rly	1 台	配 C45 导轨
2	剩余电流动作断路器	DZ47LE-63 D16，3P+N，30 mA	1 个	电源开关，漏电保护
3	低压断路器	DZ47-63 D10，3P	1 个	主回路短路保护
4	低压断路器	DZ47-63 D5，1P	2 个	PLC 供电电源和输出电路短路保护
5	熔断器	RT28-32/2	5 个	电动机主电路、PLC 供电及负载回路短路保护
6	按钮	LA38-11/203	2 个	SB1（红）/SB2（绿），停止/启动信号输入
7	热继电器	JR20-10L，整定电流范围为 0.15~0.23 A	1 个	电动机过载保护
8	交流接触器	CJ20-10，线圈电压 220 V	3 个	电动机运行控制
9	指示灯	XB2BVM6LC，蓝色，AC 220 V	1 个	启动和故障指示
10	接线端子排	TB-1520，20 位	1 条	
11	配电盘	600 mm×900 mm	1 块	
12	三相异步电动机	YS5024，40 W	1 台	控制对象

二、分配 PLC 的输入/输出端口

输入/输出端口分配见表 4-1-5。

表 4-1-5　输入/输出端口分配表

输入端口			输出端口		
输入继电器	输入元器件	作用	输出继电器	输出元器件	作用
I0.0	热继电器 FR	过载保护	Q0.0	指示灯 HL	启动和过载指示
I0.1	按钮 SB1	停止	Q0.1	交流接触器 KM1	电源通断控制
I0.2	按钮 SB2	启动	Q0.2	交流接触器 KM2	星形联结控制
			Q0.3	交流接触器 KM3	三角形联结控制

三、绘制并安装 PLC 控制线路

三相异步电动机Y-△启动 PLC 控制系统的接线如图 4-1-4 所示。安装时，指示灯 HL 和交流接触器 KM1~KM3 线圈暂时不接到 PLC 的输出端 Q0.0~Q0.3，待程序调试通过后再连接。安装完毕，要用万用表检测电路的通断情况是否正确，用兆欧表检测电路的绝缘电阻值是否符合要求。

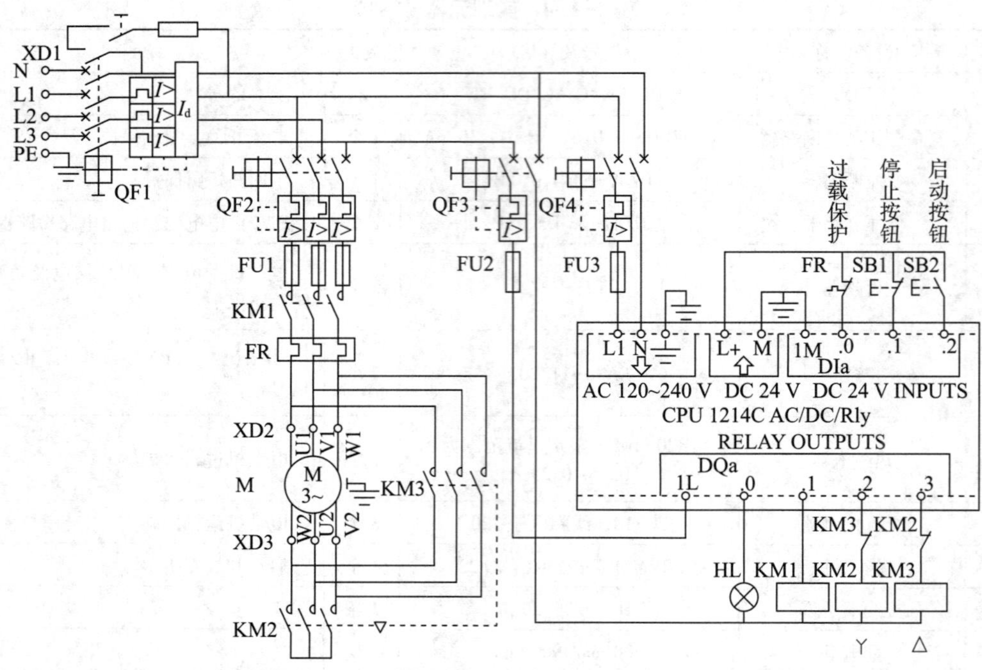

图 4-1-4 三相异步电动机Y-△启动 PLC 控制系统接线图

四、程序编写与仿真

1. 编辑变量表

本任务的变量表如图 4-1-5 所示。

		名称	变量表	数据类型	地址
1		过载保护	默认变量表	Bool	%I0.0
2		停止按钮	默认变量表	Bool	%I0.1
3		启动按钮	默认变量表	Bool	%I0.2
4		指示灯	默认变量表	Bool	%Q0.0
5		电源引入	默认变量表	Bool	%Q0.1
6		Y形启动	默认变量表	Bool	%Q0.2
7		△形运转	默认变量表	Bool	%Q0.3

图 4-1-5 变量表

三相异步电动机Y-△启动各阶段的输出数据见表 4-1-6。

表 4-1-6 Y-△启动各阶段的输出数据

控制过程	输出继电器				输出数据
	Q0.3	Q0.2	Q0.1	Q0.0	
Y形启动	0	1	1	1	2#0111
△形运转	1	0	1	0	2#1010

续表

控制过程	输出继电器				输出数据
	Q0.3	Q0.2	Q0.1	Q0.0	
停止控制	0	0	0	0	2#0000
过载保护	0	0	0	1	2#0001

2. 程序编写

输入图 4-1-6 所示的三相异步电动机Y-△启动 PLC 控制程序并编译。

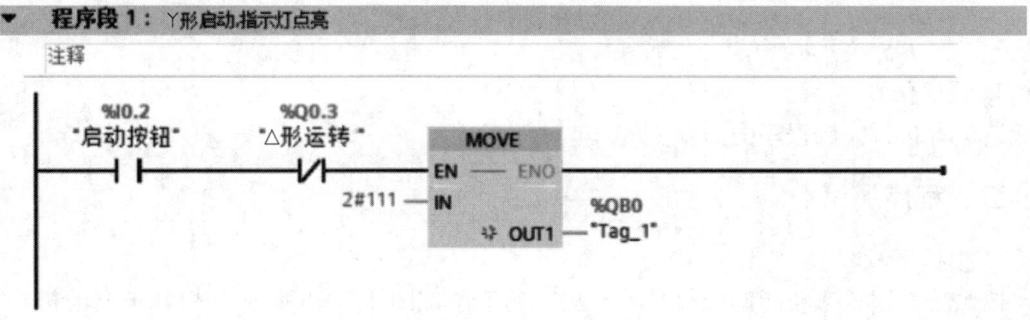

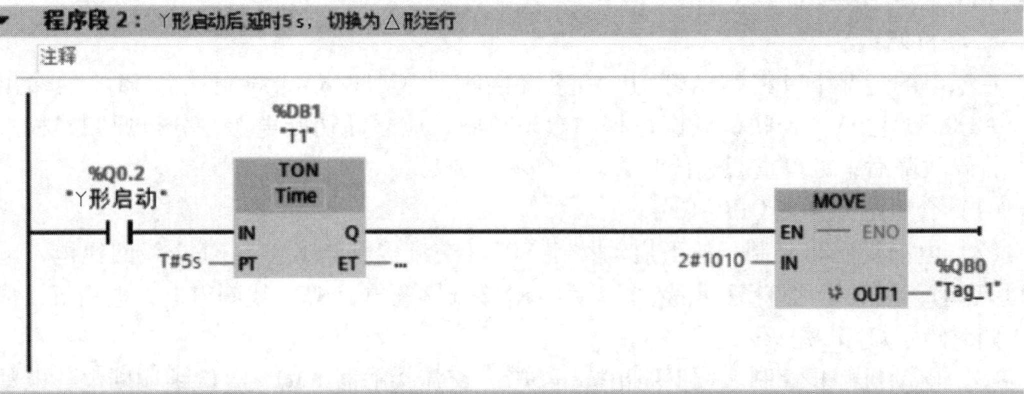

程序段 3： 停止

注释

%I0.1
"停止按钮"
MOVE
EN
ENO
0
IN
OUT1
%QB0
"Tag_1"

▼ 程序段 4： 过载

注释

%I0.0
"过载保护"
MOVE
EN ENO
1 IN
OUT1 %QB0 "Tag_1"

图 4-1-6 三相异步电动机Y-△启动 PLC 控制程序

3. 程序仿真

请读者自行完成程序的仿真。

五、程序调试

1. 模拟调试

按照用程序状态功能调试程序的方法，模拟调试图 4-1-6 所示三相异步电动机Y-△启动 PLC 控制程序。

2. 联机调试

在断电的情况下，将指示灯 HL 和交流接触器 KM1～KM3 线圈接到 PLC 的输出端 Q0.0～Q0.3。注意，若联机调试过程中出现故障，应立即切断电源，分析原因，检查电路。排除故障后，方可重新进行调试，直到调试成功。

（1）合上电源开关 QF1～QF4。

（2）电动机启动控制。按下启动按钮 SB2，交流接触器 KM1、KM2 线圈得电，电动机Y形启动，同时指示灯 HL 点亮。5 s 后，KM2 线圈断电，KM3 线圈得电，电动机△形运行，同时指示灯 HL 熄灭。

（3）电动机停止控制。按下停止按钮 SB1，交流接触器 KM1～KM3 线圈断电，电动机停止运行。

（4）过载保护。当电动机发生过载故障时，热继电器 FR 常闭触点断开，交流接触器 KM1～KM3 线圈断电，电动机停止运行，同时指示灯 HL 点亮，表示电动机发生过载。

（5）断开电源开关 QF2～QF4、QF1。

任务测评

按照表 4-1-7 中的要求进行任务测评。

表 4-1-7　任务测评表

序号	考核内容	配分	考核标准	扣分	得分
1	I/O 端口分配	10	I/O 端口分配错误或遗漏，每处扣 5 分		
2	电路绘制	20	主电路与控制电路分开绘制，有短路和接地保护，PLC 供电、I/O 端口接线正确。绘制有误或画法不规范，每处扣 2 分		
3	电路安装	25	按照接线图安装接线，元器件布置合理，不损坏元器件，安装牢固，配线符合工艺要求。电路安装不正确，每处扣 5 分		
4	程序编写与仿真	25	程序编写、编译及仿真正确。每错一处扣 5 分		
5	通电调试	20	通电调试步骤正确，操作规范，安全无事故，功能正常。通电调试不正确或不规范，每次扣 5 分；出现事故，扣 20 分；第一次通电调试不成功，扣 5 分；第二次通电调试不成功，扣 10 分；第三次通电调试不成功，扣 20 分		
6	安全与文明生产		遵守国家相关专业安全与文明生产规程，如有违反，酌情扣分		
开始时间		结束时间		成绩	

知识拓展

扫描右侧二维码，可了解存储区移动指令的相关知识。

任务 2　应用比较值指令实现多台三相异步电动机顺序启动控制

学习目标

1. 掌握比较值指令的表示形式、功能和使用方法。

2. 能使用比较值指令设计多台三相异步电动机顺序启动控制程序，并完成控制线路的绘制、安装和调试。

任务引入

实际生产中的设备通常由多台电动机控制，而且这些电动机不是同时启动，启动的时间间隔由具体控制要求决定。

本任务要求使用比较值指令实现多台三相异步电动机顺序启动控制，完成多台三相异步电动机顺序启动 PLC 控制线路的设计、安装和调试。控制要求如下：

1. 某设备由五台三相异步电动机驱动。当按下启动按钮 SB1 时，五台电动机间隔 5 s 依次启动，启动后都保持运行。

2. 当按下停止按钮 SB2 时，五台电动机同时停止运行。

3. 当任意一台电动机出现过载时，五台电动机都停止运行，指示灯闪烁，表示出现过载故障。

4. 具有短路、过载保护等必要的保护措施。

任务分析

五台三相异步电动机顺序启动 PLC 控制系统需要启动按钮、停止按钮和热继电器三个输入设备，交流接触器 KM1~KM5 和指示灯 HL 六个输出设备。因此，PLC 的 I/O 信号均为数字量，输出接口为继电器型即可，故选用 CPU 1214C AC/DC/Rly 模块。采用比较值指令判断五台三相异步电动机顺序启动的间隔时间是否达到设定值，既可以节省定时器数量，避免程序冗长，又使程序简洁，提高了可读性。

相关知识

比较值指令

比较值指令用于比较数据类型相同的两个数值的大小。比较值指令的表示形式、功能说明及数据类型见表 4-2-1。

表 4-2-1 比较值指令的表示形式、功能说明及数据类型

LAD	关系类型	比较结果为真的条件	数据类型
IN1 == ??? IN2	==	IN1 等于 IN2	IN1、IN2：Byte、Word、DWord、SInt、Int、DInt、USInt、UInt、UDInt、Real、LReal、String、WString、Char、WChar、Time、Date、TOD、DTL、常数
IN1 <> ??? IN2	<>	IN1 不等于 IN2	
IN1 >= ??? IN2	>=	IN1 大于或等于 IN2	
IN1 <= ??? IN2	<=	IN1 小于或等于 IN2	
IN1 > ??? IN2	>	IN1 大于 IN2	
IN1 < ??? IN2	<	IN1 小于 IN2	

比较值指令的操作数可以是 I、Q、M、L、D 存储区中的变量或常数。

可以将比较值指令视为一个等效的触点，当满足比较关系时，等效触点接通。

生成比较值指令后，双击触点中间的“???”，单击出现的▾按钮，可以在下拉列表中设置要比较的两个操作数的数据类型。双击触点中间的比较符号，单击出现的▾按钮，可以在下拉列表中重新选择比较符号。

【例 4-2-1】图 4-2-1 所示的梯形图程序中，当 I0.3 常开触点闭合时，将 MW1 中的整数和 MW12 中的整数进行比较，若两者相等，则 Q0.5 输出为 1；若两者不相等，则 Q0.5 输出为 0。如果 I0.3 常开触点断开，则 Q0.5 输出为 0。操作数 IN1 和 IN2 也可以是常数。

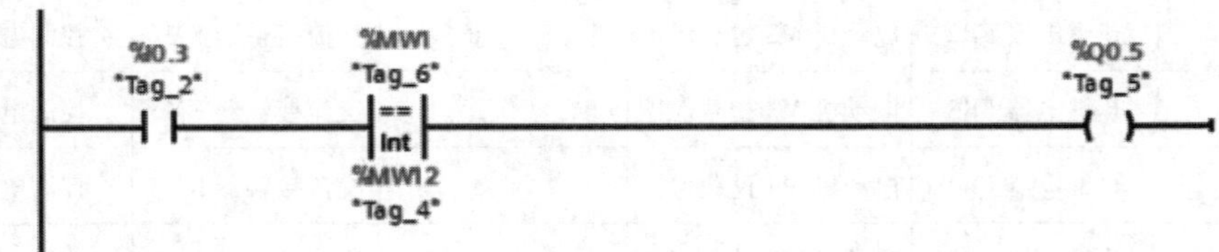

图 4-2-1　梯形图程序

任务实施

一、任务准备

实施本任务所使用的元器件可参考表 4-2-2。

表 4-2-2　实训元器件清单

序号	设备名称	型号及规格	数量	备注
1	PLC	CPU 1214C AC/DC/Rly	1 台	配 C45 导轨
2	剩余电流动作断路器	DZ47LE-63 D50，3P+N，30 mA	1 个	电源开关，漏电保护
3	低压断路器	DZ47-63 D10，3P	5 个	主电路短路保护
4	低压断路器	DZ47-63 D5，1P	2 个	PLC 供电电源和输出电路短路保护
5	熔断器	RT28-32/2	17 个	电动机主电路、PLC 供电及负载回路短路保护
6	按钮	LA38-11/203	2 个	SB1（红）/SB2（绿），停止/启动信号输入
7	热继电器	JR20-10L，整定电流范围为 0.15~0.23 A	5 个	电动机过载保护
8	交流接触器	CJ20-10，线圈电压 220 V	5 个	电动机运行控制
9	指示灯	XB2BVM6LC，蓝色，AC 220 V	1 个	启动和故障指示
10	接线端子排	TB-1520，20 位	2 条	
11	配电盘	600 mm×900 mm	1 块	
12	三相异步电动机	YS5024，40 W	5 台	M1~M5，控制对象

二、分配 PLC 的输入/输出端口

PLC 的输入/输出端口分配见表 4-2-3。

表 4-2-3　输入/输出端口分配表

输入端口			输出端口		
输入继电器	输入元器件	作用	输出继电器	输出元器件	作用
I0. 0	热继电器 FR1	电动机 M1 过载保护	Q0. 0	交流接触器 KM1	控制电动机 M1
I0. 1	热继电器 FR2	电动机 M2 过载保护	Q0. 1	交流接触器 KM2	控制电动机 M2
I0. 2	热继电器 FR3	电动机 M3 过载保护	Q0. 2	交流接触器 KM3	控制电动机 M3
I0. 3	热继电器 FR4	电动机 M4 过载保护	Q0. 3	交流接触器 KM4	控制电动机 M4
I0. 4	热继电器 FR5	电动机 M5 过载保护	Q0. 4	交流接触器 KM5	控制电动机 M5
I0. 5	按钮 SB1	停止	Q0. 5	指示灯 HL	指示设备运行状态
I0. 6	按钮 SB2	启动			

三、绘制并安装 PLC 控制线路

五台三相异步电动机顺序启动 PLC 控制系统的接线如图 4-2-2 所示。安装时，交流接触器 KM1～KM5 线圈和指示灯 HL 暂时不接到 PLC 的输出端 Q0. 0～Q0. 5，待程序调试通过后再连接。安装完毕，要用万用表检测电路的通断情况是否正确，用兆欧表检测电路的绝缘电阻值是否符合要求。

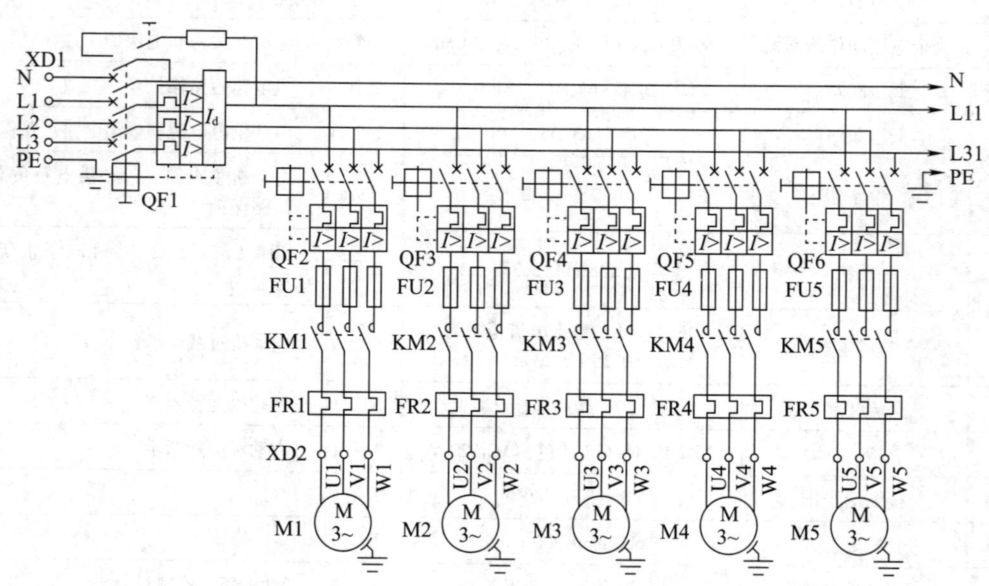

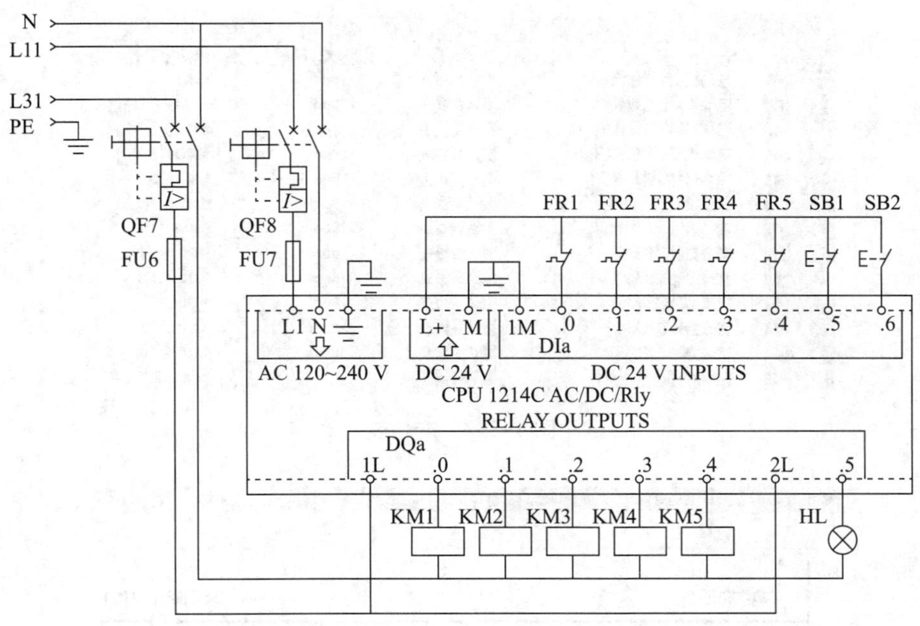

图 4-2-2　五台三相异步电动机顺序启动 PLC 控制系统接线图

四、程序编写与仿真

1. 启用系统和时钟存储器

本程序运行时，如果有过载情况发生，指示灯闪烁，因此要启用系统时钟控制，如图 4-2-3 所示。

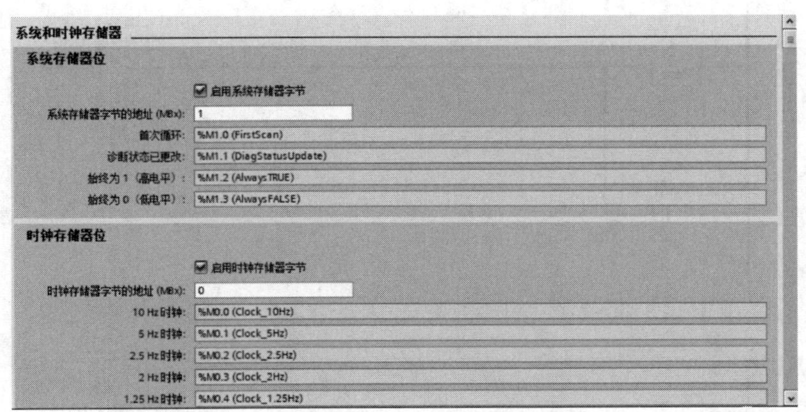

图 4-2-3　启用系统和时钟存储器

2. 编辑变量表

本任务的变量表如图 4-2-4 所示。

3. 程序编写

输入图 4-2-5 所示的五台三相异步电动机顺序启动 PLC 控制梯形图程序。

PLC 变量

		名称	变量表	数据类型	地址
1		电动机M1过载保护	默认变量表	Bool	%I0.0
2		电动机M2过载保护	默认变量表	Bool	%I0.1
3		电动机M3过载保护	默认变量表	Bool	%I0.2
4		电动机M4过载保护	默认变量表	Bool	%I0.3
5		电动机M5过载保护	默认变量表	Bool	%I0.4
6		停止按钮	默认变量表	Bool	%I0.5
7		启动按钮	默认变量表	Bool	%I0.6
8		交流接触器KM1	默认变量表	Bool	%Q0.0
9		交流接触器KM2	默认变量表	Bool	%Q0.1
10		交流接触器KM3	默认变量表	Bool	%Q0.2
11		交流接触器KM4	默认变量表	Bool	%Q0.3
12		交流接触器KM5	默认变量表	Bool	%Q0.4
13		指示灯HL	默认变量表	Bool	%Q0.5

图 4-2-4　变量表

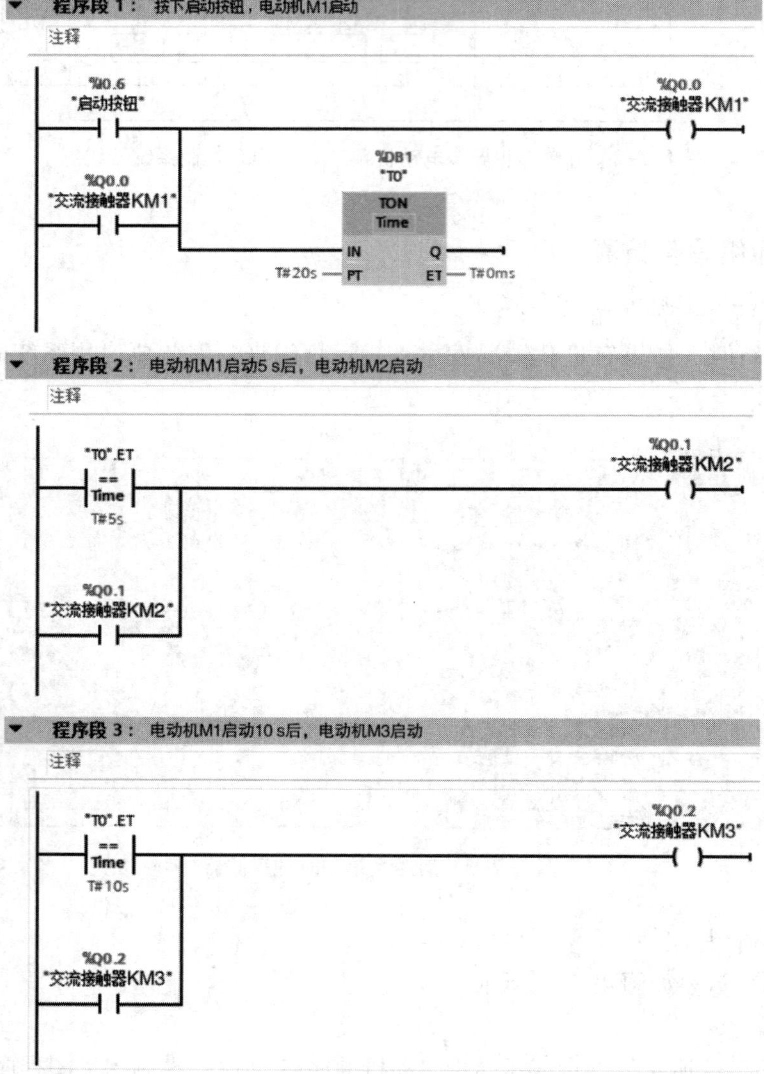

▼ **程序段 4：** 电动机M1启动15 s后，电动机M4启动

注释

"T0".ET
==
Time
T#15s

%Q0.3
"交流接触器KM4"
( )

%Q0.3
"交流接触器KM4"

▼ **程序段 5：** 电动机M1启动20 s后，电动机M5启动

注释

"T0".ET
==
Time
T#20s

%Q0.4
"交流接触器KM5"
( )

%Q0.4
"交流接触器KM5"

▼ **程序段 6：** 按下停止按钮，五台电动机全部停止运行

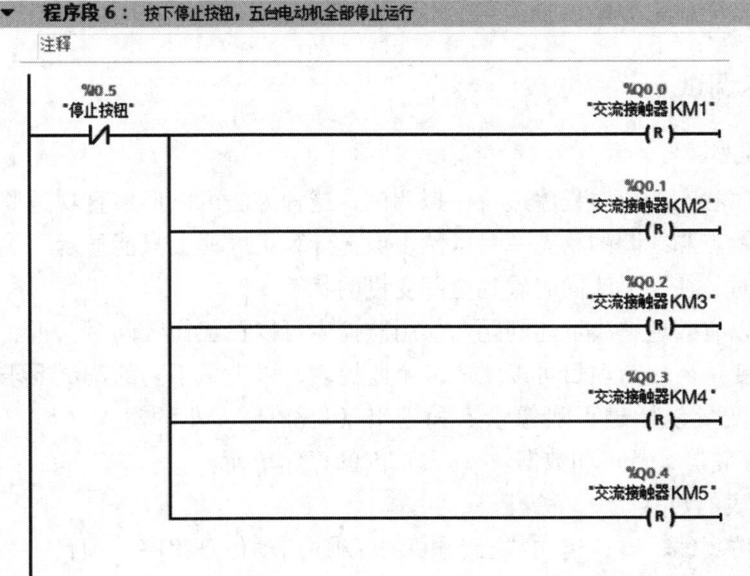

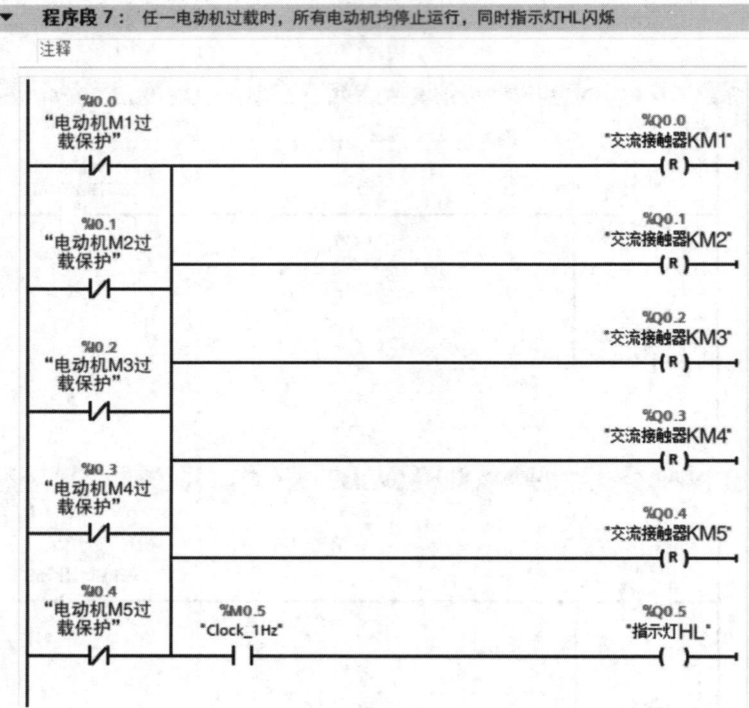

图 4-2-5　五台三相异步电动机顺序启动 PLC 控制梯形图程序

4. 程序仿真

请读者自行完成程序的仿真。

五、程序调试

1. 模拟调试

可以用程序状态功能对程序进行模拟调试，这种方法可以形象直观地监视梯形图程序的执行情况，触点和线圈的状态一目了然。但是计算机屏幕上只能显示一小块程序，当调试较长的程序时，往往无法同时看到全部变量的状态。

监控表可以有效地解决上述问题。使用监控表可以在工作区同时监视、修改和强制用户关注的全部变量。一个项目可以生成多个监控表，以满足不同的调试要求。监控表可以赋值或显示的变量包括过程映像输入和输出（I 和 Q）、外设输入（I_：P）、外设输出（Q_：P）、位存储器（M）和数据块（DB）内的存储单元。

（1）监控表的建立

首先启用仿真编辑器，建立“五台电动机顺序启动仿真程序”项目。

在仿真项目视图中，双击“SIM 表格”中的“SIM 表格_1”，在表格中输入需要监控的变量，如图 4-2-6 所示。

名称	地址	显示格式	监视/修改值	位	一致修改
"启动按钮":P	%I0.6:P	布尔型	FALSE		FALSE
"停止按钮":P	%I0.5:P	布尔型	FALSE		FALSE
"电动机M1过载 …	%I0.0:P	布尔型	FALSE		FALSE
"电动机M2过载 …	%I0.1:P	布尔型	FALSE		FALSE
"电动机M3过载 …	%I0.2:P	布尔型	FALSE		FALSE
"电动机M4过载 …	%I0.3:P	布尔型	FALSE		FALSE
"电动机M5过载 …	%I0.4:P	布尔型	FALSE		FALSE
"交流接触器KM1"	%Q0.0	布尔型	FALSE		FALSE
"交流接触器KM2"	%Q0.1	布尔型	FALSE		FALSE
"交流接触器KM3"	%Q0.2	布尔型	FALSE		FALSE
"交流接触器KM4"	%Q0.3	布尔型	FALSE		FALSE
"交流接触器KM5"	%Q0.4	布尔型	FALSE		FALSE
"指示灯HL"	%Q0.5	布尔型	FALSE		FALSE
"T0".ET		时间	T#0MS		T#0MS

图 4-2-6　监控表

（2）监控表的应用

在监控表中将启动按钮置 1，电动机 M1 启动，同时定时器 T0 开始计时，之后电动机 M2～M5 依次启动，从监控表中可以观察五台电动机的启动顺序。将启动按钮置 0，因为自锁的存在，所以五台电动机仍处于运行状态，如图 4-2-7 所示。

名称	地址	显示格式	监视/修改值	位	一致修改
"启动按钮":P	%I0.6:P	布尔型	FALSE		FALSE
"停止按钮":P	%I0.5:P	布尔型	FALSE		FALSE
"电动机M1过载保护":P	%I0.0:P	布尔型	FALSE		FALSE
"电动机M2过载保护":P	%I0.1:P	布尔型	FALSE		FALSE
"电动机M3过载保护":P	%I0.2:P	布尔型	FALSE		FALSE
"电动机M4过载保护":P	%I0.3:P	布尔型	FALSE		FALSE
"电动机M5过载保护":P	%I0.4:P	布尔型	FALSE		FALSE
"交流接触器KM1"	%Q0.0	布尔型	TRUE		☑ FALSE
"交流接触器KM2"	%Q0.1	布尔型	TRUE		☑ FALSE
"交流接触器KM3"	%Q0.2	布尔型	TRUE		☑ FALSE
"交流接触器KM4"	%Q0.3	布尔型	TRUE		☑ FALSE
"交流接触器KM5"	%Q0.4	布尔型	TRUE		☑ FALSE
"指示灯HL"	%Q0.5	布尔型	FALSE		FALSE
"T0".ET		时间	T#20S		T#0MS

图 4-2-7　松开启动按钮的监控表

按下停止按钮，即将 I0.5 置 1，五台电动机停止运行，如图 4-2-8 所示。

名称	地址	显示格式	监视/修改值	位	一致修改
"启动按钮":P	%I0.6:P	布尔型	FALSE		FALSE
"停止按钮":P	%I0.5:P	布尔型	TRUE		☑ FALSE
"电动机M1过载保护":P	%I0.0:P	布尔型	FALSE		FALSE
"电动机M2过载保护":P	%I0.1:P	布尔型	FALSE		FALSE
"电动机M3过载保护":P	%I0.2:P	布尔型	FALSE		FALSE
"电动机M4过载保护":P	%I0.3:P	布尔型	FALSE		FALSE
"电动机M5过载保护":P	%I0.4:P	布尔型	FALSE		FALSE
"交流接触器KM1"	%Q0.0	布尔型	FALSE		FALSE
"交流接触器KM2"	%Q0.1	布尔型	FALSE		FALSE
"交流接触器KM3"	%Q0.2	布尔型	FALSE		FALSE
"交流接触器KM4"	%Q0.3	布尔型	FALSE		FALSE
"交流接触器KM5"	%Q0.4	布尔型	FALSE		FALSE
"指示灯HL"	%Q0.5	布尔型	FALSE		FALSE
"T0".ET		时间	T#0MS		T#0MS

图 4-2-8　按下停止按钮的监控表

将五台电动机启动，然后将任一热继电器置 1，则五台电动机全部停止运行，且指示灯闪烁，过载监控表如图 4-2-9 所示。

名称	地址	显示格式	监视/修改值	位	一致修改
"启动按钮":P	%I0.6:P	布尔型	TRUE		FALSE
"停止按钮":P	%I0.5:P	布尔型	FALSE		FALSE
"电动机M1过载保护":P	%I0.0:P	布尔型	FALSE		FALSE
"电动机M2过载保护":P	%I0.1:P	布尔型	FALSE		FALSE
"电动机M3过载保...	%I0.2:P	布尔型	TRUE		FALSE
"电动机M4过载保护":P	%I0.3:P	布尔型	FALSE		FALSE
"电动机M5过载保护":P	%I0.4:P	布尔型	FALSE		FALSE
"交流接触器KM1"	%Q0.0	布尔型	FALSE		FALSE
"交流接触器KM2"	%Q0.1	布尔型	FALSE		FALSE
"交流接触器KM3"	%Q0.2	布尔型	FALSE		FALSE
"交流接触器KM4"	%Q0.3	布尔型	FALSE		FALSE
"交流接触器KM5"	%Q0.4	布尔型	FALSE		FALSE
"指示灯HL"	%Q0.5	布尔型	TRUE		FALSE
"T0".ET		时间	T#20S		T#0MS

图 4-2-9　过载监控表

2. 联机调试

在断电的情况下，将交流接触器 KM1～KM5 线圈和指示灯 HL 接到 PLC 的输出端 Q0.0～Q0.5。注意，若联机调试过程中出现故障，应立即切断电源，分析原因，检查电路。排除故障后，方可重新进行调试，直到调试成功。

（1）合上电源开关 QF1～QF8。

（2）电动机启动控制。按下启动按钮 SB2，交流接触器 KM1～KM5 线圈依次间隔 5 s 得电，电动机 M1～M5 依次间隔 5 s 启动。

（3）电动机停止控制。按下停止按钮 SB1，交流接触器 KM1～KM5 线圈同时断电，电动机 M1～M5 同时停止运行。

（4）过载保护。当任一台电动机发生过载故障时，其相应的热继电器的常闭触点断开，交流接触器 KM1～KM5 线圈同时断电，电动机 M1～M5 同时停止运行，指示灯 HL 点亮，表示该电动机发生过载。

（5）断开电源开关 QF2～QF8、QF1。

任务测评

按照表 4-2-4 中的要求进行任务测评。

表 4-2-4　任务测评表

序号	考核内容	配分	考核标准	扣分	得分
1	I/O 端口分配	10	I/O 端口分配错误或遗漏，每处扣 5 分		
2	电路绘制	20	主电路与控制电路分开绘制，有短路和接地保护，PLC 供电、I/O 端口接线正确。绘制有误或画法不规范，每处扣 2 分		

续表

序号	考核内容	配分	考核标准	扣分	得分
3	电路安装	25	按照接线图安装接线，元器件布置合理，不损坏元器件，安装牢固，配线符合工艺要求。电路安装不正确，每处扣5分		
4	程序编写与仿真	25	程序编写、编译及仿真正确。每错一处扣5分		
5	通电调试	20	通电调试步骤正确，操作规范，安全无事故，功能正常。通电调试不正确或不规范，每次扣5分；出现事故，扣20分；第一次通电调试不成功，扣5分；第二次通电调试不成功，扣10分；第三次通电调试不成功，扣20分		
6	安全与文明生产		遵守国家相关专业安全与文明生产规程，如有违反，酌情扣分		
开始时间		结束时间		成绩	

知识拓展

扫描右侧二维码，可了解用通电延时定时器和比较指令组成的占空比可调的脉冲发生器。

课题五　数学函数与移位和循环指令的应用

数学函数指令可实现数学运算，包括加、减、乘、除、返回除法的余数、递增、递减、计算绝对值、获取最大值、获取最小值、设置限值、计算平方、计算平方根、计算自然对数、计算正弦值等指令，在工业生产中应用非常广泛，如编码器编码值的计算、位置计算、模拟量处理、PID 控制等。移位和循环指令可将累加器中的数据逐位向左或向右移动，包括左移、右移、循环左移、循环右移等指令，在数据处理、位操作和逻辑控制中应用广泛。

本课题主要学习四则运算指令、递增和递减指令、移位和循环指令的使用方法及实际应用。

任务 1　应用四则运算指令实现通风系统风机启停控制

学习目标

1. 掌握四则运算指令的表示形式、功能和使用方法。

2. 能使用四则运算指令设计通风系统风机启停 PLC 控制程序，并完成控制线路的绘制、安装和调试。

任务引入

通风装置是现代建筑中必不可少的设施。高效、可靠的通风系统提供了清新的空气，创造了舒适和安全的室内环境，同时也符合绿色环保的理念。

某通风装置因系统改造需要增加一路风道及风机，风机根据风道压力进行自动启停控制。风机采用一台三相异步电动机，风道压力由压力传感器检测，压力传感器的量程为 0~10 000 Pa，对应输出信号为 0~10 V。本任务要求应用数学函数指令设计通风系统风机启停 PLC 控制系统，并完成控制线路的绘制、安装和调试。控制要求如下：

1. 当风道压力小于 6 000 Pa 时，风机自动启动，开始送风。
2. 当风道压力大于 8 000 Pa 时，风机自动停转，停止送风。
3. 具有短路、过载保护等必要的保护措施。

任务分析

通风控制系统中，压力传感器将采集的风道压力转换为连续的电压信号（0~10 V）送给 PLC，该电压信号是模拟信号，必须经过 A/D 转换，将模拟信号转换为数字信号，然后 PLC 对此采集值进行数学运算，得到实际的风压值，再分别与风机的启动基准压力 6 000 Pa 和停止基准压力 8 000 Pa 进行比较，得到控制逻辑信号，进而控制风机的启停。本任务使用 S7-1200 CPU 集成的模拟量输入通道（也可以使用模拟量输入模块）实现模拟信号到数字信号的转换，应用四则运算指令及比较运算指令设计控制程序。

相关知识

一、四则运算指令

四则运算指令分别是加法指令（ADD 指令）、减法指令（SUB 指令）、乘法指令（MUL 指令）、除法指令（DIV 指令），其表示形式和功能说明见表 5-1-1，参数的数据类型见表 5-1-2。

表 5-1-1　四则运算指令的表示形式和功能说明

指令名称	LAD/FBD	功能说明
加法指令	ADD Auto (???) EN — ENO IN1　OUT IN2	IN1+IN2=OUT 当使能输入端 EN 为高电平时，加法指令将输入 IN1 的值与输入 IN2 的值相加，并将结果存储在 OUT 指定的存储器中
减法指令	SUB Auto (???) EN — ENO IN1　OUT IN2	IN1-IN2=OUT 当使能输入端 EN 为高电平时，减法指令将输入 IN1 的值与输入 IN2 的值相减，并将结果存储在 OUT 指定的存储器中
乘法指令	MUL Auto (???) EN — ENO IN1　OUT IN2	IN1×IN2=OUT 当使能输入端 EN 为高电平时，乘法指令将输入 IN1 的值与输入 IN2 的值相乘，并将结果存储在 OUT 指定的存储器中

续表

指令名称	LAD/FBD	功能说明
除法指令	DIV Auto (???) EN — ENO IN1 OUT IN2	IN1/IN2=OUT 当使能输入端 EN 为高电平时，除法指令将输入 IN1 的值除以输入 IN2 的值，并将结果存储在 OUT 指定的存储器中 整数除法指令将得到的商截尾取整后，以整数形式输出

表 5-1-2　四则运算指令参数的数据类型

参数		定义	数据类型	备注
输入	EN	使能输入位	Bool	0=禁用，1=启用
	IN1、IN2	数学运算输入	SInt、Int、DInt、USInt、UInt、UDInt、Real、LReal	
输出	ENO	使能输出位	Bool	0=无效，1=正确
	OUT	数学运算输出	SInt、Int、DInt、USInt、UInt、UDInt、Real、LReal	

启用四则运算指令（EN=1）后，指令会对输入值（IN1 和 IN2）执行指定的运算并将结果存储在输出参数（OUT）指定的存储器地址中。运算成功完成后，指令会设置 ENO=1。

四则运算指令参数 IN1、IN2 和 OUT 的数据类型可选整数（SInt、Int、DInt、USInt、UInt、UDInt）、浮点数（Real）和长浮点数（LReal）。INI、IN2 和 OUT 的数据类型必须相同。单击四则运算指令功能框中的“???”，可在下拉菜单中选择数据类型。

单击 IN2 右侧的按钮或右击 ADD 或 MUL 功能框并选择“插入输入”命令，ADD 或 MUL 指令将会增加一个输入变量。选中输入变量对应的短横线，短横线将变粗，若按下键盘上的“Delete”键，可以删除已选中的输入变量。

二、模拟量采集

S7-1200 CPU 模块集成了 2 通道模拟量输入（默认地址为 IW64 和 IW66，分辨率为 10 位，CPU 1215C 和 CPU 1217C 模块还集成了 2 通道模拟量输出），只能使用 0~10 V 的单极性电压输入。如果需要双极性的电流或电压输入，可以另外选择双极性输入拓展模块，如 SM1234 AI 4×13 位/AQ 2×14 位。

表 5-1-3 给出了单极性模拟量输入与模拟值之间的对应关系，其中最重要的关系是单极性模拟量量程的上、下限分别对应模拟值 27 648 和 0。也就是 0~10 V（或 0~20 mA、4~20 mA）对应的模拟值为 0~27 648。

表 5-1-4 给出了双极性模拟量输入与模拟值之间的对应关系，其中最重要的关系是双极性模拟量量程的上、下限分别对应模拟值 27 648 和-27 648。也就是-10~10 V、-5~5 V、-2.5~2.5 V 或-1.25~1.25 V 对应的模拟值为-27 648~27 648。

表 5-1-3　单极性模拟量输入与模拟值之间的对应关系

范围	单极性模拟量输入			模拟值	
	0~10 V	0~20 mA	4~20 mA	十进制	十六进制
上溢	11.852 V	>23.52 mA	>22.81 mA	32 767	7FFF
	11.759 V	23.52 mA	22.81mA	32 512	7F00
上溢警告	11.759 V	23.52 mA	22.81 mA	32 511	7EFF
	10 V	20 mA	20 mA	27 649	6C01
正常范围	10 V	20 mA	20 mA	27 648	6C00
	0 V	0 mA	4 mA	0	0
下溢警告	不支持负值	0 mA	4 mA	-1	FFFF
		-3.52 mA	1.185 mA	-4 864	ED00
下溢		-3.52 mA	1.185 mA	-4 865	ECFF
		<-3.52 mA	<1.185 mA	-32 768	8000

表 5-1-4　双极性模拟量输入与模拟值之间的对应关系

范围	双极性模拟量输入				模拟值	
	±10 V	±5 V	±2.5 V	±1.25 V	十进制	十六进制
上溢	11.851 V	5.926 V	2.963 V	1.481 V	32 767	7FFF
	11.759 V	5.879 V	2.940 V	1.470 V	32 512	7F00
上溢警告	11.759 V	5.879 V	2.940 V	1.470 V	32 511	7EFF
	10 V	5 V	2.5 V	1.25 V	27 649	6C01
正常范围	10 V	5 V	2.5 V	1.25 V	27 648	6C00
	0 V	0 V	0 V	0 V	0	0
	-10 V	-5 V	-2.5 V	-1.25 V	-27 648	9400
下溢警告	-10 V	-5 V	-2.5 V	-1.25 V	-27 649	93FF
	-11.759 V	-5.879 V	-2.940 V	-1.470 V	-32 512	8100
下溢	-11.759 V	-5.879 V	-2.940 V	-1.470 V	-32 513	80FF
	-11.851 V	-5.926 V	-2.963 V	-1.481 V	-32 768	8000

S7-1200 CPU 模块集成的 2 通道模拟量输入接线参见图 1-1-10~图 1-1-12。

【例 5-1-1】某压力变送器的量程为 0~1 MPa，输出信号为 0~10 V，经过 S7-1200 CPU 模块集成的模拟量输入通道 0（默认地址为 IW64）转换为 0~27 648 的数字。假设转换后的数字为 Temp1，则以 kPa 为单位的压力值为：

$$P=(1\,000\times \mathrm{Temp1})/27\,648\ (\mathrm{kPa}) \tag{5-1-1}$$

注意，在运算时一定要先乘后除，否则会损失原始数据的精度。式 5-1-1 中乘法运算的结果可能会大于一个字能表示的最大值，因此应使用数据类型为双整数的乘法和除法。压力计算梯形图程序如图 5-1-1 所示，IW64 中的数据默认已为双整数形式。

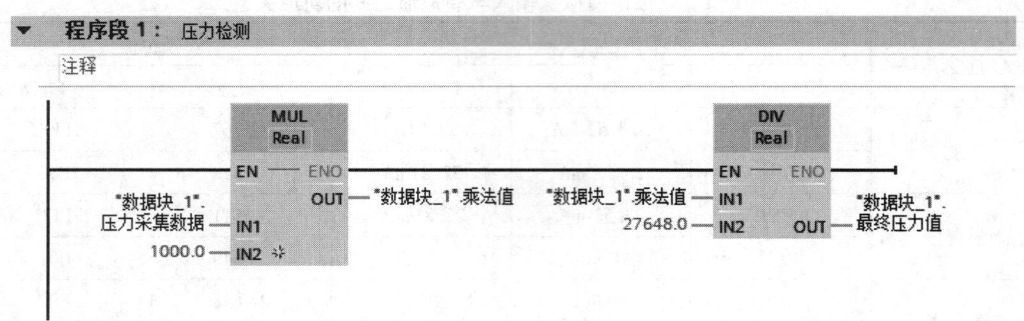

图 5-1-1 压力计算梯形图程序

任务实施

一、任务准备

实施本任务所使用的元器件可参考表 5-1-5。

表 5-1-5 实训元器件清单

序号	设备名称	型号及规格	数量	备注
1	PLC	CPU 1214C AC/DC/Rly	1 台	配 C45 导轨
2	剩余电流动作断路器	DZ47LE-63 D16，3P+N，30 mA	1 个	电源开关，漏电保护
3	低压断路器	DZ47-63 D10，3P	1 个	主电路短路保护
4	低压断路器	DZ47-63 D5，1P	2 个	PLC 供电电源和输出电路短路保护
5	熔断器	RT28-32/2	5 个	电动机主电路、PLC 供电及负载回路短路保护
6	热继电器	JR20-10L，整定电流范围为 0. 15~0. 23 A	1 个	电动机过载保护
7	交流接触器	CJ20-10，线圈电压 220 V	1 个	电动机运行控制
8	指示灯	XB2BVM6LC，蓝色，AC 220 V	1 个	启动和故障指示
9	接线端子排	TB-1520，20 位	1 条	
10	配电盘	600 mm×900 mm	1 块	
11	三相异步电动机	YS5024，40 W	1 台	控制对象
12	直流可调电源	0~10 V	1 台	压力模拟量

二、分配输入/输出端口

输入/输出端口分配见表 5-1-6。

表 5-1-6　输入/输出端口分配表

输入端口			输出端口		
输入继电器	输入元器件	作用	输出继电器	输出元器件	作用
I0.6	热继电器 FR	过载保护	Q0.2	交流接触器 KM	控制风机
IW66	压力传感器	检测压力			

三、绘制并安装 PLC 控制线路

风机启停 PLC 控制系统的接线如图 5-1-2 所示。安装时，交流接触器 KM 的线圈暂时不接到 PLC 的输出端 Q0.2，待程序调试通过后再连接。安装完毕，要用万用表检测电路的通断情况是否正确，用兆欧表检测电路的绝缘电阻值是否符合要求。

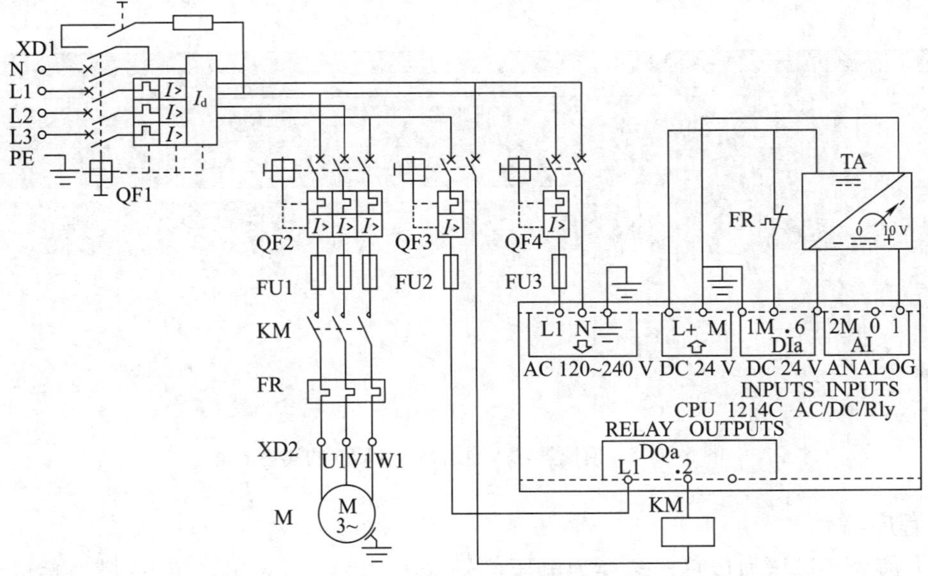

图 5-1-2　风机启停 PLC 控制系统接线图

四、程序编写与仿真

1. 编辑变量表

本程序的变量表如图 5-1-3 所示。

	名称	数据类型	地址
	风机交流接触器线圈	Bool	%Q0.2
	热继电器保护	Bool	%I0.6
	模拟量输入	Int	%IW66

图 5-1-3　变量表

其中，数字量输入通道地址 I0.6 和模拟量输入通道地址 IW66 的属性界面分别如图 5-1-4 和图 5-1-5 所示。

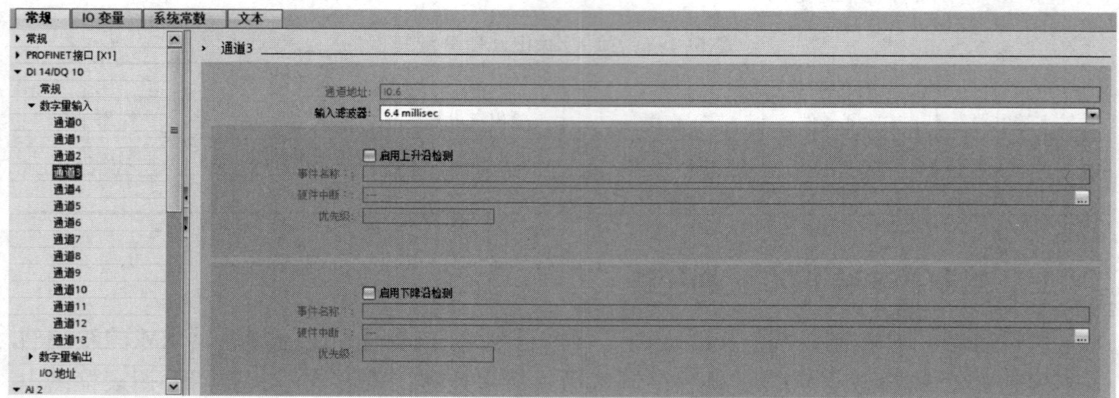

图 5-1-4　数字量输入通道地址 I0.6 的属性界面

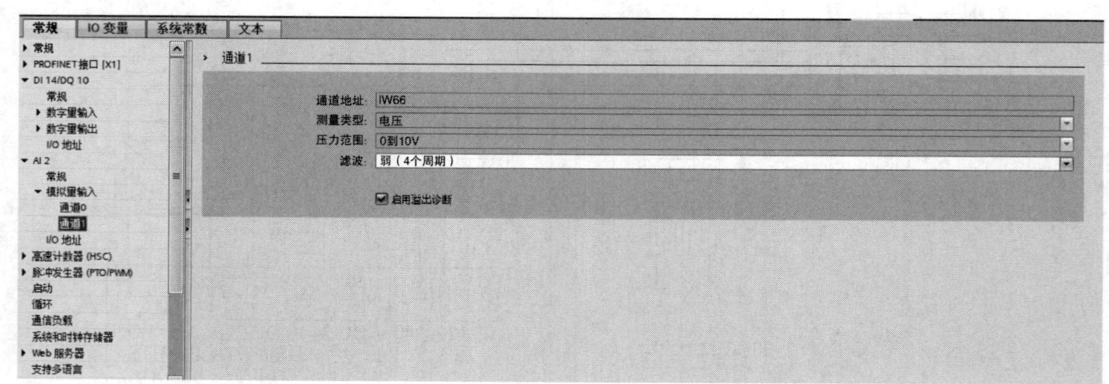

图 5-1-5　模拟量输入通道地址 IW66 的属性界面

2. 程序编写

压力信号经过压力传感器转换为电压信号（0~10 V），传输给 CPU 模块集成的模拟量输入通道，再经过 PLC 内部的 A/D 转换，转换为 0~27 648 的数字量并存储在 IW66 中。压力实际值 Y 与压力采集值 X（存储于 IW66）成正比例关系，即 $Y=KX$。根据任务要求可知，比例系数 K=10 000/27 648；然后求出采集值 X 对应的实际压力值 Y，$Y=KX=(10\ 000/27\ 648)\times \text{IW66}$。

编程时，为了提高运算精度，先将模拟量输入（IW66）的数据类型由 Int 转换为 Real（转换指令相关知识请扫描二维码进行学习），然后利用四则运算指令将采集值转换为实际压力值，再分别与风机的启动基准压力和停止基准压力进行比较。应用数学函数指令编写的通风系统风机启停 PLC 控制程序如图 5-1-6 所示。

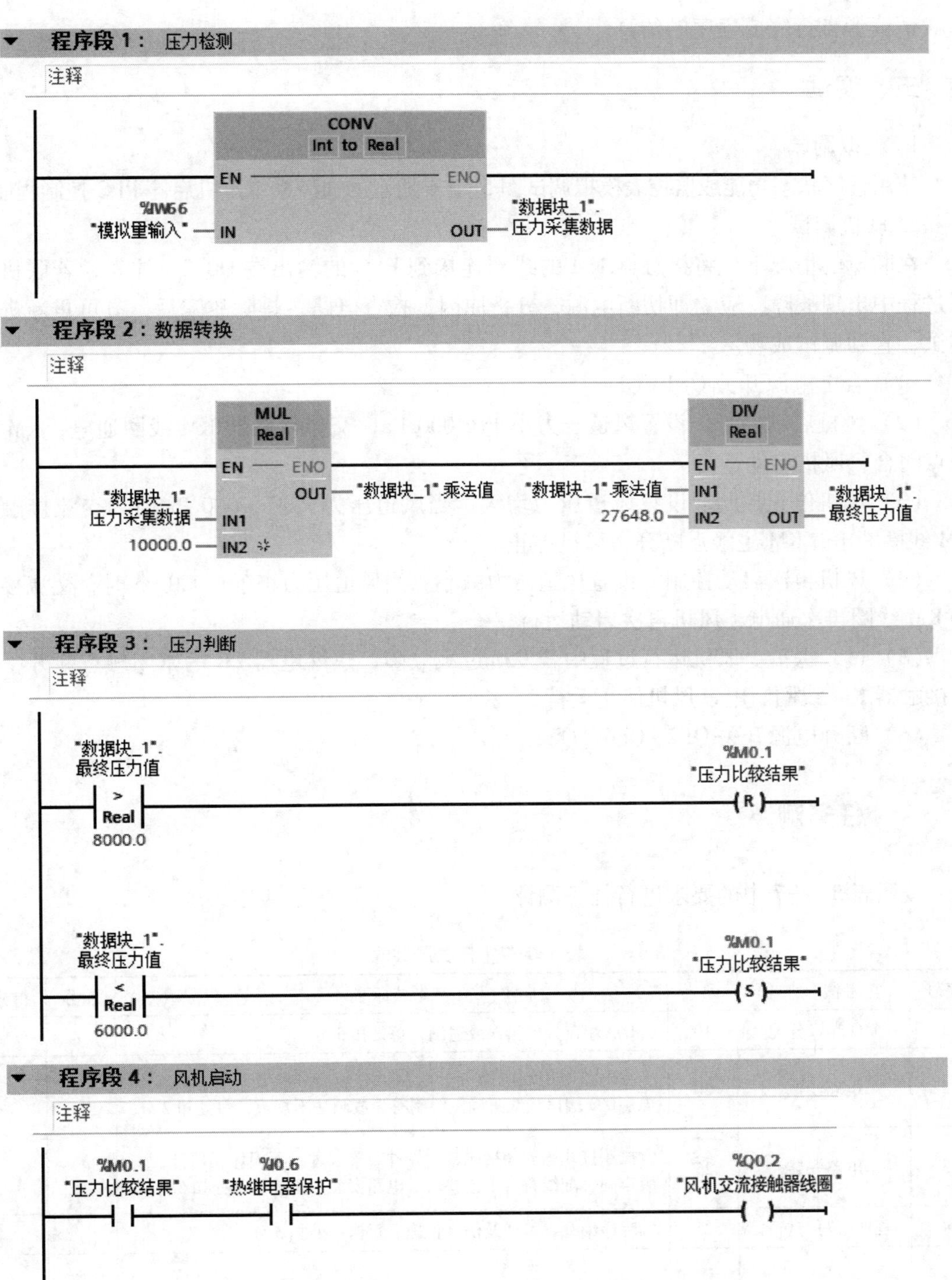

图 5-1-6　通风系统风机启停 PLC 控制程序

3. 程序仿真

请读者自行完成程序的仿真。

五、调试

1. 模拟调试

使用程序状态功能或监控表模拟调试图 5-1-6 所示的通风系统风机启停 PLC 控制程序。

2. 联机调试

在断电的情况下，将接触器 KM 的线圈连接到 PLC 的输出端 Q0.2。注意，若联机调试过程中出现故障，应立即切断电源，分析原因，检查电路。排除故障后，方可重新进行调试，直到调试成功。

（1）合上电源开关 QF1～QF4。

（2）风机启动控制。设置风道压力小于 6 000 Pa，交流接触器 KM 线圈通电，KM 主触点闭合，风机启动运行。

（3）风机停止控制。设置风道压力增大，当风道压力大于 8 000 Pa 时，交流接触器 KM 线圈断电，KM 主触点断开，风机停止。

（4）风机再次启动控制。设置风道压力减小，当风道压力小于 6 000 Pa 时，交流接触器 KM 线圈再次通电，风机再次启动运行。

（5）过载保护。风机运行过程中若发生过载故障，热继电器 FR 的常闭触点断开，交流接触器 KM 线圈断电，风机停止运行。

（6）断开电源开关 QF2～QF4、QF1。

任务测评

按照表 5-1-7 中的要求进行任务测评。

表 5-1-7　任务测评表

序号	考核内容	配分	考核标准	扣分	得分
1	I/O 端口分配	10	I/O 端口分配错误或遗漏，每处扣 5 分		
2	电路绘制	20	主电路与控制电路分开绘制，有短路和接地保护，PLC 供电、I/O 端口接线正确。绘制有误或画法不规范，每处扣 2 分		
3	电路安装	25	按照接线图安装接线，元器件布置合理，不损坏元器件，安装牢固，配线符合工艺要求。电路安装不正确，每处扣 5 分		
4	程序编写与仿真	25	程序编写、编译及仿真正确。每错一处扣 5 分		
5	通电调试	20	通电调试步骤正确，操作规范，安全无事故，功能正常。通电调试不正确或不规范，每次扣 5 分；出现事故，扣 20 分；第一次通电调试不成功，扣 5 分；第二次通电调试不成功，扣 10 分；第三次通电调试不成功，扣 20 分		

续表

序号	考核内容	配分	考核标准	扣分	得分
6	安全与文明生产		遵守国家相关专业安全与文明生产规程，如有违反，酌情扣分		
开始时间		结束时间		成绩	

任务 2　应用递增和递减指令实现加热器多挡功率调节控制

学习目标

1. 掌握递增和递减指令的表示形式、功能及使用方法。
2. 能使用递增和递减指令设计加热器多挡功率调节 PLC 控制程序，并完成控制线路的绘制、安装和调试。

任务引入

某品牌加热器有 5 个功率挡位，分别为 0.5 kW、1 kW、1.5 kW、2 kW、2.5 kW，现需要用 PLC 通过两个按钮实现加热器 5 挡功率调节控制。

本任务要求应用递增和递减指令设计加热器多挡功率调节 PLC 控制系统，并完成控制线路的设计、安装和调试。控制要求如下：

1. 每按一次功率增大按钮 SB1，功率上升 1 个挡位。
2. 每按一次功率减小按钮 SB2，功率下降 1 个挡位。
3. 具有短路保护等必要的保护措施。

任务分析

加热器共有 5 个功率挡位，对应 5 个加热元器件，可用 5 个交流接触器进行控制。对于不同功率挡位的选择，主要应用递增和递减指令实现。

相关知识

递增指令和递减指令

递增指令（INC 指令）和递减指令（DEC 指令）的表示形式及功能说明见表 5-2-1，参数的数据类型见表 5-2-2。

表 5-2-1　递增指令和递减指令的表示形式及功能说明

指令名称	LAD/FBD	功能说明
递增指令	INC ??? EN ENO IN/OUT	递增有符号或无符号整数值： IN/OUT 值+1=IN/OUT 值
递减指令	DEC ??? EN ENO IN/OUT	递减有符号或无符号整数值： IN/OUT 值-1=IN/OUT 值

表 5-2-2　递增指令和递减指令参数的数据类型

参数	定义	数据类型	备注
EN	使能输入位	Bool	0=禁用，1=启用
IN/OUT	递增和递减运算 输入/输出	SInt、USInt、Int、UInt、DInt、UDInt	
ENO	使能输出位	Bool	0=无效，1=正确

执行 INC 和 DEC 指令时，参数 IN/OUT 的值分别被加 1 和减 1。

任务实施

一、任务准备

实施本任务所使用的元器件可参考表 5-2-3。

表 5-2-3　实训元器件清单

序号	设备名称	型号及规格	数量	备注
1	PLC	CPU 1214C AC/DC/Rly	1 台	配 C45 导轨
2	剩余电流动作断路器	DZ47LE-63 D16，3P+N，30 mA	1 个	电源开关 QF6，漏电保护
3	低压断路器	DZ47-63 C5，2P	2 个	QF7、QF8
4	低压断路器	DZ47-63 C10，1P	2 个	QF1、QF2
5	低压断路器	DZ47-63 C16，1P	2 个	QF3、QF4
6	低压断路器	DZ47-63 C20，1P	1 个	QF5
7	熔断器	RT28-32/2	2 个	FU6、FU7
8	熔断器	RT28-32/6	2 个	FU1、FU2

续表

序号	设备名称	型号及规格	数量	备注
9	熔断器	RT28-32/10	2个	FU3、FU4
10	熔断器	RT28-32/16	1个	FU5
11	按钮	LA38-11/203	2个	SB1（红）/SB2（绿），增大、减小挡位
12	交流接触器	CJ20-10，线圈电压 220 V	5个	电动机运行控制
13	加热元器件	0.5 kW/AC 220 V	1个	R1
14	加热元器件	1 kW/AC 220 V	1个	R2
15	加热元器件	1.5 kW/AC 220 V	1个	R3
16	加热元器件	2 kW/AC 220 V	1个	R4
17	加热元器件	2.5 kW/AC 220 V	1个	R5
18	接线端子排	TB-1520，20位	1条	
19	配电盘	600 mm×900 mm	1块	

二、分配输入/输出端口

输入/输出端口分配见表 5-2-4。

表 5-2-4　输入/输出端口分配表

输入端口			输出端口		
输入继电器	输入元器件	作用	输出继电器	输出元器件	作用
I0.1	按钮 SB1	挡位增大	Q0.1	交流接触器 KM1	控制 0.5 kW 挡位
I0.2	按钮 SB2	挡位减小	Q0.2	交流接触器 KM2	控制 1 kW 挡位
			Q0.3	交流接触器 KM3	控制 1.5 kW 挡位
			Q0.4	交流接触器 KM4	控制 2 kW 挡位
			Q0.5	交流接触器 KM5	控制 2.5 kW 挡位

三、绘制并安装 PLC 控制线路

应用递增和递减指令实现加热器多挡功率调节 PLC 控制系统的接线如图 5-2-1 所示。安装时，交流接触器 KM1～KM5 的线圈暂时不接到 PLC 的输出端 Q0.1～Q0.5，待程序调试通过后再连接。安装完毕，要用万用表检测电路的通断情况是否正确，用兆欧表检测电路的绝缘电阻值是否符合要求。

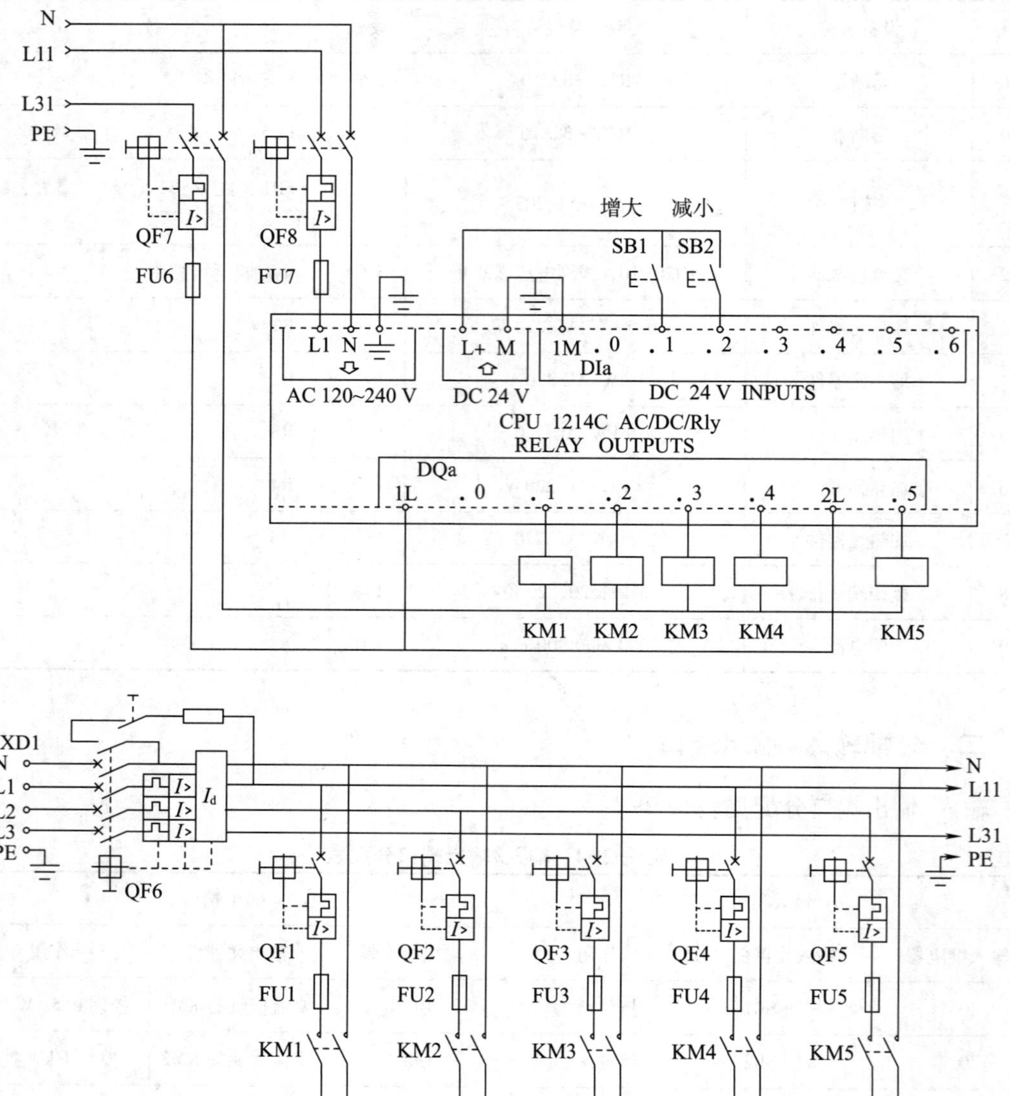

图 5-2-1　应用递增和递减指令实现加热器多挡功率调节 PLC 控制系统接线图

四、程序编写与仿真

1. 编辑变量表

本任务的变量表如图 5-2-2 所示。

名称	数据类型	地址
增大功率	Bool	%I0.1
挡位数	Int	%MW2
减小功率	Bool	%I0.2
1挡	Bool	%Q0.1
2挡	Bool	%Q0.2
3挡	Bool	%Q0.3
4挡	Bool	%Q0.4
5挡	Bool	%Q0.5

图 5-2-2　变量表

2. 程序编写

用递增和递减指令及比较值指令编程实现加热器 5 个功率挡位的选择。其中，需用扫描操作数的信号上升沿指令检测按钮输入信号的边沿，确保执行递增和递减指令时功率挡位变化量按加 1 或减 1 规律变化。因有 5 个功率挡位，所以挡位数不得大于 5，如果大于 5，则将挡位置于 5 挡；挡位数不得小于 0，如果小于 0，则将挡位置于 0 挡。应用递增和递减指令实现加热器多挡功率调节 PLC 控制程序如图 5-2-3 所示。

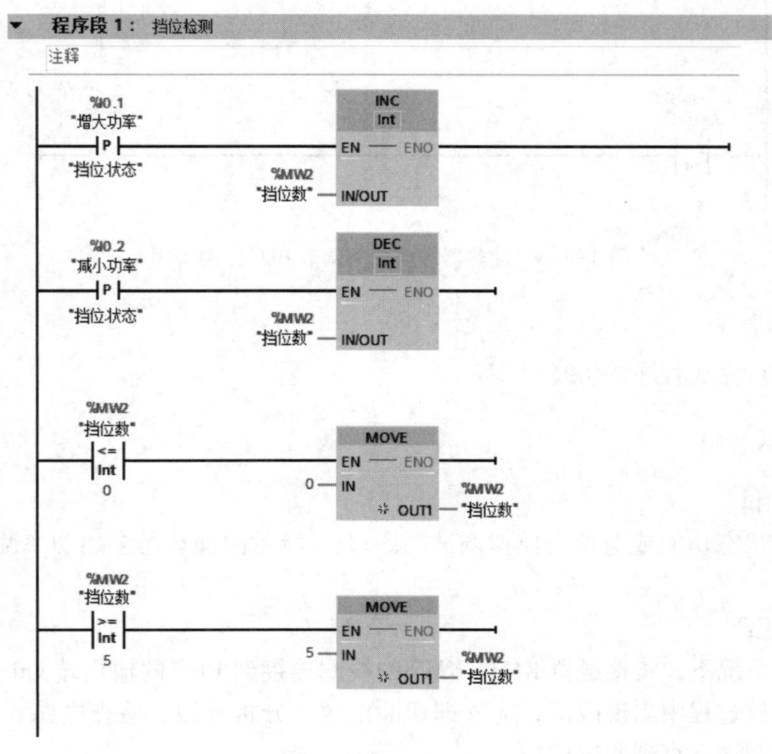

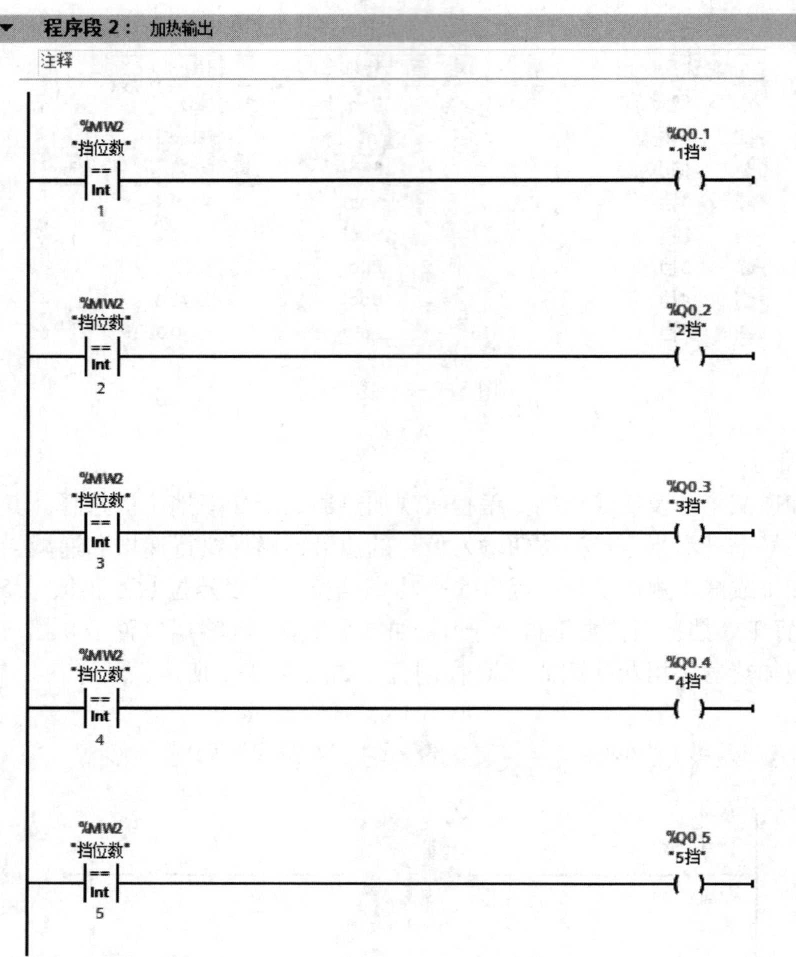

图 5-2-3　加热器多挡功率调节 PLC 控制程序

3. 程序仿真

请读者自行完成程序的仿真。

五、调试

1. 模拟调试

使用程序状态功能或监控表模拟调试图 5-2-3 所示的加热器多挡功率调节 PLC 控制程序。

2. 联机调试

在断电的情况下，将接触器 KM1～KM5 的线圈连接到 PLC 的输出端 Q0.1～Q0.5。注意，若联机调试过程中出现故障，应立即切断电源，分析原因，检查电路。排除故障后，方可重新进行调试，直到调试成功。

（1）合上电源开关 QF6～QF8，QF1～QF5。

（2）增大挡位。按下挡位增大按钮 SB1，接触器 KM1 通电吸合，1 挡加热元器件 R1

通电。再按一次按钮 SB1，接触器 KM1 断电释放，1 挡加热元器件 R1 断电，接触器 KM2 通电吸合，2 挡加热元器件 R2 通电，加热器由第 1 挡功率切换到第 2 挡功率。其他挡位的切换类似。

（3）减小挡位。当加热器在第 5 挡功率工作时，按下挡位减小按钮 SB2，接触器 KM5 断电释放，5 挡加热元器件 R5 断电，接触器 KM4 通电吸合，4 挡加热元器件 R4 通电，加热器由第 5 挡功率切换到第 4 挡功率。其他挡位的切换类似。

（4）断开电源开关 QF1～QF5，QF7、QF8、QF6。

任务测评

按照表 5-2-5 中的要求进行任务测评。

表 5-2-5　任务测评表

序号	考核内容	配分	考核标准	扣分	得分
1	I/O 端口分配	10	I/O 端口分配错误或遗漏，每处扣 5 分		
2	电路绘制	20	主电路与控制电路分开绘制，有短路和接地保护，PLC 供电、I/O 端口接线正确。绘制有误或画法不规范，每处扣 2 分		
3	电路安装	25	按照接线图安装接线，元器件布置合理，不损坏元器件，安装牢固，配线符合工艺要求。电路安装不正确，每处扣 5 分		
4	程序编写与仿真	25	程序编写、编译及仿真正确。每错一处扣 5 分		
5	通电调试	20	通电调试步骤正确，操作规范，安全无事故，功能正常。通电调试不正确或不规范，每次扣 5 分；出现事故，扣 20 分；第一次通电调试不成功，扣 5 分；第二次通电调试不成功，扣 10 分；第三次通电调试不成功，扣 20 分		
6	安全与文明生产		遵守国家相关专业安全与文明生产规程，如有违反，酌情扣分		
开始时间		结束时间		成绩	

任务 3　应用移位和循环指令实现景观灯控制

学习目标

1. 掌握移位和循环指令的表示形式、功能和使用方法。

2. 能使用移位指令设计景观灯 PLC 控制程序，并完成控制线路的绘制、安装和调试。

任务引入

某商业写字楼的楼体有 8 个景观灯，为了实现外围轮廓灯由低到高的运行效果，需要对 8 个景观灯的状态进行自动控制。

本任务要求应用移位指令设计景观灯 PLC 控制系统，并完成控制线路的绘制、安装和调试。控制要求如下：

1. 按下启动按钮，8 个景观灯由低到高依次点亮，每个景观灯点亮时间为 10 s。
2. 按下停止按钮，8 个景观灯结束本次循环后全部熄灭。
3. 具有短路保护等必要的保护措施。

任务分析

将 8 个景观灯的状态用 8 位二进制数表示，其中每一位表示一个景观灯的状态，0 表示景观灯熄灭，1 表示景观灯点亮。用一个 8 位的寄存器存储这些状态，每次移位后更新寄存器的值，即可实现 8 个景观灯轮流点亮的效果。本任务主要应用移位指令设计景观灯控制程序。

相关知识

移位和循环指令包括右移指令、左移指令、循环右移指令和循环左移指令。

一、右移和左移指令

右移指令（SHR 指令）和左移指令（SHL 指令）的表示形式及功能说明见表 5-3-1，参数的数据类型见表 5-3-2。

表 5-3-1　右移指令和左移指令的表示形式及功能说明

指令名称	LAD/FBD	功能说明
右移指令	SHR ??? EN — ENO IN OUT N	将参数 IN 的位序列右移 *N* 位，结果分配给参数 OUT
左移指令	SHL ??? EN — ENO IN OUT N	将参数 IN 的位序列左移 *N* 位，结果分配给参数 OUT

表 5-3-2　右移指令和左移指令参数的数据类型

参数		定义	数据类型	备注
输入	EN	使能输入位	Bool	1=启用，0=禁用
	IN	移位前的位序列	SInt、Int、DInt、USInt、UInt、UDInt、Byte、Word、DWord	
	N	移位的位数	USInt、UDint	
输出	ENO	使能输出位	Bool	1=正确，0=无效
	OUT	移位后的位序列	SInt、Int、DInt、USInt、UInt、UDInt、Byte、Word、DWord	

SHR 和 SHL 指令将输入参数 IN 指定的存储单元的整个内容逐位右移或左移 *N* 位，移位的结果保存到输出参数 OUT 指定的地址中。使用 SHR 和 SHL 指令时，需要注意以下几点：

1. 当要移位的位数 *N* 为 0 时，不进行移位，直接将 IN 值分配给 OUT。

2. 无符号数移位和有符号数左移后空出的位用 0 填充。有符号数右移后空出的位用符号位（原来的最高位）填充，正数的符号位为 0，负数的符号位为 1。

3. 如果要移位的位数 *N* 超过目标值中的位数（Byte 为 8 位、Word 为 16 位、DWord 为 32 位），则所有原始位值将被移出并用 0 代替，即将 0 分配给 OUT。

4. 执行移位指令后，ENO 总是为 1 状态。

【例 5-3-1】右移指令的应用如图 5-3-1 所示。MW10 存放 16#9228，在 I0.0 上升沿时刻，将 MW10 中的 16 位二进制数向右移动 4 位，因移位操作空出的位用 0 填充，将右移的结果存入 MW12，即 MW12 存放 16#0922。右移过程如图 5-3-2 所示。

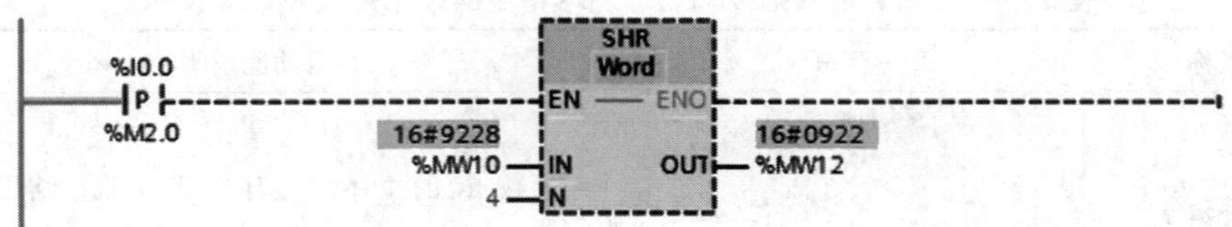

图 5-3-1　右移指令的应用

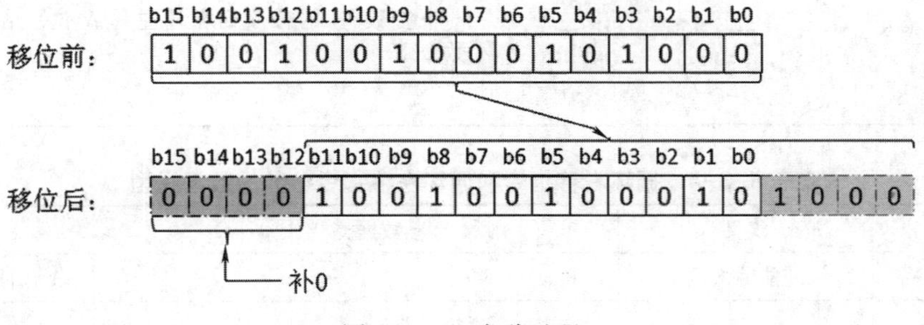

图 5-3-2　右移过程

【例 5-3-2】左移指令的应用如图 5-3-3 所示。MW10 存放 16#9228，在 I0.0 上升沿时刻，将 MW10 中的 16 位二进制数向左移动 4 位，因移位操作空出的位用 0 填充，将左移的结果存入 MW12，即 MW12 存放 16#2280。左移过程如图 5-3-4 所示。

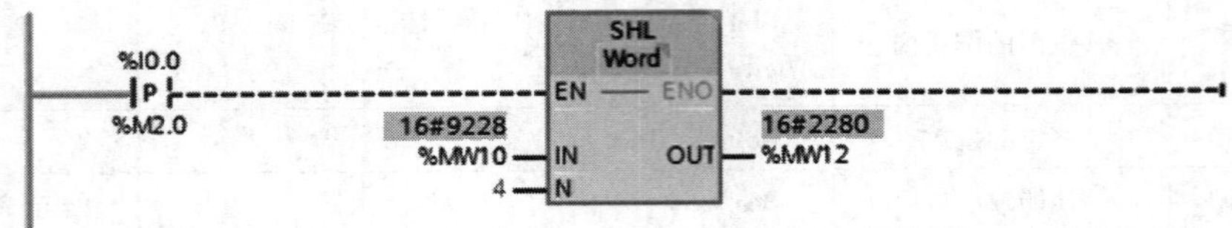

图 5-3-3　左移指令的应用

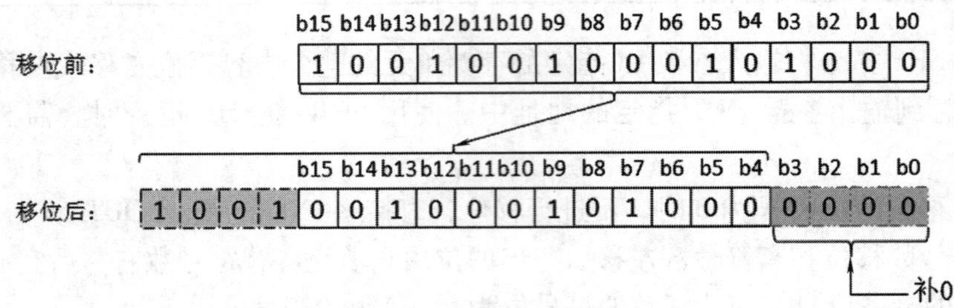

图 5-3-4　左移过程

二、循环右移和循环左移指令

循环右移指令（ROR 指令）和循环左移指令（ROL 指令）的表示形式及功能说明见表 5-3-3，参数的数据类型见表 5-3-4。

表 5-3-3　循环右移指令和循环左移指令的表示形式及功能说明

指令名称	LAD/FBD	功能说明
循环右移指令	ROR ??? EN　ENO IN　OUT N	将参数 IN 的位序列循环右移 *N* 位，结果分配给参数 OUT
循环左移指令	ROL ??? EN　ENO IN　OUT N	将参数 IN 的位序列循环左移 *N* 位，结果分配给参数 OUT

表 5-3-4　循环右移指令和循环左移指令参数的数据类型

参数		定义	数据类型	备注
输入	EN	使能输入位	Bool	1=启用，0=禁用
	IN	循环移位前的位序列	SInt、Int、DInt、USInt、UInt、UDInt、Byte、Word、DWord	

续表

参数		定义	数据类型	备注
输入	N	循环移位的位数	USInt、UDInt	
输出	ENO	使能输出位	Bool	1=正确，0=无效
	OUT	循环移位后的位序列	SInt、Int、DInt、USInt、UInt、UDInt、Byte、Word、DWord	

ROR 和 ROL 指令将输入参数 IN 指定的存储单元的整个内容逐位循环右移或循环左移 *N* 位，循环移位的结果保存在输出参数 OUT 指定的地址中。使用 ROR 和 ROL 指令时，需要注意以下几点：

1. 当要循环移位的位数 *N* 为 0 时，不进行循环移位，直接将 IN 值分配给 OUT。

2. 循环移位指令将移出的位值送至存储单元另一端空出的位，因此原始位值不会丢失。

3. 如果要循环移位的位数 *N* 超过目标值中的位数，输入 IN 中的数值仍将循环移动指定的位数。

4. 执行循环移位指令后，ENO 总是为 1 状态。

【例 5-3-3】循环左移指令的应用如图 5-3-5 所示。MW10 中存放 16#8000，在 I0.0 上升沿时刻，将 MW10 中的 16 位二进制数循环左移 1 位，结果存入 MW12，即 MW12 存放 16#0001。循环左移过程如图 5-3-6 所示。

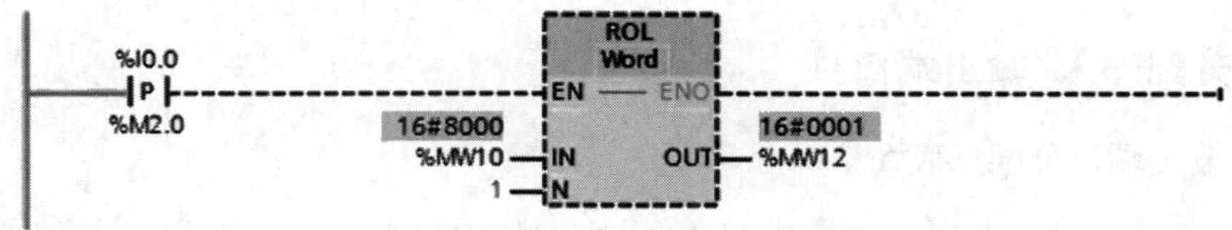

图 5-3-5　循环左移指令的应用

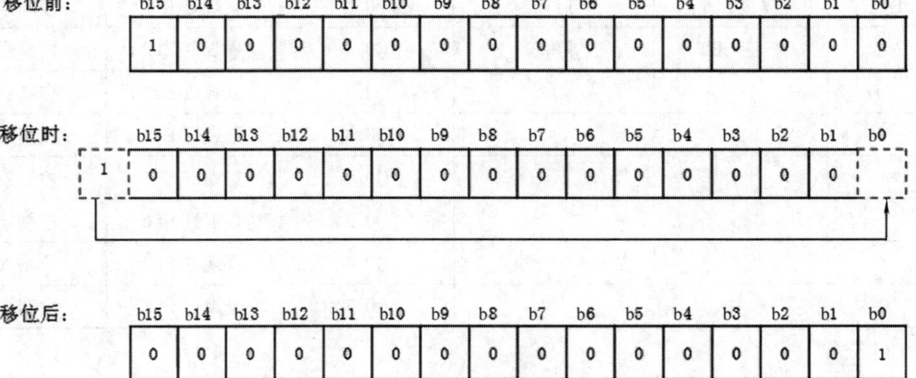

图 5-3-6　循环左移过程

任务实施

一、任务准备

实施本任务所使用的元器件可参考表 5-3-5。

表 5-3-5 实训元器件清单

序号	设备名称	型号及规格	数量	备注
1	PLC	CPU 1214C AC/DC/Rly	1 台	配 C45 导轨
2	剩余电流动作断路器	DZ47LE-63 D10，1P+N，30 mA	1 个	电源开关，漏电保护
3	低压断路器	DZ47-63 D5，1P	2 个	PLC 供电电源和输出电路短路保护
4	熔断器	RT28-32/2	2 个	电动机主电路、PLC 供电及负载电路短路保护
5	按钮	LA38-11/203	2 个	SB1（绿）/SB2（红），启动/停止信号输入
6	景观灯	5 W/AC 220 V	8 个	EL1～EL8，LED 彩色灯泡
7	灯座	E27 螺口	8 个	
8	接线端子排	TB-1520，20 位	1 条	
9	配电盘	600 mm×900 mm	1 块	

二、分配输入/输出端口

输入/输出端口分配见表 5-3-6。

表 5-3-6 输入/输出端口分配表

输入端口			输出端口		
输入继电器	输入元器件	作用	输出继电器	输出元器件	作用
I0.1	按钮 SB1	启动	Q0.0	景观灯 EL1	控制景观灯
I0.2	按钮 SB2	停止	Q0.1	景观灯 EL2	控制景观灯
			Q0.2	景观灯 EL3	控制景观灯
			Q0.3	景观灯 EL4	控制景观灯
			Q0.4	景观灯 EL5	控制景观灯
			Q0.5	景观灯 EL6	控制景观灯
			Q0.6	景观灯 EL7	控制景观灯
			Q0.7	景观灯 EL8	控制景观灯

三、绘制并安装 PLC 控制线路

应用移位指令实现景观灯 PLC 控制系统的接线如图 5-3-7 所示。安装时，景观灯

EL1～EL8 暂时不接到 PLC 的输出端 Q0.0～Q0.7，待程序调试通过后再连接。安装完毕，要用万用表检测电路的通断情况是否正确，用兆欧表检测电路的绝缘电阻值是否符合要求。

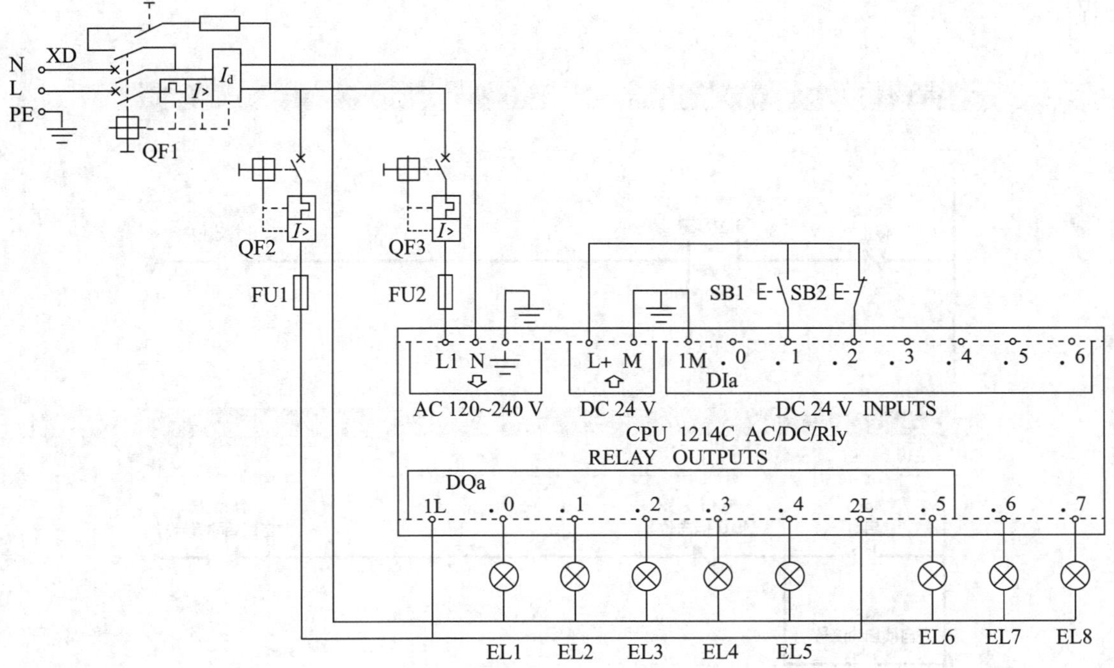

图 5-3-7　景观灯 PLC 控制系统接线图

四、程序编写与仿真

1. 编辑变量表

本任务的变量表如图 5-3-8 所示。

	名称	数据类型	地址
1	启动	Bool	%I0.1
2	停止	Bool	%I0.2
3	1号灯	Bool	%Q0.0
4	2号灯	Bool	%Q0.1
5	3号灯	Bool	%Q0.2
6	4号灯	Bool	%Q0.3
7	5号灯	Bool	%Q0.4
8	6号灯	Bool	%Q0.5
9	7号灯	Bool	%Q0.6
10	8号灯	Bool	%Q0.7

图 5-3-8　变量表

2. 程序编写

本任务主要用移位指令设计梯形图。8 个景观灯由 EL1 到 EL8 依次间隔 10 s 点亮，可以用左移指令编写程序。先将 8 个灯的状态初始化为 0000 0001，即用比较指令和移动值指令将其存入一个 8 位的寄存器中。再用 10 s 脉冲发生器中的定时器输出位作为左移指令的执行条件，控制左移指令每 10 s 执行一次。应用移位指令实现的景观灯 PLC 控制程序如图 5-3-9 所示。读者也可以用循环移位指令设计本任务的控制程序。

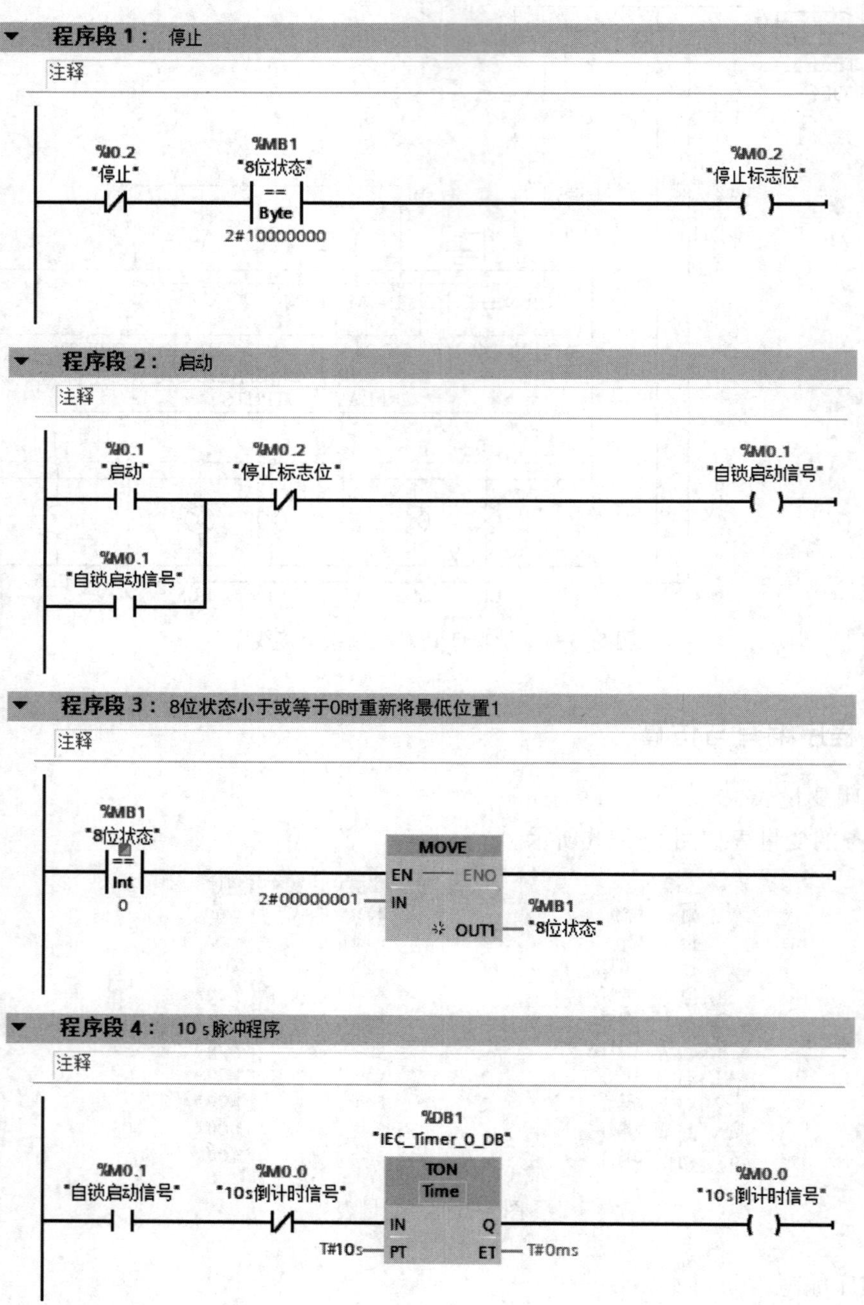

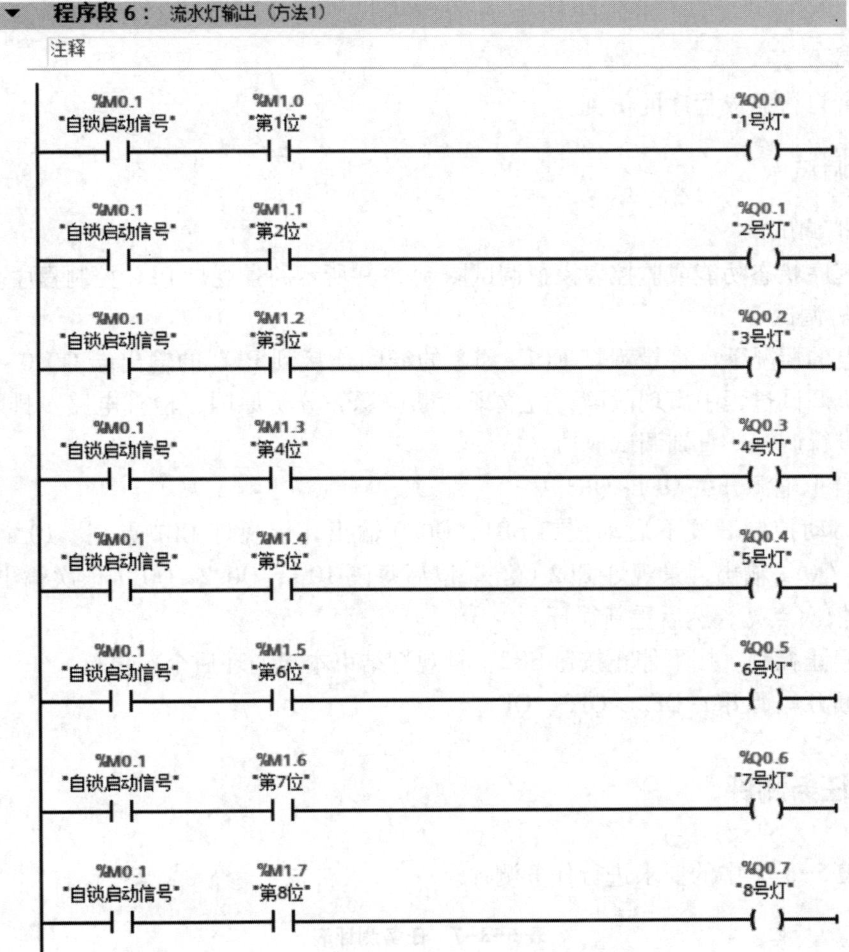

图 5-3-9　应用移位指令实现的景观灯 PLC 控制程序

关于景观灯输出控制，还可采用第二种简洁方法，将图 5-3-9 中的程序段 6 替换为图 5-3-10 所示的程序段即可。

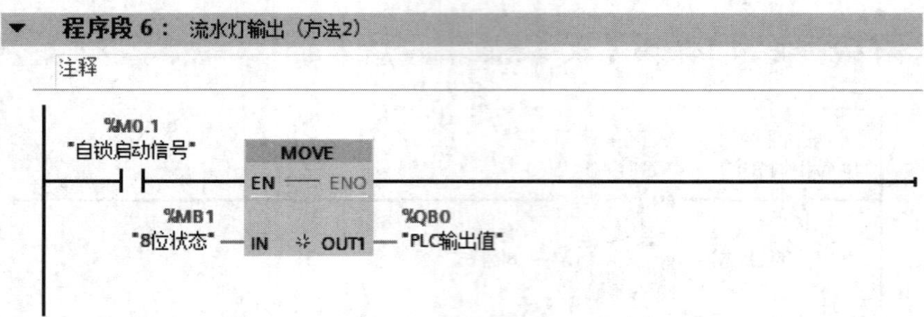

图 5-3-10　图 5-3-9 中程序段 6 的简化

3. 程序仿真

请读者自行完成程序的仿真。

五、调试

1. 模拟调试

使用程序状态功能或监控表模拟调试图 5-3-9 所示的景观灯 PLC 控制程序。

2. 联机调试

在断电的情况下，将景观灯 EL1～EL8 的线圈连接到 PLC 的输出端 Q0.0～Q0.7。注意，若联机调试过程中出现故障，应立即切断电源，分析原因，检查电路。排除故障后，方可重新进行调试，直到调试成功。

（1）合上电源开关 QF1～QF3。

（2）启动控制。按下启动按钮 SB1，Q0.0 输出，景观灯 EL1 点亮。10 s 后景观灯 EL1 熄灭，Q0.1 输出，景观灯 EL2 点亮。以后每隔 10 s，Q0.2～Q0.7 依次输出，景观灯 EL3～EL8 依次点亮，然后重新循环。

（3）停止控制。按下停止按钮 SB2，景观灯结束本次循环后全部熄灭。

（4）断开电源开关 QF2、QF3、QF1。

任务测评

按照表 5-3-7 中的要求进行任务测评。

表 5-3-7　任务测评表

序号	考核内容	配分	考核标准	扣分	得分
1	I/O 端口分配	10	I/O 端口分配错误或遗漏，每处扣 5 分		
2	电路绘制	20	主电路与控制电路分开绘制，有短路和接地保护，PLC 供电、I/O 端口接线正确。绘制有误或画法不规范，每处扣 2 分		

续表

序号	考核内容	配分	考核标准	扣分	得分
3	电路安装	25	按照接线图安装接线，元器件布置合理，不损坏元器件，安装牢固，配线符合工艺要求。电路安装不正确，每处扣5分		
4	程序编写与仿真	25	程序编写、编译及仿真正确。每错一处扣5分		
5	通电调试	20	通电调试步骤正确，操作规范，安全无事故，功能正常。通电调试不正确或不规范，每次扣5分；出现事故，扣20分；第一次通电调试不成功，扣5分；第二次通电调试不成功，扣10分；第三次通电调试不成功，扣20分		
6	安全与文明生产		遵守国家相关专业安全与文明生产规程，如有违反，酌情扣分		
开始时间		结束时间		成绩	

课题六 顺序控制设计法的应用

在生产过程中，大多数设备采用顺序控制方式，即按照生产工艺预先规定的顺序，在输入信号的作用下，各执行机构根据内部状态和时间顺序自动有序地运行。对于顺序控制系统，采用顺序控制设计法进行 PLC 程序设计的优势非常明显，程序结构简单，便于调试、修改和阅读，设计效率高，很容易被初学者接受。使用顺序控制设计法时，需要根据生产系统的工艺过程画出顺序功能图。顺序功能图的基本结构分为单序列、选择序列和并行序列。

本课题主要学习单序列、选择序列和并行序列结构顺序功能图的编程方法以及顺序控制设计法的应用。

任务1 应用单序列结构实现三相异步电动机Y-△启动控制

学习目标

1. 了解工序图的功能和特点。
2. 熟悉顺序功能图的基本元件、基本结构和顺序功能图中转换实现的基本规则。
3. 掌握顺序控制设计法的步骤。
4. 能使用顺序控制设计法设计三相异步电动机Y-△启动 PLC 控制程序，并完成控制线路的绘制、安装和调试。

任务引入

三相异步电动机Y-△启动控制线路如图 4-1-1 所示。本任务要求运用顺序控制设计法，并使用单序列结构的编程方法，完成三相异步电动机Y-△启动 PLC 控制系统的设计、安装和调试。控制要求如下：

1. 当按下启动按钮 SB2 时，电源控制接触器 KM1 和星形联结控制接触器 KM2 同时通电，电动机星形启动。启动延时 6 s 后 KM2 自动断电，然后三角形联结控制接触器 KM3

自动得电，电动机全压运行。

2. 当按下停止按钮 SB1 或电动机过载时，KM1、KM2、KM3 断电，电动机停止运行。

3. 具有短路、过载保护等必要的保护措施。

任务分析

三相异步电动机Y-△启动控制过程为：电源控制接触器 KM1 和星形联结控制接触器 KM2 得电吸合；6 s 后，星形联结控制接触器 KM2 断电释放，三角形联结控制接触器 KM3 得电吸合。该控制过程是典型的单序列结构的顺序控制，运用顺序控制设计法中单序列结构的编程方法设计梯形图程序，程序的结构简单、可读性强、编程效率高。

相关知识

顺序控制设计法的工作步骤是先根据系统的工艺过程画出工序图，然后根据工序图画出顺序功能图，最后根据顺序功能图画出梯形图。

一、工序图

工序图是一种通用的技术语言，是按照一定步骤描述生产过程有序动作的图形。三相异步电动机Y-△启动控制工序图如图 6-1-1 所示。从该工序图中可以看出，整个工作过程分为 4 个工序，工序之间的转换需要满足特定的转换条件（按钮指令或延时时间）。从准备状态到工序 1 的转换条件是按下启动按钮 SB2，在工序 1 中，接触器 KM1、KM2 得电吸合，定时器开始计时。从工序 1 到工序 2 的转换条件是延时时间到，在工序 2 中，接触器 KM2 断电释放，接触器 KM1、KM3 得电吸合。从工序 2 到停止状态的转换条件是按下停止按钮 SB1 或热继电器 FR 动作。

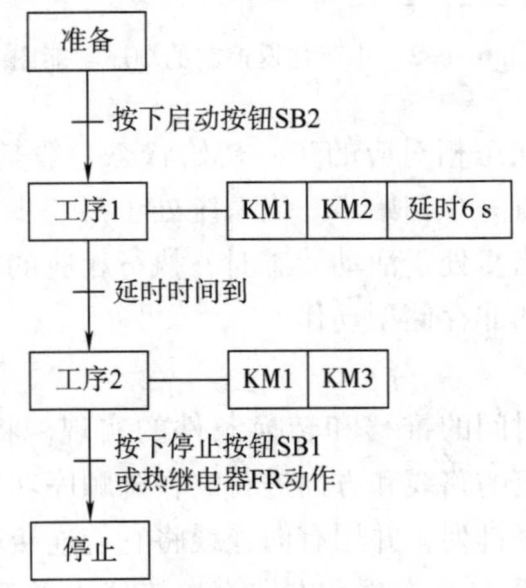

图 6-1-1　三相异步电动机Y-△启动控制工序图

二、顺序功能图

顺序功能图是描述控制系统的控制过程、功能和特性的一种图形。顺序功能图将系统的一个工作周期分为若干个顺序相连的工作阶段，每一个工作阶段称为一步，并明确表达每一步的具体动作和步与步之间的转换条件。根据顺序功能图画出梯形图时，通过转换条件将步与步进行连接；在每一步中，使用线圈输出指令或置位/复位指令控制对象动作。

1. 基本元件

顺序功能图的基本元件包括步、有向连线、转换、转换条件和动作。

(1) 步

步是顺序控制系统的一个工作阶段，在顺序功能图中用矩形方框表示步。矩形方框内有一个代表步的编程元件（如位存储器 M）编号。代表步的编程元件可以按照顺序连续编号，也可以不连续编号。图 6-1-2 所示为小车往返控制的顺序功能图，该工作过程划分为 3 步，分别用 M4.1、M4.2、M4.3 表示。另外还设置了一个等待启动的初始步 M4.0，在顺序功能图中用双线方框表示初始步。

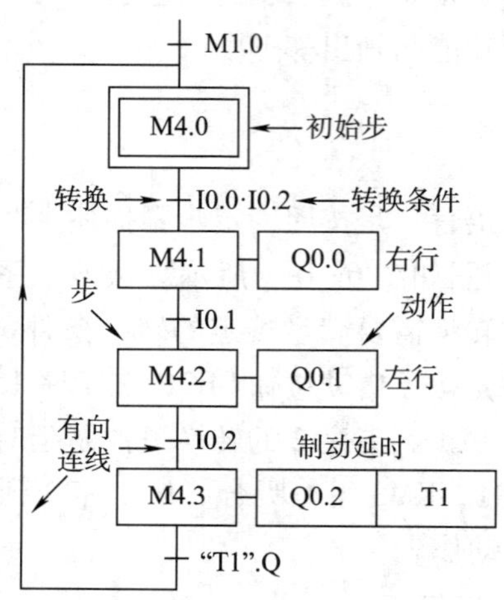

图 6-1-2　小车往返控制的顺序功能图

初始步是与系统的初始状态相对应的步，初始状态一般是系统等待启动命令的状态，每一个顺序功能图至少应该有一个初始步。当系统处于某一步所在的阶段时，该步处于活动状态，该步称为活动步。当步处于活动状态时，执行相应的非存储型动作；当步处于不活动状态时，停止执行相应的非存储型动作。

(2) 有向连线

在顺序功能图中，随着时间的推移和转换条件的实现，将会发生步的活动状态的进展，这种进展按有向连线规定的路线和方向进行。在画顺序功能图时，将代表各步的方框按它们成为活动步的先后顺序排列，并用有向连线将它们连接起来。步的活动状态习惯的进展方向是从上到下或从左至右，这两个方向有向连线上的箭头可以省略（也可以加箭头），否则应用箭头注明进展方向。图 6-1-2 中 M4.0 与 M4.1、M4.1 与 M4.2、M4.2 与

M4.3 以及 M4.3 与 M4.0 间的连线即为有向连线。

(3) 转换与转换条件

转换用与有向连线垂直的短画线表示，将相邻两步分隔开。

使系统由当前步进入下一步的信号称为转换条件，转换条件可以是外部的输入信号，如按钮、指令开关、限位开关的接通或断开等；也可以是 PLC 内部产生的信号，如定时器、计数器输出位的常开触点的接通等；还可以是若干个信号的与、或、非逻辑组合。

转换条件可以用文字语言、布尔代数表达式或图形符号标注在表示转换的短画线旁边，使用最多的是布尔代数表达式，如图 6-1-2 中的 M1.0、I0.0 · I0.2、I0.1、I0.2、“T1”.Q。

(4) 动作

一个控制系统包含着控制部分和执行部分。对于控制部分，在某一步中要向执行部分发出某些命令；对于执行部分，在某一步中要完成某些动作。为了描述方便，下面将命令和动作统称为动作。动作用矩形方框中的文字或变量表示，该矩形方框应与它对应步的方框相连。每一步的动作可以是一个，也可以是多个。如果某一步有多个动作，可用图 6-1-3 所示的两种画法来表示，两种画法均不隐含这些动作之间的任何顺序。图 6-1-2 中的 Q0.0、Q0.1、Q0.2、T1 均为动作，其中动作 Q0.2 与 T1 同时发生，无先后顺序。

图 6-1-3　动作的两种画法

步的动作分为两种，一种为非保持性动作，仅在本步内有效，没有连续性，当本步为非活动步时，动作全部停止；另一种为保持性动作，具有连续性，它会将动作结果延续到后面的状态中。

在顺序功能图中，当步被激活时，该步对应的所有动作均得到执行，而未被激活的步对应的动作均无法执行。

注意

绘制顺序功能图的注意事项如下：

(1) 两个步不能直接相连，必须用一个转换将它们隔开。

(2) 两个转换不能直接相连，必须用一个步将它们隔开。

(3) 顺序功能图中的初始步一般对应于系统等待启动的初始状态。初始步可能没有输出执行，但初始步是必不可少的。

(4) 自动控制系统应能多次重复执行同一工艺过程，因此在顺序功能图中一般应有由步和有向连线组成的闭环，即在完成一次工艺过程的全部操作之后，应从最后一步返回初始步并停留在初始状态（单周期工作方式），或从最后一步返回下一个工作周期的第一步

（连续循环工作方式）并自动开始运行。

（5）在顺序功能图中，只有当某一步的前级步是活动步时，该步才有可能变成活动步。如果用不具备断电保持功能的编程元件代表各步，进入 RUN 模式时，它们均处于 OFF 状态。在对 CPU 进行组态时，通常设置默认的 MB1 为系统存储器字节，用开机时接通一个扫描周期的 M1.0 的常开触点作为转换条件，将初始步预置为活动步，否则因顺序功能图中没有活动步，系统将无法工作。

2. 基本结构

根据步与步之间转换情况的不同，顺序功能图分为单序列、选择序列和并行序列三种基本结构，如图 6-1-4 所示。

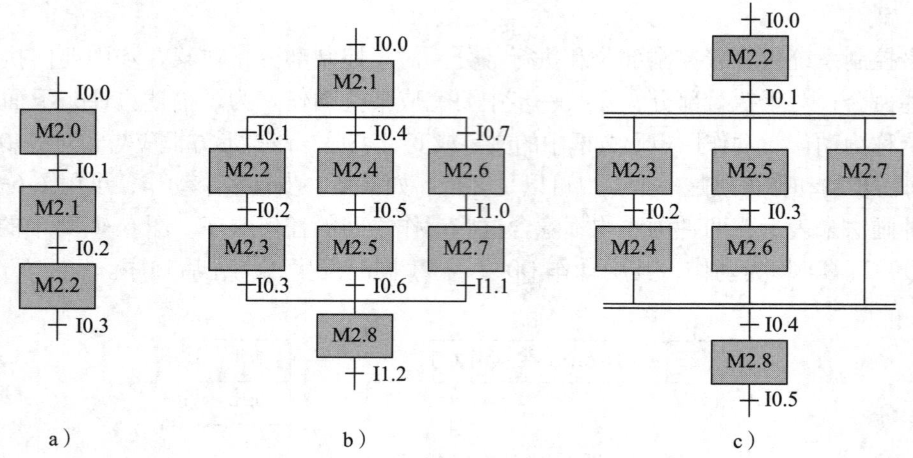

图 6-1-4　顺序功能图的基本结构

a）单序列　b）选择序列　c）并行序列

单序列由一系列相继激活的步组成，每一步的后面仅有一个转换，每一个转换的后面仅有一个步。

选择序列的开始称为分支，转换符号只能标在水平连线之下。选择序列的结束称为合并，几个选择序列合并为一个公共序列时，用与需要重新组合的序列相同数量的转换符号和一条水平连线表示，转换符号只允许标在水平连线之上。

并行序列用来表示系统的几个独立部分同时工作的情况。当转换的实现导致几个序列同时激活时，这些序列称为并行序列。为了强调转换的同步实现，水平连线用双线表示。并行序列的开始称为分支，标注在表示同步实现的水平双线之上，只允许有一个转换符号。并行序列的结束称为合并，标注在水平双线之下，只允许有一个转换符号。

3. 顺序功能图中转换实现的基本规则

（1）转换实现的条件

在顺序功能图中，转换的实现必须同时满足以下两个条件：

1）该转换所有的前级步都是活动步。

2）相应的转换条件得到满足。

（2）转换实现应完成的操作

转换实现后应完成以下两个操作：

1）该转换所有的后续步都变为活动步。

2）该转换所有的前级步都变为不活动步。

转换实现的基本规则是根据顺序功能图设计梯形图的基础，它适用于顺序功能图的各种基本结构和顺序控制梯形图的编程方法。

三、顺序控制设计法的步骤

1. 绘制工序图

根据系统的工艺过程，明确工序名称及其工作内容、工序间进展条件，将各工序用有向连线连接，在各工序旁注明其工作内容。

2. 绘制顺序功能图

（1）划分工作步

步对应工序图中的工序。步是根据 PLC 输出量的状态变化划分的，在每一步内 PLC 各输出量状态均保持不变，但是相邻两步输出量总的状态是不同的。步的这种划分方法使代表各步的编程元件的状态与各输出量的状态之间有着极为简单的逻辑关系。步也可以根据被控对象工作状态的变化划分，但这种变化应该是由 PLC 输出量的状态变化引起的。

（2）确定转换条件

转换条件对应工序图中的进展条件，转换条件是使系统从当前步进入下一步的信号。

（3）画出顺序功能图

划分工作步、确定转换条件之后，可以根据被控对象的工作内容和步骤，将代表各步的矩形方框按它们成为活动步的先后次序排列，并用有向连线将它们连接起来，然后标注出转换和转换条件，从而画出顺序功能图。

3. 设计梯形图

为了便于将顺序功能图转换为梯形图，用代表各步的位存储器 M 的地址作为步的代号，用编程元件的地址标注转换条件和各步的动作，然后用置位/复位指令设计梯形图程序。根据顺序功能图设计梯形图的方法如图 6-1-5 所示。M3. 2、M3. 3、M3. 4 是顺序功能图中顺序相连的步，I0. 2 是步 M3. 2 向步 M3. 3 转换的条件。根据顺序功能图中转换实现的基本规则，当步 M3. 2 为活动步时，如果条件 I0. 2 满足，则步 M3. 3 会成为活动步，M3. 2 成为不活动步，即步 M3. 3 成为活动步的前提是步 M3. 2 为活动步且 I0. 2=1。因此，在梯形图中应将 M3. 2 的常开触点和 I0. 2 的常开触点组成的串联电路块作为控制步 M3. 3 的条件。同理，将 M3. 3 的常开触点和 I0. 3 的常开触点组成的串联电路块作为控制步 M3. 4 的条件。用 S 指令使步 M3. 3 变为活动步，用 R 指令使步 M3. 2 变为不活动步。

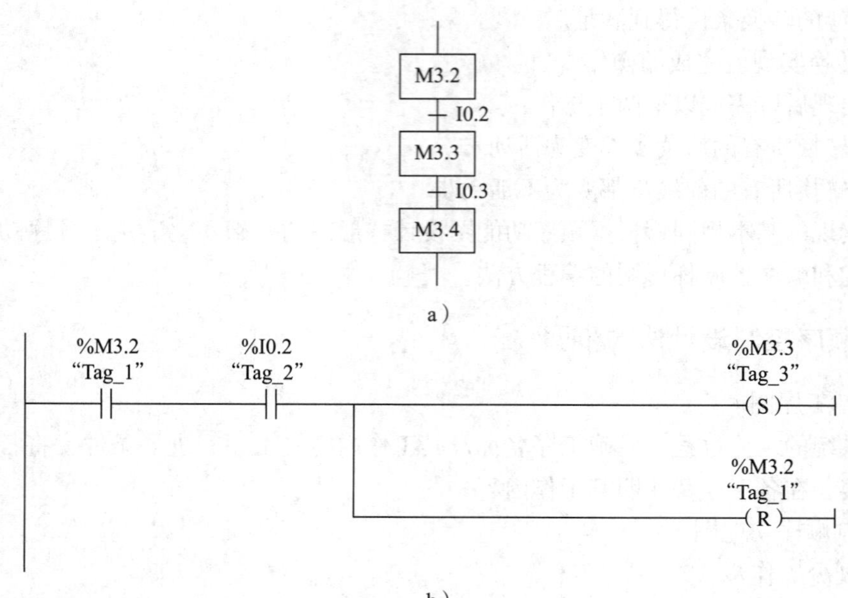

图 6-1-5　根据顺序功能图设计梯形图的方法
a）顺序功能图　b）梯形图（部分）

任务实施

一、任务准备

实施本任务所使用的元器件可参考表 6-1-1。

表 6-1-1　实训元器件清单

序号	设备名称	型号及规格	数量	备注
1	PLC	CPU 1214C AC/DC/Rly	1 台	配 C45 导轨
2	剩余电流动作断路器	DZ47LE-63 D16，3P+N，30 mA	1 个	电源开关，漏电保护
3	低压断路器	DZ47-63 D10，3P	1 个	主电路短路保护
4	低压断路器	DZ47-63 D5，1P	2 个	PLC 供电电源和输出电路短路保护
5	熔断器	RT28-32/2	5 个	电动机主电路、PLC 供电及负载回路短路保护
6	按钮	LA38-11/203	2 个	SB1（红）/SB2（绿），停止/启动信号输入
7	热继电器	JR20-10L，整定电流范围为 0. 15~0. 23 A	3 个	电动机过载保护
8	交流接触器	CJ20-10，线圈电压 220 V	3 个	电动机运行控制
9	接线端子排	TB-1520，20 位	1 条	

续表

序号	设备名称	型号及规格	数量	备注
10	配电盘	600 mm×900 mm	1 块	
11	三相异步电动机	YS5024，40 W	1 台	控制对象

二、分配输入/输出端口

输入/输出端口分配见表 6-1-2。

表 6-1-2 输入/输出端口分配表

输入端口			输出端口		
输入继电器	输入元器件	作用	输出继电器	输出元器件	作用
I0.0	热继电器 FR	过载保护	Q0.1	交流接触器 KM1	电源通断控制
I0.1	按钮 SB1	停止	Q0.2	交流接触器 KM2	星形联结控制
I0.2	按钮 SB2	启动	Q0.3	交流接触器 KM3	三角形联结控制

三、绘制并安装 PLC 控制线路

三相异步电动机Y-△启动 PLC 控制系统的接线如图 6-1-6 所示。安装时，交流接触器 KM1~KM3 线圈暂时不接到 PLC 的输出端 Q0.1~Q0.3，待程序调试通过后再连接。安装完毕，要用万用表检测电路的通断情况是否正确，用兆欧表检测电路的绝缘电阻值是否符合要求。

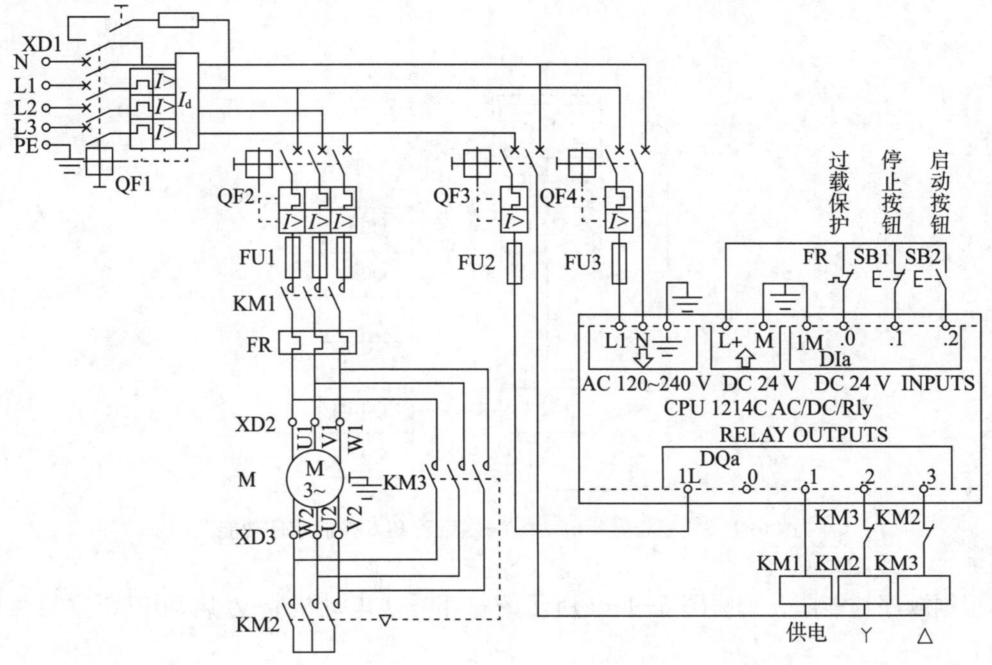

图 6-1-6 三相异步电动机Y-△启动 PLC 控制系统接线图

四、程序编写与仿真

1. 编辑变量表

本任务的变量表如图 6-1-7 所示。

名称	变量表	数据类型	地址
过载保护	默认变量表	Bool	%I0.0
停止按钮	默认变量表	Bool	%I0.1
启动按钮	默认变量表	Bool	%I0.2
电源通断控制	默认变量表	Bool	%Q0.1
Y形启动	默认变量表	Bool	%Q0.2
△形运行	默认变量表	Bool	%Q0.3

图 6-1-7　变量表

2. 程序编写

三相异步电动机Y-△启动 PLC 控制工序图如图 6-1-1 所示。整个工作过程分为四步，第一步为准备阶段，第二步为电动机Y形启动阶段，第三步为电动机△形运行阶段，第四步为电动机停止阶段。四个工作步的转换条件分别是初始化脉冲、按下启动按钮 SB2、定时器定时时间到和按下停止按钮 SB1 或热继电器 FR 动作。

根据工序图，用 M2. 0、M2. 1、M2. 2 代表步，用 M1. 0、I0. 2、“T1”. Q、I0. 1+I0. 0 代表转换条件，用 Q0. 1、Q0. 2、T1 代表步 M2. 1 的动作，用 Q0. 1、Q0. 3 代表步 M2. 2 的动作，三相异步电动机Y-△启动 PLC 控制顺序功能图如图 6-1-8 所示。

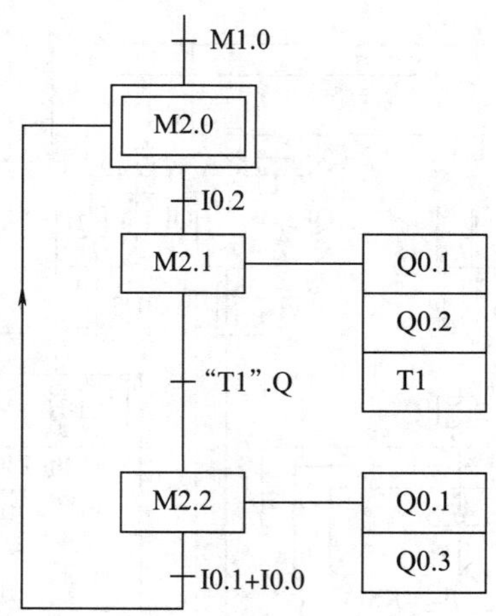

图 6-1-8　三相异步电动机Y-△启动 PLC 控制顺序功能图

根据顺序功能图，编写图 6-1-9 所示的三相异步电动机Y-△启动 PLC 控制梯形图程序。

▼ 程序段 1： 系统上电，利用M1.0置初始化

注释

%M1.0 "FirstScan" —| |— %M2.0 "初始化步" —(S)—

▼ 程序段 2： 程序初始化，按下启动按钮，转换为Y形启动

注释

%M2.0 "初始化步" —| |—
- %Q0.1 "电源通断控制" —(R)—
- %Q0.2 "Y形启动" —(R)—
- %Q0.3 "△形运行" —(R)—
- %I0.2 "启动按钮" —| |—
  - %M2.1 "Y形启动步" —(S)—
  - %M2.0 "初始化步" —(R)—

▼ 程序段 3： Y形启动6 s

注释

%M2.1 "Y形启动步" —| |—
- %Q0.1 "电源通断控制" —(S)—
- %Q0.2 "Y形启动" —(S)—
- %DB1 "T1" TON Time: IN, Q; T#6s — PT, ET — ...
- "T1".Q —| |—
  - %M2.2 "△形运行步" —(S)—
  - %M2.1 "Y形启动步" —(R)—

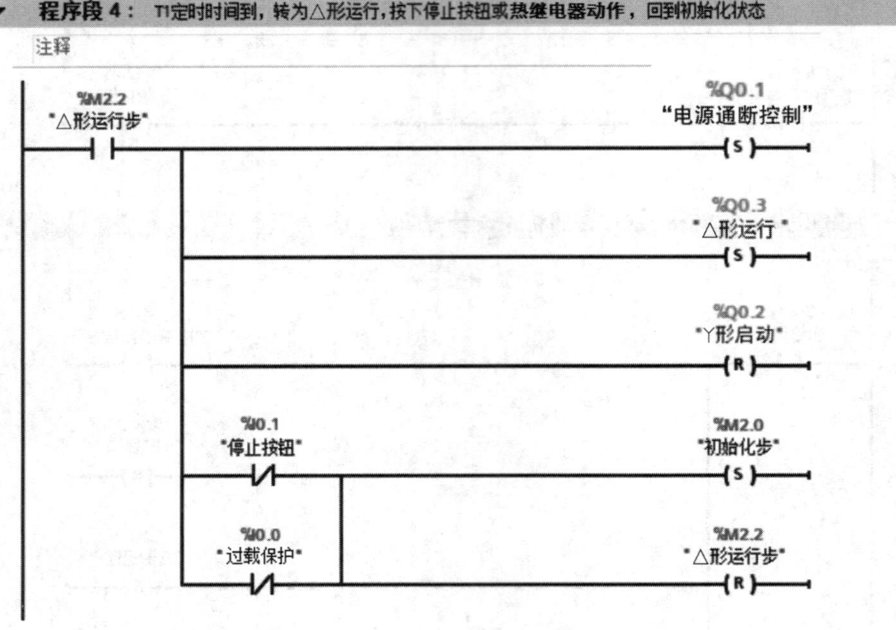

图 6-1-9　三相异步电动机Y-△启动 PLC 控制梯形图程序

3. 程序仿真

请读者自行完成程序的仿真。

五、调试

1. 模拟调试

使用程序状态功能或监控表模拟调试图 6-1-9 所示的三相异步电动机Y-△启动 PLC 控制梯形图程序。

2. 联机调试

在断电的情况下，将交流接触器 KM1～KM3 线圈接到 PLC 的输出端 Q0.1～Q0.3。注意，若联机调试过程中出现故障，应立即切断电源，分析原因，检查电路。排除故障后，方可重新进行调试，直到调试成功。

（1）合上电源开关 QF1～QF4。

（2）电动机启动控制。按下启动按钮 SB2，交流接触器 KM1、KM2 线圈得电吸合，电动机Y形启动。6 s 后，KM2 线圈断电释放，KM3 线圈得电吸合，电动机△形运行。

（3）电动机停止控制。按下停止按钮 SB1，交流接触器 KM1～KM3 线圈断电释放，电动机停止运行。

（4）过载保护。当电动机发生过载故障时，热继电器 FR 常闭触点断开，交流接触器 KM1～KM3 线圈断电释放，电动机停止运行。

（5）断开电源开关 QF2～QF4、QF1。

任务测评

按照表 6-1-3 中的要求进行任务测评。

表 6-1-3　任务测评表

序号	考核内容	配分	考核标准	扣分	得分
1	I/O 端口分配	10	I/O 端口分配错误或遗漏，每处扣 5 分		
2	电路绘制	20	主电路与控制电路分开绘制，有短路和接地保护，PLC 供电、I/O 端口接线正确。绘制有误或画法不规范，每处扣 2 分		
3	电路安装	25	按照接线图安装接线，元器件布置合理，不损坏元器件，安装牢固，配线符合工艺要求。电路安装不正确，每处扣 5 分		
4	程序编写与仿真	25	程序编写、编译及仿真正确。每错一处扣 5 分		
5	通电调试	20	通电调试步骤正确，操作规范，安全无事故，功能正常。通电调试不正确或不规范，每次扣 5 分；出现事故，扣 20 分；第一次通电调试不成功，扣 5 分；第二次通电调试不成功，扣 10 分；第三次通电调试不成功，扣 20 分		
6	安全与文明生产		遵守国家相关专业安全与文明生产规程，如有违反，酌情扣分		
开始时间		结束时间		成绩	

任务 2　应用选择序列实现物料识别与分拣控制

学习目标

1. 掌握选择序列的编程方法。
2. 能使用顺序控制设计法设计物料识别与分拣 PLC 控制程序，并完成控制线路的绘制、安装和调试。

任务引入

物料识别与分拣控制系统能够借助精密的传感器对金属和非金属（包括黑色和白色）物料进行识别，并将其通过气缸分类自动放置到对应的下料孔中，不仅可以节约时间，还能够大大降低差错率，实现自动化控制。某生产线终端传送带上有一分拣装置，需要对金属、白色塑料、黑色塑料三种物料进行识别与分拣，分别传送到相应的存储单元。

本任务要求运用顺序控制设计法，使用选择序列结构的编程方法，完成物料识别与分拣 PLC 控制系统的设计、安装和调试。控制要求如下：

1. 当传送带上有金属物料时，电感式传感器检测到物料，YV1 电磁阀得电，气缸 1 动作，将物料推送到第一通道。

2. 当传送带上有白色塑料物料时，光纤传感器检测到物料，YV2 电磁阀得电，气缸 2 动作，将物料推送到第二通道。

3. 当传送带上有黑色塑料物料时，光电开关检测到物料，传送带将物料传送到传送带终端，由终端挡杆将物料推送到第三通道。

4. 按下停止按钮或电动机过载时，系统立即停止运行。

任务分析

物料的识别与分拣需要用到多种传感器。其中，电感式传感器用来识别金属物料，光纤传感器用来识别白色塑料物料，光电开关用来识别黑色塑料物料。磁性接近开关和 PLC、电磁阀配合控制气缸活塞伸缩运动，实现物料自动分拣。物料识别与分拣控制过程是一个典型的选择序列结构的顺序控制，可采用顺序控制设计法中选择序列结构的编程方法设计梯形图程序。

相关知识

选择序列的编程方法

选择序列的编程主要分为两部分：选择序列分支的编程和选择序列合并的编程，以图 6-2-1 所示的选择序列结构的顺序功能图为例进行说明。

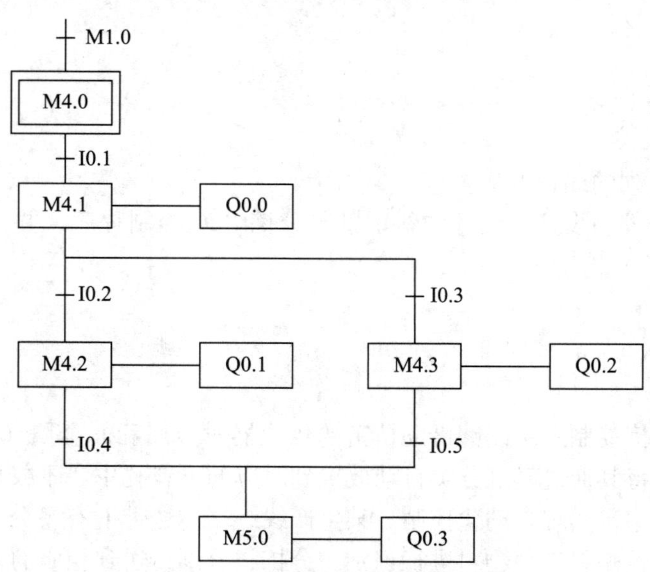

图 6-2-1　选择序列结构的顺序功能图

1. 选择序列分支的编程

图 6-2-1 中，步 M4. 1 后的选择序列有两个分支，这两个分支不能同时执行，只能选择其中的一个分支执行，其梯形图程序如图 6-2-2 所示。

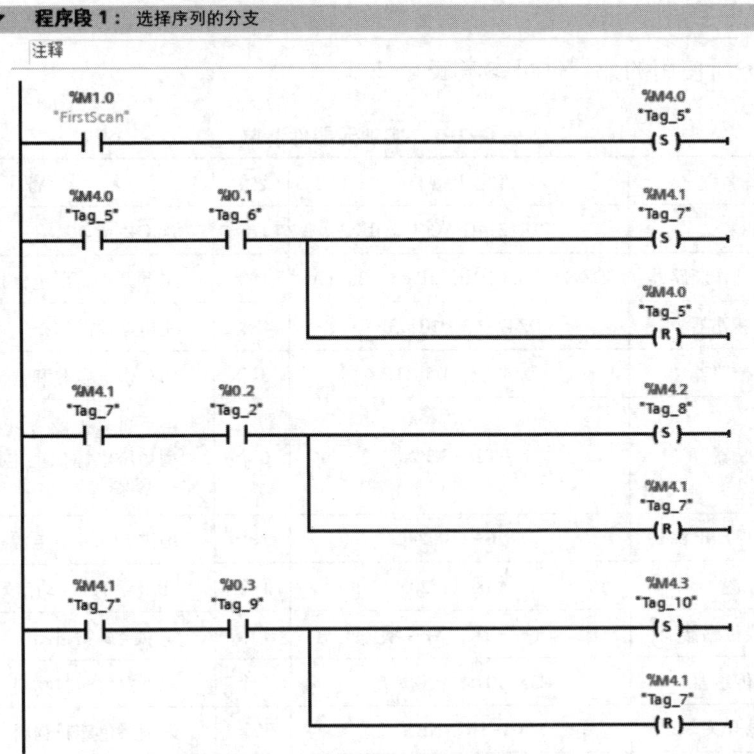

图 6-2-2　选择序列分支的梯形图程序

2. 选择序列合并的编程

图 6-2-1 中，在步 M5. 0 之前有一个由两条支路组成的选择序列的合并。当步 M4. 2 为活动步且转换条件 I0. 4 满足，或步 M4. 3 为活动步且转换条件 I0. 5 满足时，步 M5. 0 都应变为活动步，同时步 M4. 2 或步 M4. 3 变为不活动步，其梯形图程序如图 6-2-3 所示。

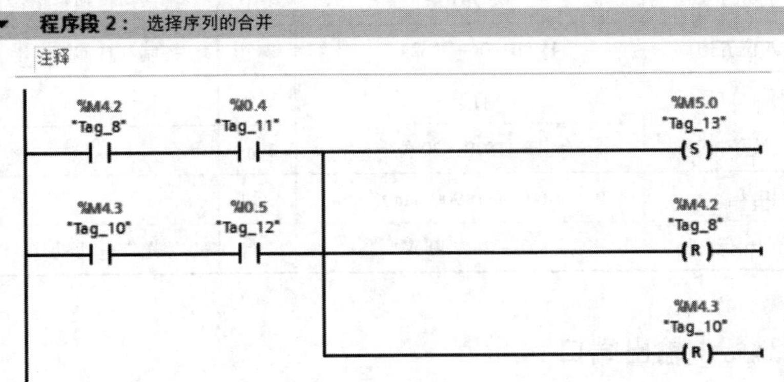

图 6-2-3　选择序列合并的梯形图程序

任务实施

一、任务准备

实施本任务所使用的元器件可参考表 6-2-1。

表 6-2-1 实训元器件清单

序号	设备名称	型号及规格	数量	备注
1	PLC	CPU 1214C AC/DC/Rly	1 台	配 C45 导轨
2	剩余电流动作断路器	DZ47LE-63 D16，3P+N，30 mA	1 个	电源开关，漏电保护
3	低压断路器	DZ47-63 D10，3P	1 个	主电路短路保护
4	低压断路器	DZ47-63 D5，1P	3 个	PLC 供电电源和输出电路短路保护
5	熔断器	RT28-32/2	6 个	电动机主电路、PLC 供电电路、开关型稳压电源供电电路、PLC 负载电路短路保护
6	开关型稳压电源	S8JC-Z10024C	1 个	提供 DC 24 V 电源
7	按钮	LA38-11/203	1 个	SB（绿），启动信号输入
8	电感式传感器	LE4-1K，NPN 型	1 个	识别金属物料
9	光纤传感器	E3X-ZD11，NPN 型	1 个	识别白色塑料物料
10	光电开关	SB03-1K，NPN 型	1 个	识别黑色塑料物料
11	磁性接近开关	LCY-J30K，NPN 型	4 个	控制气缸精确位置
12	热继电器	JR20-10L，整定电流范围为 0.15~0.23 A	1 个	电动机过载保护
13	交流接触器	CJ20-10，线圈电压 220 V	3 个	电动机运行控制
14	气缸	CDJ2B10-60-B	1 个	推送金属物料
15	气缸	MSQB10A	1 个	推送白色塑料物料
16	单电控两位五通阀	4V110-06-DC 24 V	2 个	控制气缸伸缩运动
17	物料识别与分拣装置	自选	1 个	
18	接线端子排	TB-1520，20 位	1 条	
19	配电盘	600 mm×900 mm	1 块	
20	三相异步电动机	YS5024，40 W	1 台	传送带电动机

二、分配输入/输出端口

输入/输出端口分配见表 6-2-2。

表 6-2-2　输入/输出端口分配表

输入端口			输出端口		
输入继电器	输入元器件	作用	输出继电器	输出元器件	作用
I0. 0	热继电器 FR	过载保护	Q0. 0	电磁阀 YV1	控制推料气缸 1
I0. 1	按钮 SB	启动	Q0. 2	电磁阀 YV2	控制推料气缸 2
I0. 2	电感式传感器 SQ1	识别金属物料	Q0. 5	交流接触器 KM	控制传送带电动机
I0. 3	光纤传感器 SQ2	识别白色塑料物料			
I0. 4	光电开关 SQ3	识别黑色塑料物料			
I0. 5	磁性接近开关 SQ4	气缸 1 前限位			
I0. 6	磁性接近开关 SQ5	气缸 1 后限位			
I0. 7	磁性接近开关 SQ6	气缸 2 前限位			
I1. 0	磁性接近开关 SQ7	气缸 2 后限位			

三、绘制并安装 PLC 控制线路

物料识别与分拣 PLC 控制系统的接线如图 6-2-4 所示。安装时，电磁阀 KH1、KH2 和交流接触器 KM 线圈暂时不接到 PLC 的输出端 Q0. 0、Q0. 2 和 Q0. 5，待程序调试通过后再连接。安装完毕，要用万用表检测电路的通断情况是否正确，用兆欧表检测电路的绝缘电阻值是否符合要求。

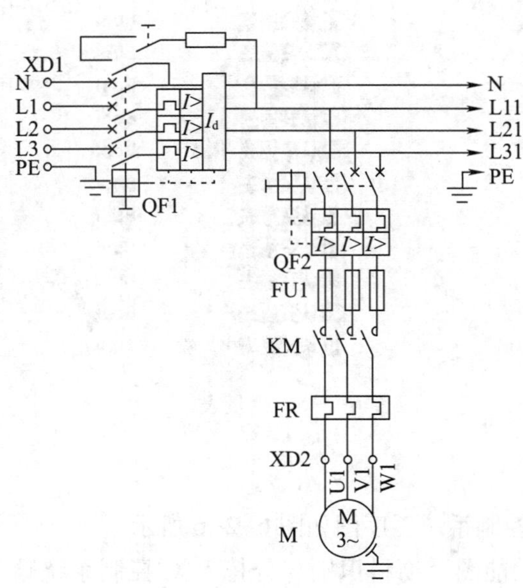

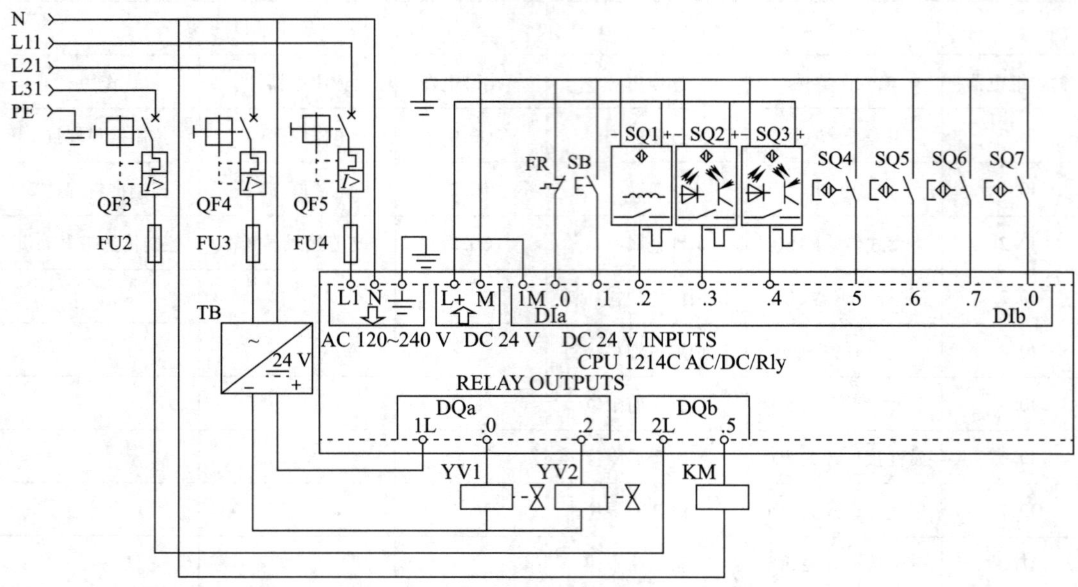

图 6-2-4　物料识别与分拣 PLC 控制系统接线图

四、程序编写与仿真

1. 编辑变量表

本程序的变量表如图 6-2-5 所示。

1	◀	过载保护	默认变量表	Bool	%I0.0
2	◀	启动按钮	默认变量表	Bool	%I0.1
3	◀	电感式传感器	默认变量表	Bool	%I0.2
4	◀	光纤传感器	默认变量表	Bool	%I0.3
5	◀	光电开关	默认变量表	Bool	%I0.4
6	◀	气缸1前限位	默认变量表	Bool	%I0.5
7	◀	气缸1后限位	默认变量表	Bool	%I0.6
8	◀	气缸2前限位	默认变量表	Bool	%I0.7
9	◀	气缸2后限位	默认变量表	Bool	%I1.0
10	◀	电磁阀YV1	默认变量表	Bool	%Q0.0
11	◀	电磁阀YV2	默认变量表	Bool	%Q0.2
12	◀	交流接触器KM	默认变量表	Bool	%Q0.5

图 6-2-5　变量表

2. 程序编写

物料识别与分拣 PLC 控制系统工序图如图 6-2-6 所示。

根据工序图绘制顺序功能图，物料识别与分拣 PLC 控制系统顺序功能图如图 6-2-7 所示。

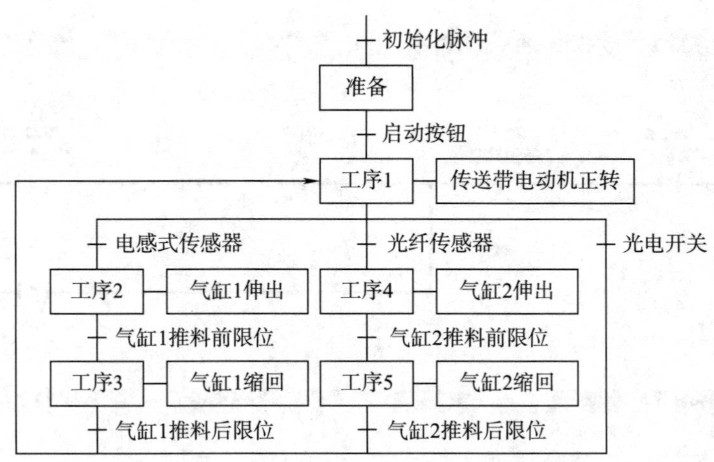

图 6-2-6 物料识别与分拣 PLC 控制系统工序图

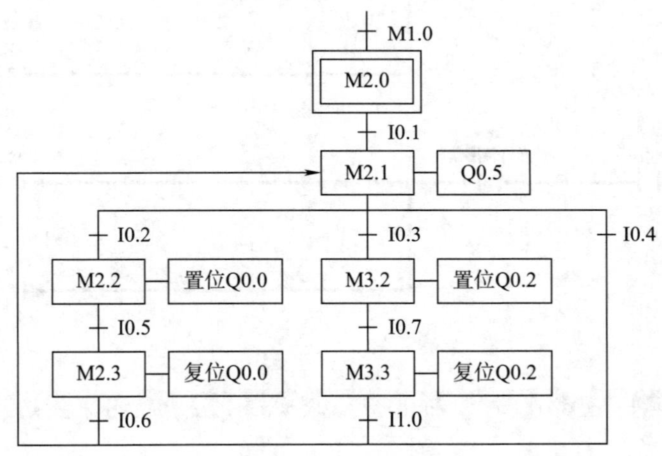

图 6-2-7 物料识别与分拣 PLC 控制系统顺序功能图

根据顺序功能图，编写图 6-2-8 所示的物料识别与分拣 PLC 控制系统梯形图程序。

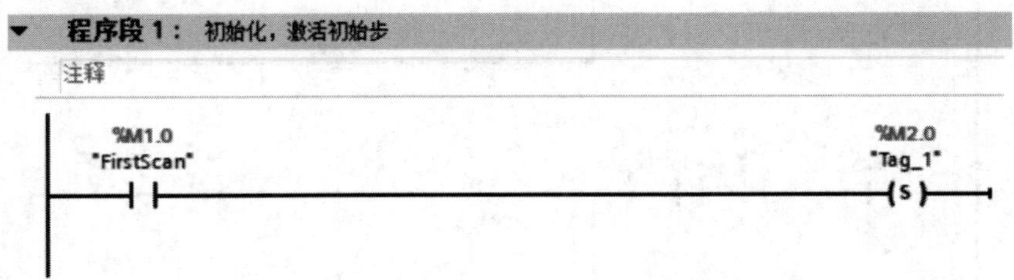

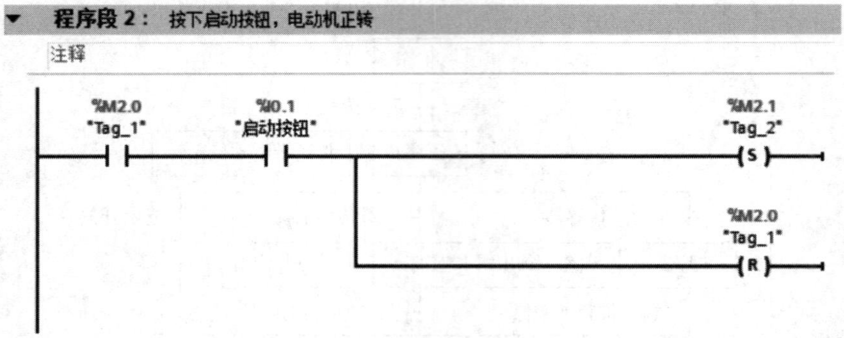

▼ 程序段 2： 按下启动按钮，电动机正转

注释

%M2.0 "Tag_1"
%I0.1 "启动按钮"
%M2.1 "Tag_2" (S)
%M2.0 "Tag_1" (R)

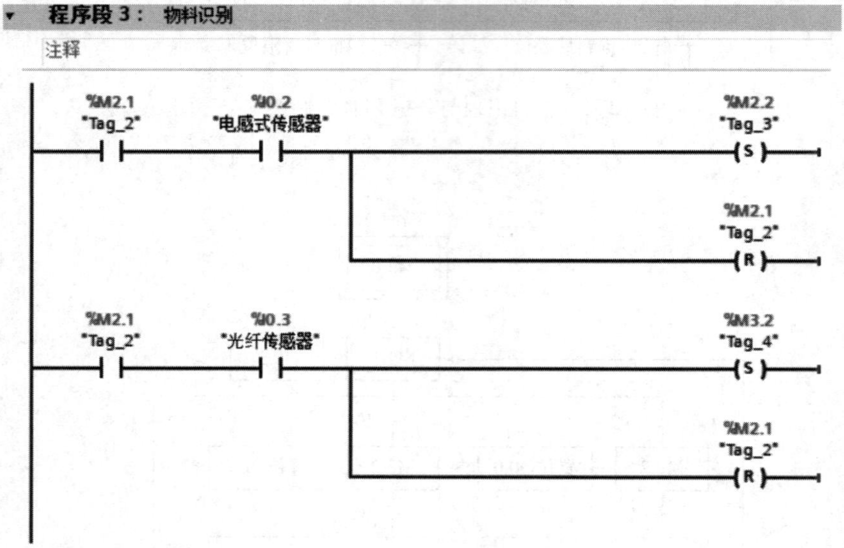

▼ 程序段 3： 物料识别

注释

%M2.1 "Tag_2"
%I0.2 "电感式传感器"
%M2.2 "Tag_3" (S)
%M2.1 "Tag_2" (R)

%M2.1 "Tag_2"
%I0.3 "光纤传感器"
%M3.2 "Tag_4" (S)
%M2.1 "Tag_2" (R)

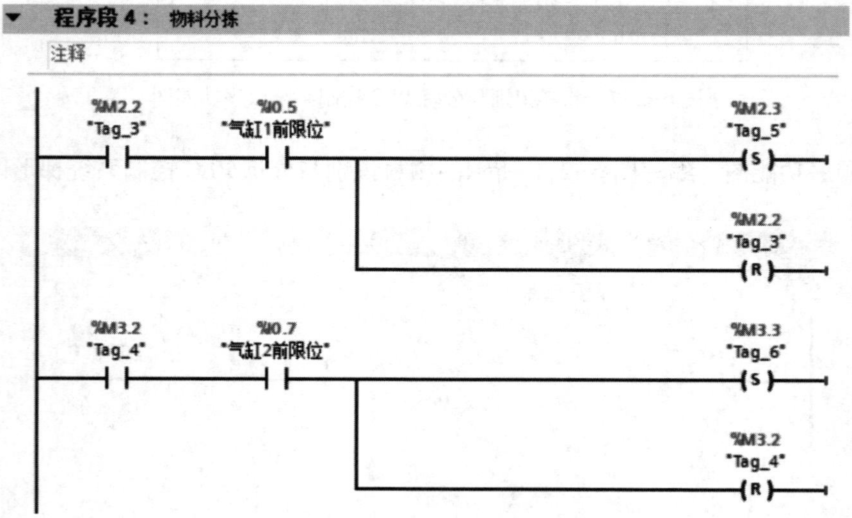

▼ 程序段 4： 物料分拣

注释

%M2.2 "Tag_3"
%I0.5 "气缸1前限位"
%M2.3 "Tag_5" (S)
%M2.2 "Tag_3" (R)

%M3.2 "Tag_4"
%I0.7 "气缸2前限位"
%M3.3 "Tag_6" (S)
%M3.2 "Tag_4" (R)

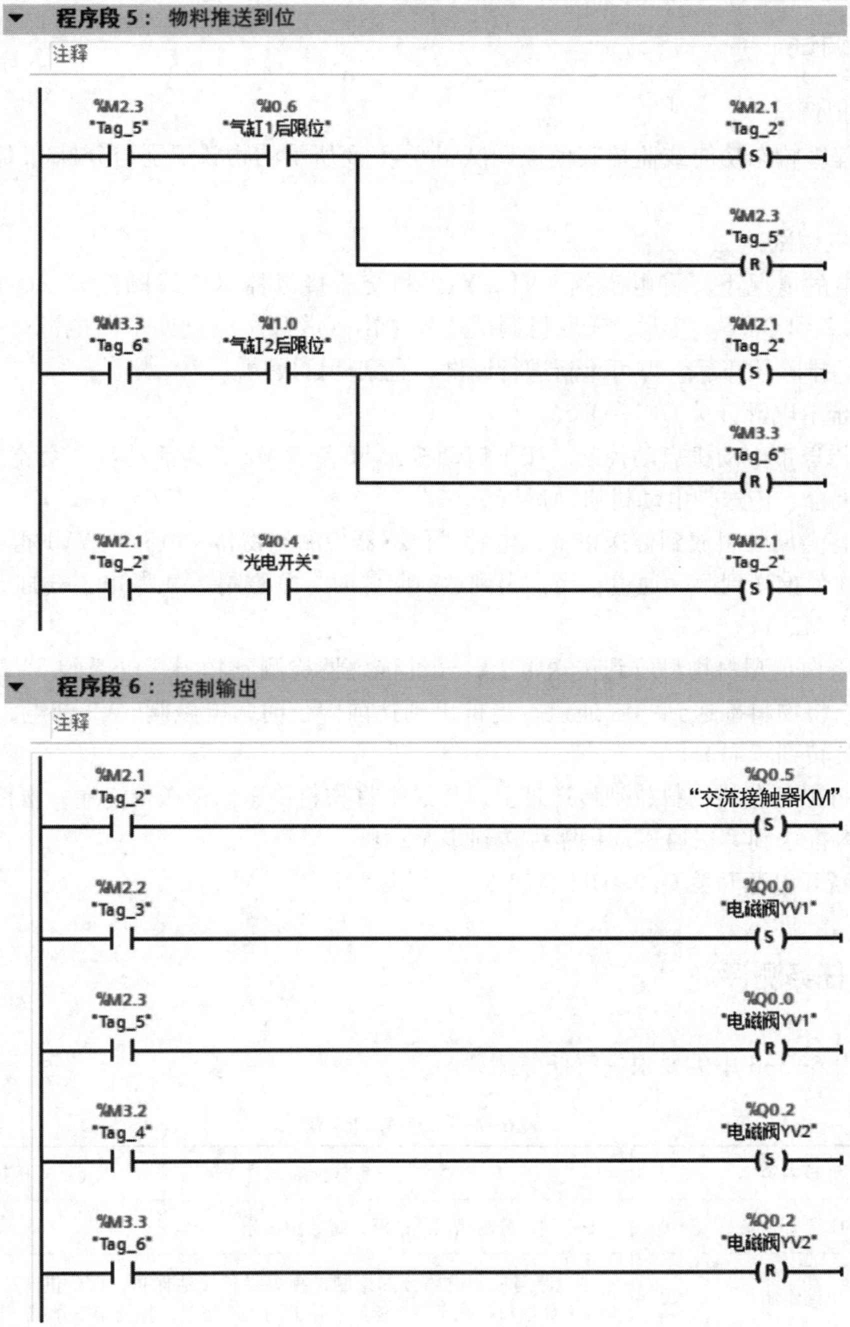

▼ 程序段 5： 物料推送到位

注释

%M2.3 "Tag_5" —| |— %I0.6 "气缸1后限位" —| |— %M2.1 "Tag_2" —(S)—

%M2.3 "Tag_5" —(R)—

%M3.3 "Tag_6" —| |— %I1.0 "气缸2后限位" —| |— %M2.1 "Tag_2" —(S)—

%M3.3 "Tag_6" —(R)—

%M2.1 "Tag_2" —| |— %I0.4 "光电开关" —| |— %M2.1 "Tag_2" —(S)—

▼ 程序段 6： 控制输出

注释

%M2.1 "Tag_2" —| |— %Q0.5 "交流接触器KM" —(S)—

%M2.2 "Tag_3" —| |— %Q0.0 "电磁阀YV1" —(S)—

%M2.3 "Tag_5" —| |— %Q0.0 "电磁阀YV1" —(R)—

%M3.2 "Tag_4" —| |— %Q0.2 "电磁阀YV2" —(S)—

%M3.3 "Tag_6" —| |— %Q0.2 "电磁阀YV2" —(R)—

图 6-2-8　物料识别与分拣 PLC 控制系统梯形图程序

3. 程序仿真

请读者自行完成程序的仿真。

五、调试

1. 模拟调试

使用程序状态功能或监控表模拟调试图 6-2-8 所示的物料识别与分拣 PLC 控制梯形图程序。

2. 联机调试

在断电的情况下，将电磁阀 YV1、YV2 和交流接触器 KM 线圈接到 PLC 的输出端 Q0. 0、Q0. 2 和 Q0. 5。注意，若联机调试过程中出现故障，应立即切断电源，分析原因，检查电路。排除故障后，方可重新进行调试，直到调试成功。

（1）合上电源开关 QF1～QF5。

（2）传送带电动机启动控制。按下启动按钮 SB，步 M2. 1 为活动步，交流接触器 KM 线圈得电吸合，传送带电动机启动运行。

（3）将金属物料放到传送带上，电感式传感器检测到物料，电磁阀 YV1 得电，气缸 1 推出，将物料推送到第一通道。当推出到达前限位时，电磁阀 YV1 断电，气缸 1 缩回，程序跳转到步 M2. 1。

（4）将白色塑料物料放到传送带上，光纤传感器检测到物料，电磁阀 YV2 得电，气缸 2 推出，将物料推送到第二通道。当推出到达前限位时，电磁阀 YV2 断电，气缸 2 缩回，程序跳转到步 M2. 1。

（5）将黑色塑料物料放到传送带上，传送带将物料传送到传送带终端，由传送带末端挡杆将物料推送到第三通道，程序跳转到步 M2. 1。

（6）断开电源开关 QF2～QF5、QF1。

任务测评

按照表 6-2-3 中的要求进行任务测评。

表 6-2-3　任务测评表

序号	考核内容	配分	考核标准	扣分	得分
1	I/O 端口分配	10	I/O 端口分配错误或遗漏，每处扣 5 分		
2	电路绘制	20	主电路与控制电路分开绘制，有短路和接地保护，PLC 供电、I/O 端口接线正确。绘制有误或画法不规范，每处扣 2 分		
3	电路安装	25	按照接线图安装接线，元器件布置合理，不损坏元器件，安装牢固，配线符合工艺要求。电路安装不正确，每处扣 5 分		
4	程序编写与仿真	25	程序编写、编译及仿真正确。每错一处扣 5 分		

续表

序号	考核内容		配分	考核标准		扣分	得分
5	通电调试		20	通电调试步骤正确，操作规范，安全无事故，功能正常。通电调试不正确或不规范，每次扣 5 分；出现事故，扣 20 分；第一次通电调试不成功，扣 5 分；第二次通电调试不成功，扣 10 分；第三次通电调试不成功，扣 20 分			
6	安全与文明生产			遵守国家相关专业安全与文明生产规程，如有违反，酌情扣分			
开始时间			结束时间			成绩	

任务 3　应用并行序列实现十字路口交通信号灯控制

学习目标

1. 掌握并行序列的编程方法。

2. 能使用顺序控制设计法设计十字路口交通信号灯 PLC 控制程序，并完成控制线路的绘制、安装和调试。

任务引入

图 6-3-1 所示为十字路口交通信号灯示意图和工作时序图。

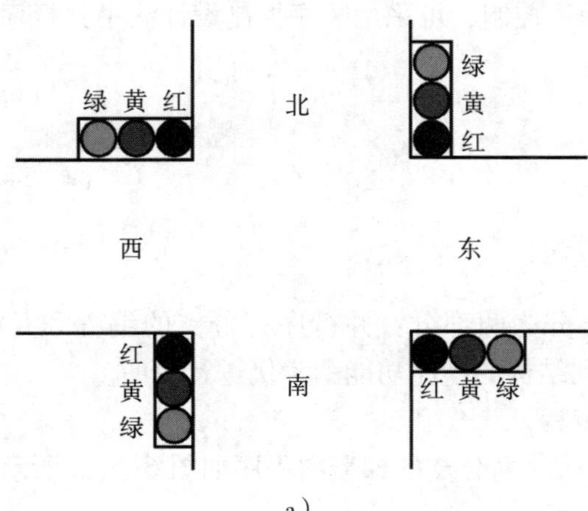

a）

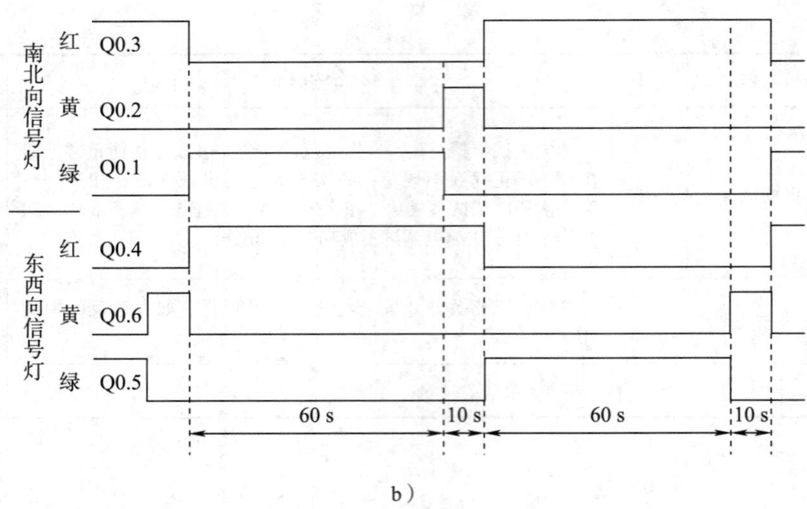

b）

图 6-3-1　十字路口交通信号灯示意图和工作时序图

a）示意图　b）工作时序图

本任务要求运用顺序控制设计法，使用并行序列结构的编程方法，完成十字路口交通信号灯 PLC 控制系统的设计、安装和调试。控制要求如下：

1. 十字路口交通信号灯运行周期为 140 s，南北方向信号灯和东西方向信号灯同时工作。南北方向：系统启动后绿灯点亮，持续 60 s 后熄灭，接着黄灯点亮 10 s 后熄灭，红灯点亮 70 s 后熄灭；东西方向：系统启动后红灯点亮 ，持续 70 s 后熄灭，接着绿灯点亮 60 s 后熄灭，黄灯点亮 10 s 后熄灭，如此循环。

2. 具有短路保护等必要的保护措施。

任务分析

十字路口交通信号灯控制系统中，南北方向信号灯和东西方向信号灯同时工作，属于典型的并行序列结构的顺序控制，可采用顺序控制设计法中并行序列结构的编程方法设计梯形图程序。

相关知识

并行序列的编程方法

并行序列的编程主要分为两部分：并行序列分支的编程和并行序列合并的编程，以图 6-3-2 所示的并行序列结构的顺序功能图为例进行说明。

1. 并行序列分支的编程

图 6-3-2a 所示的并行序列分支的梯形图程序如图 6-3-3 所示。

2. 并行序列合并的编程

图 6-3-2b 所示的并行序列合并的梯形图程序如图 6-3-4 所示。

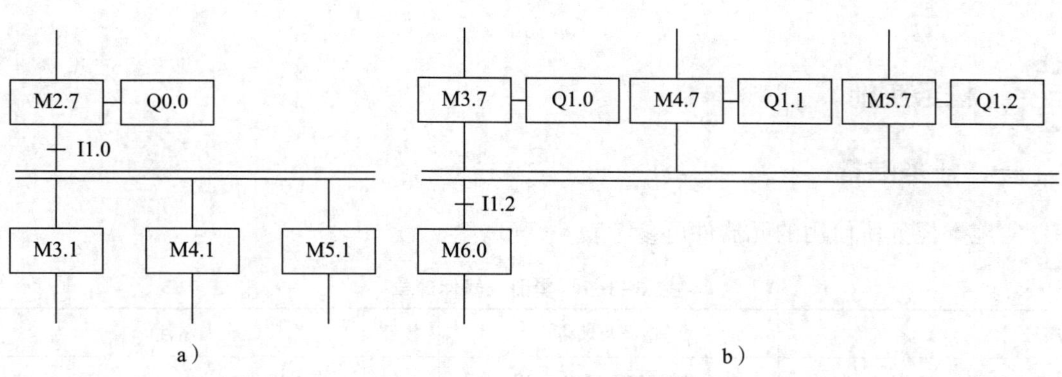

图 6-3-2　并行序列结构的顺序功能图
a）并行序列的分支　b）并行序列的合并

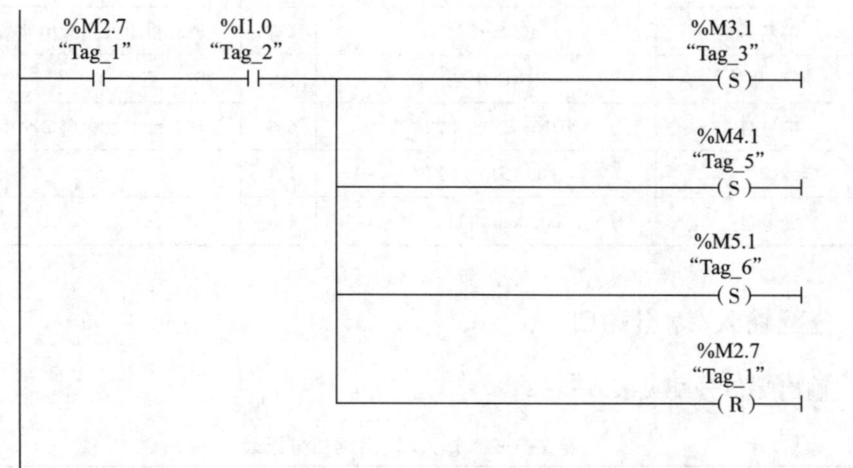

图 6-3-3　并行序列分支的梯形图程序

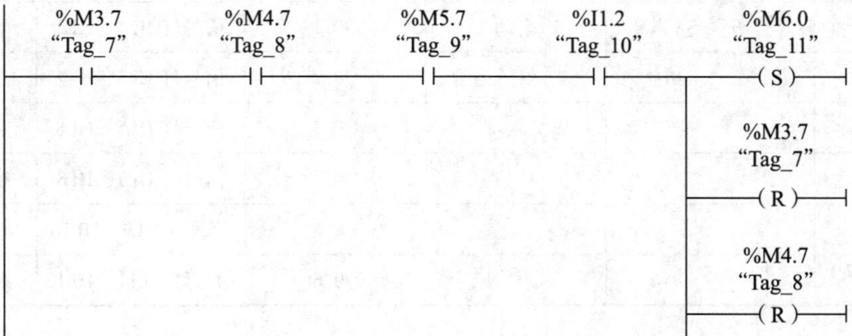

%M3.7
"Tag_7"
%M4.7
"Tag_8"
%M5.7
"Tag_9"
%I1.2
"Tag_10"
%M6.0
"Tag_11"
(S)
%M3.7
"Tag_7"
(R)
%M4.7
"Tag_8"
(R)
%M5.7
"Tag_9"
(R)

图 6-3-4　并行序列合并的梯形图程序

任务实施

一、任务准备

实施本任务所使用的元器件可参考表 6-3-1。

表 6-3-1　实训元器件清单

序号	设备名称	型号及规格	数量	备注
1	PLC	CPU 1214C AC/DC/Rly	1 台	配 C45 导轨
2	剩余电流动作断路器	DZ47LE-63 D10，1P+N，30 mA	1 个	电源开关，漏电保护
3	低压断路器	DZ47-63 D5，1P	2 个	PLC 供电电源和输出电路短路保护
4	熔断器	RT28-32/2	2 个	PLC 供电及负载电路短路保护
5	船型开关	KCD1 型	1 个	SA，启动
6	信号灯	ND16-22DS/4 220 V	6 个	红、绿、黄色各 2 个
7	接线端子排	TB-1520，20 位	1 条	
8	配电盘	600 mm×900 mm	1 块	

二、分配输入/输出端口

输入/输出端口分配见表 6-3-2。

表 6-3-2　输入/输出端口分配表

输入端口			输出端口		
输入继电器	输入元器件	作用	输出继电器	输出元器件	作用
I0. 0	开关 SA	启动	Q0. 1	信号灯 HL1、HL2	南北方向绿灯
			Q0. 2	信号灯 HL3、HL4	南北方向黄灯
			Q0. 3	信号灯 HL5、HL6	南北方向红灯
			Q0. 4	信号灯 HL7、HL8	东西方向红灯
			Q0. 5	信号灯 HL9、HL10	东西方向绿灯
			Q0. 6	信号灯 HL11、HL12	东西方向黄灯

三、绘制并安装 PLC 控制线路

十字路口交通信号灯 PLC 控制系统的接线如图 6-3-5 所示。安装时，信号灯暂时不接到 PLC 输出端 Q0. 1~Q0. 6，待程序调试通过后再连接。安装完毕，要用万用表检测电路的通断情况是否正确，用兆欧表检测电路的绝缘电阻值是否符合要求。

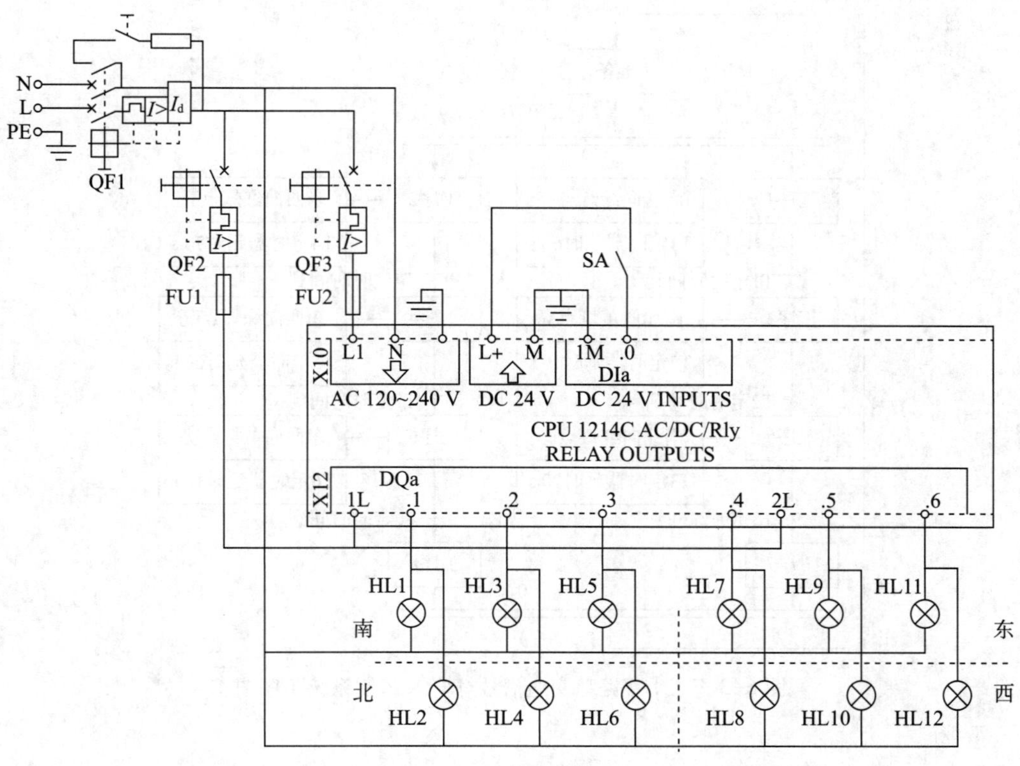

图 6-3-5　十字路口交通信号灯 PLC 控制系统接线图

四、程序编写与仿真

1. 编辑变量表

本任务的变量表如图 6-3-6 所示。

		名称	变量表	数据类型	地址
1		启动开关	默认变量表	Bool	%I0.0
2		南北绿灯	默认变量表	Bool	%Q0.1
3		南北黄灯	默认变量表	Bool	%Q0.2
4		南北红灯	默认变量表	Bool	%Q0.3
5		东西红灯	默认变量表	Bool	%Q0.4
6		东西绿灯	默认变量表	Bool	%Q0.5
7		东西黄灯	默认变量表	Bool	%Q0.6

图 6-3-6　变量表

2. 程序编写

十字路口交通信号灯 PLC 控制系统工序图如图 6-3-7 所示。

根据工序图绘制顺序功能图，十字路口交通信号灯 PLC 控制系统顺序功能图如图 6-3-8 所示。

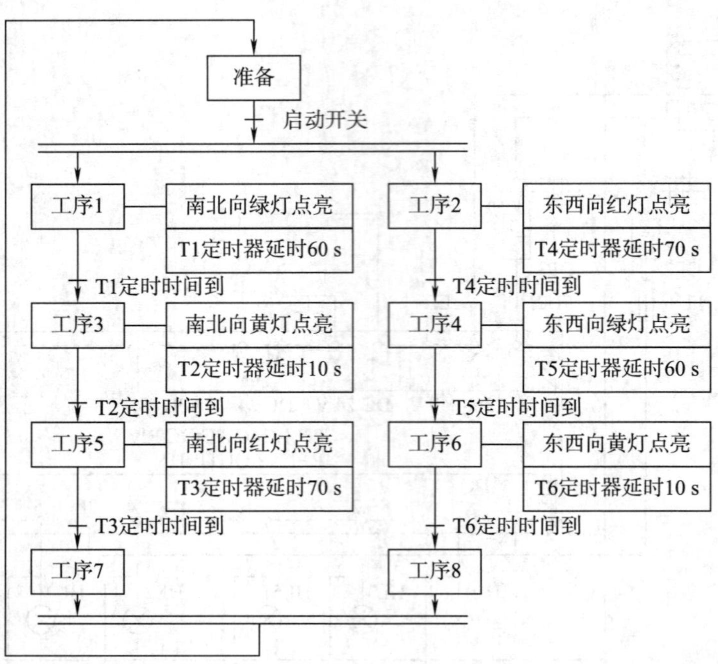

图 6-3-7　十字路口交通信号灯 PLC 控制系统工序图

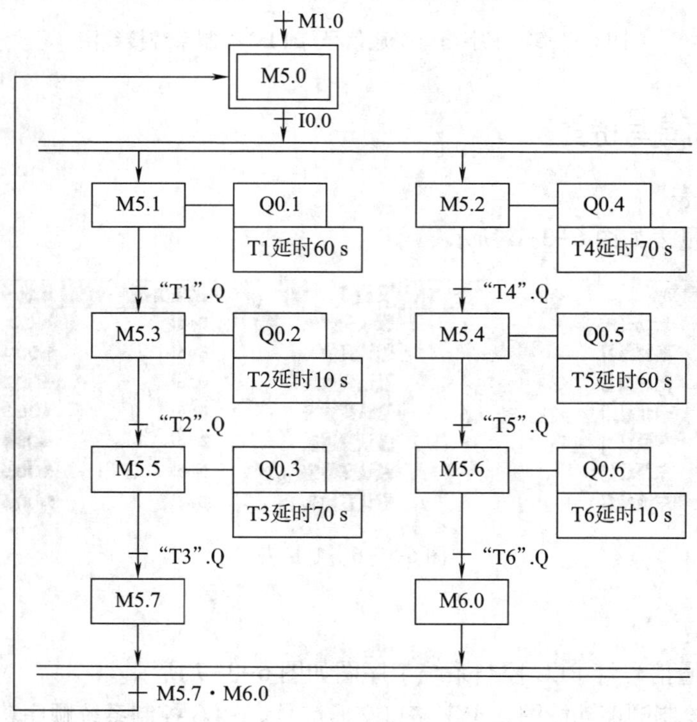

图 6-3-8　十字路口交通信号灯 PLC 控制系统顺序功能图

根据顺序功能图，编写图 6-3-9 所示的十字路口交通信号灯 PLC 控制系统梯形图程序。

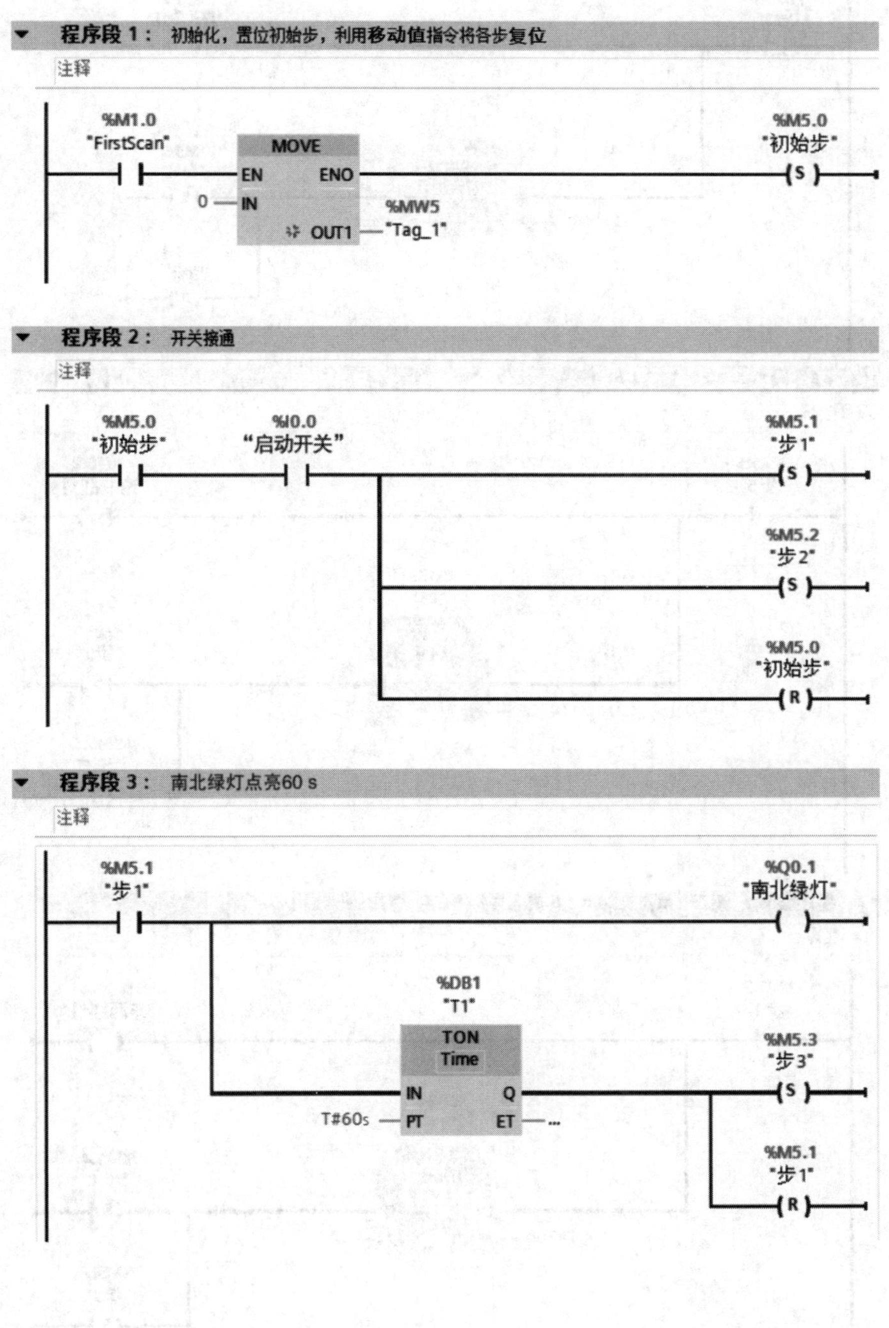

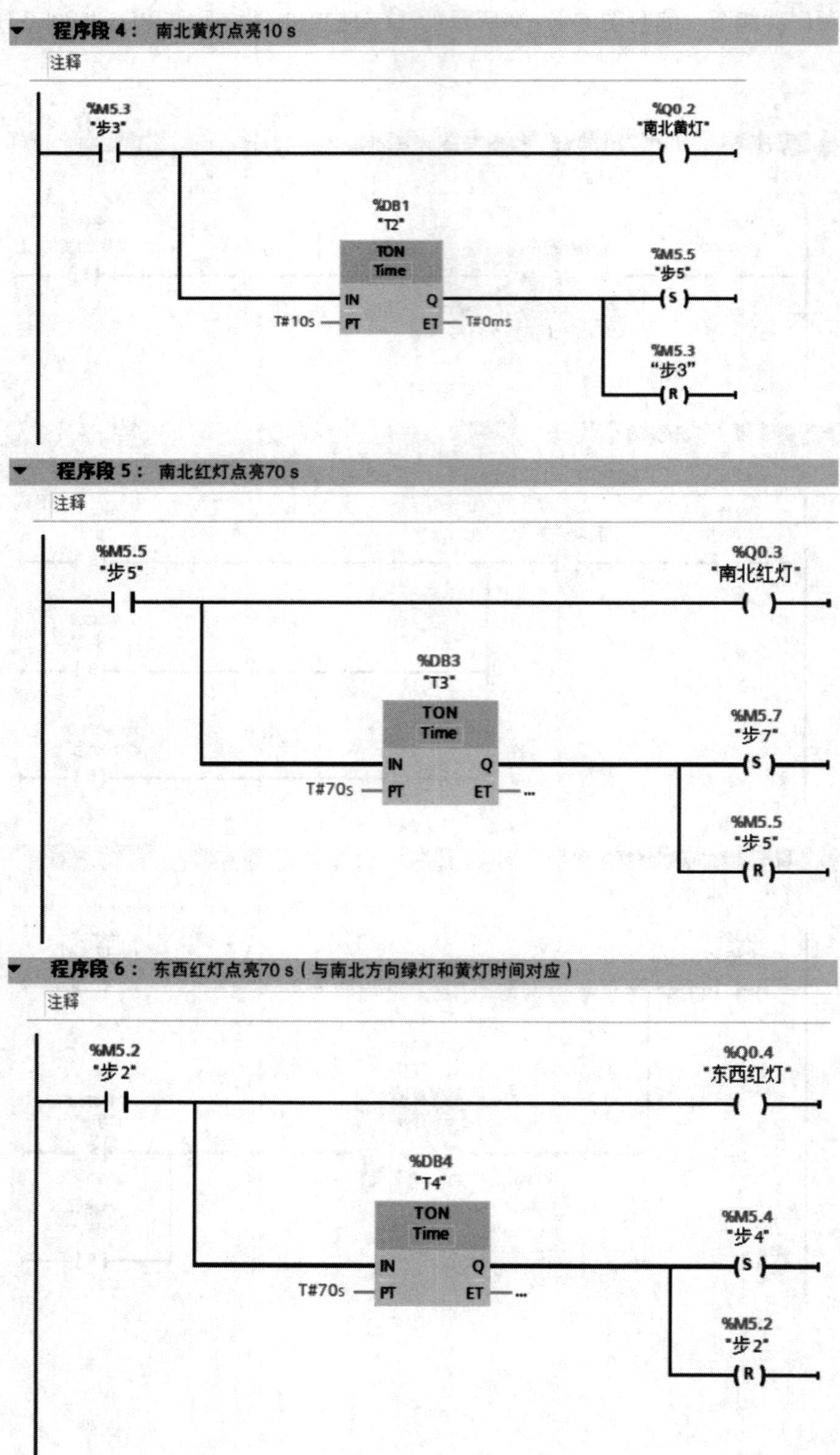
程序段 4： 南北黄灯点亮10 s
注释
%M5.3
"步3"
%Q0.2
"南北黄灯"
%DB1
"T2"
TON
Time
IN
Q
T#10s
PT
ET
T#0ms
%M5.5
"步5"
S
%M5.3
"步3"
R
程序段 5： 南北红灯点亮70 s
注释
%M5.5
"步5"
%Q0.3
"南北红灯"
%DB3
"T3"
TON
Time
IN
Q
T#70s
PT
ET
%M5.7
"步7"
S
%M5.5
"步5"
R
程序段 6： 东西红灯点亮70 s（与南北方向绿灯和黄灯时间对应）
注释
%M5.2
"步2"
%Q0.4
"东西红灯"
%DB4
"T4"
TON
Time
IN
Q
T#70s
PT
ET
%M5.4
"步4"
S
%M5.2
"步2"
R

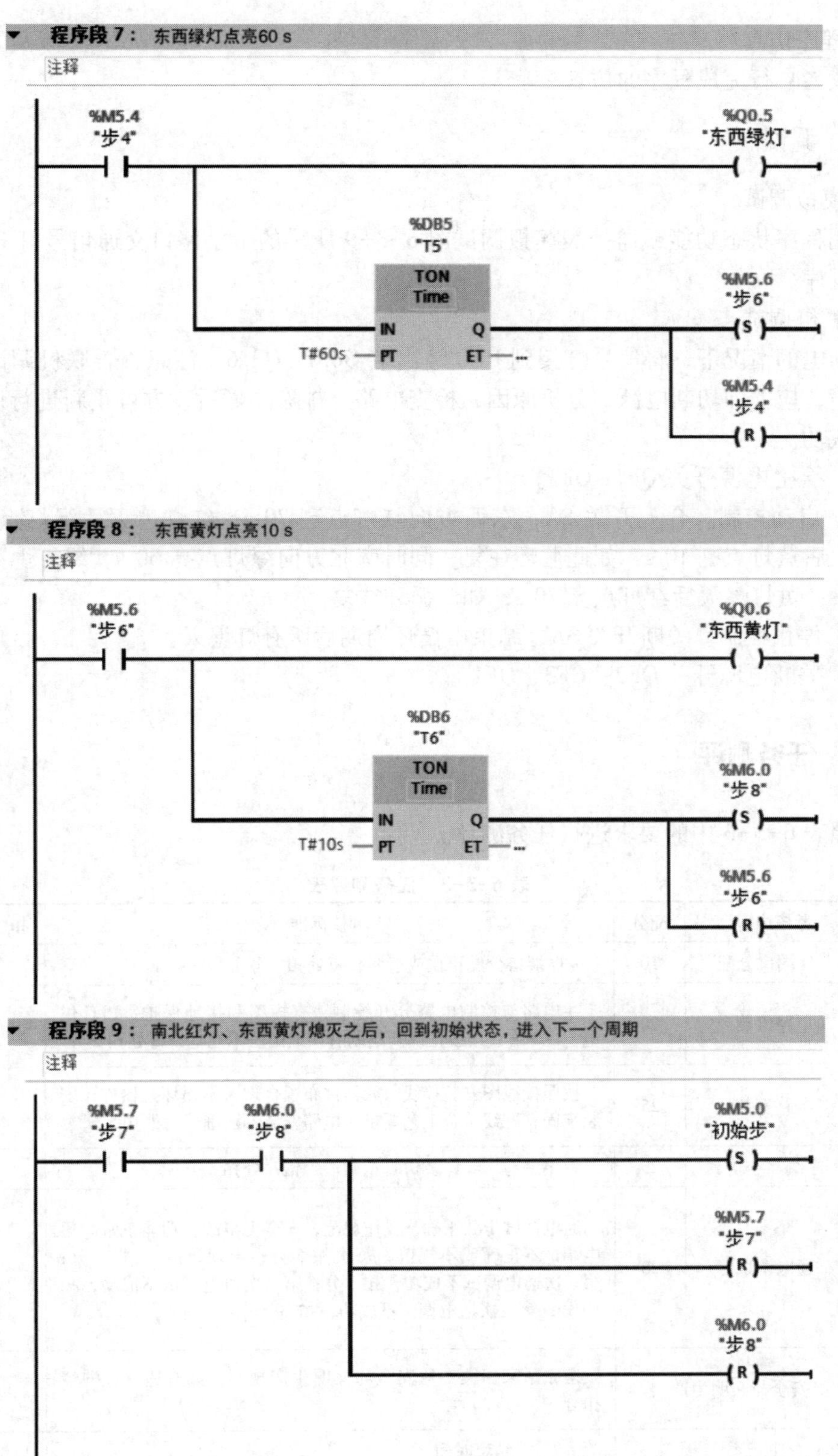

图 6-3-9　十字路口交通信号灯 PLC 控制系统梯形图程序

3. 程序仿真

请读者自行完成程序的仿真。

五、调试

1. 模拟调试

使用程序状态功能或监控表模拟调试图 6-3-9 所示的十字路口交通信号灯 PLC 控制梯形图程序。

2. 联机调试

在断电的情况下，将信号灯接到 PLC 输出端 Q0.1～Q0.6。注意，若联机调试过程中出现故障，应立即切断电源，分析原因，检查电路。排除故障后，方可重新进行调试，直到调试成功。

（1）合上电源开关 QF1～QF3。

（2）启动控制。合上开关 SA，东西方向红灯点亮 70 s，红灯熄灭后绿灯点亮 60 s，绿灯熄灭后黄灯点亮 10 s，如此循环往复；同时南北方向绿灯点亮 60 s，绿灯熄灭后黄灯点亮 10 s，黄灯熄灭后红灯点亮 70 s，如此循环往复。

（3）停止控制。关断开关 SA，结束本循环周期后所有灯熄灭。

（4）关断电源开关 QF2、QF3、QF1。

任务测评

按照表 6-3-3 中的要求进行任务测评。

表 6-3-3　任务测评表

序号	考核内容	配分	考核标准	扣分	得分
1	I/O 端口分配	10	I/O 端口分配错误或遗漏，每处扣 5 分		
2	电路绘制	20	主电路与控制电路分开绘制，有短路和接地保护，PLC 供电、I/O 端口接线正确。绘制有误或画法不规范，每处扣 2 分		
3	电路安装	25	按照接线图安装接线，元器件布置合理，不损坏元器件，安装牢固，配线符合工艺要求。电路安装不正确，每处扣 5 分		
4	程序编写与仿真	25	程序编写、编译及仿真正确。每错一处扣 5 分		
5	通电调试	20	通电调试步骤正确，操作规范，安全无事故，功能正常。通电调试不正确或不规范，每次扣 5 分；出现事故，扣 20 分；第一次通电调试不成功，扣 5 分；第二次通电调试不成功，扣 10 分；第三次通电调试不成功，扣 20 分		
6	安全与文明生产		遵守国家相关专业安全与文明生产规程，如有违反，酌情扣分		
开始时间		结束时间		成绩	

课题七　用户程序块的应用

PLC的程序分为系统程序和用户程序。S7-1200 PLC的用户程序是模块化结构，将复杂的自动化任务划分为对应生产过程的较小的子任务，这样一个子任务就对应一个称之为“块”的子程序。模块化结构显著地增强了PLC用户程序的组织透明性、可读性和易维护性。S7-1200 PLC的程序块（也称为代码块）分为组织块（organization block，OB）、函数块（function block，FB）、函数（function，FC）和数据块（data block，DB）四种类型，其中FB和FC相当于子程序。在块调用中，调用者可以是OB、FB或FC，被调用者是FB或FC。可以使用带形式参数（简称有形参）与不带形式参数（简称无形参）的FB/FC，有形参FB/FC可以重复调用，也很方便进行程序的移植。

任务1　应用函数实现两级传送带启停控制

学习目标

1. 了解S7-1200 PLC程序块的类型。
2. 掌握组织块和函数的功能和创建方法。
3. 掌握无形参函数的编写与调用方法。
4. 能使用无形参函数设计两级传送带启停PLC控制程序，并完成控制线路的绘制、安装和调试。

任务引入

传送带是一种常见的工业设备，用于实现物料的自动输送。多级传送带需要根据系统的工艺过程由多台电动机驱动。图7-1-1所示为两级传送带启停控制线路，其中SB1、SB2两个按钮分别控制系统的启动和停止，电动机M1、M2由四个接近开关（SQ1~SQ4）和两个接触器（KM1、KM2）控制，分别驱动一、二级传送带，SQ1、SQ3分别位于一级传送带的进料口和出料口，SQ2、SQ4分别位于二级传送带的进料口和出料口。

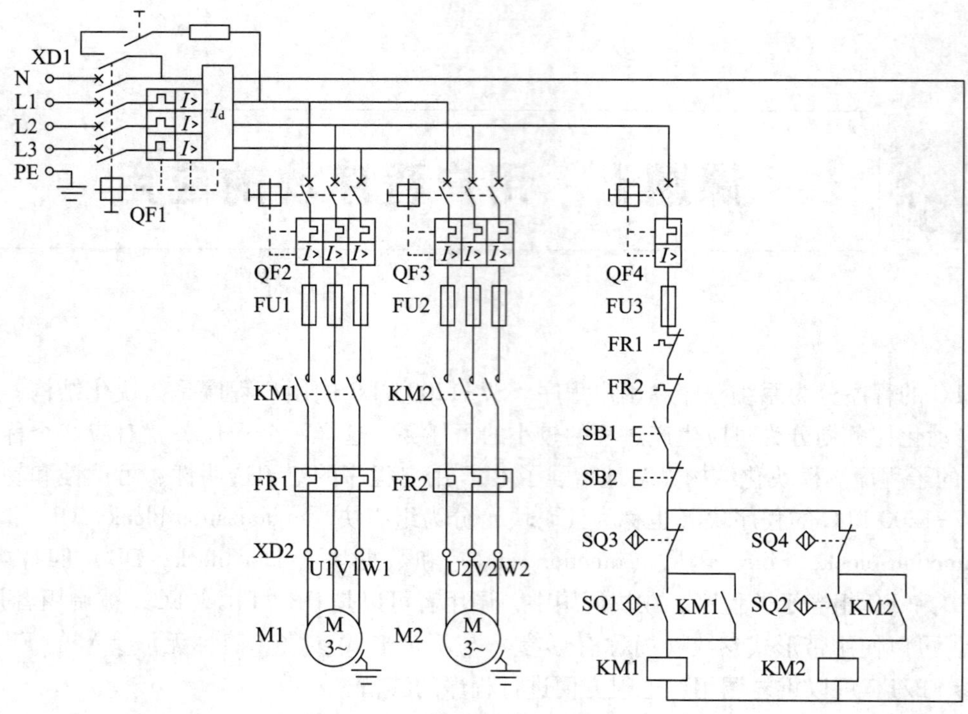

图 7-1-1　两级传送带启停控制线路图

本任务要求应用函数设计两级传送带启停 PLC 控制系统，并完成控制线路的设计、安装和调试。控制要求如下：

1. 按下启动按钮 SB1，系统启动，接近开关 SQ1 检测到物料后，电动机 M1 启动，一级传送带运行，接近开关 SQ3 检测到物料后，电动机 M1 停止，一级传送带停止运行。接近开关 SQ2 检测到物料后，电动机 M2 启动，二级传送带运行，接近开关 SQ4 检测到物料后，电动机 M2 停止，二级传送带停止运行。

2. 按下停止按钮 SB2 或系统过载，系统停止。

3. 具有短路、过载保护等必要的保护措施。

任务分析

为了增强控制方式的逻辑性，本任务要求对两级传送带的启停控制程序进行升级与优化。函数常用于将 PLC 用户程序划分为不同模块，从而增强程序的逻辑性，便于阅读和调试。本任务的两级传送带控制可以分别通过一个独立的函数实现，也就是分别为每台电动机编写独立的函数程序，涉及函数的创建、函数程序的编写、函数在组织块中的调用等知识。本任务主要学习无形参函数的应用。

相关知识

一、S7-1200 PLC 的程序块

S7-1200 PLC 程序块的类型和说明见表 7-1-1。程序块的应用可以使 PLC 用户程序的编写变得简单和高效。

表 7-1-1 S7-1200 PLC 程序块的类型和说明

类型		说明
组织块		操作系统与用户程序的接口，决定用户程序的结构，用于管理程序的执行顺序、周期、中断等
函数块		用户编写的包含经常使用的功能的子程序，用于实现特定的控制逻辑，有专用的背景数据块
函数		用户编写的包含经常使用的功能的子程序，用于实现特定的控制逻辑，没有专用的背景数据块
数据块	背景数据块	用于保存函数块的输入、输出参数和静态变量，其数据在编译时自动生成
	全局数据块	用于存储和管理用户数据的数据区域，供所有的程序块共享

二、组织块与函数

组织块可以视为 PLC 程序的主框架，负责控制用户程序的执行。在控制系统中，至少需要定义一个组织块来实现程序的运行和控制。函数则是用户编写的子程序，用于实现特定的控制功能。函数在组织块中被调用，从而简化编程并提高程序的可读性和易维护性。

1. 组织块

组织块由操作系统调用，用于控制扫描循环和中断程序的执行、控制 PLC 的启动、进行错误处理等。组织块的类型、数量、编号、优先级和优先组见表 7-1-2。

表 7-1-2 组织块的类型、数量、编号、优先级和优先组

OB 类型	数量	编号	优先级	优先组
程序循环 OB	≥1	1，≥123	1	1
启动 OB	≥1	100，≥123	1	
延时中断 OB	≤4	20~23，≥123	3	2
循环中断 OB	≤4	30~38，≥123	7	
沿（硬件）中断 OB	16 个上升沿， 16 个下降沿	40~47，≥123	5	
HSC（高速计数器）中断 OB	6 个计数值等于参考值， 6 个计数方向变化， 6 个外部复位	40~47，≥123	6	
诊断错误 OB	1	82	9	
时间错误 OB	1	80	26	3

（1）程序循环 OB

程序循环 OB 在 CPU 处于 RUN 模式时，周期性地循环执行。可在程序循环 OB 中放置控制程序的指令或调用其他用户程序块（FC 或 FB）。S7-1200 PLC 允许使用多个程序循环 OB，主程序 OB1 是默认的程序循环 OB，其他程序循环 OB 的编号必须大于或等于 123。操作系统调用 OB1 来启动用户程序的循环执行，每一次循环都调用一次 OB1。

如果用户创建了其他程序循环 OB，CPU 将按 OB 的编号顺序执行，通常只需要一个程序循环 OB。程序循环执行一次需要的时间即为程序的循环扫描周期。最长循环时间默认设置为 150 ms。如果程序循环时间超过最长循环时间，操作系统将调用 OB80（时间错误 OB），如果 OB80 不存在，则 CPU 停机。

在 TIA Portal V16 的项目视图中，双击项目树中的“PLC_1”→“程序块”→“添加新块”选项，弹出“添加新块”对话框，单击其中的“组织块”按钮，选中列表中的“Program cycle”，即可生成一个程序循环 OB，如图 7-1-2 所示。

图 7-1-2　添加程序循环 OB

（2）启动 OB

启动 OB 用于为程序循环 OB 指定一些初始变量或为某些变量赋值，即完成系统初始化。当 CPU 的操作模式从 STOP 切换到 RUN（包括启动模式处于 RUN 模式、CPU 断电后再上电和执行 STOP 到 RUN 命令）时，启动 OB 将被执行一次。启动 OB 执行完毕后才开始执行程序循环 OB。S7-1200 CPU 支持多个启动 OB，OB100 是默认的启动 OB，其他启动 OB 的编号必须大于或等于 123。通常只需要一个启动 OB 或不使用启动 OB。

S7-1200 CPU 通电后的启动模式有 3 种：不重新启动（保持为 STOP 模式）、暖启动-

RUN 模式、暖启动-断电前的操作模式，如图 7-1-3 所示。无论选择哪种启动模式，已编写的所有启动 OB 都会按 OB 编号顺序执行。

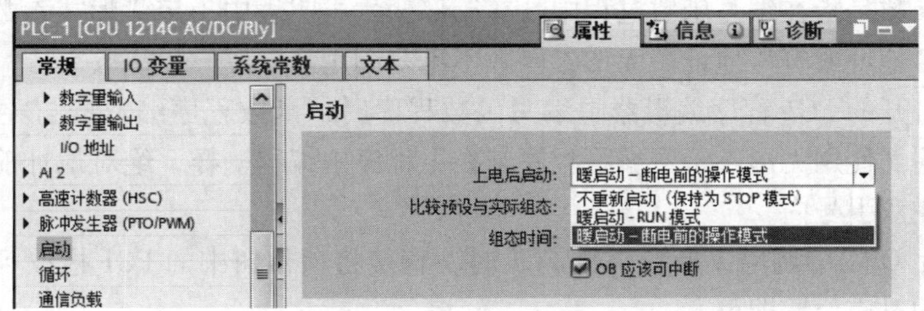

图 7-1-3　S7-1200 CPU 通电后的启动模式

2. 函数

函数是用于实现特定控制逻辑的快速执行的程序块，可用于执行标准和可重复使用的操作，如算术运算；或完成技术功能，如使用位逻辑运算的控制。可以在程序的不同位置多次调用同一个函数，这样可以简化程序。函数没有固定的存储区，函数执行结束后，其临时变量中的数据可能被其他块的临时变量覆盖。

与添加程序循环 OB 的方法相似，在“添加新块”对话框中单击“函数”按钮，即可添加函数，如图 7-1-4 所示。

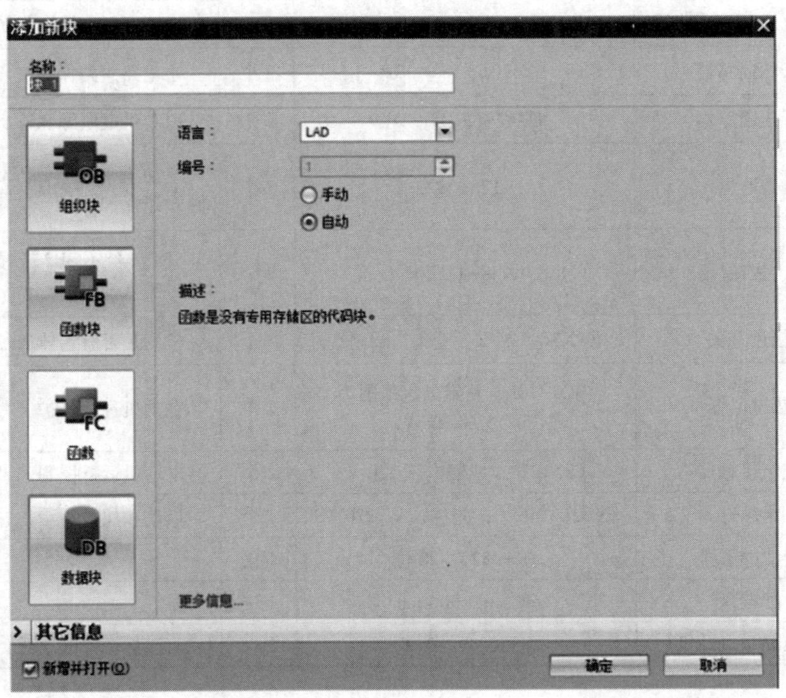

图 7-1-4　添加函数

三、无形参函数的编写与调用

无形参函数是指在编写函数过程中，在局部变量声明表中不定义形式参数，在函数中直接使用绝对地址或符号地址。无形参函数不重复调用。

在自动打开的 FC1 程序编辑器中编写函数程序时，函数程序编辑器与主程序 OB1 程序编辑器相同。使用无形参函数编写程序与在主程序中编程一样，绝对地址前要加“%”，符号地址写在双引号内。

在主程序 OB1 中调用无形参函数 FC1 时，直接将项目树中的 FC1 拖放到主程序 OB1 程序编辑区的对应位置即可。

任务实施

一、任务准备

实施本任务所使用的元器件可参考表 7-1-3。

表 7-1-3　实训元器件清单

序号	设备名称	型号及规格	数量	备注
1	PLC	CPU 1214C AC/DC/Rly	1 台	配 C45 导轨
2	剩余电流动作断路器	DZ47LE-63 D32，3P+N，30 mA	1 个	电源开关，漏电保护
3	低压断路器	DZ47-63 D10，3P	2 个	主电路短路保护
4	低压断路器	DZ47-63 D5，1P	2 个	PLC 供电电源和输出电路短路保护
5	熔断器	RT28-32/2	8 个	电动机主电路、PLC 供电及负载电路短路保护
6	按钮	LA38-11/203	2 个	SB1（红）/SB2（绿），停止/启动信号输入
7	接近开关	E2E-X3D1-N-Z，直流二线制常开	4 个	检测是否有物体通过
8	热继电器	JR20-10L，整定电流范围为 0.15~0.23 A	2 个	电动机过载保护
9	交流接触器	CJ20-10，线圈电压 220 V	2 个	电动机运行控制
10	指示灯	XB2BVM6LC，蓝色，AC 220 V	1 个	启动和故障指示
11	接线端子排	TB-1520，20 位	1 条	
12	配电盘	600 mm×900 mm	1 块	
13	三相异步电动机	YS5024，40 W	2 台	两级传送带电动机

二、分配输入/输出端口

输入/输出端口分配见表 7-1-4。

表 7-1-4　输入/输出端口分配表

输入端口			输出端口		
输入继电器	输入元器件	作用	输出继电器	输出元器件	作用
I0. 0	按钮 SB1	开始	Q0. 0	接触器 KM1	控制电动机 M1
I0. 1	按钮 SB2	停止	Q0. 1	接触器 KM2	控制电动机 M2
I0. 2	接近开关 SQ1	一级传送带进料检测			
I0. 3	接近开关 SQ2	二级传送带进料检测			
I0. 4	接近开关 SQ3	一级传送带出料检测			
I0. 5	接近开关 SQ4	二级传送带出料检测			
I0. 6	热继电器 FR1	过载保护			
I0. 7	热继电器 FR2	过载保护			

三、绘制并安装 PLC 控制线路

两级传送带启停 PLC 控制系统的接线如图 7-1-5 所示。安装时，交流接触器 KM1、KM2 线圈暂时不接到 PLC 的输出端 Q0. 0、Q0. 1，待程序调试通过后再连接。安装完毕，要用万用表检测电路的通断情况是否正确，用兆欧表检测电路的绝缘电阻值是否符合要求。

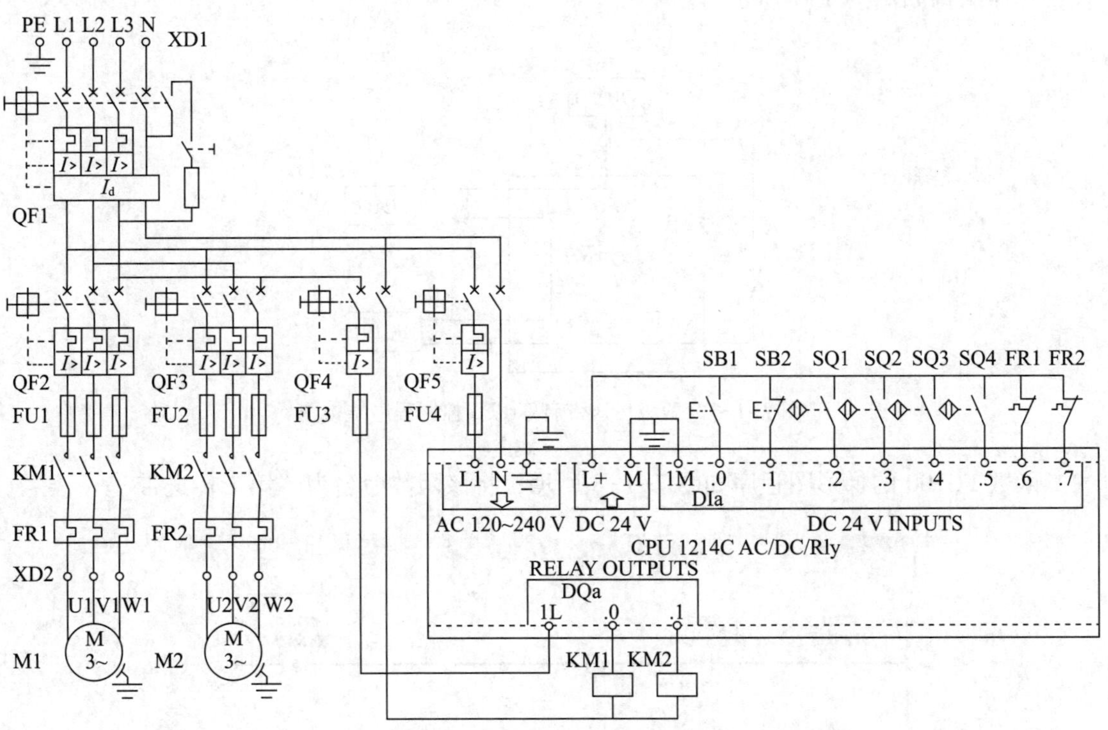

图 7-1-5　两级传送带启停 PLC 控制系统接线图

四、程序编写与仿真

1. 编辑变量表

本任务的变量表如图 7-1-6 所示。

变量表_1

		名称 ▲	数据类型	地址	保持	从 H...	从 H...	在 H...	注释
1	◀▯	开始按钮	Bool	%I0.0	☐	☑	☑	☑	
2	◀▯	停止按钮	Bool	%I0.1	☐	☑	☑	☑	
3	◀▯	接触器KM1	Bool	%Q0.0	☐	☑	☑	☑	
4	◀▯	接触器KM1过载保护	Bool	%I0.6	☐	☑	☑	☑	
5	◀▯	接触器KM2	Bool	%Q0.1	☐	☑	☑	☑	
6	◀▯	接触器KM2过载保护	Bool	%I0.7	☐	☑	☑	☑	
7	◀▯	接近开关SQ1	Bool	%I0.2	☐	☑	☑	☑	
8	◀▯	接近开关SQ2	Bool	%I0.3	☐	☑	☑	☑	
9	◀▯	接近开关SQ3	Bool	%I0.4	☐	☑	☑	☑	
10	◀▯	接近开关SQ4	Bool	%I0.5	☐	☑	☑	☑	

图 7-1-6　变量表

2. 程序编写

本任务为每台电动机编写独立的函数程序，因此需要 2 个函数（如 FC100、FC101）分别控制电动机 M1、M2。这两个函数需要用 1 个组织块（如 OB1）调用执行，并需要用 1 个组织块（如 OB100）进行初始化，因此两级传送带启停 PLC 控制程序共需要 4 个程序块，程序结构如图 7-1-7 所示。

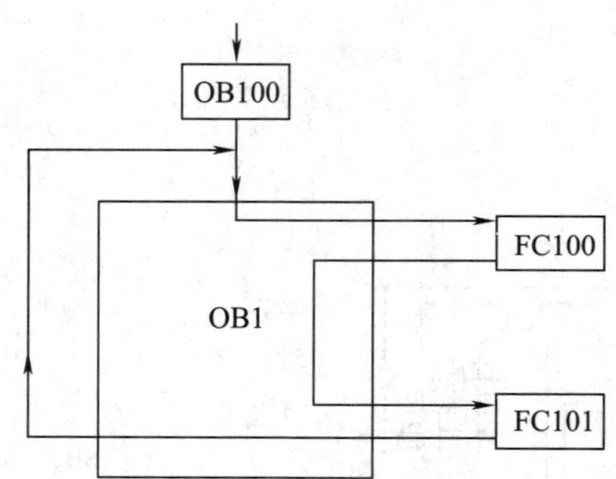

图 7-1-7　两级传送带启停 PLC 控制程序结构图

函数 FC100 的梯形图程序如图 7-1-8 所示，将该函数命名为“第 1 传送带”。

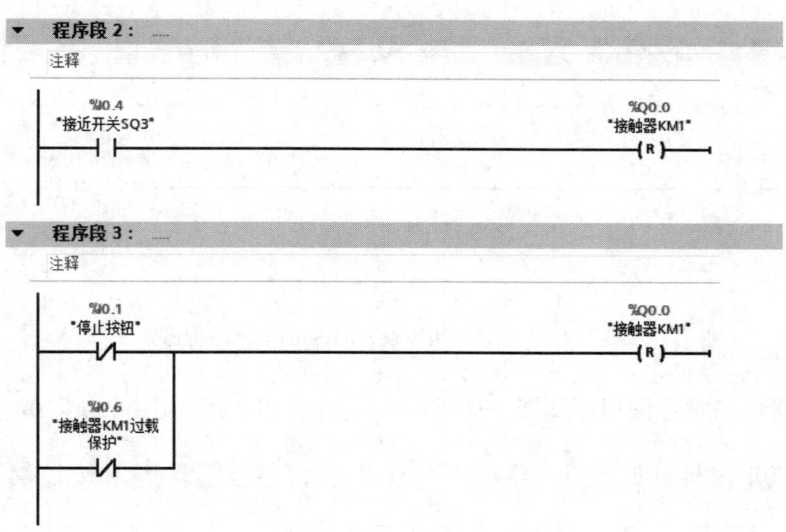

图 7-1-8　函数 FC100 的梯形图程序

函数 FC101 的梯形图程序如图 7-1-9 所示，将该函数命名为“第 2 传送带”。

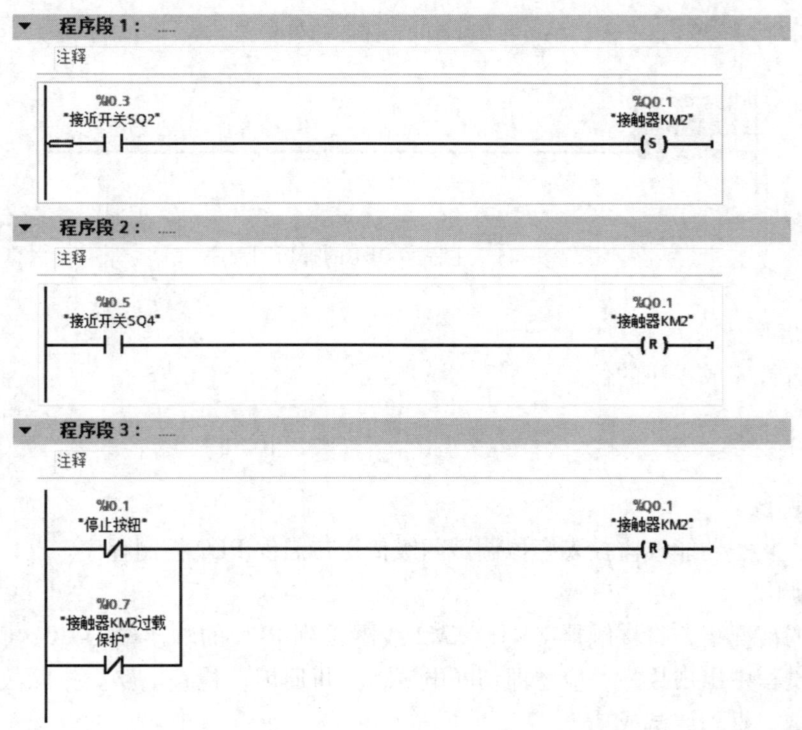

图 7-1-9　函数 FC101 的梯形图程序

启动组织块 OB100 的梯形图程序如图 7-1-10 所示。OB100 用于系统初始化，即对两级传送带进行复位。

图 7-1-10　启动组织块 OB100 的梯形图程序

主程序 OB1 的梯形图程序如图 7-1-11 所示。在 OB1 中调用函数 FC100 和 FC101。

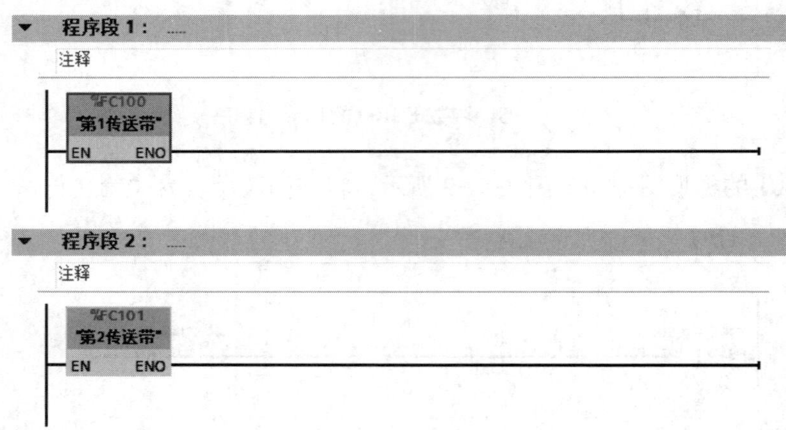

图 7-1-11　主程序 OB1 的梯形图程序

3. 程序仿真

请读者自行完成程序的仿真。

五、调试

1. 模拟调试

使用程序状态功能或监控表模拟调试两级传送带启停 PLC 控制程序。

2. 联机调试

在断电的情况下，将接触器 KM1、KM2 线圈接到 PLC 的输出端 Q0.0、Q0.1。注意，若联机调试过程中出现故障，应立即切断电源，分析原因，检查电路。排除故障后，方可重新进行调试，直到调试成功。

（1）合上电源开关 QF1～QF5。

（2）传送带启停控制。按下启动按钮 SB1，接近开关 SQ1 检测到有物料，接触器 KM1 线圈得电吸合，电动机 M1 启动，一级传送带运行；接近开关 SQ3 检测到物料后，接触器 KM1 线圈断电释放，电动机 M1 停止，一级传送带停止运行。接近开关 SQ2 检测到物料后，接触器 KM2 线圈得电吸合，电动机 M2 启动，二级传送带运行；接近开关 SQ4 检测到物料后，接触器 KM2 线圈断电释放，电动机 M2 停止，二级传送带停止运行。按下停止按钮 SB2，接触器 KM1、KM2 线圈断电释放，电动机 M1、M2 停止，两级传送带立即停止运行。

（3）传送带电动机过载保护。当传送带电动机发生过载故障时，热继电器 FR1、FR2 常闭触点断开，接触器 KM1、KM2 线圈断电释放，电动机 M1、M2 停止，两级传送带立即停止运行。

（4）断开电源开关 QF2～QF5、QF1。

任务测评

按照表 7-1-5 中的要求进行任务测评。

表 7-1-5　任务测评表

序号	考核内容	配分	考核标准	扣分	得分
1	I/O 端口分配	10	I/O 端口分配错误或遗漏，每处扣 5 分		
2	电路绘制	20	主电路与控制电路分开绘制，有短路和接地保护，PLC 供电、I/O 端口接线正确。绘制有误或画法不规范，每处扣 2 分		
3	电路安装	25	按照接线图安装接线，元器件布置合理，不损坏元器件，安装牢固，配线符合工艺要求。电路安装不正确，每处扣 5 分		
4	程序编写与仿真	25	程序编写、编译及仿真正确。每错一处扣 5 分		
5	通电调试	20	通电调试步骤正确，操作规范，安全无事故，功能正常。通电调试不正确或不规范，每次扣 5 分；出现事故，扣 20 分；第一次通电调试不成功，扣 5 分；第二次通电调试不成功，扣 10 分；第三次通电调试不成功，扣 20 分		
6	安全与文明生产		遵守国家相关专业安全与文明生产规程，如有违反，酌情扣分		
开始时间		结束时间		成绩	

知识拓展

扫描右侧二维码，可了解 S7-1200 PLC 提供的线性化编程、模块化编程和结构化编程三种编程方法。

任务 2　应用函数实现多台三相异步电动机Y-△启动控制

学习目标

1. 熟悉函数的结构、变量和常量。
2. 掌握有形参函数的编写与调用方法。
3. 能使用有形参函数设计多台三相异步电动机Y-△启动 PLC 控制程序，并完成控制线路的绘制、安装和调试。

任务引入

三台三相异步电动机Y-△启动控制线路如图 7-2-1 所示。其中按钮 SB1、SB3、SB5 分别是电动机 M1、M2、M3 的启动按钮，按钮 SB2、SB4、SB6 分别是电动机 M1、M2、M3 的停止按钮，交流接触器 KM1～KM3、KM4～KM6、KM7～KM9 分别用于电动机 M1、M2、M3 的电源控制及定子绕组Y-△联结控制，时间继电器 KT1、KT2、KT3 分别用于电动机 M1、M2、M3 的Y形启动延时控制。

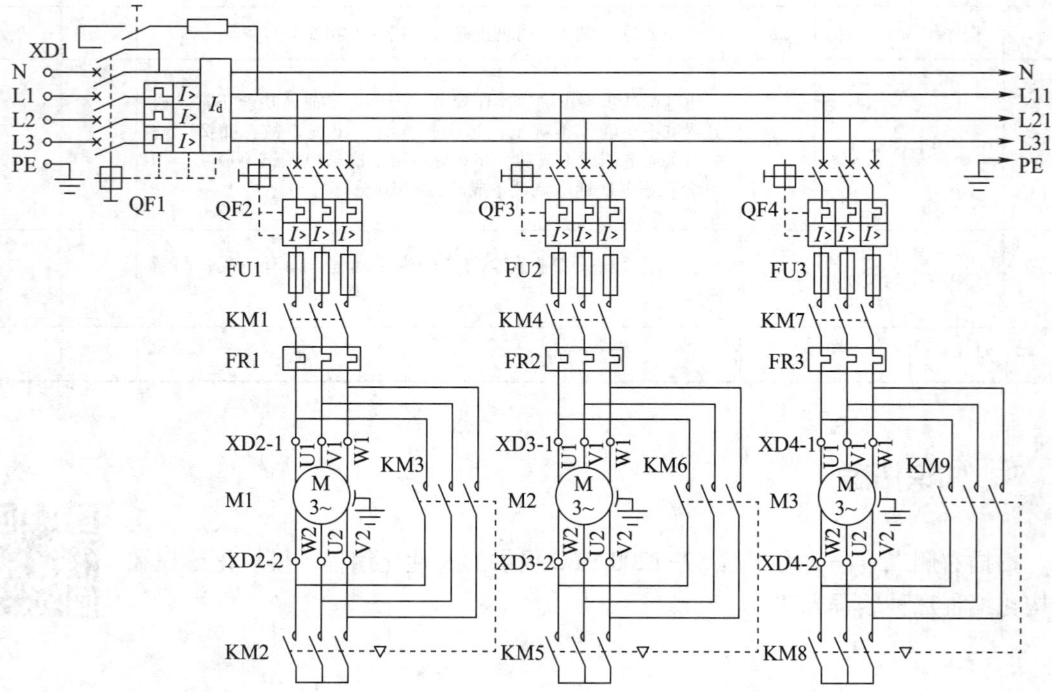

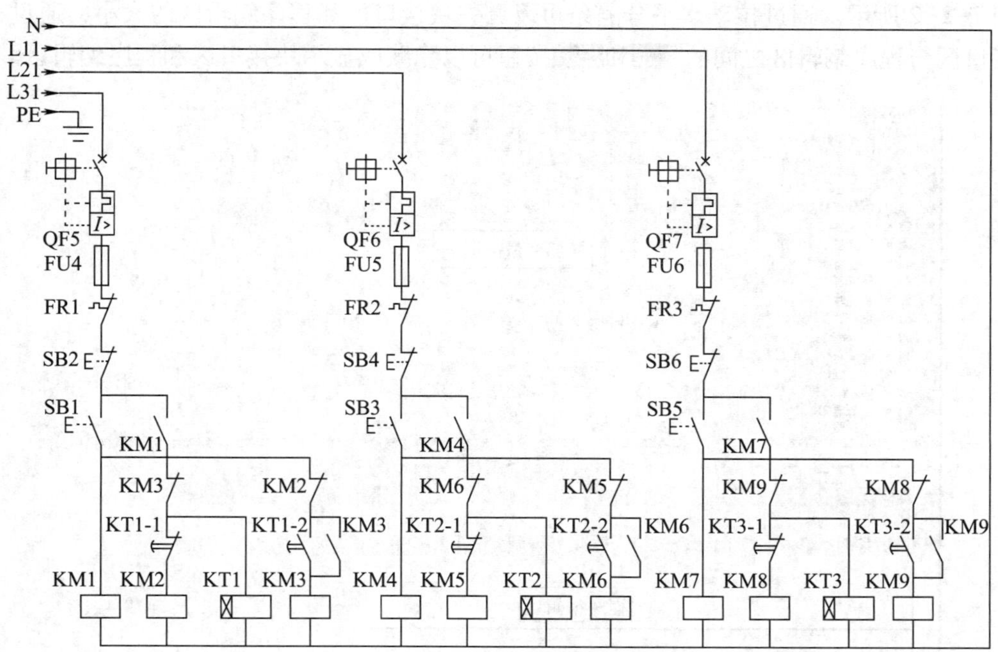

图 7-2-1 三台三相异步电动机Y-△启动控制线路图

本任务要求应用函数设计三台三相异步电动机Y-△启动 PLC 控制系统，并完成控制线路的绘制、安装和调试。控制要求如下：

1. 按下某台电动机的启动按钮，该电动机完成Y-△启动，启动时间为 5 s。
2. 按下某台电动机的停止按钮，该电动机立即停止运行。
3. 具有短路、过载保护等必要的保护措施。

任务分析

本任务中，三台电动机的控制方式相同，因此三台电动机的控制逻辑也相同。根据函数的可复用性，通过在主程序 OB1 中重复调用同一个函数，可对每一台电动机进行相同的控制，提高了程序块的利用效率和用户程序的逻辑性，便于阅读和调试。编写有形参函数需要在函数的变量声明表中定义形参，在程序编辑区中使用虚拟的符号地址编程，以便在主程序 OB1 中重复调用该函数。本任务主要学习有形参函数的应用。

相关知识

一、函数的结构、变量和常量

1. 函数的结构

函数编辑界面的上半部分为块接口区（即局部变量声明表），下半部分是程序编辑区，如图 7-2-2 所示。通过拉动水平分隔条可以调整块接口区和程序编辑区的大小，通过单击块接口区与程序编辑区之间的▲和▼按钮可以隐藏或显示块接口区和程序编辑区。

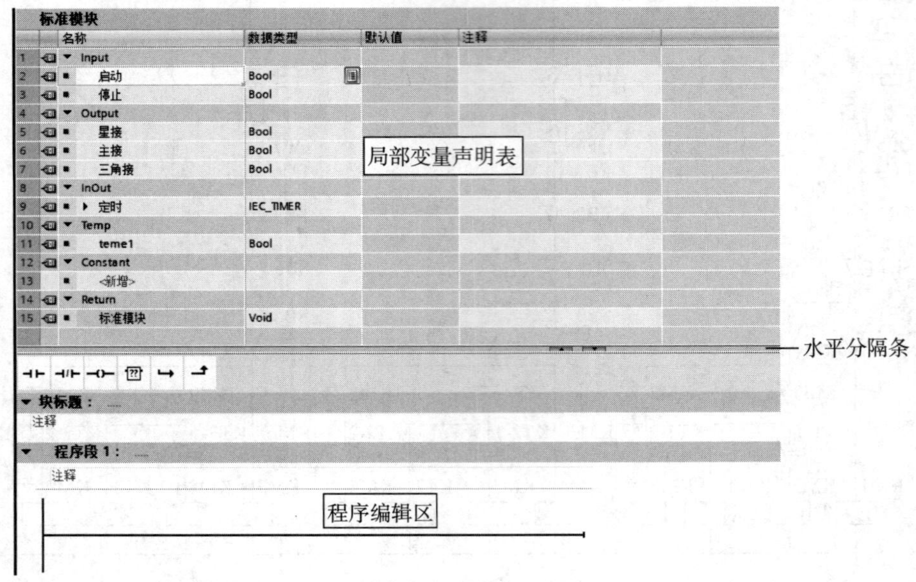

图 7-2-2　函数的结构

2. 函数的局部变量和常量

函数的块接口区用来定义局部变量和常量。函数有 5 个局部变量和 1 个常量，见表 7-2-1。

表 7-2-1　函数的局部变量和常量

局部变量/常量	名称	说明
Input	输入	只读，由调用它的块提供输入数据。实参可以为常数
Output	输出	读写，将程序执行结果返回给调用它的块。实参不能为常数
InOut	输入/输出	读写，初值由调用它的块提供，块执行后将它的值返回给调用它的块。实参不能为常数
Temp	临时变量	读写，用于存储临时中间结果的变量。只在执行块时使用临时数据，执行完成后不再保存临时数据的数值，它可能被其他块的临时数据覆盖
Return	返回	Return 中的返回值属于输出参数，其值返回给调用它的块。返回值默认的数据类型为 Void，表示函数没有返回值，调用 FC1 时它不会显示。如果设置为 Void 之外的数据类型，在 FC1 内部编程时可以使用该输出变量，调用 FC1 时它显示在方框的右侧，说明它属于输出参数
Constant	常量	只读，是在块中使用并且带有声明的符号名的常数

在块接口区定义局部变量，但定义的局部变量只能在它所在的函数中使用，且为符号寻址访问。定义局部变量时，不需要指定存储器地址，程序编辑器会根据各变量的数据类型自动地为所有局部变量指定存储器地址。

二、有形参函数的编写与调用

有形参函数涉及形参和实参两个概念，如图 7-2-3 所示。

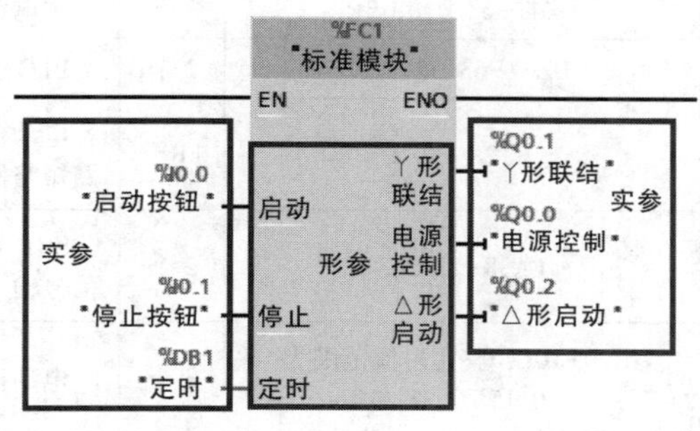

图 7-2-3　有形参函数

形参：块接口区定义的 Input、Output、InOut 参数。在调用函数时，会以引脚方式出现在函数上。Input 和 InOut 类型的变量显示在函数的左侧，Output 类型的变量显示在函数的右侧。

实参：调用带参数的函数时，为形参填写的实际变量。

使用有形参函数编程时，需先在局部变量声明表中定义局部变量（变量的名称即为形参），并为这些局部变量指定数据类型，必要时还可以添加注释以增强程序的可读性。

在程序编辑区中编写有形参函数的程序时，不使用任何全局变量（如 I、Q、M 等），需使用虚拟的符号地址（即形参）进行编程，以便在其他程序块中重复调用该函数。编程时，程序编辑器会自动在局部变量的名称前加“#”。使用有形参函数的优点是，对于相同的控制逻辑，只需要编写一个有形参函数，无须重复编写相同的代码和进行大量重复性工作。

每次调用 FC 前，必须在调用者的块中用实参对 FC 中使用的形参赋值，实参与形参的数据类型必须一致。

在主程序 OB1 中调用有形参函数 FC1 时，直接将项目树中的 FC1 拖放到主程序 OB1 程序编辑区的对应位置即可。

任务实施

一、任务准备

实施本任务所使用的元器件可参考表 7-2-2。

表 7-2-2　实训元器件清单

序号	设备名称	型号及规格	数量	备注
1	PLC	CPU 1214C AC/DC/Rly	1 台	配 C45 导轨

续表

序号	设备名称	型号及规格	数量	备注
2	剩余电流动作断路器	DZ47LE-63 D40，3P+N，30 mA	1 个	电源开关，漏电保护
3	低压断路器	DZ47-63 D10，3P	3 个	主电路短路保护
4	低压断路器	DZ47-63 D5，1P	2 个	PLC 供电电源和输出电路短路保护
5	熔断器	RT28-32/2	11 个	电动机主电路、PLC 供电及负载电路短路保护
6	按钮	LA38-11/203	2 个	SB1（绿）/SB2（红），启动/停止信号输入
7	热继电器	JR20-10L，整定电流范围为 0.15~0.23 A	3 个	电动机过载保护
8	交流接触器	CJ20-10，线圈电压 220 V	9 个	电动机Y-△启动控制
9	接线端子排	TB-1520，20 位	2 条	
10	配电盘	600 mm×900 mm	1 块	
11	三相异步电动机	YS5024，40 W，380 V	3 台	传送带电动机

二、分配输入/输出端口

输入/输出端口分配见表 7-2-3。

表 7-2-3　输入/输出端口分配表

输入端口			输出端口		
输入继电器	输入元器件	作用	输出继电器	输出元器件	作用
I0.0	按钮 SB1	电动机 M1 启动	Q0.0	交流接触器 KM1	电动机 M1 电源控制
I0.1	按钮 SB2	电动机 M1 停止	Q0.1	交流接触器 KM2	电动机 M1 Y形启动控制
I0.2	按钮 SB3	电动机 M2 启动	Q0.2	交流接触器 KM3	电动机 M1△形运行控制
I0.3	按钮 SB4	电动机 M2 停止	Q0.3	交流接触器 KM4	电动机 M2 电源控制
I0.4	按钮 SB5	电动机 M3 启动	Q0.4	交流接触器 KM5	电动机 M2 Y形启动控制
I0.5	按钮 SB6	电动机 M3 停止	Q0.5	交流接触器 KM6	电动机 M2△形运行控制
I0.6	热继电器 FR1	过载保护	Q0.6	交流接触器 KM7	电动机 M3 电源控制
I0.7	热继电器 FR2	过载保护	Q0.7	交流接触器 KM8	电动机 M3 Y形启动控制
I1.0	热继电器 FR3	过载保护	Q1.0	交流接触器 KM9	电动机 M3△形运行控制

三、绘制并安装 PLC 控制线路

三台三相异步电动机Y-△启动 PLC 控制系统的接线如图 7-2-4 所示。安装时，交流接触器 KM1~KM9 线圈暂时不接到 PLC 的输出端 Q0.0~Q1.0，待程序调试通过后再连接。安装完毕，要用万用表检测电路的通断情况是否正确，用兆欧表检测电路的绝缘电阻值是否符合要求。

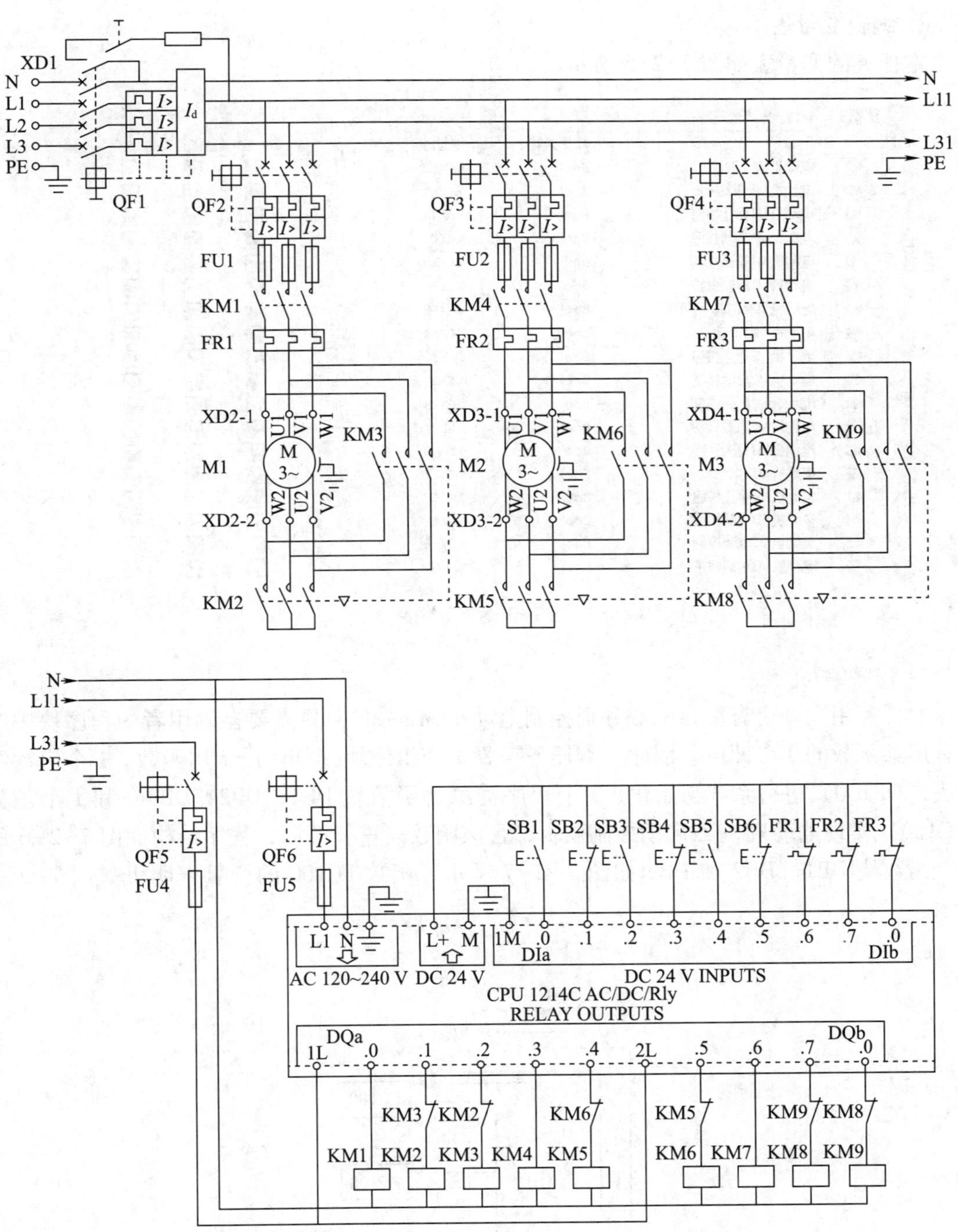

图 7-2-4　三台三相异步电动机Y-△启动 PLC 控制系统接线图

四、程序编写与仿真

1. 编辑变量表

本任务的变量表如图 7-2-5 所示。

变量表_1

	名称	数据类型	地址	保持	从 H...	从 H...	在 H...	注释
1	电动机M1△形运行	Bool	%Q0.2	☐	☑	☑	☑	
2	电动机M1Y形启动	Bool	%Q0.1	☐	☑	☑	☑	
3	电动机M1停止按钮	Bool	%I0.1	☐	☑	☑	☑	
4	电动机M1启动按钮	Bool	%I0.0	☐	☑	☑	☑	
5	电动机M1电源控制	Bool	%Q0.0	☐	☑	☑	☑	
6	电动机M1过载保护	Bool	%I0.6	☐	☑	☑	☑	
7	电动机M2△形运行	Bool	%Q0.5	☐	☑	☑	☑	
8	电动机M2Y形启动	Bool	%Q0.4	☐	☑	☑	☑	
9	电动机M2停止按钮	Bool	%I0.3	☐	☑	☑	☑	
10	电动机M2启动按钮	Bool	%I0.2	☐	☑	☑	☑	
11	电动机M2电源控制	Bool	%Q0.3	☐	☑	☑	☑	
12	电动机M2过载保护	Bool	%I0.7	☐	☑	☑	☑	
13	电动机M3△形运行	Bool	%Q1.0	☐	☑	☑	☑	
14	电动机M3Y形启动	Bool	%Q0.7	☐	☑	☑	☑	
15	电动机M3停止按钮	Bool	%I0.5	☐	☑	☑	☑	
16	电动机M3启动按钮	Bool	%I0.4	☐	☑	☑	☑	
17	电动机M3电源控制	Bool	%Q0.6	☐	☑	☑	☑	
18	电动机M3过载保护	Bool	%I1.0	☐	☑	☑	☑	

图 7-2-5　变量表

2. 程序编写

本任务用同一个有形参函数分别控制电动机 M1～M3，只需要在调用者的程序块中改变有形参函数的实参即可。因此，本任务需要 1 个组织块（OB1）调用函数、1 个启动组织块（OB100）进行系统初始化、3 个程序资源（函数块 DB1、DB2、DB3）和 1 个函数（FC100）实现电动机Y-△启动控制逻辑，且该函数需重复调用，程序结构如图 7-2-6 所示，函数块 DB1、DB2 和 DB3 如图 7-2-7 所示，函数 FC100 的变量声明表如图 7-2-8 所示。

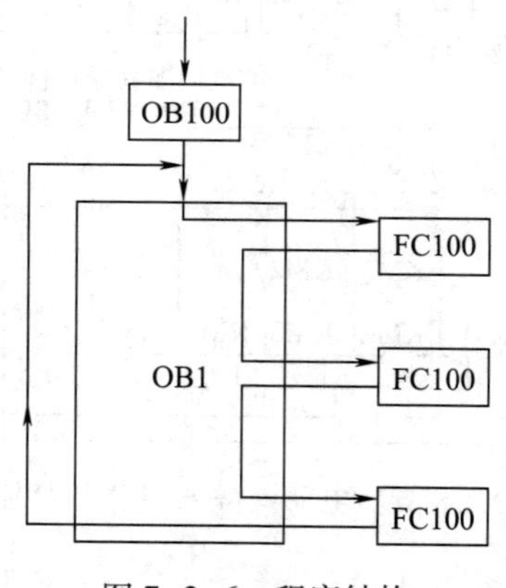

图 7-2-6　程序结构

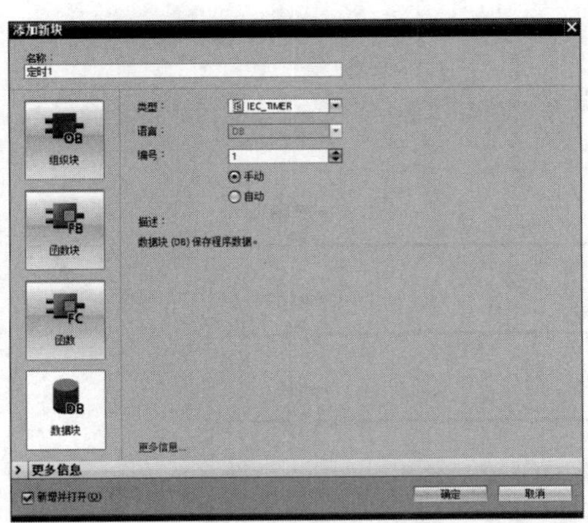

a）

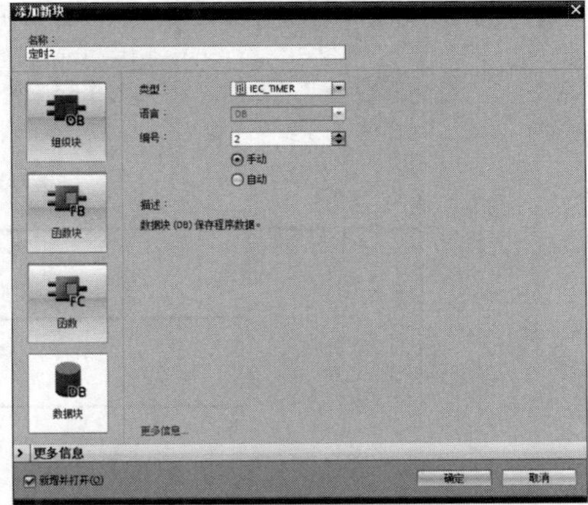

b）

c）

图 7-2-7　函数块 DB1～DB3

a）DB1　b）DB2　c）DB3

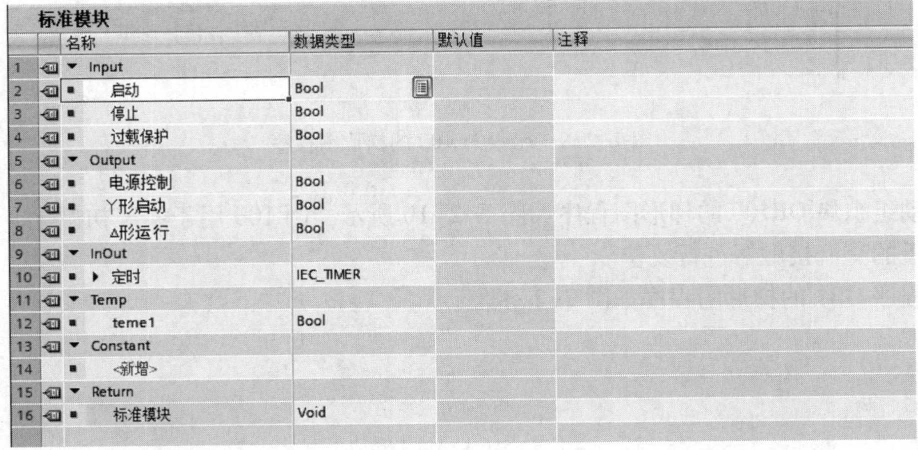

标准模块

	名称	数据类型	默认值	注释
1	▼ Input			
2	启动	Bool		
3	停止	Bool		
4	过载保护	Bool		
5	▼ Output			
6	电源控制	Bool		
7	Y形启动	Bool		
8	Δ形运行	Bool		
9	▼ InOut			
10	▶ 定时	IEC_TIMER		
11	▼ Temp			
12	teme1	Bool		
13	▼ Constant			
14	<新增>			
15	▼ Return			
16	标准模块	Void		

图 7-2-8　函数 FC100 的变量声明表

函数 FC100 的梯形图程序如图 7-2-9 所示。

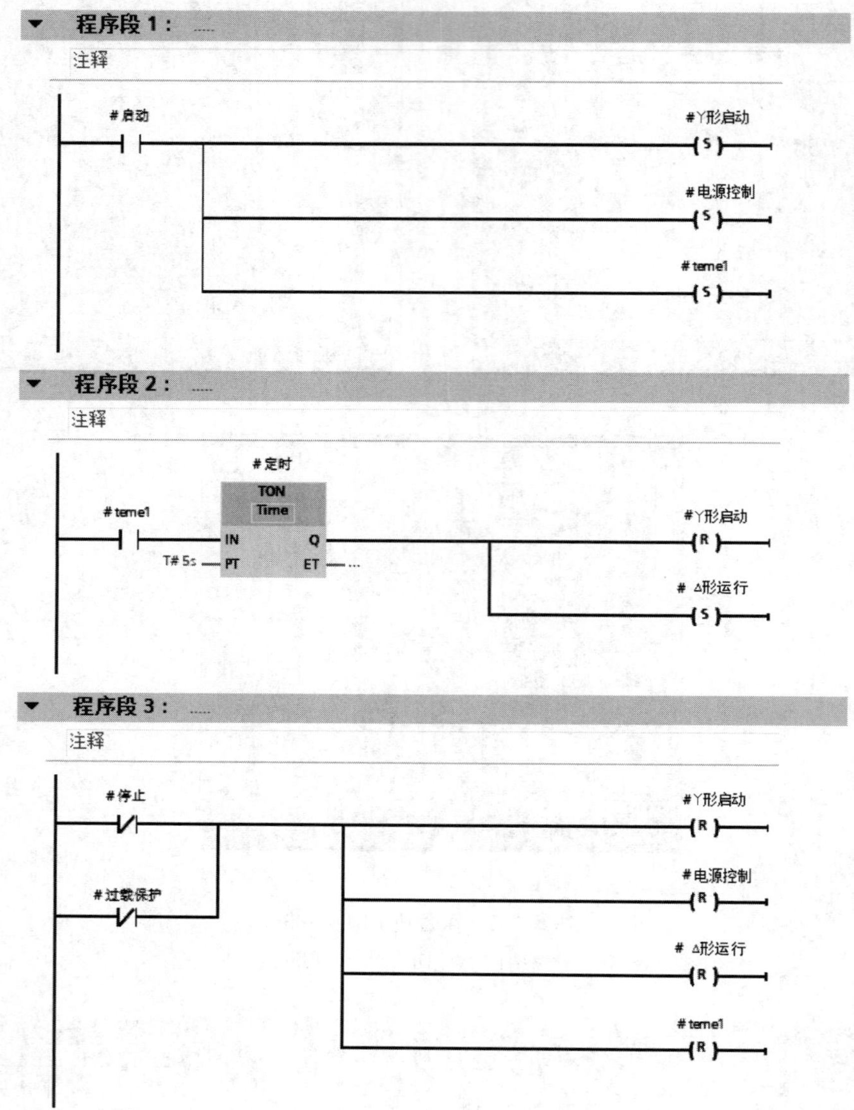

图 7-2-9　函数 FC100 的梯形图程序

启动组织块 OB100 的梯形图程序如图 7-2-10 所示。OB100 用于系统初始化，即对控制电动机的交流接触器进行复位。

主程序 OB1 的梯形图程序如图 7-2-11 所示。

图 7-2-10　启动组织块 OB100 的梯形图程序

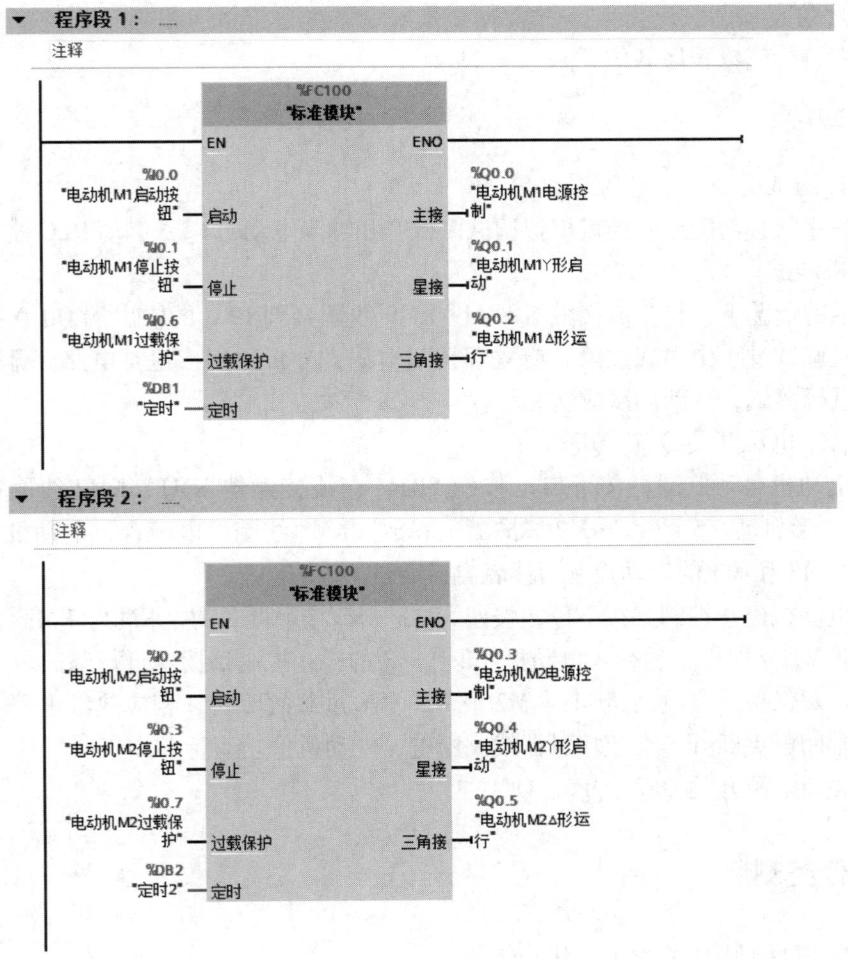

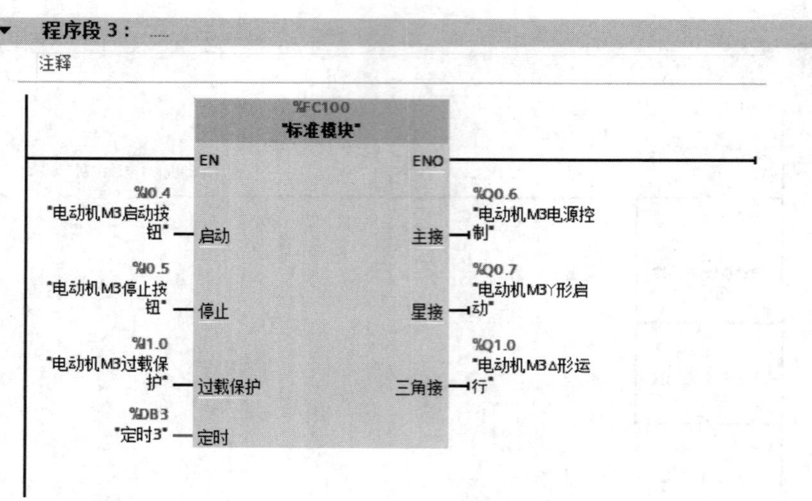

图 7-2-11　主程序 OB1 的梯形图程序

3. 程序仿真

请读者自行完成程序的仿真。

五、调试

1. 模拟调试

使用程序状态功能或监控表模拟调试三台三相异步电动机Y-△启动 PLC 控制程序。

2. 联机调试

在断电的情况下，将交流接触器 KM1～KM9 线圈接到 PLC 的输出端 Q0.0～Q1.0。注意，若联机调试过程中出现故障，应立即切断电源，分析原因，检查电路。排除故障后，方可重新进行调试，直到调试成功。

（1）合上电源开关 QF1～QF6。

（2）电动机启动控制。按下启动按钮 SB1，交流接触器 KM1、KM2 线圈得电吸合，电动机 M1 Y形启动。5 s 后，KM2 线圈断电释放，KM3 线圈得电吸合，电动机 M1 △形运行。电动机 M2 和 M3 的启动控制请读者自行调试。

（3）电动机停止控制。按下停止按钮 SB2，交流接触器 KM1、KM2、KM3 线圈断电释放，电动机 M1 立即停止运行。电动机 M2 和 M3 的停止控制请读者自行调试。

（4）过载保护。当电动机 M1、M2 或 M3 发生过载故障时，相应热继电器 FR1、FR2 或 FR3 的常闭触点断开，交流接触器线圈断电，电动机停止运行。

（5）关断电源开关 QF2～QF6、QF1。

任务测评

按照表 7-2-4 中的要求进行任务测评。

表 7-2-4　任务测评表

序号	考核内容	配分	考核标准	扣分	得分
1	I/O 端口分配	10	I/O 端口分配错误或遗漏，每处扣 5 分		
2	电路绘制	20	主电路与控制电路分开绘制，有短路和接地保护，PLC 供电、I/O 端口接线正确。绘制有误或画法不规范，每处扣 2 分		
3	电路安装	25	按照接线图安装接线，元器件布置合理，不损坏元器件，安装牢固，配线符合工艺要求。电路安装不正确，每处扣 5 分		
4	程序编写与仿真	25	程序编写、编译及仿真正确。每错一处扣 5 分		
5	通电调试	20	通电调试步骤正确，操作规范，安全无事故，功能正常。通电调试不正确或不规范，每次扣 5 分；出现事故，扣 20 分；第一次通电调试不成功，扣 5 分；第二次通电调试不成功，扣 10 分；第三次通电调试不成功，扣 20 分		
6	安全与文明生产		遵守国家相关专业安全与文明生产规程，如有违反，酌情扣分		
开始时间		结束时间		成绩	

任务 3　应用函数块实现多台三相异步电动机Y-△启动控制

学习目标

1. 了解数据块的功能和类型。

2. 熟悉函数块的结构，理解函数块变量的意义，会正确定义函数块的变量。

3. 能使用函数块和背景数据块设计多台三相异步电动机Y-△启动 PLC 控制程序，并完成控制线路的绘制、安装和调试。

任务引入

三台三相异步电动机Y-△启动控制线路同图 7-2-1。本任务要求应用函数块设计三台三相异步电动机Y-△启动 PLC 控制系统，并完成控制线路的绘制、安装和调试。控制要求如下：

1. 按下某台电动机的启动按钮，该电动机完成Y-△启动。电动机 M1 的启动时间为 5 s，电动机 M2 的启动时间为 10 s，电动机 M3 的启动时间为 15 s。

2. 按下某台电动机的停止按钮，该电动机立即停止运行。

3. 具有短路、过载保护等必要的保护措施。

任务分析

本任务中，三台电动机的控制方式相同，因此三台电动机的控制逻辑也相同。根据函数块的可复用性，可通过在主程序 OB1 中重复调用同一个函数块，对每一台电动机进行相同的控制，提高了程序块的利用效率和用户程序的逻辑性，便于阅读和调试。

与编写有形参函数相同，编写函数块时也需要在函数块的变量声明表中定义形参，在函数块的程序编辑区中使用虚拟的符号地址编程，以便在主程序 OB1 中重复调用该函数块。不同的是，函数块有背景数据块作为存储区，使得函数块具有更强的独立性和可移植性。对于控制逻辑相同但参数不同的被控对象，只要使用不同的背景数据块，同一个函数块就可以很方便地在多个背景数据块下调用。与函数相比，函数块的优势主要体现在更强的可移植性和参数修改的方便性。

本任务主要学习数据块和函数块的应用。

相关知识

一、数据块

数据块用来存储执行 OB、FB 和 FC 时使用的各种类型的数据，包括中间操作状态、其他控制信息以及某些指令（如定时器、计数器）需要的数据结构。可以设置数据块的写保护功能，数据块关闭或有关 OB、FB 和 FC 的执行开始或结束后，数据块中存放的数据不会丢失。STEP 7 按变量生成的顺序自动为数据块中的变量分配地址。

数据块分为全局数据块和背景数据块两种类型。

1. 全局数据块

全局数据块也称为共享数据块，是存储全局数据的数据块，它存储供所有 OB、FB 和 FC 使用的数据，所有的 OB、FB 和 FC 都可以访问它。

2. 背景数据块

背景数据块存储的数据供特定的 FB 使用。背景数据块中保存的是对应 FB 的输入、输出参数和局部静态变量，但不保存 FB 的临时数据（Temp）。

背景数据块由 FB 生成，其内部数据结构由 FB 的块接口定义决定。这意味着当创建一个 FB 时，系统会根据 FB 的块接口定义自动生成一个与之对应的背景数据块。

访问数据块时，可以使用绝对寻址或符号寻址。绝对寻址直接指定数据在闪存中的位置，符号寻址则通过为数据分配一个易于理解的名称（如变量名）来访问数据。符号寻址提高了程序的可读性和易维护性。

二、函数块

函数块是用户编写的有自己的存储区（背景数据块）的程序块，它包含完成特定任务的程序。函数块的典型应用是执行无法在一个扫描周期内完成的操作。每次调用 FB 时，都需要指定一个背景数据块，背景数据块随 FB 的调用而打开，在调用结束时自动关闭。FB 的输入、输出参数和局部静态数据用指定的背景数据块保存。FB 执行完毕后，背景数据块中的数值不会丢失，以便在之后的扫描周期访问它们，同时也可以被其他程序块访问。

使用不同的背景数据块调用同一个函数块，可以控制不同的对象。

S7-1200 PLC 的某些指令（如符合 IEC 标准的定时器和计数器指令）实际上是函数块，调用它们时需要指定配套的背景数据块。

1. 函数块的创建

在 TIA Portal V16 项目视图中，双击项目树中的“PLC_1”→“程序块”→“添加新块”选项，弹出“添加新块”对话框，单击其中的“函数块”按钮，即可创建一个新的函数块。

2. 函数块的结构

函数块的结构与函数的结构相同，也分为块接口区和程序编辑区，同样可以对块接口区和程序编辑区的大小进行调整。

3. 函数块的局部变量和常量

函数块的块接口区用来定义局部变量和常量。函数块有 5 个局部变量和 1 个常量，其中关于 Input、Output、Inout、Temp 和 Constant 的说明参见表 7-2-1，局部变量 Static 的说明见表 7-3-1。

表 7-3-1　局部变量 Static 的说明

局部变量	名称	说明
Static	静态变量	读写，FB 使用静态变量在背景数据块中存储静态中间结果。块会一直保留静态数据，直到多个周期后被覆盖

与 FC 相同，FB 的局部变量中也有 Input、Output、InOut、Temp 和 Constant 参数，但 FB 多了一个 Static 变量。另外，FB 没有 Return 变量，其输出通过 Output 参数实现。

函数块中的 Input、Output、InOut 和 Static 变量用背景数据块保存，这些数据在函数块执行完毕后也不会丢失，以供下次调用执行时使用。其他程序块也可以访问背景数据块中的变量。不能直接删除和修改背景数据块中的变量，只能在它对应的 FB 块接口区中进行删除和修改。

生成函数块的输入参数、输出参数和静态变量时，它们会被自动指定一个默认值，这些默认值可以修改。局部变量的默认值被传送给 FB 的背景数据块，作为同一个变量的起始值，可以在背景数据块中修改上述变量的起始值。调用 FB 时，没有指定实参的形参使用背景数据块中的起始值。

块接口区中定义的局部变量只能在它所在的 FB 中使用，且为符号寻址访问。定义局部变量时，不需要指定存储器地址，程序编辑器会根据各变量的数据类型自动地为所有局部变量指定存储器地址。

4. 函数块的编写与调用

函数块的编写可以分为两种情况：一种是不带参数的函数块，不定义任何变量，函数块编程中使用全局变量，不推荐此种方式。另一种是带参数的函数块（以下简称函数块），需定义变量，函数块编程中不出现任何全局变量（如 DB、I、Q、M）。优点是在模块化编程时，对于相同的控制逻辑只需要编写一个函数块，无须重复编写相同的代码和进行大量重复性工作，还可将函数块做成项目库或全局库，以便其他项目使用。带参数的函数块同样涉及形参和实参两个概念，它们的含义与有形参函数中形参和实参的含义相同。

函数块编程前，需先在局部变量声明表中定义局部变量（变量的名称即为形参），并为这些局部变量指定数据类型，局部变量的定义和函数块程序如图 7-3-1 所示。必要时，还可以添加变量的注释以增强程序的可读性。

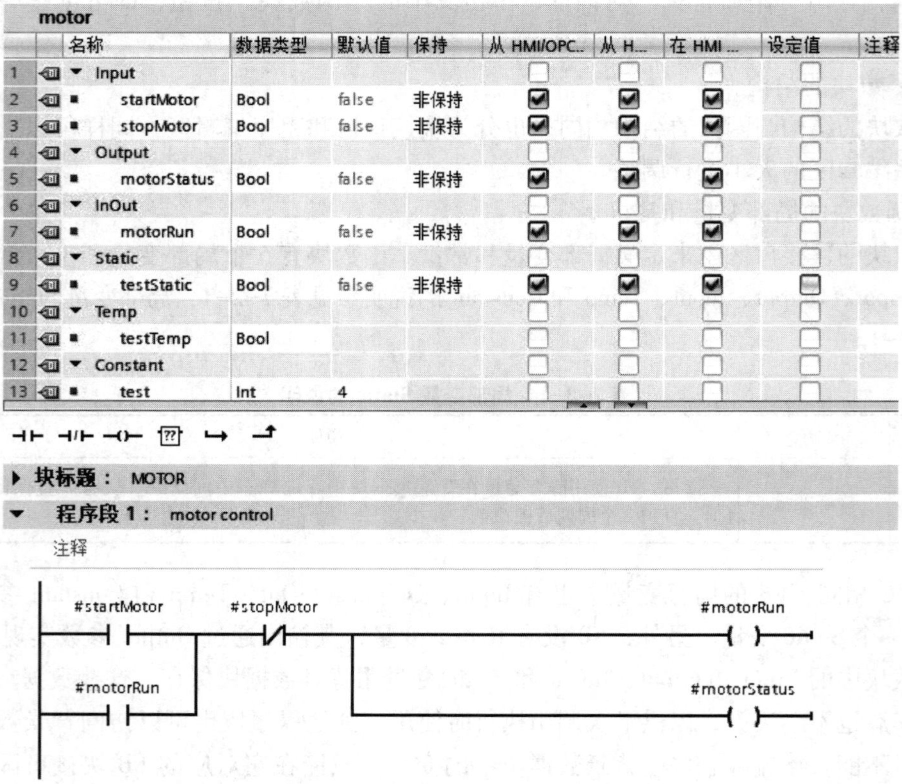

motor

	名称	数据类型	默认值	保持	从 HMI/OPC...	从 H...	在 HMI ...	设定值	注释
1	▼ Input				☐	☐	☐	☐	
2	startMotor	Bool	false	非保持	☑	☑	☑	☐	
3	stopMotor	Bool	false	非保持	☑	☑	☑	☐	
4	▼ Output				☐	☐	☐	☐	
5	motorStatus	Bool	false	非保持	☑	☑	☑	☐	
6	▼ InOut				☐	☐	☐	☐	
7	motorRun	Bool	false	非保持	☑	☑	☑	☐	
8	▼ Static				☐	☐	☐	☐	
9	testStatic	Bool	false	非保持	☑	☑	☑	☐	
10	▼ Temp				☐	☐	☐	☐	
11	testTemp	Bool			☐	☐	☐	☐	
12	▼ Constant				☐	☐	☐	☐	
13	test	Int	4		☐	☐	☐	☐	

▶ 块标题： MOTOR

▼ 程序段 1： motor control

注释

#startMotor #stopMotor #motorRun

#motorRun #motorStatus

图 7-3-1 局部变量的定义和函数块程序

在程序编辑区编写函数块程序时，需使用虚拟的符号地址（即形参）进行编程，以便在其他程序块中重复调用该函数块。编程时，程序编辑器会自动在局部变量的名称前加“#”。

每次调用 FB 前，在调用者的块中可用实参对 FB 的形参赋值，实参与形参的数据类型必须一致。若不用实参对形参赋值，将把对应的背景数据块中的默认值赋给形参。

在主程序 OB1 中调用函数块 FB1 时，直接将项目树中的 FB1 拖放到主程序 OB1 程序编辑区的对应位置即可。

FB1 的背景数据块（motor_DB）如图 7-3-2 所示。背景数据块中可显示 Input、Output、InOut 及 Static 变量，但不会显示 Temp 变量和 Constant 常量。

motor_DB

	名称	数据类型	起始值	保持	从 HMI/OPC..	从 H...	在 HMI ...	设定值
1	▼ Input			☐	☐	☐	☐	☐
2	■ startMotor	Bool	false	☐	☑	☑	☑	☐
3	■ stopMotor	Bool	false	☐	☑	☑	☑	☐
4	▼ Output			☐	☐	☐	☐	☐
5	■ motorStatus	Bool	false	☐	☑	☑	☑	☐
6	▼ InOut			☐	☐	☐	☐	☐
7	■ motorRun	Bool	false	☐	☑	☑	☑	☐
8	▼ Static			☐	☐	☐	☐	☐
9	■ testStatic	Bool	false	☐	☑	☑	☑	☐

图 7-3-2 FB1 的背景数据块

任务实施

一、任务准备

实施本任务所使用的实训设备可参考表 7-2-2。

二、分配输入/输出端口

输入/输出端口分配同表 7-2-3。

三、绘制并安装 PLC 控制线路

三台三相异步电动机Y-△启动 PLC 控制系统的接线同图 7-2-4。安装时，交流接触器 KM1～KM9 线圈暂时不接到 PLC 的输出端 Q0.0～Q1.0，待程序调试通过后再连接。安装完毕，要用万用表检测电路的通断情况是否正确，用兆欧表检测电路的绝缘电阻值是否符合要求。

四、程序编写与仿真

1. 编辑变量表

本任务的变量表同图 7-2-5。

2. 程序编写

本任务应用同一个有形参函数块分别控制电动机 M1～M3，只需要在调用者的程序块中改变有形参函数块的实际参数和背景数据块即可。因此，本任务需要 1 个组织块（OB1）、1 个启动组织块（OB100）和 1 个函数块（FB150）实现电动机Y-△启动控制逻辑，且该函数块需重复调用，3 个背景数据块（DB4、DB5、DB6）分别对电动机 M1、M2、M3 的函数块赋值，程序结构如图 7-3-3 所示。

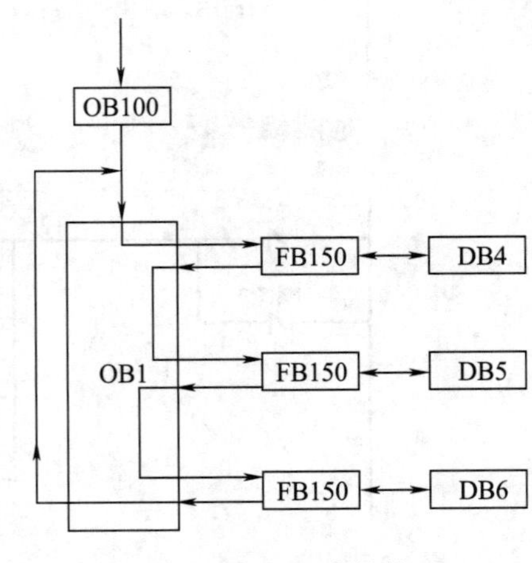

图 7-3-3 程序结构

函数块 FB150 的变量声明表如图 7-3-4 所示。

标准块									
	名称	数据类型	默认值	保持	从 HMI/OPC...	从 H...	在 HMI ...	设定值	注释
1	▼ Input				☐	☐	☐	☐	
2	▪ 启动	Bool	false	非保持	☑	☑	☑	☐	
3	▪ 停止	Bool	false	非保持	☑	☑	☑	☐	
4	▪ 过载保护	Bool	false	非保持	☑	☑	☑	☐	
5	▼ Output				☐	☐	☐	☐	
6	▪ 电源控制	Bool	false	非保持	☑	☑	☑	☐	
7	▪ Y形启动	Bool	false	非保持	☑	☑	☑	☐	
8	▪ Δ形运行	Bool	false	非保持	☑	☑	☑	☐	
9	▼ InOut				☐	☐	☐	☐	
10	▪ ▸ 定时DB	IEC_TIMER			☐	☐	☐	☐	
11	▼ Static				☐	☐	☐	☐	
12	▪ 时间	Time	T#0ms	非保持	☑	☑	☑	☐	
13	▼ Temp				☐	☐	☐	☐	
14	▪ temp	Bool			☐	☐	☐	☐	
15	▼ Constant				☐	☐	☐	☐	
16	▪ <新增>				☐	☐	☐	☐	

图 7-3-4　函数块 FB150 的变量声明表

函数块 FB150 的梯形图程序如图 7-3-5 所示。

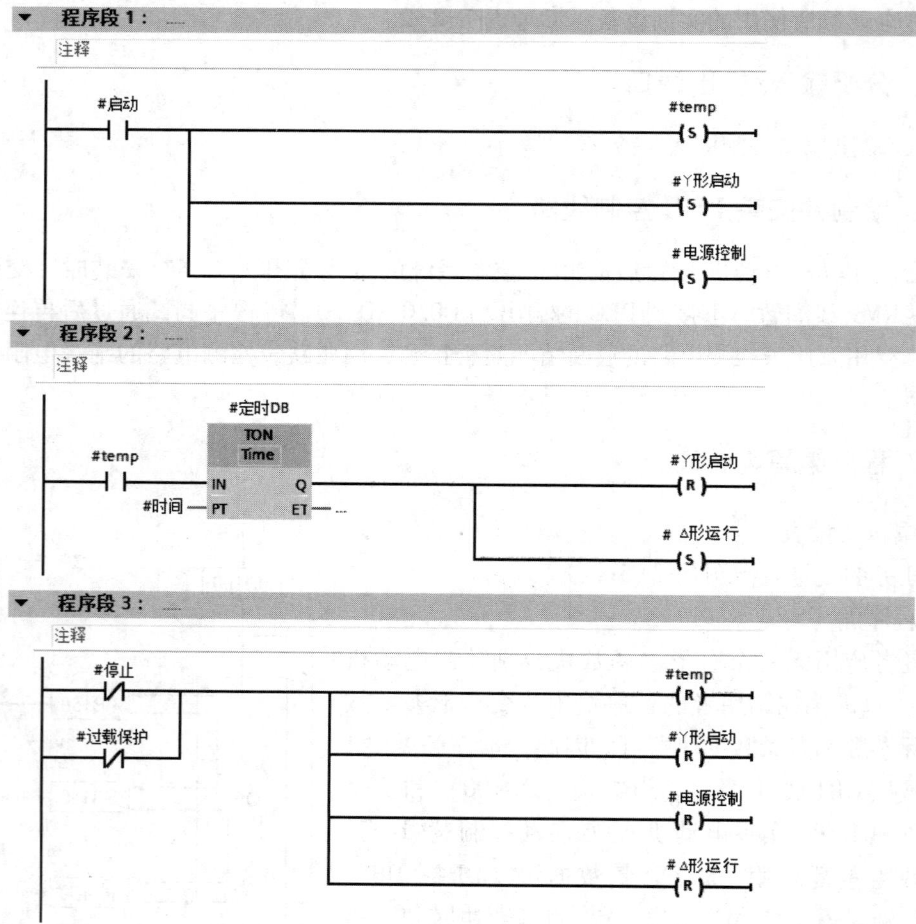

图 7-3-5　函数块 FB150 的梯形图程序

函数块创建完成后，每次将函数块加入程序段时会自动创建一个背景数据块，之后可以根据任务需要修改背景数据块的具体数值，以达到控制要求。本任务中需要调用 FB150 三次，将会自动创建三个背景数据块（DB4、DB5、DB6），需要修改它们的具体数值，分别如图 7-3-6、图 7-3-7 和图 7-3-8 所示。

电动机M1

	名称	数据类型	起始值	保持	从 HMI/OPC...	从 H...	在 HMI ...	设定值
1	▼ Input			☐	☐	☐	☐	☐
2	■ 启动	Bool	false	☐	☑	☑	☑	☐
3	■ 停止	Bool	false	☐	☑	☑	☑	☐
4	■ 过载保护	Bool	false	☐	☑	☑	☑	☐
5	▼ Output			☐	☐	☐	☐	☐
6	■ 电源控制	Bool	false	☐	☑	☑	☑	☐
7	■ Y形启动	Bool	false	☐	☑	☑	☑	☐
8	■ Δ形运行	Bool	false	☐	☑	☑	☑	☐
9	▼ InOut			☐	☐	☐	☐	☐
10	■ 定时DB	IEC_TIMER		☐	☐	☐	☐	☐
11	▼ Static			☐	☐	☐	☐	☐
12	■ 时间	Time	T#5s	☐	☑	☑	☑	☐

图 7-3-6 电动机 M1 的背景数据块 DB4

电动机M2

	名称	数据类型	起始值	保持	从 HMI/OPC...	从 H...	在 HMI ...	设定值
1	▼ Input			☐	☐	☐	☐	☐
2	■ 启动	Bool	false	☐	☑	☑	☑	☐
3	■ 停止	Bool	false	☐	☑	☑	☑	☐
4	■ 过载保护	Bool	false	☐	☑	☑	☑	☐
5	▼ Output			☐	☐	☐	☐	☐
6	■ 电源控制	Bool	false	☐	☑	☑	☑	☐
7	■ Y形启动	Bool	false	☐	☑	☑	☑	☐
8	■ Δ形运行	Bool	false	☐	☑	☑	☑	☐
9	▼ InOut			☐	☐	☐	☐	☐
10	■ 定时DB	IEC_TIMER		☐	☐	☐	☐	☐
11	▼ Static			☐	☐	☐	☐	☐
12	■ 时间	Time	T#10s	☐	☑	☑	☑	☐

图 7-3-7 电动机 M2 的背景数据块 DB5

电动机M3

	名称	数据类型	起始值	保持	从 HMI/OPC...	从 H...	在 HMI ...	设定值
1	▼ Input			☐	☐	☐	☐	☐
2	■ 启动	Bool	false	☐	☑	☑	☑	☐
3	■ 停止	Bool	false	☐	☑	☑	☑	☐
4	■ 过载保护	Bool	false	☐	☑	☑	☑	☐
5	▼ Output			☐	☐	☐	☐	☐
6	■ 电源控制	Bool	false	☐	☑	☑	☑	☐
7	■ Y形启动	Bool	false	☐	☑	☑	☑	☐
8	■ Δ形运行	Bool	false	☐	☑	☑	☑	☐
9	▼ InOut			☐	☐	☐	☐	☐
10	■ 定时DB	IEC_TIMER		☐	☐	☐	☐	☐
11	▼ Static			☐	☐	☐	☐	☐
12	■ 时间	Time	T#15s	☐	☑	☑	☑	☐

图 7-3-8 电动机 M3 的背景数据块 DB6

启动组织块 OB100 的梯形图程序如图 7-3-9 所示。

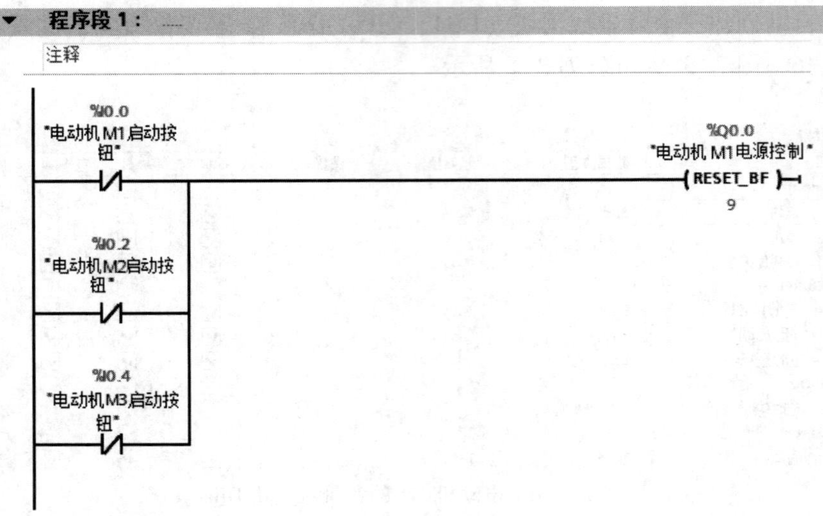

图 7-3-9 启动组织块 OB100 的梯形图程序

主程序 OB1 的梯形图程序如图 7-3-10 所示。

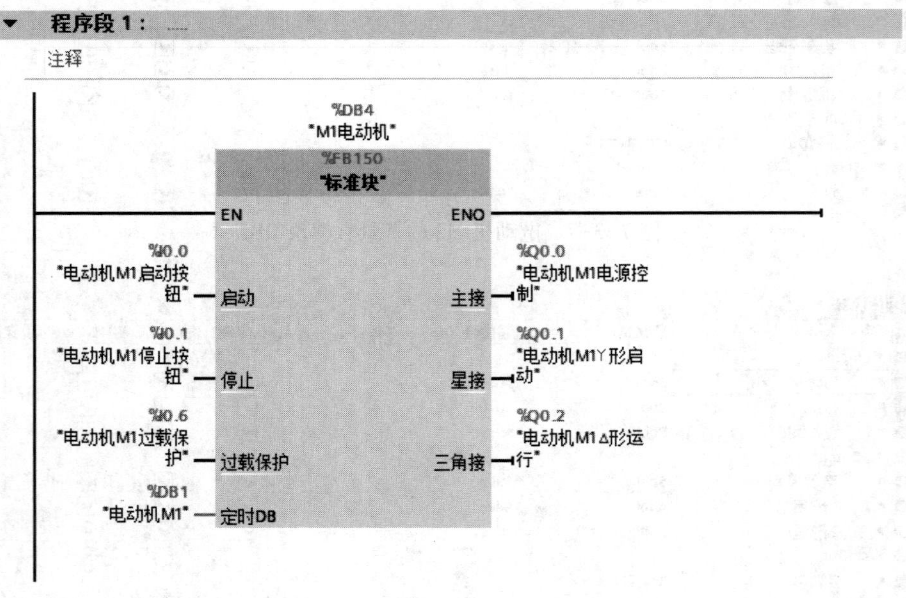

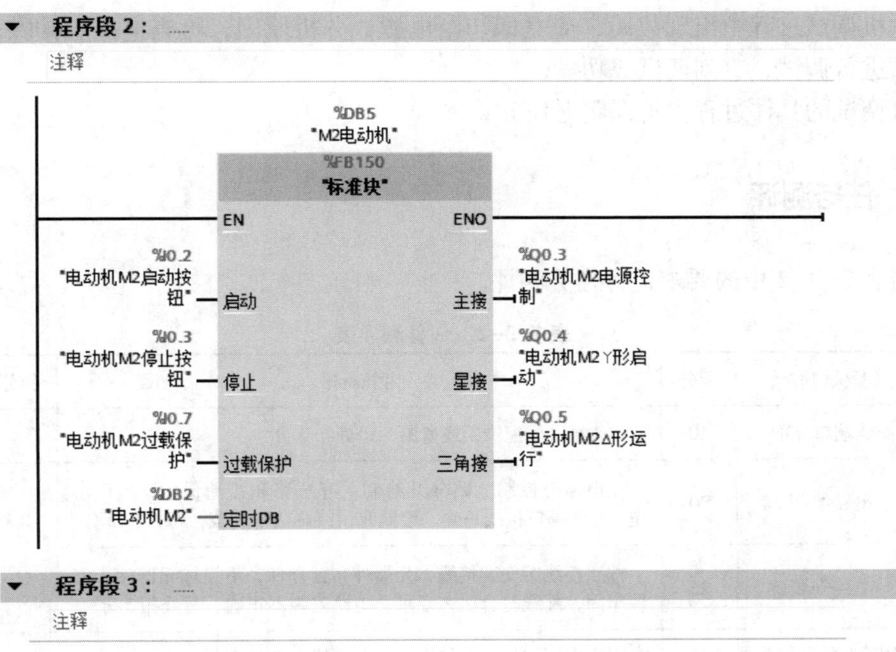

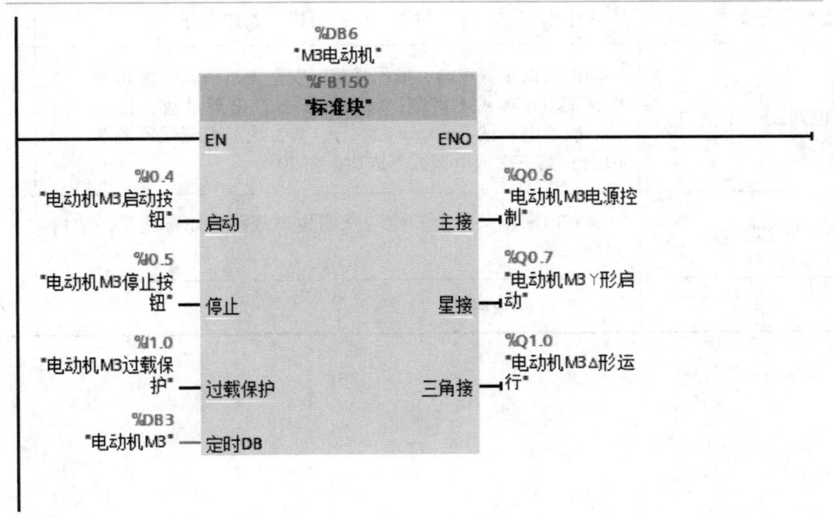

图 7-3-10　主程序 OB1 的梯形图程序

3. 程序仿真

请读者自行完成程序的仿真。

五、调试

1. 模拟调试

使用程序状态功能或监控表模拟调试三台三相异步电动机Y-△启动 PLC 控制程序。

2. 联机调试

在断电的情况下，将交流接触器 KM1～KM9 线圈接到 PLC 的输出端 Q0.0～Q1.0。注意，若联机调试过程中出现故障，应立即切断电源，分析原因，检查电路。排除故障后，方可重新进行调试，直到调试成功。

联机调试的具体过程参见课题七任务 2。

任务测评

按照表 7-3-2 中的要求进行任务测评。

表 7-3-2　任务测评表

序号	考核内容	配分	考核标准	扣分	得分
1	I/O 端口分配	10	I/O 端口分配错误或遗漏，每处扣 5 分		
2	电路绘制	20	主电路与控制电路分开绘制，有短路和接地保护，PLC 供电、I/O 端口接线正确。绘制有误或画法不规范，每处扣 2 分		
3	电路安装	25	按照接线图安装接线，元器件布置合理，不损坏元器件，安装牢固，配线符合工艺要求。电路安装不正确，每处扣 5 分		
4	程序编写与仿真	25	程序编写、编译及仿真正确。每错一处扣 5 分		
5	通电调试	20	通电调试步骤正确，操作规范，安全无事故，功能正常。通电调试不正确或不规范，每次扣 5 分；出现事故，扣 20 分；第一次通电调试不成功，扣 5 分；第二次通电调试不成功，扣 10 分；第三次通电调试不成功，扣 20 分		
6	安全与文明生产		遵守国家相关专业安全与文明生产规程，如有违反，酌情扣分		
开始时间		结束时间		成绩	

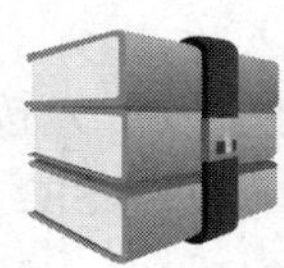

课题八　步进电动机 PLC 控制

S7-1200 PLC 的 CPU 模块将微处理器、电源、输入/输出电路、PROFINET 以太网接口、高速运动控制 I/O 功能组合到一个设计紧凑的外壳中，创造出一款功能强大的控制器。S7-1200 PLC 可以方便地实现速度控制、位置控制等基本运动控制功能，被广泛地应用到各行各业的自动化解决方案中。

脉冲串输出指令、脉宽调制指令和运动控制指令是 S7-1200 PLC 重要的轴控制指令，常用于对步进电动机、伺服电动机进行控制。3D 打印机的喷头运动、全自动纸张分切机工作过程中纸张的进给和切割都用到步进电动机，通过上述指令控制电动机的旋转角度、运动速度和定位，能实现喷头和纸张的精确控制。

本课题主要学习步进电动机速度和位置的控制方法。

任务 1　步进电动机的速度控制

学习目标

1. 掌握 S7-1200 PLC 的高速脉冲输出功能。
2. 掌握脉冲串输出指令的功能、表示形式和使用方法。
3. 能使用脉冲串输出指令设计步进电动机速度控制 PLC 程序，并完成控制线路的绘制、安装和调试。

任务引入

根据连接驱动器方式的不同，S7-1200 PLC 运动控制可分为 PROFIdrive、PTO（pulse train output，脉冲串输出）和模拟量三种控制方式。PROFIdrive 控制方式是 S7-1200 PLC 通过基于 PROFIBUS/PROFINET 的 PROFIdrive 方式与支持 PROFIdrive 驱动控制协议的驱动器连接实现运动控制。PTO 控制方式是 S7-1200 PLC 通过 CPU 发送 PTO 脉冲控制驱动器的方式实现运动控制。模拟量控制方式是 S7-1200 PLC 通过输出模拟量控制驱动器的方式实现运动控制。在步进电动机 PLC 控制系统中，S7-1200 PLC 通过 CPU 使用脉冲串输出指令发送 PTO 脉冲控制步进驱动器，实现速度和位置控制。

本任务要求使用脉冲串输出指令设计步进电动机速度 PLC 控制系统，并完成控制线路的设计、安装和调试。控制要求如下：

1. 在启动设备前，必须先按下复位按钮 SB3，然后按下启动按钮 SB2 才能生效。先按下复位按钮 SB3，复位步进电动机并将初始脉冲频率设为 500 Hz；然后按下启动按钮 SB2，步进电动机按照设定的初始脉冲频率（500 Hz）执行正转运行；若按下停止按钮 SB1，脉冲频率为 0，设备立即停止运行。

2. 在步进电动机运行期间，按下加速按钮 SB4，步进电动机将按照每 0.1 s 增加 50 个脉冲的频率执行加速运行，当达到设定脉冲频率（5 000 Hz）时，将停止加速。在加速运行过程中，松开加速按钮，步进电动机将立即停止加速并保持当前速度运行。

3. 在步进电动机运行期间，按下减速按钮 SB5，步进电动机将按照每 0.1 s 减少 50 个脉冲的频率执行减速运行，当达到设定脉冲频率（0）时，将停止减速。在减速运行过程中，松开减速按钮，步进电动机将立即停止减速并保持当前速度运行。

4. 具有短路保护等必要的保护措施。

任务分析

PTO 控制方式是所有版本的 S7-1200 CPU 都具有的控制方式。S7-1200 PLC 的脉冲串输出指令能产生占空比为 50%、周期和个数可控的 PTO 脉冲信号，可用来控制步进电动机的速度和位移。PTO 脉冲信号可以是脉冲+方向、A/B 正交或正/反脉冲的方式。本任务使用脉冲+方向方式控制步进驱动器实现步进电动机的速度控制。由于 PTO 脉冲信号的频率较高，S7-1200 PLC 必须采用晶体管输出型的 CPU 模块，本任务使用 CPU 1214C DC/DC/DC 模块作为控制器，硬件组态时要在 TIA Portal V16 中组态 PTO 功能，并使用脉冲串输出指令设计梯形图程序。

相关知识

一、高速脉冲输出

S7-1200 PLC 提供高速脉冲输出端口。其输出脉冲宽度与脉冲周期之比称为占空比，PTO 功能提供占空比为 50%的方波脉冲列输出。脉冲宽度调制（PWM）功能提供连续的、脉冲宽度可以用程序控制的脉冲列输出。

S7-1200 CPU 最多可组态 4 个 PTO/PWM 发生器，分别通过数字量输出的 CPU 集成的 Q0.0～Q0.7 或可选信号板的 Q4.0～Q4.3 输出 PTO/PWM 脉冲，PTO/PWM 的输出点见表 8-1-1。其中，CPU 1211C DC/DC/DC 没有 Q0.4～Q0.7，CPU 1212C DC/DC/DC 没有 Q0.6 和 Q0.7。不同的输出点支持不同的电压与速度。

表 8-1-1　PTO/PWM 的输出点

PTO/PWM	脉冲	方向	PTO/PWM	脉冲	方向
PTO1	Q0.0 或 Q4.0	Q0.1 或 Q4.1	PWM1	Q0.0 或 Q4.0	—
PTO2	Q0.2 或 Q4.2	Q0.3 或 Q4.3	PWM2	Q0.2 或 Q4.2	—
PTO3	Q0.4 或 Q4.0	Q0.5 或 Q4.1	PWM3	Q0.4 或 Q4.0	—
PTO4	Q0.6 或 Q4.2	Q0.7 或 Q4.3	PWM4	Q0.6 或 Q4.2	—

可将每个脉冲发生器指定为 PTO 或 PWM，但不能同时指定为两者。注意，PWM 仅需要一个输出点，而每个 PTO 可选择使用两个输出点，一个作为脉冲输出，一个作为方向输出。可以只使用脉冲输出而不使用方向输出，释放方向输出用于用户程序的其他用途。如果脉冲功能不需要输出，则相应的输出点可用于其他用途。

二、脉冲串输出指令

脉冲串输出指令的表示形式和功能说明见表 8-1-2，参数的数据类型见表 8-1-3，STATUS 参数错误代码的说明见表 8-1-4。在程序编辑器中，错误代码可显示为整数或十六进制值。

表 8-1-2　脉冲串输出指令的表示形式和功能说明

指令名称	LAD/FBD	功能说明
脉冲串输出指令	%DB2 "CTRL_PTO_DB" CTRL_PTO EN　ENO REQ　DONE PTO　BUSY FREQUENCY　ERROR STATUS	CTRL_PTO 指令以指定频率提供 50% 占空比输出的方波

表 8-1-3　脉冲串输出指令参数的数据类型

参数		定义	数据类型	备注
输入	EN	使能输入位	Bool	0＝禁用，1＝启用
	REQ	请求输入位	Bool	REQ＝1：将 PTO 输出频率设置为 FREQUENCY 中的输出值；若 FREQUENCY＝0，则禁用脉冲发生 REQ＝0：脉冲发生器无变化
	PTO	PTO 硬件标识符	Hw_Pto (Word)	脉冲发生器的硬件标识符
	FREQUENCY	频率	UDInt	PTO 脉冲频率（Hz），仅适用于当 REQ＝1 时（默认值为 0 Hz）

续表

参数		定义	数据类型	备注
输出	ENO	使能输出位	Bool	0=无效，1=正确
	DONE	完成	Bool	0=尚未启动或仍在执行过程中（默认值=0） 1=已成功执行，未发生任何错误
	BUSY	忙	Bool	处理状态。由于 S7-1200 PLC 在执行 CTRL_PTO 指令时启用脉冲发生器，因此 BUSY 的值通常为 FALSE（默认值=0）
	ERROR	错误标志	Bool	0=无错误（默认值=0），1=检测到错误
	STATUS	错误状态	Word	错误代码（默认值=0）

表 8-1-4 STATUS 参数错误代码的说明

错误代码（W#16#…）	说明
0	无错误
8090	具有指定硬件 ID 的脉冲发生器正在使用中
8091	频率超出参数 FREQUENCY 的范围
80A1	PTO 硬件标识符（硬件 ID，参数 PTO）未寻址到有效的 PTO
80D0	具有指定硬件 ID 的脉冲发生器未激活或未设置 PTO 属性
80D1	具有指定硬件 ID 的脉冲发生器没有选择 PTO

CTRL_PTO 指令将参数信息存储在 DB 中。DB 参数由 CTRL_PTO 指令控制，不能由用户单独更改。

参数 PTO 赋予了变量名称或硬件标识符，便指定了要使用的已启用脉冲发生器。

当 EN 输入为 TRUE 时，CTRL_PTO 指令启动或停止所标识的 PTO。当 EN 输入为 FALSE 时，不执行 CTRL_PTO 指令且保留 PTO 的当前状态。

当将 REQ 输入设置为 TRUE 时，FREQUENCY 值生效。如果 REQ 为 FALSE，则无法修改 PTO 的输出频率，这时即使 FREQUENCY 值发生改变，PTO 仍继续以原频率输出脉冲。REQ 输入常用脉冲上升沿触发，输入参数 REQ 与 FREQUENCY 的时序关系如图 8-1-1 所示。

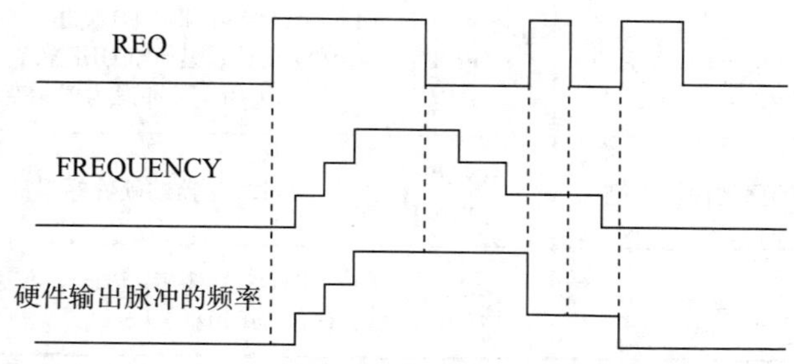

图 8-1-1 输入参数 REQ 与 FREQUENCY 的时序关系

当用户用给定的频率激活 CTRL_PTO 指令时，S7-1200 PLC 便以给定的频率输出脉冲串。用户可随时更改 PTO 频率，S7-1200 PLC 会在当前脉冲输出结束后执行新频率。更改 PTO 频率时的 PTO 输出如图 8-1-2 所示，如果当前频率为 1 Hz（周期为 1 000 ms）并且用户在 500 ms 时将频率修改为 10 Hz，则频率将会在 1 000 ms 周期结束时被修改。

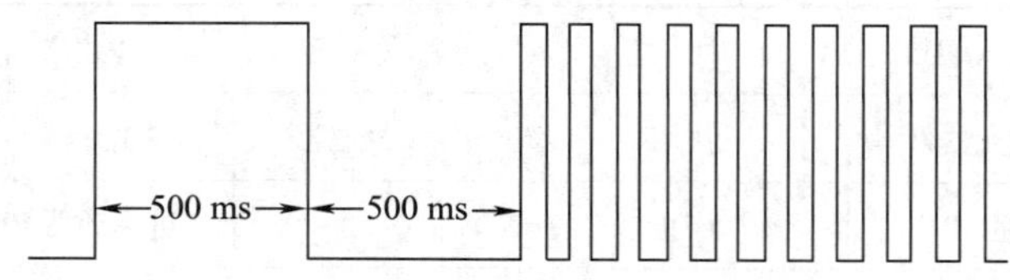

图 8-1-2　更改 PTO 频率时的 PTO 输出

使用脉冲发生器时，一个脉冲串输出指令只能使用一个 PTO 脉冲发生器，且由硬件组态编辑器管理（或配置）PTO 脉冲发生器。硬件组态时，需要分配 PTO 使用的数字量 I/O 点，监视表格的强制功能无法修改这些已分配的数字量 I/O 点的地址值。

知识拓展

扫描右侧二维码，可了解步进电动机和步进驱动器相关知识。

任务实施

一、任务准备

实施本任务所使用的元器件可参考表 8-1-5。

表 8-1-5　实训元器件清单

序号	设备名称	型号及规格	数量	备注
1	可编程序控制器	CPU 1214C DC/DC/DC	1 台	配 C45 导轨
2	剩余电流动作断路器	DZ47LE-63 C10，1P+N，30 mA	1 个	QF，电源开关
3	熔断器	RT28-32/2	4 个	稳压电源供电、PLC 供电及负载电路短路保护
4	开关型稳压电源	S-150-24，AC 220 V/DC 24 V，150 W	1 个	
5	按钮	LA38-11/203	5 个	SB1（红）/SB2（绿）/SB3（黄）/SB4（黄）/SB5（绿），停止/启动/复位/加速/减速按钮
6	碳膜电阻	1.2 kΩ，0.25 W	2 个	限流电阻 R1、R2
7	步进驱动器	YKD2305M	1 台	
8	步进电动机	YK42XQ47-02A	1 台	
9	接线端子排	TB-1520，20 位	1 条	
10	配电盘	600 mm×900 mm	1 块	

二、分配输入/输出端口

输入/输出端口分配见表 8-1-6。

表 8-1-6　输入/输出端口分配表

输入端口			输出端口		
输入继电器	输入元器件	作用	输出继电器	输出元器件	作用
I0. 0	按钮 SB1	停止	Q0. 0	步进驱动器 PU+	脉冲输出
I0. 1	按钮 SB2	启动	Q0. 1	步进驱动器 DR+	方向输出
I0. 2	按钮 SB3	复位			
I0. 3	按钮 SB4	加速			
I0. 4	按钮 SB5	减速			

三、绘制并安装 PLC 控制线路

步进电动机速度 PLC 控制系统的接线如图 8-1-3 所示。安装时，步进驱动器暂时不接到 PLC 输出端 Q0. 0 和 Q0. 1，待模拟调试程序通过后再连接。安装完毕，要用万用表检测电路的通断情况是否正确，用兆欧表检测电路的绝缘电阻值是否符合要求。

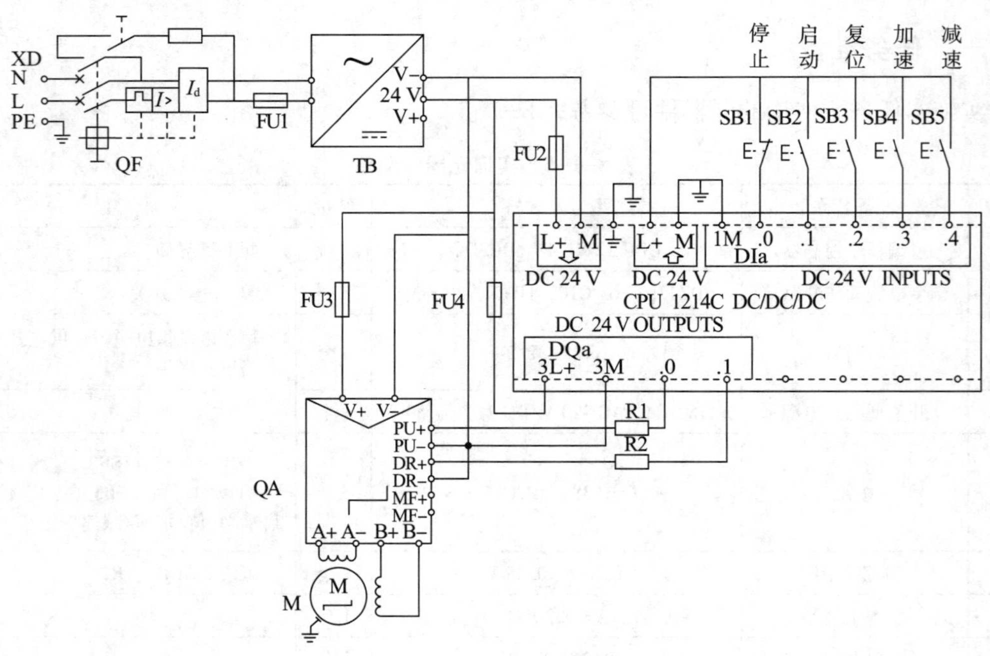

a）

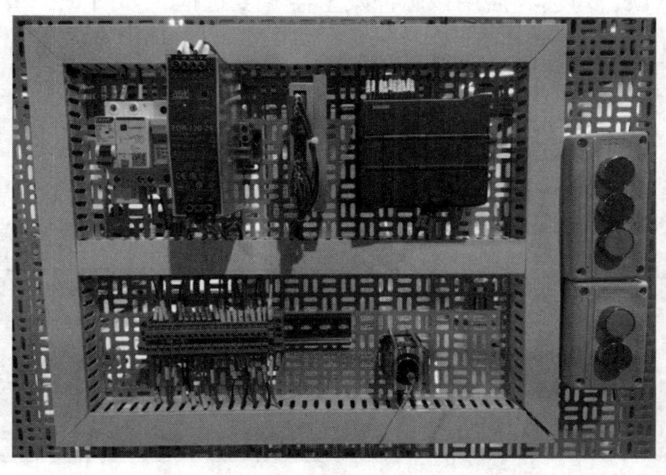

b）

图 8-1-3　步进电动机速度 PLC 控制系统接线图和实物图

a）接线图　b）实物图

四、程序编写

1. 创建新项目

启动 TIA Portal V16 软件，创建一个新项目。

2. 硬件组态

（1）添加新设备。在 Portal 视图或项目视图中添加新设备“CPU 1214C DC/DC/DC”。

（2）设置脉冲发生器。双击项目树中的“PLC_1［CPU 1214C DC/DC/DC］”→“设备组态”，打开设备视图，可以看到 CPU 模块被添加到机架上，如图 8-1-4 所示。

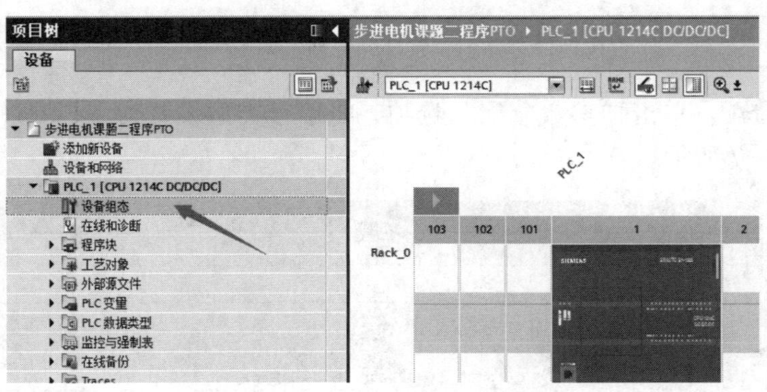

图 8-1-4　设备视图

双击设备视图中机架上的 CPU 模块，打开巡视窗口，单击“属性”选项卡和“常规”选项，“常规”属性窗口如图 8-1-5 所示。

（3）启用脉冲发生器。在“常规”属性窗口中双击“脉冲发生器（PTO/PWM）”→

“PTO1/PWM1”选项，勾选“启用该脉冲发生器”复选框，如图 8-1-6 所示。

图 8-1-5 “常规”属性窗口

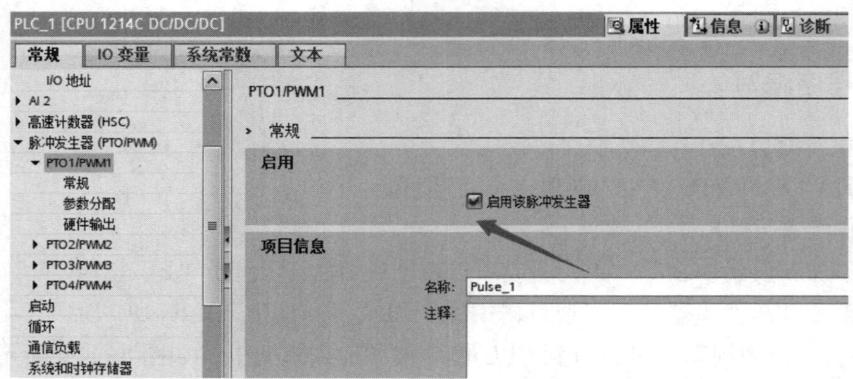

图 8-1-6 启用脉冲发生器 PTO1/PWM1

（4）参数分配。单击“参数分配”选项，将信号类型设置为“PTO（脉冲 A 和方向 B）”，如图 8-1-7 所示。

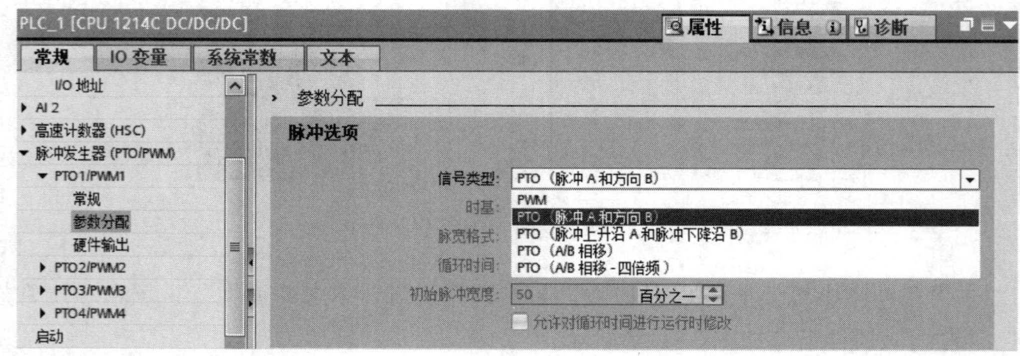

图 8-1-7 选择信号类型

（5）配置硬件输出。单击“硬件输出”选项，设置脉冲输出为“%Q0.0”，方向输出为“%Q0.1”，并勾选“启用方向输出”复选框，如图 8-1-8 所示。

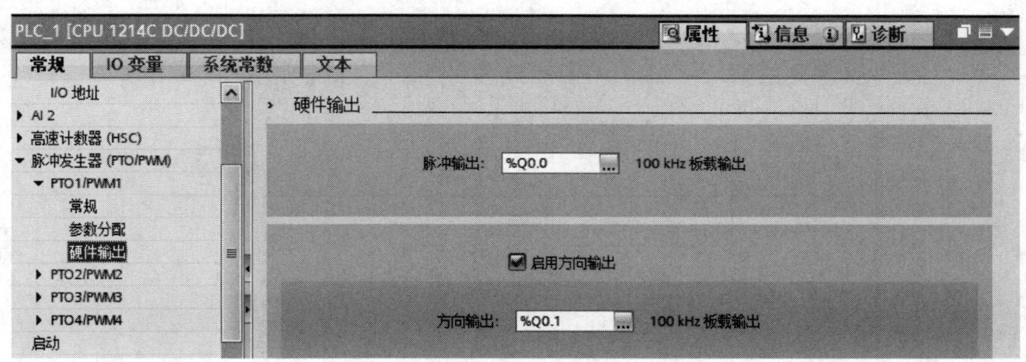

图 8-1-8 配置硬件输出

（6）查看硬件标识符。单击巡视窗口中的“系统常数”选项卡，可以查看所选 PTO 通道的硬件标识符，如图 8-1-9 所示。PTO 通道的硬件标识符是软件自动生成的，不能修改。

PLC_1 [CPU 1214C DC/DC/DC]

常规 | IO 变量 | 系统常数 | 文本

显示硬件系统常数

名称	类型	硬件标识符	使用者	注释
Local~Pulse_1	Hw_Pto	265	PLC_1	
Local~Pulse_2	Hw_Pto	266	PLC_1	
Local~Pulse_3	Hw_Pto	267	PLC_1	
Local~Pulse_4	Hw_Pto	268	PLC_1	

图 8-1-9 硬件标识符

（7）编译。选中设备视图中机架上的 CPU 模块，单击工具栏中的按钮，编译硬件组态的内容。

3. 编辑变量表

本任务的变量表如图 8-1-10 所示。

默认变量表

	名称	数据类型	地址	保持	从 H...	从 H...	在 H...	注释
1	轴_1_脉冲	Bool	%Q0.0	☐	☑	☑	☑	
2	轴_1_方向	Bool	%Q0.1	☐	☑	☑	☑	
3	电动机启动	Bool	%I0.1	☐	☑	☑	☑	
4	电动机停止	Bool	%I0.0	☐	☑	☑	☑	
5	电动机复位	Bool	%I0.2	☐	☑	☑	☑	
6	电动机加速	Bool	%I0.3	☐	☑	☑	☑	
7	电动机减速	Bool	%I0.4	☐	☑	☑	☑	

图 8-1-10 变量表

4. 程序编写

（1）设计复位程序。启动设备前，必须先按复位按钮 SB3，复位步进电动机并将初始脉冲频率设为 500 Hz，电动机复位梯形图程序如图 8-1-11 所示。按下复位按钮 SB3，置位 M10.2 复位标志位，记忆复位按钮状态，同时将初始脉冲值传送给 MW14 脉冲频率寄存器。

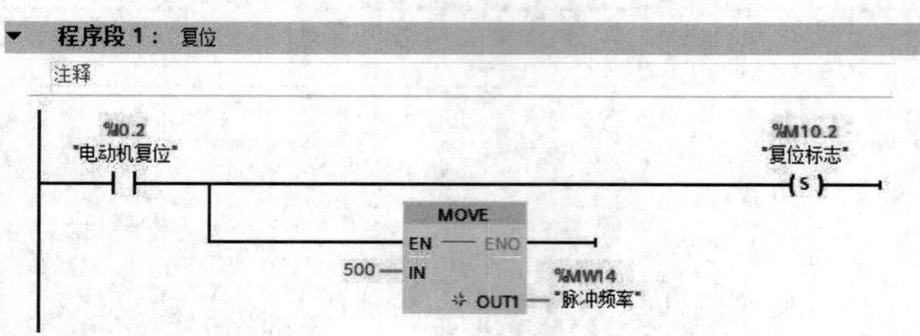

图 8-1-11　电动机复位梯形图程序

（2）设计启动程序。按下启动按钮 SB2，步进电动机按照初始设定的脉冲频率 500 Hz 正转运行，电动机启动梯形图程序如图 8-1-12 所示。

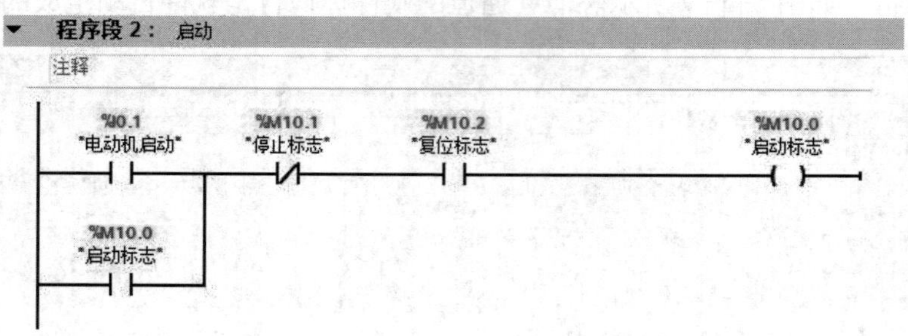

图 8-1-12　电动机启动梯形图程序

（3）设计停止程序。任何时候按下停止按钮 SB1，设备停止运行，脉冲频率为 0，电动机停止梯形图程序如图 8-1-13 所示。

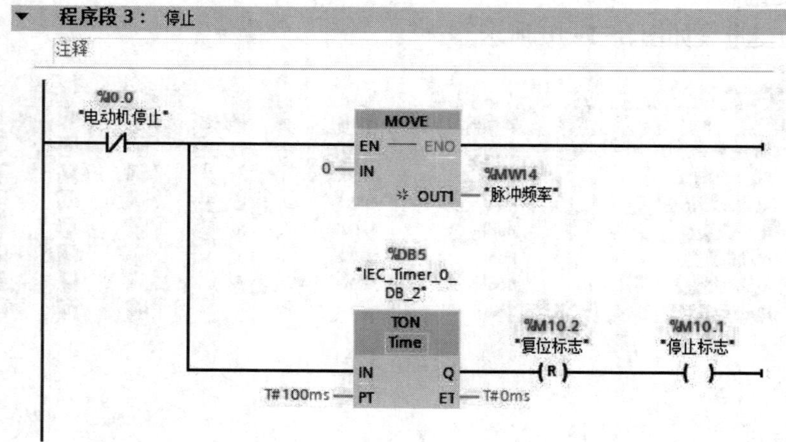

图 8-1-13　电动机停止梯形图程序

（4）设计加速运行程序。电动机加速运行梯形图程序如图 8-1-14 所示。按下加速按钮 SB4，当频率值小于或等于 5 000 时，接通延时定时器，100 ms 后执行一次加法运算，在当前频率值的基础上增加 50，并将计算结果传送到 MW14，更新步进电动机当前脉冲值。

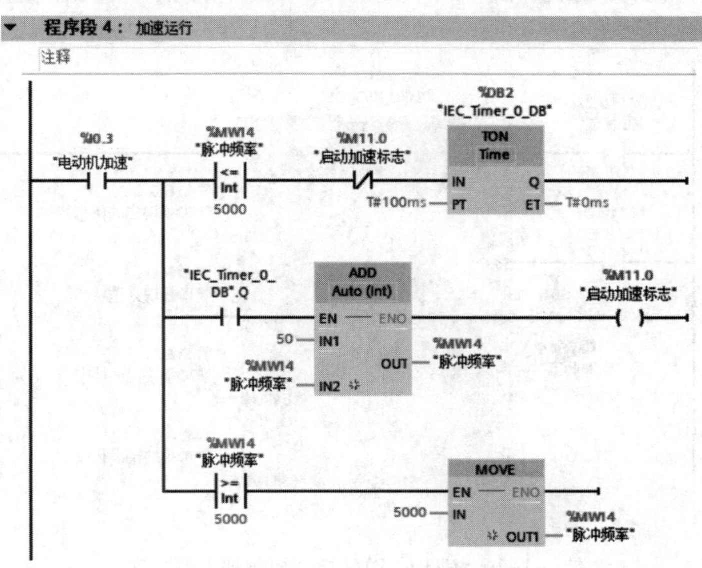

图 8-1-14　电动机加速运行梯形图程序

（5）设计减速运行程序。电动机减速运行梯形图程序如图 8-1-15 所示。按下减速按钮，当频率值大于或等于 0 时，接通延时定时器，100 ms 后执行一次减法运算，在当前频率值的基础上减少 50，计算完成后将结果传送到 MW14，更新步进电动机当前脉冲值。

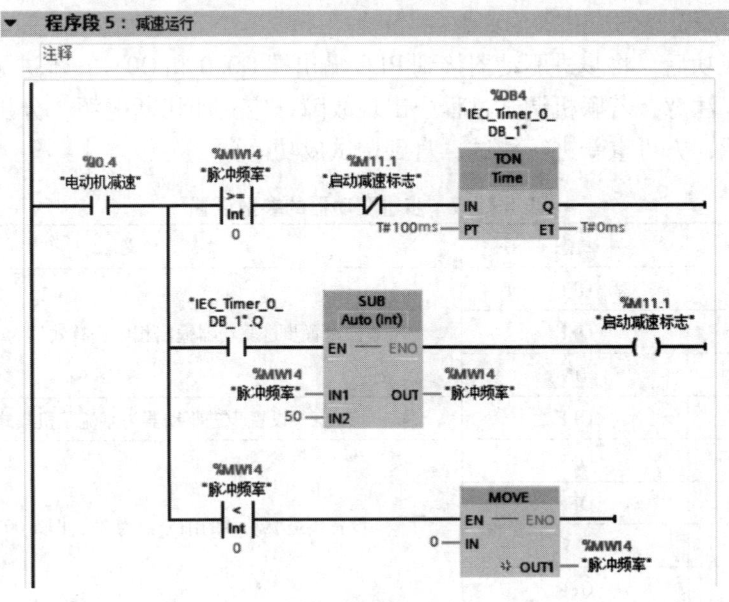

图 8-1-15　电动机减速运行梯形图程序

（6）添加 CTRL_PTO 指令。打开扩展指令中的“脉冲”文件夹，添加 CTRL_PTO 指令，编写 CTRL_PTO 指令控制梯形图程序，如图 8-1-16 所示。

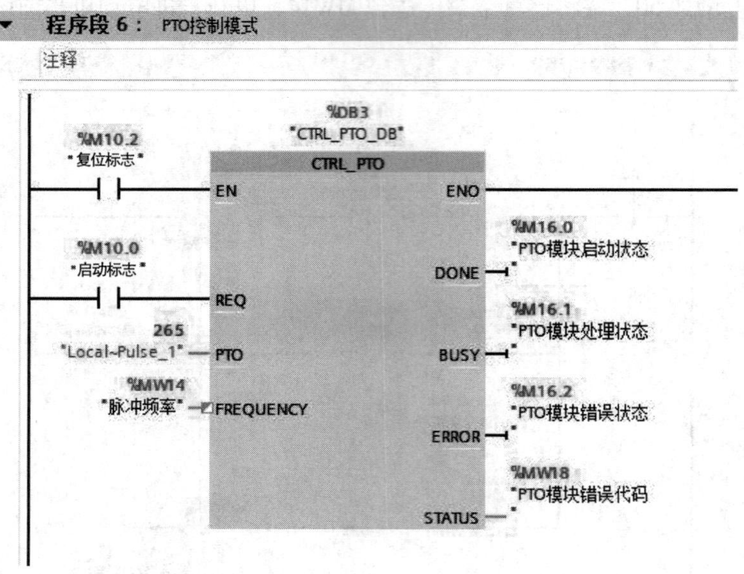

图 8-1-16　CTRL_PTO 指令控制梯形图程序

五、调试

1. 模拟调试

使用程序状态功能或监控表模拟调试步进电动机速度 PLC 控制程序。

2. 联机调试

模拟调试成功后，将步进驱动器接到 PLC 输出端 Q0.0 和 Q0.1，步进驱动器的参数设置见表 8-1-7。注意，若联机调试过程中出现故障，应立即切断电源，分析原因，检查电路。排除故障后，方可重新进行调试，直到调试成功。

表 8-1-7　步进驱动器的参数设置

拨码开关	状态	含义
SW1	OFF	设置步进驱动器输出相电流有效值为 1.69 A
SW2	OFF	
SW3	ON	
SW4	OFF	设置步进驱动器为半流锁机模式
SW5	OFF	设置步进驱动器的细分数为 25，即 5 000 脉冲/圈
SW6	OFF	
SW7	ON	
SW8	OFF	

任务测评

按照表 8-1-8 中的要求进行任务测评。

表 8-1-8 任务测评表

序号	考核内容	配分	考核标准	扣分	得分
1	I/O 端口分配	10	I/O 端口分配错误或遗漏，每处扣 5 分		
2	电路绘制	20	主电路与控制电路分开绘制，有短路和接地保护，PLC 供电、I/O 端口接线正确。绘制有误或画法不规范，每处扣 2 分		
3	电路安装	25	按照接线图安装接线，元器件布置合理，不损坏元器件，安装牢固，配线符合工艺要求。电路安装不正确，每处扣 5 分		
4	程序编写与仿真	25	程序编写、编译及仿真正确。每错一处扣 5 分		
5	通电调试	20	通电调试步骤正确，操作规范，安全无事故，功能正常。通电调试不正确或不规范，每次扣 5 分；出现事故，扣 20 分；第一次通电调试不成功，扣 5 分；第二次通电调试不成功，扣 10 分；第三次通电调试不成功，扣 20 分		
6	安全与文明生产		遵守国家相关专业安全与文明生产规程，如有违反，酌情扣分		
开始时间		结束时间		成绩	

知识拓展

扫描右侧二维码，可了解 CTRL_PWM 指令及其编程示例。

任务 2 步进电动机的位置控制

学习目标

1. 了解 S7-1200 PLC 运动控制组态的步骤。

2. 掌握常用运动控制指令的功能、表示形式和使用方法。

3. 能正确使用运动控制指令设计步进电动机位置控制 PLC 程序，并完成控制线路的绘制、安装和调试。

任务引入

图 8-2-1 所示为某简化版的环形输送带物料分拣搬运设备。该设备能从原点精确运动到 A 工位取料点取料，然后精准地将物料码垛到不同的工位。该设备中简化的步进电动机控制模块如图 8-2-2 所示，主要负责物料的定位抓取和精确码垛。

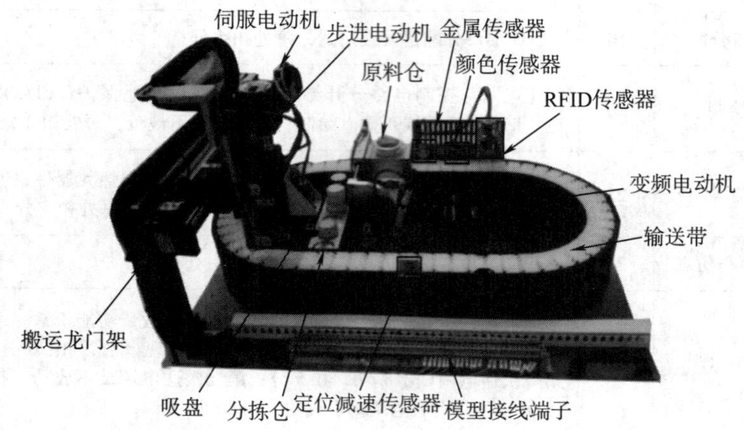

图 8-2-1　简化版的环形输送带物料分拣搬运设备

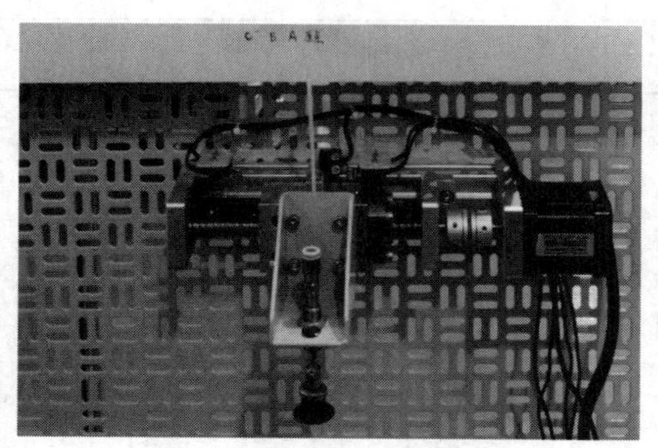

图 8-2-2　简化的步进电动机控制模块

本任务要求使用运动控制指令设计步进电动机位置 PLC 控制系统，并完成控制线路的设计、安装和调试。控制要求如下：

1. 按下复位按钮 SB3，设备执行初始化动作，自动回到原点等待。未按下复位按钮时，设备不执行复位，设备将无法启动。其中，光电开关 SQ1 作为原点检测传感器，右限位微动开关 SQ2 和左限位微动开关 SQ3 分别作为左、右两端限位传感器。

2. 按下启动按钮 SB2，设备启动，等待工作任务开始。

3. 任何时候按下停止按钮 SB1，设备以当前的姿态停止运行，当前任务结束。

4. 按下停止按钮 SB1 后，必须重新按下复位按钮 SB3 执行初始化，否则设备无法启动。

5. 设备启动后按下 BI 位搬运按钮 SB4，触发 B 工位码垛任务，工作流程为设备先到达 A 工位取料，取料完成后自动运行到 B 工位，将物料准确送到 B 工位，最后自动回到原点等待下一个工作任务。

6. 设备启动后按下 CI 位搬运按钮 SB5，触发 C 工位码垛任务，工作流程为设备先到达 A 工位取料，取料完成后自动运行到 C 工位，将物料准确送到 C 工位，最后自动回到原点等待下一个工作任务。

7. 具有短路保护等必要的保护措施。

任务分析

TIA Portal V16 集成了 S7-1200 CPU 的运动控制功能，可通过脉冲接口控制步进电动机。在 TIA Portal V16 中，可以组态轴和命令表工艺对象，S7-1200 CPU 可使用这些工艺对象设置用于控制步进驱动器的脉冲和方向输出。在用户程序中，可以通过运动控制指令控制轴，启动步进驱动器的运动任务。本任务主要学习工艺对象轴的组态方法和运动控制指令的应用。

相关知识

一、S7-1200 PLC 运动控制组态的步骤

1. 对 S7-1200 CPU 进行硬件组态。

2. 组态工艺对象轴并下载到 CPU。S7-1200 PLC 运动控制的组态引入了工艺对象轴的概念，工艺对象轴是实际轴的映射，是用户程序与驱动的接口。工艺对象轴从用户程序中收到控制命令，在运行时执行并监视执行状态，驱动表示步进电动机加电源部分或伺服驱动器加脉冲接口转换器的机电单元。驱动由 PLC 产生的脉冲控制工艺对象轴。运动控制指令必须在正确组态工艺对象轴后才能使用。

3. 使用轴控制面板进行测试。S7-1200 PLC 运动控制功能的轴控制面板是一个重要的测试工具，该工具用于在编写控制程序前测试轴的硬件组件以及轴的参数是否正确。

4. 调用工艺指令（如运动控制指令）编写控制程序并调试。

二、运动控制指令

运动控制指令使用相关工艺数据块和 CPU 的 PTO 功能控制轴上的运动。S7-1200 PLC 各运动控制指令的功能见表 8-2-1。

表 8-2-1　S7-1200 PLC 各运动控制指令的功能

指令	功能
MC_Power 指令（启动/禁用轴指令）	启用和禁用运动控制轴。在程序中一直调用，并且在其他运动控制指令之前调用、使能

续表

指令	功能
MC_ Reset 指令（确认故障指令）	确认伴随轴停止出现的运行错误和组态错误
MC_ Home 指令（回原点指令）	使轴归位，设置参考点，将轴坐标与实际的物理驱动器位置进行匹配
MC_ Halt 指令（停止轴运行指令）	停止所有运动并以组态的减速度停止轴。常用 MC_ Halt 指令来停止通过 MC_ MoveVelocity 指令触发的轴的运行
MC_ MoveAbsolute 指令（绝对位置指令）	使轴以某一速度进行绝对位置定位。在使能 MC_ MoveAbsolute 指令之前，轴必须回原点。因此绝对位置指令之前必须有 MC_ Home 指令
MC_ MoveRelative 指令（相对距离指令）	使轴以某一速度在轴当前位置的基础上移动一段距离。不需要先执行 MC_ Home 指令
MC_ MoveVelocity 指令（速度运行指令）	使轴以预设的速度运行
MC_ MoveJog 指令（点动指令）	在点动模式下以指定的速度连续移动轴。正向点动和反向点动不能同时触发
MC_ CommandTable 指令（命令表指令）	根据用户定义的命令表，按移动顺序运行命令表中的命令。使用该指令的前提是用户已经组态了命令表工艺对象 TO_ CommandTable
MC_ ChangeDynamic 指令（更改动态参数指令）	更改轴的动态参数，包括： （1）加速时间（加速度）值 （2）减速时间（减速度）值 （3）急停减速时间（急停减速度）值 （4）平滑时间（冲击）值
MC_ WriteParam 指令（写参数指令）	在用户程序中写入或更改工艺对象轴和命令表对象中的变量
MC_ ReadParam 指令（读参数指令）	在用户程序中读取工艺对象轴和命令表对象中的变量

1. MC_ Power 指令

MC_ Power 指令的表示形式如图 8-2-3 所示，其参数含义见表 8-2-2。工艺对象轴在运动前必须激活 MC_ Power 指令，否则轴无法运行。注意，每个运动控制指令下方都有一个“▼”，单击它可以显示该指令的所有输入/输出引脚。其中灰色的引脚表示该引脚不经常使用。

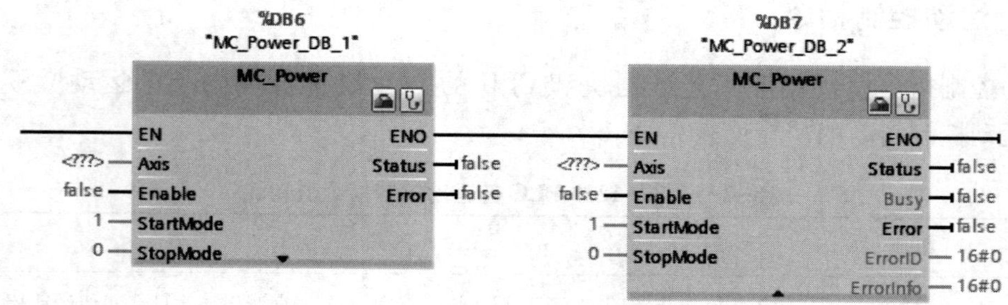

图 8-2-3　MC_ Power 指令的表示形式

表 8-2-2　MC_Power 指令参数的含义

参数	名称	数据类型	默认值	说明
Axis	轴	TO_Axis	—	工艺对象轴
Enable	使能端	Bool	false	0=根据组态的 StopMode 中断当前所有作业，停止并禁用轴 1=执行轴已启用
StartMode	启动模式	Int	1	0=启用位置不受控的定位轴 1=启用位置受控的定位轴
StopMode	停止模式	Int	0	0=紧急停止：如果禁用轴的请求处于待决状态，则轴将以组态的急停减速度进行制动。轴为静止状态后被禁用 1=立即停止：如果禁用轴的请求处于待决状态，则会输出该设定值 0 并禁用轴。轴将根据驱动器中的组态进行制动，并转入停止状态。对于通过 PTO 连接的驱动器，禁用轴时将根据频率的减速度停止脉冲输出 2=带有加速度变化率控制的紧急停止：如果禁用轴的请求处于待决状态，则轴将以组态的急停减速度进行制动。如果激活了加速度变化率控制，会将已组态的加速度变化率考虑在内。轴为静止状态后被禁用
Status	状态	Bool	false	轴的使能状态：0=禁用轴；1=轴已启用
Busy	忙	Bool	false	1=MC_Power 指令处于活动状态
Error	错误	Bool	false	1=MC_Power 指令或相关工艺对象发生错误
ErrorID	错误 ID	Word	16#0000	错误 ID
ErrorInfo	错误信息	Word	16#0000	错误信息

MC_Power 指令的应用如图 8-2-4 所示。当持续接通 I0.1 时，激活 MC_Power 指令，轴按照设定的启动模式进行工作。当断开 I0.1 时，根据设定的停止模式进行工作，完成后停止并禁用轴。

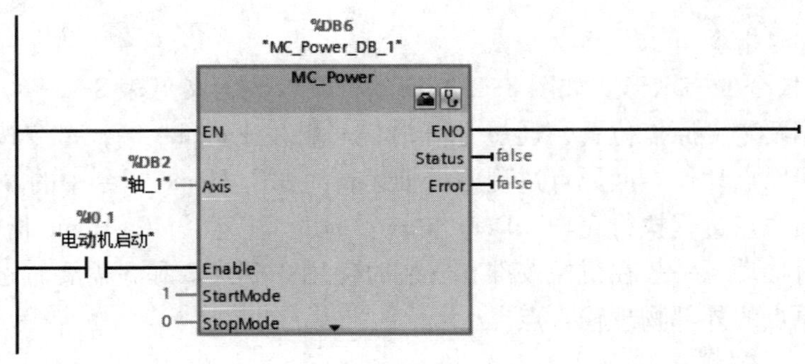

图 8-2-4　MC_Power 指令的应用

2. MC_ Reset 指令

MC_ Reset 指令的表示形式如图 8-2-5 所示，其参数含义见表 8-2-3。如果存在需确认的错误，可通过上升沿信号激活 MC_ Reset 指令的 Execute 端，对轴错误复位。

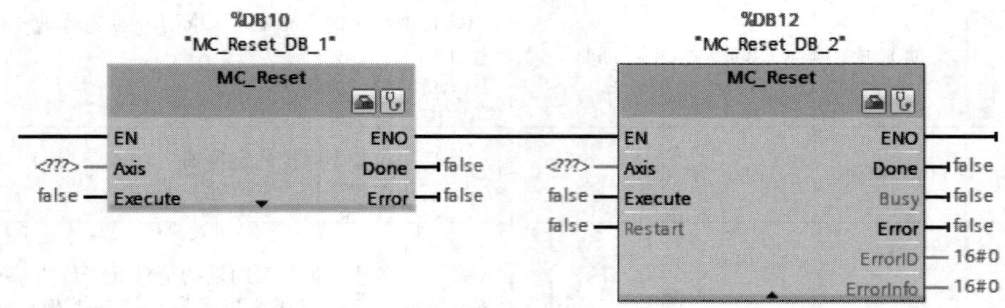

图 8-2-5　MC_ Reset 指令的表示形式

表 8-2-3　MC_ Reset 指令参数的含义

参数	名称	数据类型	默认值	说明
Axis	轴	TO_ Axis	—	已组态完成的工艺对象轴
Execute	执行端	Bool	false	上升沿时启动命令
Restart	重启	Bool	false	0=确认待决的错误 1=将轴组态从装载存储器下载到工作存储器。仅在禁用轴后才能执行该命令
Done	完成	Bool	false	1=错误已确认
Busy	忙	Bool	false	1=命令正在执行
Error	错误	Bool	false	1=执行命令期间出错
ErrorID	错误 ID	Word	16#0000	错误 ID
ErrorInfo	错误信息	Word	16#0000	错误信息

3. MC_ Home 指令

MC_ Home 指令的表示形式如图 8-2-6 所示，其参数含义见表 8-2-4。该指令用于执行轴回原点动作及定义原点位置，通过上升沿信号触发 Execute 端，指令按照设定的参数模式执行轴的回原点动作。回原点过程中，轴运行时 MC_ Home 指令中的 Busy 位始终输出高电平，一旦回原点过程执行完毕，Done 位被置为 1。注意，MC_ Home 指令的模式 0 和 1 不需要轴做任何移动，一般在机械校准和安装时使用；模式 2 和 3 需要轴运动并触发组态好的作为参考原点的外部物理输入点。

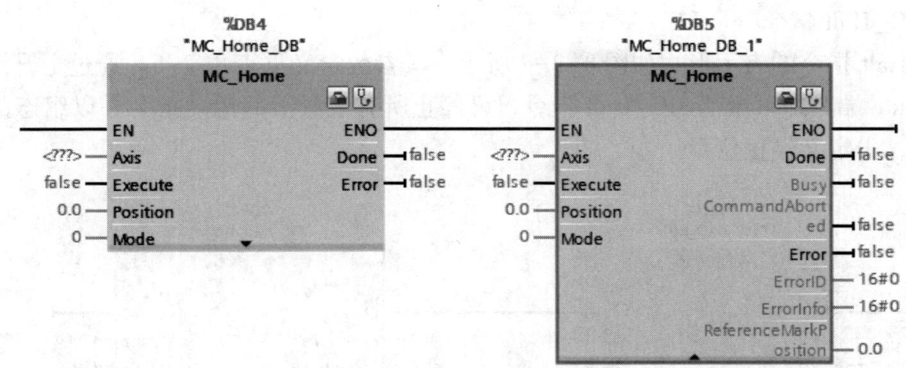

图 8-2-6　MC_ Home 指令的表示形式

表 8-2-4　MC_ Home 指令参数的含义

<table>
<tr><th>参数</th><th>名称</th><th>数据类型</th><th>默认值</th><th colspan="2">说明</th></tr>
<tr><td>Axis</td><td>轴</td><td>TO_ Axis</td><td>—</td><td colspan="2">已组态完成的工艺对象轴</td></tr>
<tr><td>Execute</td><td>执行端</td><td>Bool</td><td>false</td><td colspan="2">上升沿时启动命令</td></tr>
<tr><td>Position</td><td>位置</td><td>Real</td><td>0. 0</td><td colspan="2">Mode=0、2 和 3：完成回原点操作之后，轴的绝对位置
Mode=1：对当前轴位置的修正值</td></tr>
<tr><td rowspan="7">Mode</td><td rowspan="7">模式</td><td rowspan="7">Int</td><td rowspan="7">0</td><td colspan="2">回原点模式</td></tr>
<tr><td>0</td><td>绝对式直接回原点，新的轴的位置值为参数 Position 的值</td></tr>
<tr><td>1</td><td>相对式直接回原点，新的轴的位置值等于当前轴位置+参数 Position 的值</td></tr>
<tr><td>2</td><td>被动回原点，新的轴的位置值为参数 Position 的值</td></tr>
<tr><td>3</td><td>主动回原点，新的轴的位置值为参数 Position 的值</td></tr>
<tr><td>6</td><td>绝对编码器相对调节，将当前的轴位置设定为当前位置+参数 Position 的值</td></tr>
<tr><td>7</td><td>绝对编码器绝对调节，将当前的轴位置设定为参数 Position 的值</td></tr>
<tr><td>Done</td><td>完成</td><td>Bool</td><td>false</td><td colspan="2">1=命令已完成</td></tr>
<tr><td>Busy</td><td>忙</td><td>Bool</td><td>false</td><td colspan="2">1=命令正在执行</td></tr>
<tr><td>Command-Aborted</td><td>命令取消</td><td>Bool</td><td>false</td><td colspan="2">1=命令在执行过程中被另一命令中止</td></tr>
<tr><td>Error</td><td>错误</td><td>Bool</td><td>false</td><td colspan="2">1=执行命令期间出错</td></tr>
<tr><td>ErrorID</td><td>错误 ID</td><td>Word</td><td>16#0000</td><td colspan="2">错误 ID</td></tr>
<tr><td>ErrorInfo</td><td>错误信息</td><td>Word</td><td>16#0000</td><td colspan="2">错误信息</td></tr>
<tr><td>Reference-MarkPosition</td><td>工艺对象归位位置</td><td>Real</td><td>0. 0</td><td colspan="2">显示工艺对象回原点位置（Done=true 时有效）</td></tr>
</table>

4. MC_Halt 指令

MC_Halt 指令的表示形式如图 8-2-7 所示，其参数含义见表 8-2-5。通过上升沿信号触发 Execute 端，即可激活 MC_Halt 指令，可停止所有被激活的运动指令并以组态的减速度停止轴，未定义停止位置。

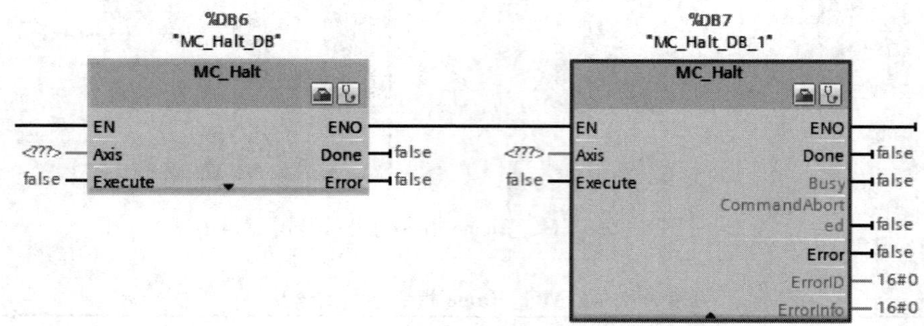

图 8-2-7　MC_Halt 指令的表示形式

表 8-2-5　MC_Halt 指令参数的含义

参数	名称	数据类型	默认值	说明
Axis	轴	TO_SpeedAxis	—	已组态完成的工艺对象轴
Execute	执行端	Bool	false	上升沿时启动命令
Done	完成	Bool	false	1=命令已完成
Busy	忙	Bool	false	1=命令正在执行
Command-Aborted	命令取消	Bool	false	1=命令在执行过程中被另一命令中止
Error	错误	Bool	false	1=执行命令期间出错
ErrorID	错误 ID	Word	16#0000	错误 ID
ErrorInfo	错误信息	Word	16#0000	错误信息

5. MC_MoveAbsolute 指令

MC_MoveAbsolute 指令的表示形式如图 8-2-8 所示，其参数含义见表 8-2-6。注意，使用 MC_MoveAbsolute 指令前，轴必须先执行 MC_Home 指令，定义轴的参考原点位置后才能使用，通过指定参数可到达机械限位内的任意一点。当上升沿信号触发 Execute 端时，系统会自动计算当前位置与目标位置之间的脉冲数，并加速到指定速度，当到达目标位置时减速到启动/停止速度。

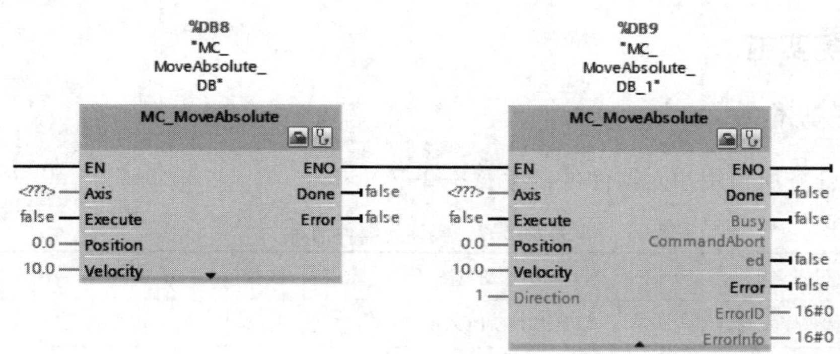

图 8-2-8　MC_ MoveAbsolute 指令的表示形式

表 8-2-6　MC_ MoveAbsolute 指令参数的含义

<table>
<tr><th>参数</th><th>名称</th><th>数据类型</th><th>默认值</th><th colspan="2">说明</th></tr>
<tr><td>Axis</td><td>轴</td><td>TO_ PositioningAxis</td><td>—</td><td colspan="2">已组态完成的工艺对象轴</td></tr>
<tr><td>Execute</td><td>执行端</td><td>Bool</td><td>false</td><td colspan="2">上升沿时启动命令</td></tr>
<tr><td>Position</td><td>目标位置</td><td>Real</td><td>0. 0</td><td colspan="2">绝对目标位置值</td></tr>
<tr><td>Velocity</td><td>运行速度</td><td>Real</td><td>10. 0</td><td colspan="2">轴的速度</td></tr>
<tr><td rowspan="5">Direction</td><td rowspan="5">轴的运动方向</td><td rowspan="5">Int</td><td rowspan="5">1</td><td colspan="2">仅在“模数”已启用的情况下才进行评估。对于 PTO 轴忽略该参数</td></tr>
<tr><td>0</td><td>速度（Velocity 参数）的符号，用于确定运动的方向</td></tr>
<tr><td>1</td><td>正方向（从正方向逼近目标位置）</td></tr>
<tr><td>2</td><td>负方向（从负方向逼近目标位置）</td></tr>
<tr><td>3</td><td>最短距离（工艺将选择从当前位置到目标位置距离最短的路径）</td></tr>
<tr><td>Done</td><td>完成</td><td>Bool</td><td>false</td><td colspan="2">1＝命令已完成</td></tr>
<tr><td>Busy</td><td>忙</td><td>Bool</td><td>false</td><td colspan="2">1＝命令正在执行</td></tr>
<tr><td>Command-Aborted</td><td>命令取消</td><td>Bool</td><td>false</td><td colspan="2">1＝命令在执行过程中被另一命令中止</td></tr>
<tr><td>Error</td><td>错误</td><td>Bool</td><td>false</td><td colspan="2">1＝执行命令期间出错</td></tr>
<tr><td>ErrorID</td><td>错误 ID</td><td>Word</td><td>16#0000</td><td colspan="2">错误 ID</td></tr>
<tr><td>ErrorInfo</td><td>错误信息</td><td>Word</td><td>16#0000</td><td colspan="2">错误信息</td></tr>
</table>

知识拓展

扫描右侧二维码，可了解其他运动控制指令的表示形式和参数含义。

任务实施

一、任务准备

实施本任务所使用的元器件可参考表 8-2-7。

表 8-2-7 实训元器件清单

序号	设备名称	型号及规格	数量	备注
1	可编程序控制器	CPU 1214C DC/DC/DC	1 台	配 C45 导轨
2	剩余电流动作断路器	DZ47LE-63 C10，1P+N，30 mA	1 个	QF，电源开关
3	熔断器	RT28-32/2	4 个	
4	开关型稳压电源	S-150-24，AC 220 V/DC 24 V，150 W	1 台	
5	按钮	LA38-11/203	5 个	SB1（红）/SB2（绿）/SB3（黄）/SB4（黄）/SB5（绿），停止/启动/复位/B 工位搬运任务/C 工位搬运任务按钮
6	光电开关	PM-T45P，U 型，PNP 型	1 个	SQ1，原点信号
7	微动开关	SS-5GL2	2 个	SQ2、SQ3，限位用超小型微动开关
8	真空吸盘	ZP3B-T2BK15-B5	1 套	
9	L 型安装构件	自选	1 个	
10	联轴器	自选	1 个	
11	滚轴丝杠滑台模组	1204，总长 300 mm	1 套	
12	碳膜电阻	1.2 kΩ，0.25 W	2 个	限流电阻 R1、R2
13	步进驱动器	YKD2305M	1 台	
14	步进电动机	YK42XQ47-02A	1 台	
15	接线端子排	TB-1520，20 位	1 条	
16	配电盘	600 mm×900 mm	1 块	

二、分配输入/输出端口

输入/输出端口分配见表 8-2-8。

表 8-2-8 输入/输出端口分配表

输入端口			输出端口		
输入继电器	输入元器件	作用	输出继电器	输出元器件	作用
I0.0	按钮 SB1	停止	Q0.0	步进驱动器 PU+	脉冲输出

续表

输入端口			输出端口		
输入继电器	输入元器件	作用	输出继电器	输出元器件	作用
I0. 1	按钮 SB2	启动	Q0. 1	步进驱动器 DR+	方向输出
I0. 2	按钮 SB3	复位			
I0. 3	按钮 SB4	B 工位搬运任务			
I0. 4	按钮 SB5	C 工位搬运任务			
I0. 5	光电开关 SQ1	原点检测			
I0. 6	微动开关 SQ2	右限位			
I0. 7	微动开关 SQ3	左限位			

三、绘制并安装 PLC 控制线路

步进电动机位置 PLC 控制系统的接线如图 8-2-9 所示。安装时，步进驱动器暂时不接到 PLC 输出端 Q0. 0 和 Q0. 1，待模拟调试程序通过后再连接。安装完毕，要用万用表检测电路的通断情况是否正确，用兆欧表检测电路的绝缘电阻值是否符合要求。

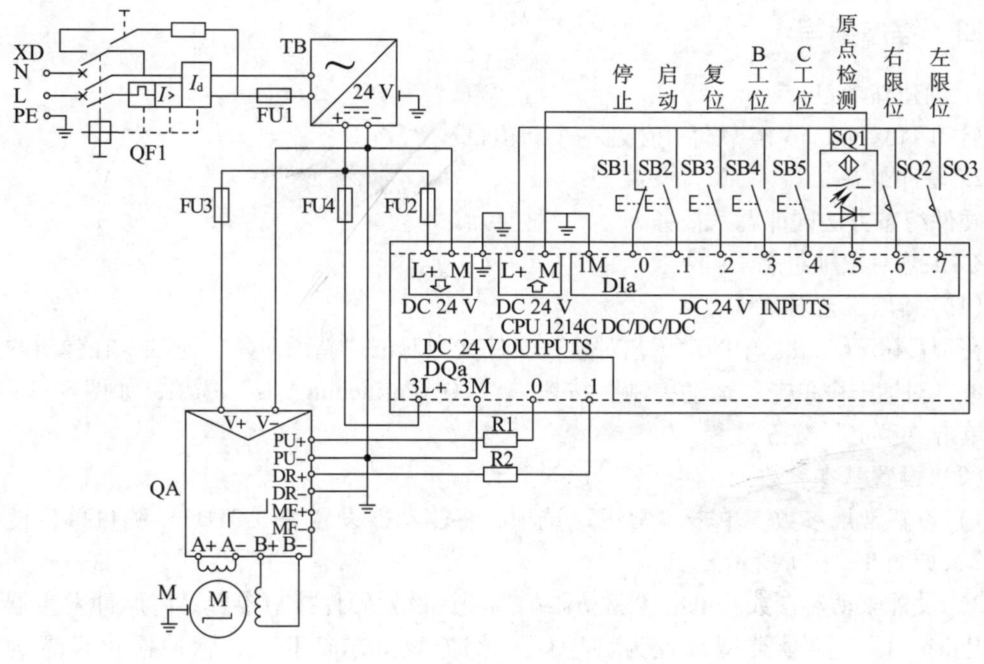

a）

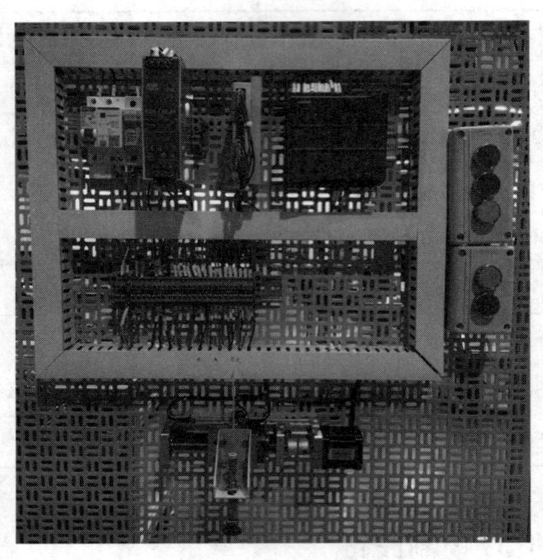

b）

图 8-2-9　步进电动机位置 PLC 控制系统接线图和实物图
a）接线图　b）实物图

四、程序编写

1. 创建新项目

启动 TIA Portal V16 软件并创建一个新项目。

2. 硬件组态

硬件组态方法同课题八任务 1。

3. 工艺对象轴组态

（1）新增工艺对象

在项目树 PLC 设备中的“工艺对象”文件夹中双击“新增对象”选项，在弹出的“新增对象”对话框中单击“运动控制”按钮→“TO_PositioningAxis”选项，如图 8-2-10 所示，单击“确定”按钮。

（2）设置基本参数

1）设置常规参数。单击“常规”选项，将驱动器设置为“PTO”、测量单位设置为“mm”，如图 8-2-11 所示。

2）设置驱动器参数。单击“驱动器”选项，设置硬件接口参数，将脉冲发生器设置为“Pulse_1”、信号类型设置为“PTO（脉冲 A 和方向 B）”、脉冲输出设置为“%Q0.0”，勾选“激活方向输出”复选框，将方向输出设置为“%Q0.1”，如图 8-2-12 所示。

图 8-2-10　添加轴控制对象

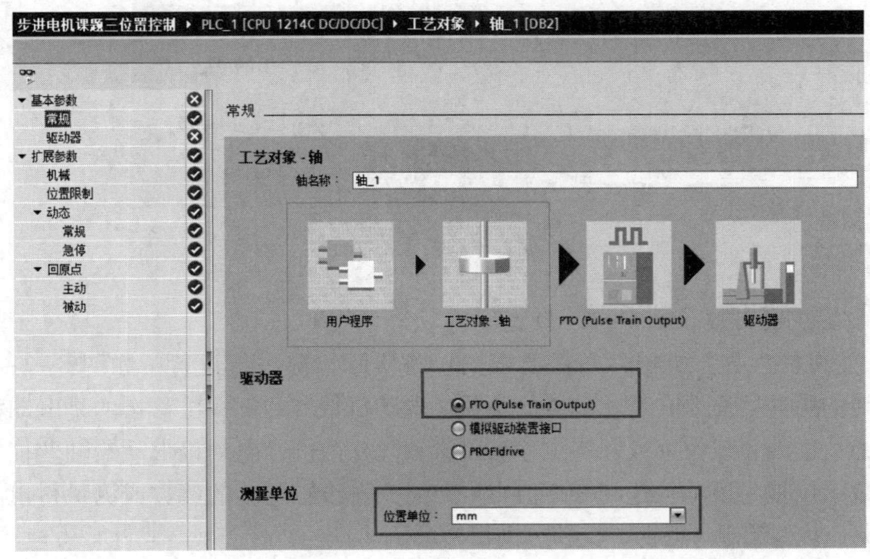

图 8-2-11　设置常规参数

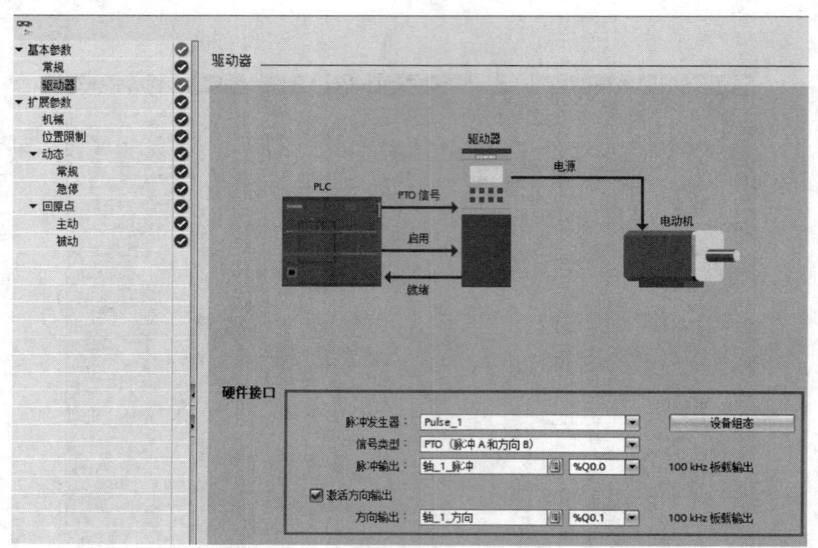

图 8-2-12　设置驱动器参数

根据实际情况进行驱动装置的使能和反馈参数设置，也可以在程序中进行设置，本任务使用默认设置即可，如图 8-2-13 所示。使能输出为驱动器使能信号选择，一般用于触发 MC_Power 指令使能端。就绪输入为驱动器的准备就绪反馈信号，一般由驱动器向 CPU 发送，该处填入相应的 I/O 信号。如果驱动器不具备此功能，则使用默认值 TRUE。

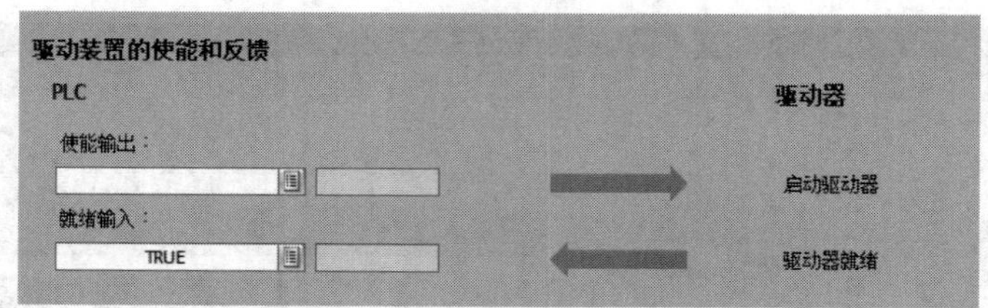

图 8-2-13　设置驱动装置的使能和反馈参数

（3）设置扩展参数

1）设置机械参数。机械参数需要根据设备实际情况进行设置，如图 8-2-14 所示。电动机每转的脉冲数需要查看驱动器的参数。电动机每转的负载位移指的是电动机轴旋转一周，轴上负载的直线位移或圆周位移。以滚轴丝杠为例，电动机带动滚轴丝杠做旋转运动，则负载的位移为滚轴丝杠的螺距值，可通过查看滚轴丝杠的参数或测量得出。若勾选“反向信号”复选框，会将正、反转运动信号颠倒。

2）设置位置限制参数。位置限制参数的设置如图 8-2-15 所示，勾选“启用硬限位开关”复选框，在“硬件下限位开关输入”和“硬件上限位开关输入”处设置输入硬件信号。电平模式根据 PLC 接线情况确定，低电平模式指 CPU 输入端口接入 0 V 电压信号表示已经逼近硬限位开关，高电平模式指 CPU 输入端口接入 DC 5 V 或 DC 24 V（根据实

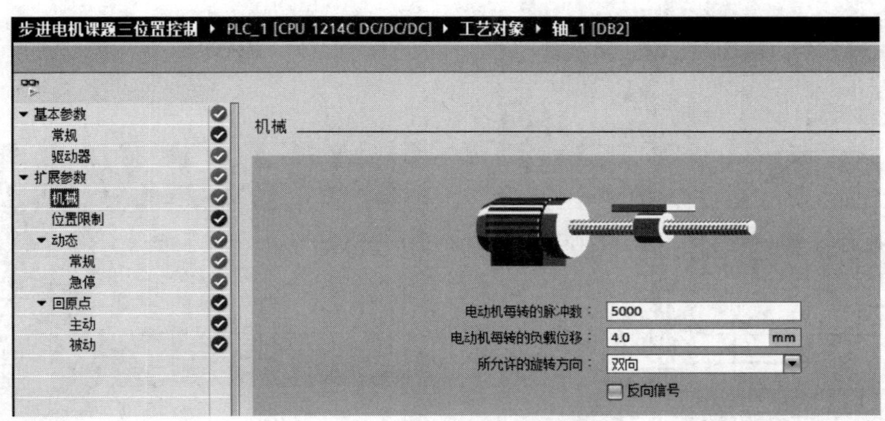

图 8-2-14　设置机械参数

际接线情况确定）电压信号表示已经逼近硬限位开关。“启用软限位开关”复选框应根据需要进行设置。

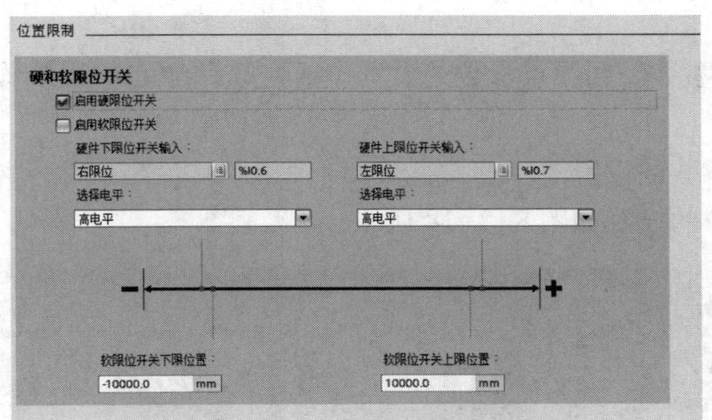

图 8-2-15　设置位置限制参数

3）设置动态参数。常规动态参数和急停动态参数的设置如图 8-2-16 和图 8-2-17 所示。

①常规动态参数设置

最大转速：根据所带负载及机械结构合理设置。

启动/停止速度：电动机启动及停止瞬间的速度，此数值不能过大或过小，启停速度过大可能影响电动机寿命。

加速度：加速度越大，电动机从启动速度到达最大转速的时间越短。

减速度：减速度越大，电动机从最大转速降到停止速度的时间越短。

②急停动态参数设置

急停的作用是使电动机发生故障时能够紧急停止。急停减速时间的设置尤为关键，数值不能过大或过小，本任务中设置为 0.1 s。紧急减速度的数值会根据设定的急停减速时间自动生成。

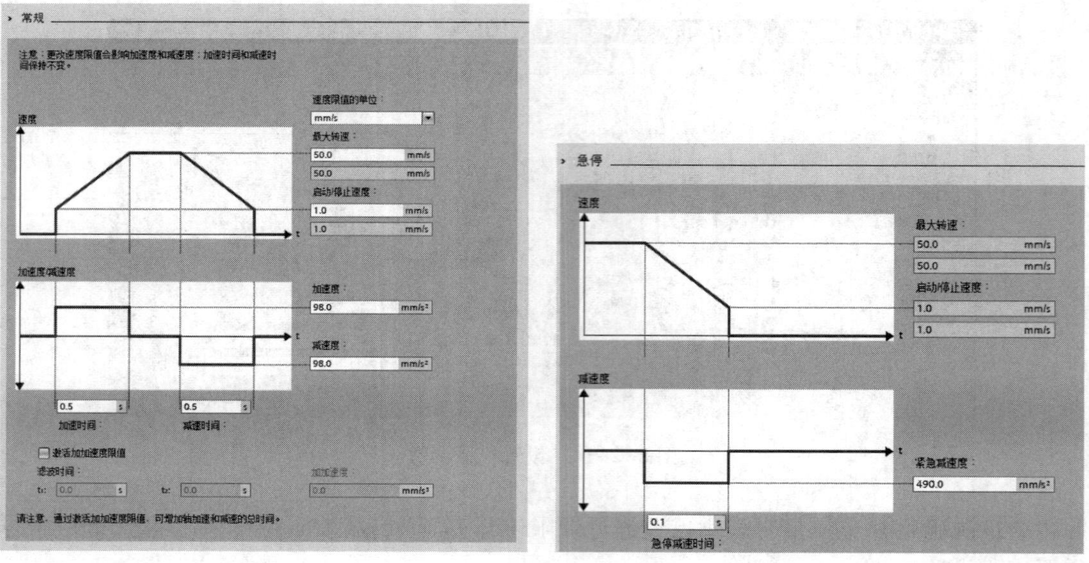

图 8-2-16　设置常规动态参数　　　　图 8-2-17　设置急停动态参数

4）设置回原点参数。回原点参数的设置包括主动回原点参数的设置和被动回原点参数的设置。

①主动回原点参数的设置

主动回原点参数的设置如图 8-2-18 所示。

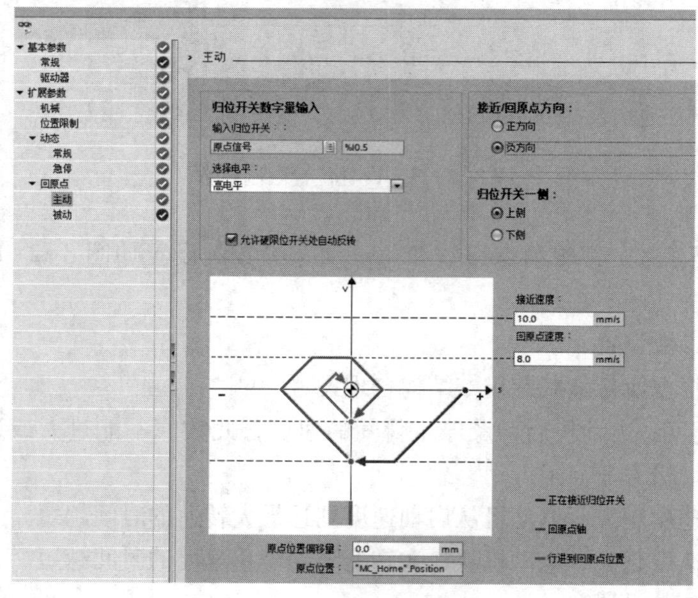

图 8-2-18　设置主动回原点参数

输入归位开关：电动机运动原点的数字量 I/O 信号，该输入必须具有中断功能，通常用 CPU 输入或所插入信号板输入作为输入归位开关的输入接口。

选择电平：根据设备电路接线进行选择。

接近/回原点方向：电动机旋转的方向，根据原点安装位置及电动机机械结构确定。

归位开关一侧：上侧与下侧指的是机械设备在原点信号两端的不同位置，根据实际情况进行设置。

允许硬限位开关处自动反转：需要勾选该复选框，执行回原点动作时，若电动机位置不对导致未找到原点信号，碰触硬限位开关后能够反方向寻找原点。

接近速度：电动机回原点过程中的运行速度，该速度不能过大，速度过大容易冲过原点位置。

回原点速度：到达原点位置时的运行速度。

原点位置偏移量：电动机回原点后，偏移原点位置的距离。

②被动回原点参数的设置

被动回原点参数的设置如图 8-2-19 所示。

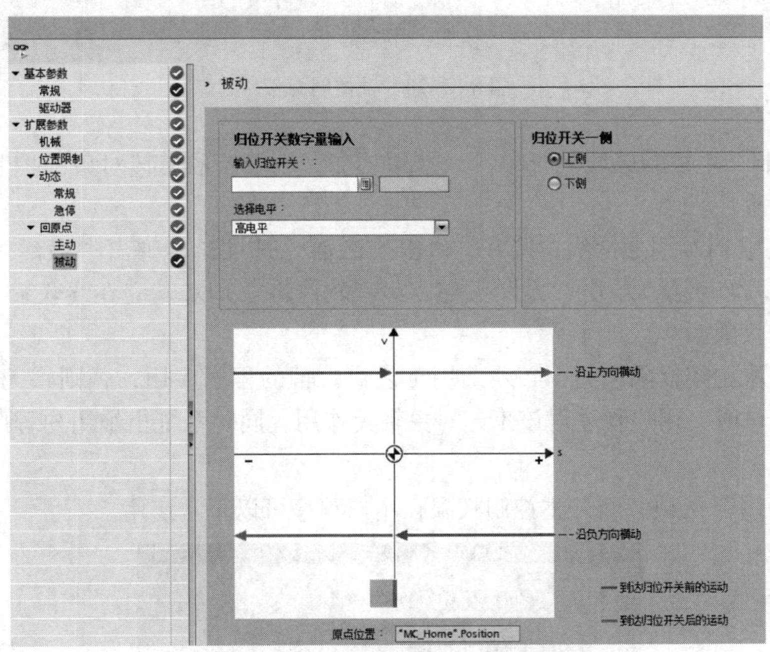

图 8-2-19　设置被动回原点参数

输入归位开关：电动机运动原点的数字量 I/O 信号，该输入必须具有中断功能，通常用 CPU 输入或所插入信号板的输入作为归位信号的输入接口。数字量输入信号的滤波时间必须小于归位信号开关的输入信号持续时间。

选择电平：根据设备电路接线进行选择。

归位开关一侧：上侧与下侧指的是机械设备在原点信号两端的不同位置，根据实际情况进行设置。

（4）轴控制面板测试

双击工艺对象“轴_1［DB2］”下的“调试”选项，可打开图 8-2-20 所示的轴控制面板。轴控制面板提供测试轴和驱动轴功能，允许用户对轴配置参数进行测试以及设置主控制、轴等。

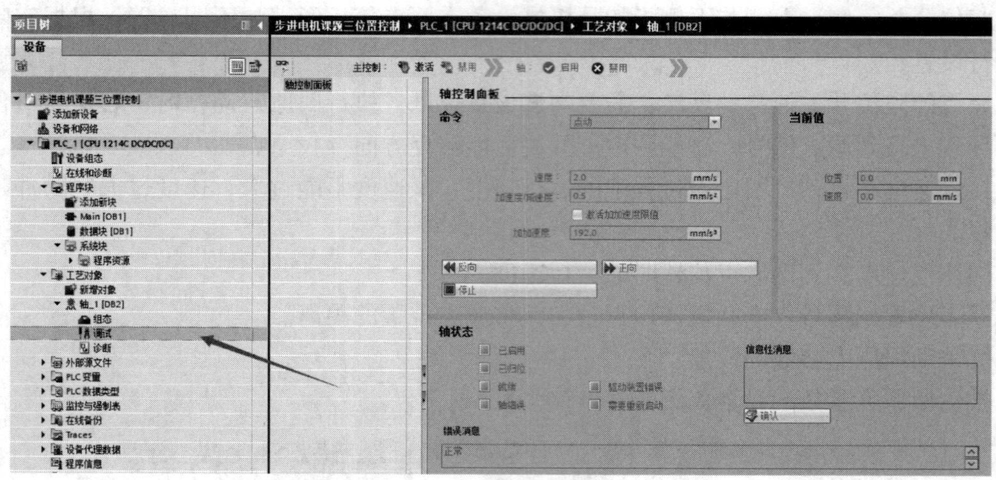

图 8-2-20　轴控制面板

1）主控制。主控制区域包含激活、禁用功能，用于获取工艺对象的控制权限或将权限返回给用户程序。

将计算机与 PLC 用通信线连接好，单击“激活”选项，会弹出“激活主控制”对话框，如图 8-2-21 所示。单击“是”按钮，编程软件将与 PLC 建立在线联系，获取对工艺对象轴的主控权限。

注意：获取主控权限期间，必须禁用工艺对象轴的程序应用，否则将无法进行调试；进行主控制调试时，用户程序对该工艺对象轴无作用，同时系统拒绝用户程序指令并输出报错信息。

单击“禁用”选项，断开主控制权限，用户程序可以正常使用。

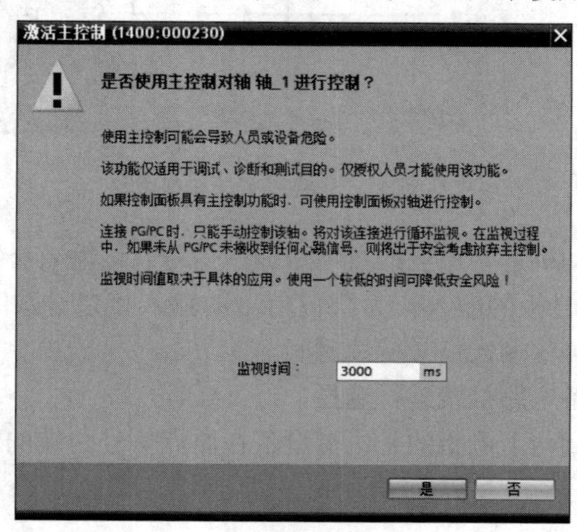

图 8-2-21　“激活主控制”对话框

2）轴。轴区域提供启用与禁用工艺对象轴功能，如图 8-2-22 所示。

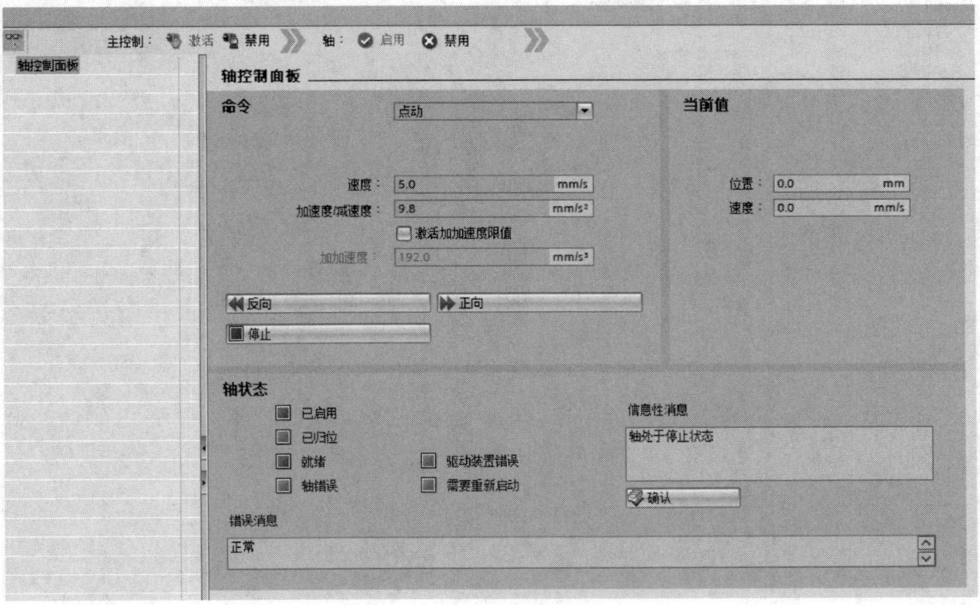

图 8-2-22　启用工艺对象轴

①命令

“命令”功能选项仅在工艺对象轴启用后才能生效，主要包括工艺对象轴各功能测试选项，如图 8-2-23 所示。

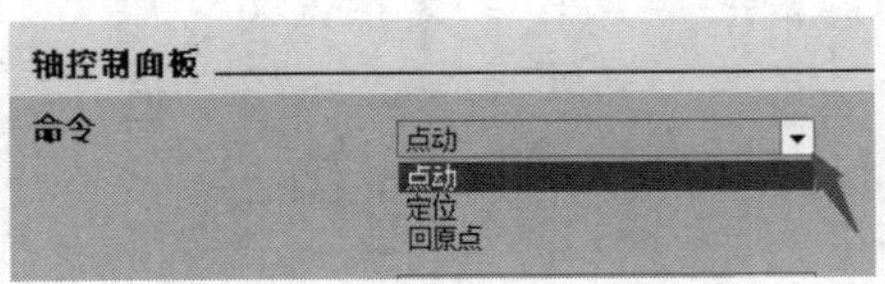

图 8-2-23　“命令”功能选项

点动：用于测试电动机连接是否正常，电动机能否正常运行。

定位：用于测试电动机运动定位是否正常，能否到达设定位置。

回原点：用于测试电动机能否正常执行回原点功能，检测参数设置是否正常。

②当前值

显示工艺对象轴当前的位置和实时速度。

③轴状态

显示当前工艺对象轴状态和驱动装置状态。

（5）轴诊断

双击工艺对象“轴_1［DB2］”下的“诊断”选项，可打开图 8-2-24 所示的诊断面板（状态和错误位界面）。诊断面板包含状态和错误位、运动状态和动态设置信息。

运动状态界面如图 8-2-25 所示，动态设置界面如图 8-2-26 所示。

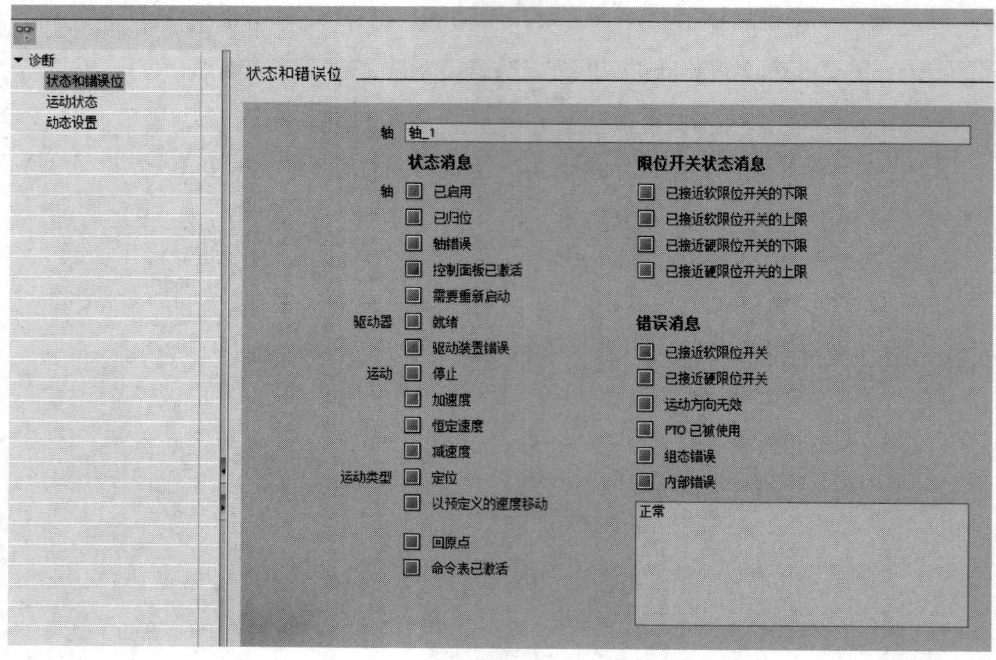

图 8-2-24　诊断面板（状态和错误位界面）

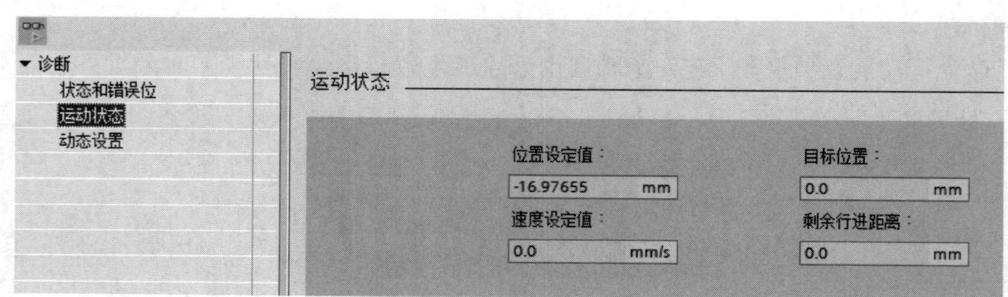

图 8-2-25　运动状态界面

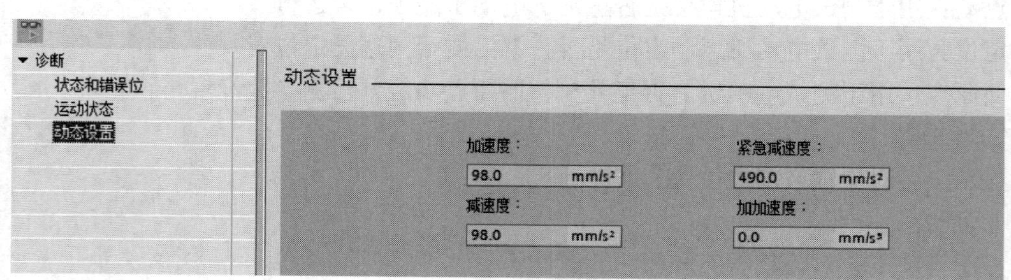

图 8-2-26　动态设置界面

4. 编辑变量表

本任务的变量表如图 8-2-27 所示。

默认变量表

	名称	数据类型	地址	保持	从 H...	从 H...	在 H...	注释
1	轴_1_脉冲	Bool	%Q0.0	☐	☑	☑	☑	
2	轴_1_方向	Bool	%Q0.1	☐	☑	☑	☑	
3	电动机停止	Bool	%I0.0	☐	☑	☑	☑	
4	电动机启动	Bool	%I0.1	☐	☑	☑	☑	
5	电动机复位	Bool	%I0.2	☐	☑	☑	☑	
6	B工位搬运任务	Bool	%I0.3	☐	☑	☑	☑	
7	C工位搬运任务	Bool	%I0.4	☐	☑	☑	☑	
8	原点信号	Bool	%I0.5	☐	☑	☑	☑	
9	右限位	Bool	%I0.6	☐	☑	☑	☑	
10	左限位	Bool	%I0.7	☐	☑	☑	☑	

图 8-2-27 变量表

5. 程序设计

（1）设计复位程序。按下复位按钮 SB3，设备执行初始化动作，自动回到原点等待。若未按下复位按钮，将无法启动设备。复位梯形图程序如图 8-2-28 所示。

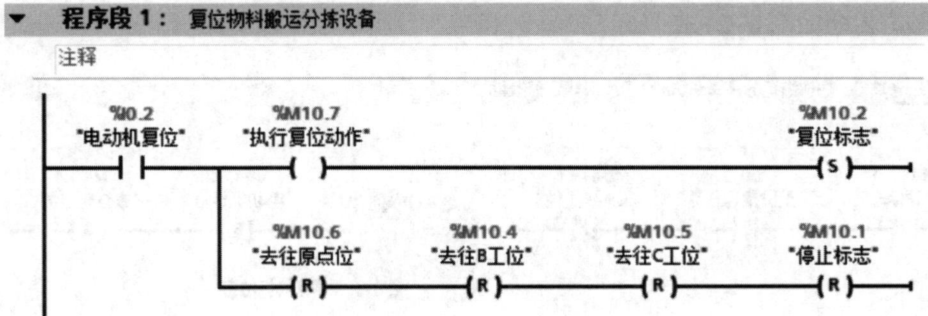

图 8-2-28 复位梯形图程序

（2）设计停止程序。按下停止按钮 SB1，设备以当前的姿态停止运行，当前任务结束。按下停止按钮后，必须重新按下复位按钮执行初始化，否则设备无法运行。M1.0 为系统首次循环触发寄存器，PLC 上电瞬间 M1.0 得电一次，此处利用 M1.0 完成 PLC 的初次复位。停止梯形图程序如图 8-2-29 所示。

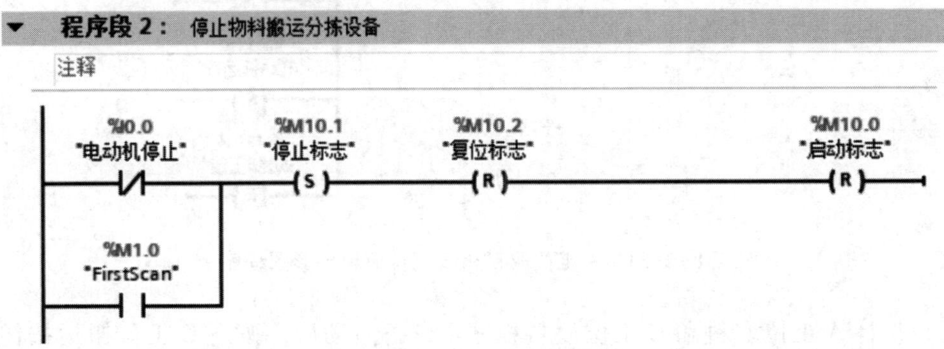

图 8-2-29 停止梯形图程序

（3）设计启动程序。按下启动按钮 SB2，设备启动，等待工作任务开始。启动梯形图程序如图 8-2-30 所示。

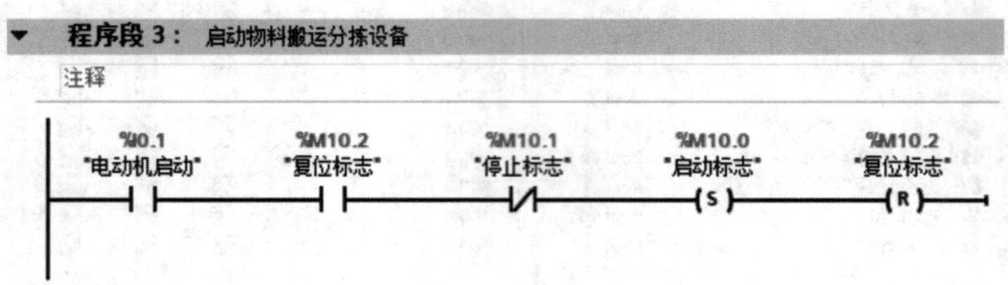

图 8-2-30　启动梯形图程序

（4）设计 A 工位取料和 B 工位放料程序。设备启动后，按下 B 工位搬运按钮 SB4，触发 B 工位码垛任务，工作流程为设备先到达 A 工位进行取料，取料完成后自动运行到 B 工位，将物料准确送到 B 工位后自动回到原点等待下一个工作任务。A 工位取料和 B 工位放料梯形图程序如图 8-2-31 所示。

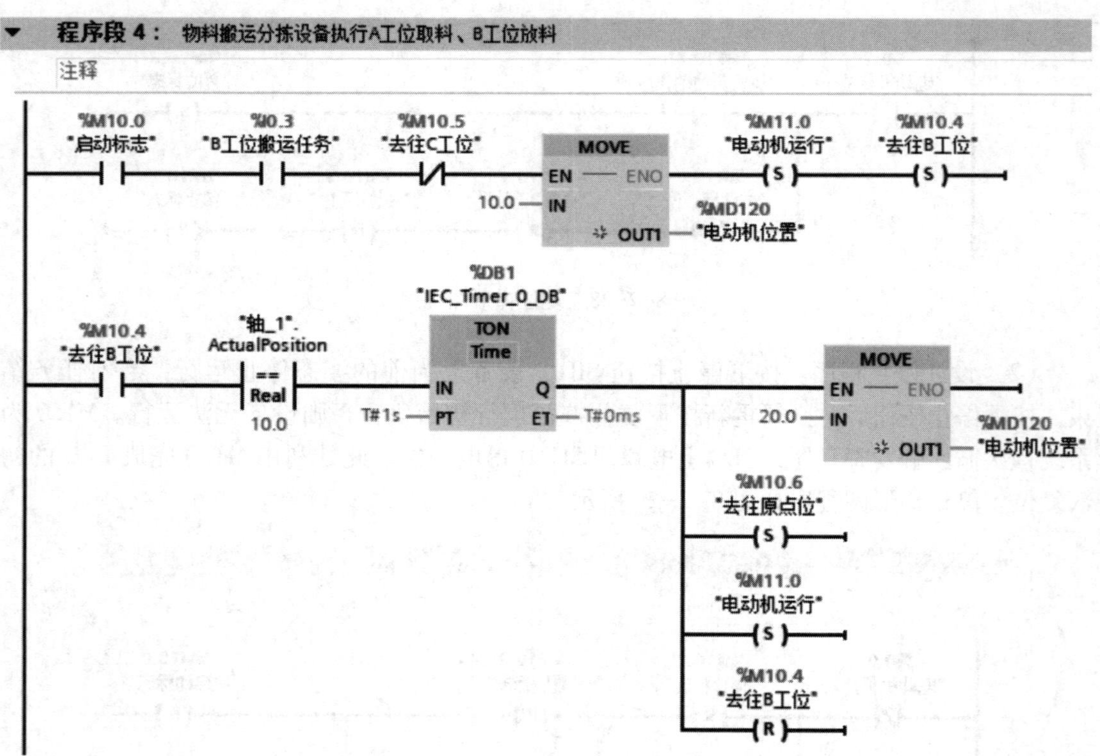

图 8-2-31　A 工位取料和 B 工位放料梯形图程序

（5）设计 A 工位取料和 C 工位放料程序。设备启动后，按下 C 工位搬运按钮 SB5，触发 C 工位码垛任务，工作流程为设备先到达 A 工位进行取料，取料完成后自动运行到 C

工位，将物料准确送到 C 工位后自动回到原点等待下一个工作任务。A 工位取料和 C 工位放料梯形图程序如图 8-2-32 所示。

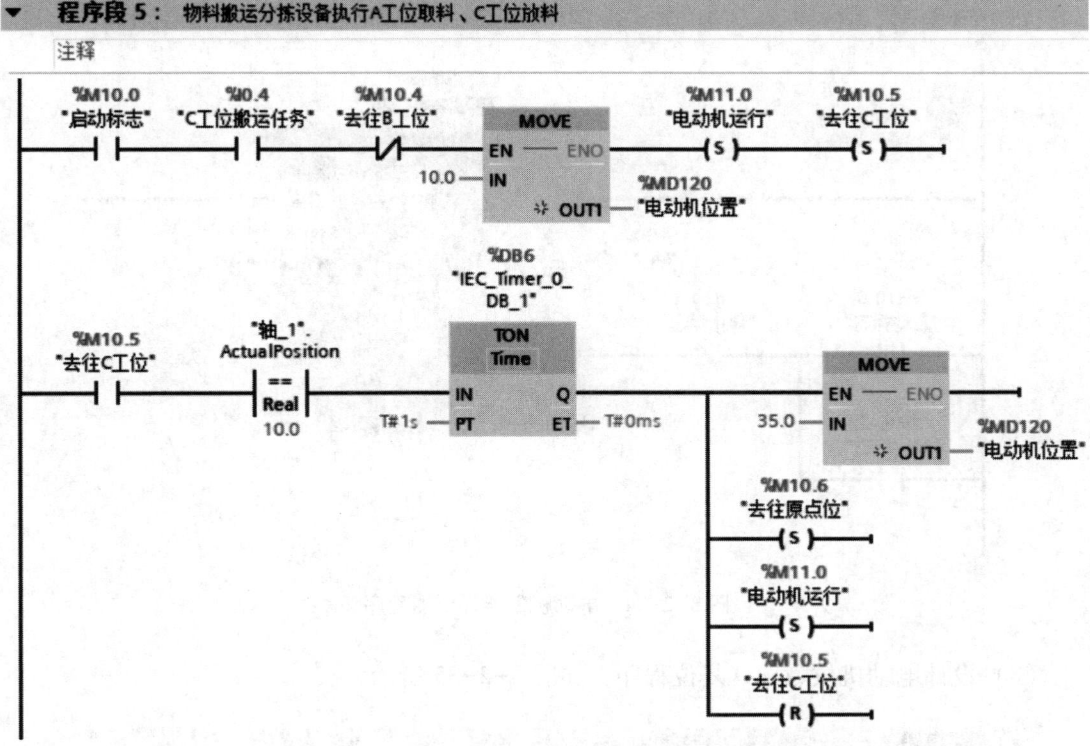

图 8-2-32　A 工位取料和 C 工位放料梯形图程序

（6）设计自动回原点程序。自动回原点梯形图程序如图 8-2-33 所示。

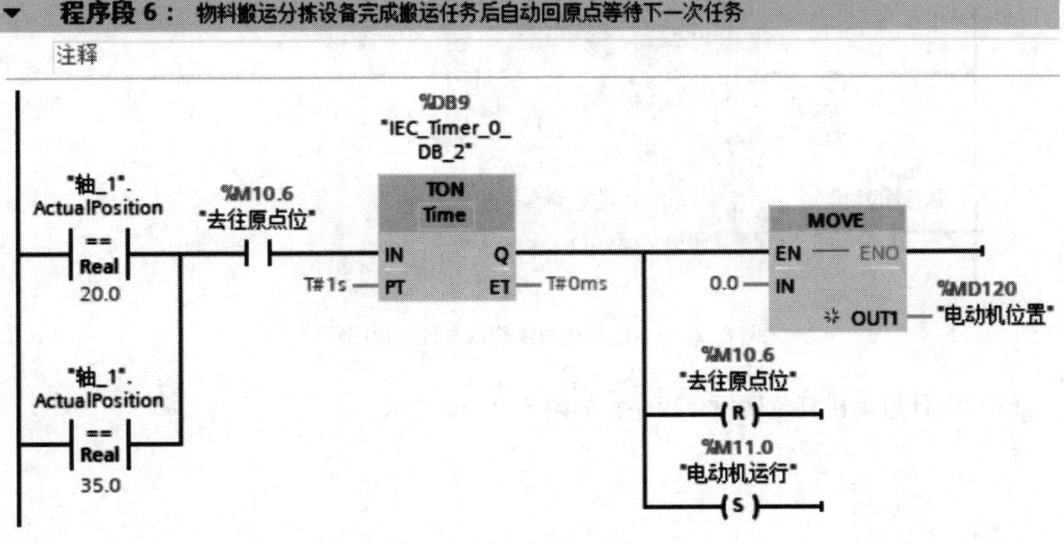

图 8-2-33　自动回原点梯形图程序

（7）设计电动机使能程序，如图 8-2-34 所示。

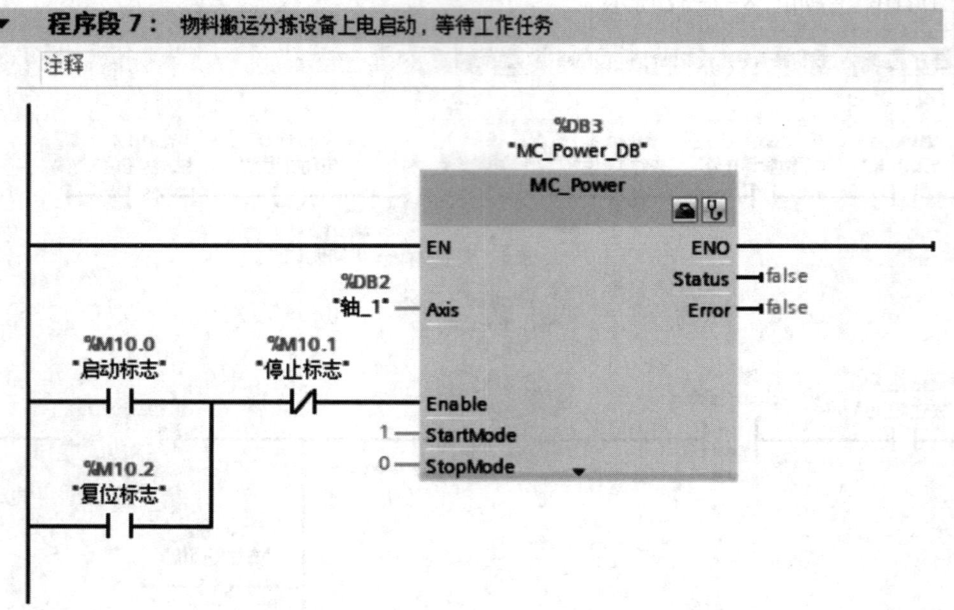

图 8-2-34　电动机使能梯形图程序

（8）设计电动机故障确认复位程序，如图 8-2-35 所示。

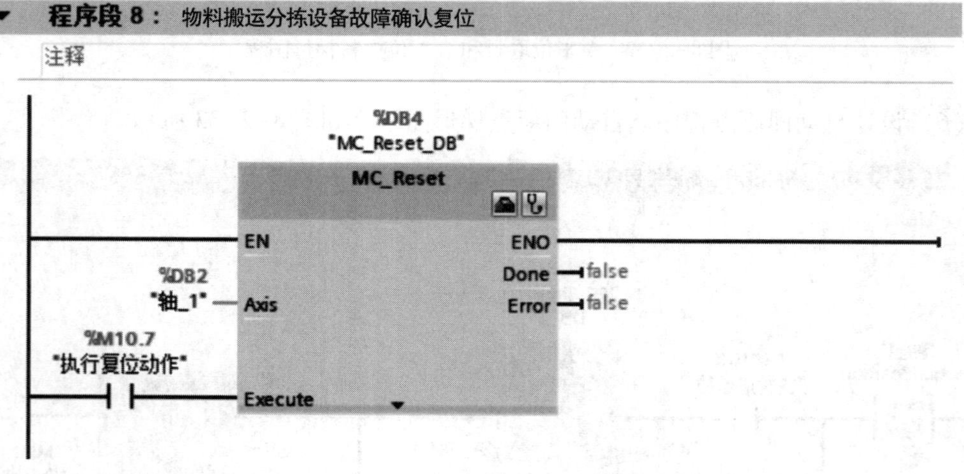

图 8-2-35　电动机故障确认复位梯形图程序

（9）设计电动机复位回原点程序，如图 8-2-36 所示。

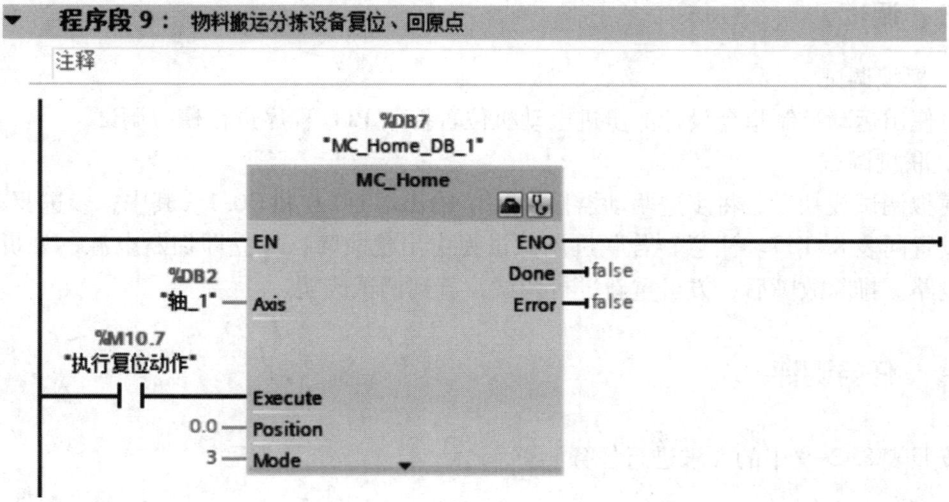

程序段 9： 物料搬运分拣设备复位、回原点

注释

%DB7
"MC_Home_DB_1"
MC_Home
EN　ENO
%DB2 "轴_1" — Axis　Done — false
Error — false
%M10.7 "执行复位动作" — Execute
0.0 — Position
3 — Mode

图 8-2-36　电动机复位回原点梯形图程序

（10）设计电动机执行任务程序，如图 8-2-37 所示。

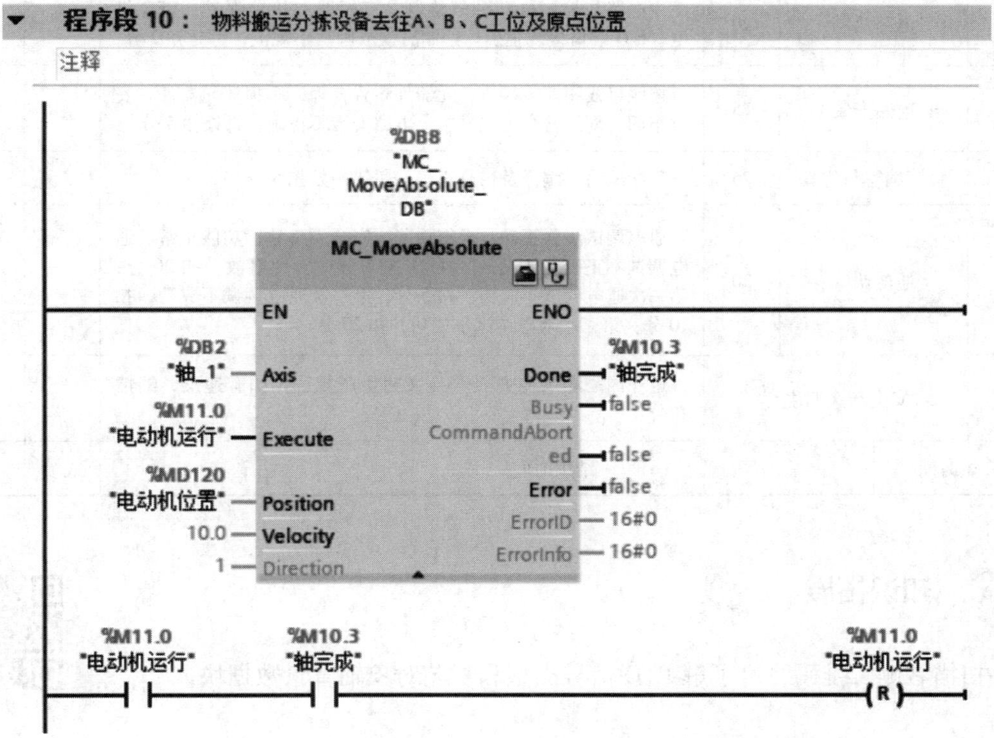

程序段 10： 物料搬运分拣设备去往A、B、C工位及原点位置

注释

%DB8
"MC_MoveAbsolute_DB"
MC_MoveAbsolute
EN　ENO
%DB2 "轴_1" — Axis　Done — %M10.3 "轴完成"
Busy — false
%M11.0 "电动机运行" — Execute　CommandAborted — false
%MD120 "电动机位置" — Position　Error — false
10.0 — Velocity　ErrorID — 16#0
1 — Direction　ErrorInfo — 16#0

%M11.0 "电动机运行"　%M10.3 "轴完成"　%M11.0 "电动机运行" (R)

图 8-2-37　电动机执行任务梯形图程序

五、调试

1. 模拟调试

对使用运动控制指令设计的步进电动机位置控制 PLC 程序进行模拟调试。

2. 联机调试

模拟调试成功后，将步进驱动器接到 PLC 输出端 Q0.0 和 Q0.1。其中，步进驱动器的参数设置同表 8-1-7。注意，若联机调试过程中出现故障，应立即切断电源，分析原因，检查电路。排除故障后，方可重新进行调试，直到调试成功。

任务测评

按照表 8-2-9 中的要求进行任务测评。

表 8-2-9　任务测评表

序号	考核内容	配分	考核标准	扣分	得分
1	I/O 端口分配	10	I/O 端口分配错误或遗漏，每处扣 5 分		
2	电路绘制	20	主电路与控制电路分开绘制，有短路和接地保护，PLC 供电、I/O 端口接线正确。绘制有误或画法不规范，每处扣 2 分		
3	电路安装	25	按照接线图安装接线，元器件布置合理，不损坏元器件，安装牢固，配线符合工艺要求。电路安装不正确，每处扣 5 分		
4	程序编写与仿真	25	程序编写、编译及仿真正确。每错一处扣 5 分		
5	通电调试	20	通电调试步骤正确，操作规范，安全无事故，功能正常。通电调试不正确或不规范，每次扣 5 分；出现事故，扣 20 分；第一次通电调试不成功，扣 5 分；第二次通电调试不成功，扣 10 分；第三次通电调试不成功，扣 20 分		
6	安全与文明生产		遵守国家相关专业安全与文明生产规程，如有违反，酌情扣分		
开始时间			结束时间	成绩	

知识拓展

扫描右侧二维码，可了解 PTO 信号类型和工艺对象轴背景数据块。

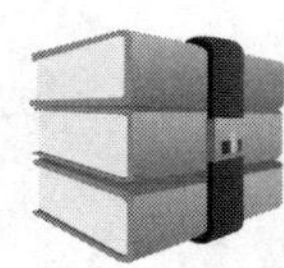

课题九　S7-1200 PLC的通信应用

工业生产过程中，各种设备、传感器、执行器等需要实时交互和控制，而PLC作为工业自动化的核心控制设备，需要与其他设备进行有效通信，实现整个生产过程的自动化控制。PLC的通信包括PLC与PLC、PLC与上位计算机以及PLC与其他智能设备之间的通信。S7-1200 CPU本体上集成了1~2个PROFINET通信接口，可以实现S7-1200 CPU与PG（编程设备）、HMI（人机界面）以及其他S7 CPU之间的通信，支持PG通信（编程调试）、HMI通信、S7通信、Modbus-TCP通信、PROFINET通信等。

本课题主要学习S7通信、Modbus-TCP通信和PROFINET通信及应用。

任务1　S7-1200与S7-200 SMART PLC之间的S7通信

学习目标

1. 了解西门子S7协议。
2. 了解PROFINET通信接口的功能和物理连接方法。
3. 掌握GET/PUT指令的功能、表示形式和使用方法。
4. 能正确使用GET/PUT指令编写S7-1200与S7-200 SMART PLC之间的S7通信程序，并进行通信测试。

任务引入

S7通信主要用于西门子S7 CPU之间的通信，如S7-1200 PLC与S7-200、S7-200 SMART、S7-1200、S7-300、S7-1500 PLC之间的通信。S7协议是专门为西门子产品优化设计的通信协议，它是面向连接的协议，在进行数据交换之前必须与通信伙伴建立连接。基于连接的通信分为单向连接和双向连接，S7-1200 PLC仅支持S7单向连接。单向连接中的客户端（client）是向服务器（server）请求服务的设备，客户端调用GET/PUT指令读、写服务器的存储区。服务器是通信中的被动方，用户无须编写服务器的S7通信程序，

S7 通信由服务器的操作系统完成。因为客户端可以读、写服务器的存储区，因此单向连接实际上可以双向传输数据。

本任务要求使用 GET/PUT 指令设计 S7-1200 与 S7-200 SMART 之间的 S7 通信系统，并完成控制线路的绘制、安装和调试。控制要求如下：

1. S7-1200 CPU 与 S7-200 SMART CPU 进行 S7 通信，S7-1200 CPU 作为客户端，S7-200 SMART CPU 作为服务器。

2. S7-1200 CPU 将通信数据区 DB1 中的 8 个字节写入 S7-200 SMART CPU 的 VB0~VB7 数据区。

任务分析

S7-1200 CPU 和 S7-200 SMART CPU（固件版本都是 V2.0 及以上）本体集成的 PROFINET 通信接口都支持 S7 通信，且 S7-1200 和 S7-200 SMART CPU 都可以作为客户端或服务器。本任务要求 S7-1200 CPU 作为客户端，S7-200 SMART CPU 作为服务器，实现 S7-1200 和 S7-200 SMART 之间的 S7 通信。由于 S7-1200 PLC 仅支持 S7 单边通信，仅需在 S7-1200 侧进行组态连接和编程，而 S7-200 SMART 侧只需准备好通信的数据即可。实现 S7 通信，关键要做好三个方面的工作：第一是使用以太网电缆进行物理连接；第二是遵守西门子 S7 协议，设置好通信参数；第三是使用 GET/PUT（读取/写入）指令编写通信程序。

相关知识

一、PROFINET 通信接口和物理连接

1. PROFINET 通信接口

S7-1200 CPU 本体上集成了 1 个 PROFINET 通信接口（CPU 1211C~CPU 1214C）或 2 个 PROFINET 通信接口（CPU 1215C 和 CPU 1217C），支持以太网和基于 TCP/IP（传输控制协议/网际协议）与 UDP（用户数据报协议）的通信标准。PROFINET 物理接口是支持 10 Mbit/s 和 100 Mbit/s 的 RJ45 接口，支持电缆交叉自适应，因此标准的或交叉的以太网电缆都适用于这个接口。使用 PROFINET 通信接口可以实现 S7-1200 CPU 与编程设备、HMI 以及其他 S7 CPU 之间的通信。

S7-1200 系统预留了 8 个可组态的 S7 连接资源，考虑 6 个动态连接资源，最多可组态 14 个客户端的 S7 连接。S7-1200 CPU 作为 S7 通信的服务器，可以使用 6 个动态连接资源。

S7-200 SMART CPU 的 S7 通信可以通过向导或使用 GET/PUT 指令两种方式实现，最多可以建立 16 个 S7 连接，其中包括 8 个客户端和 8 个服务器。

2. PROFINET 物理连接

S7-1200 CPU 的 PROFINET 通信接口有直接连接和网络连接两种连接方法。

（1）直接连接

当一个 S7-1200 CPU 与一个编程设备、HMI 或另外一个 S7 CPU 通信时（只有两个通信设备），使用的是直接连接方法。直接连接不需要使用交换机，用网线直接连接两个设备即可，如图 9-1-1 所示。

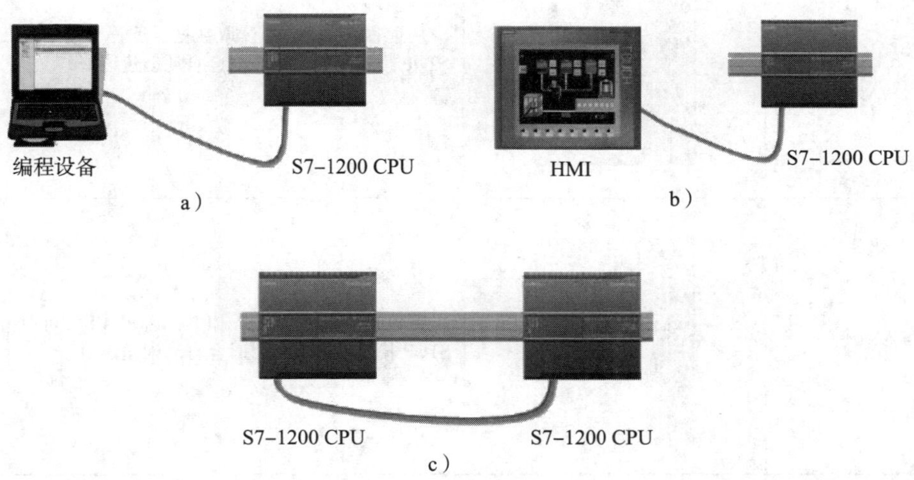

图 9-1-1　两个通信设备的直接连接

a）CPU 与编程设备的连接　b）CPU 与 HMI 的连接　c）CPU 与 CPU 的连接

（2）网络连接

当两个以上的通信设备进行通信时，需要使用交换机实现网络连接。可以使用导轨安装的西门子 CSM 1277 四端口交换机连接多个 CPU 和 HMI 设备，如图 9-1-2 所示。CSM 1277 交换机是即插即用的，使用前不需要做任何设置。

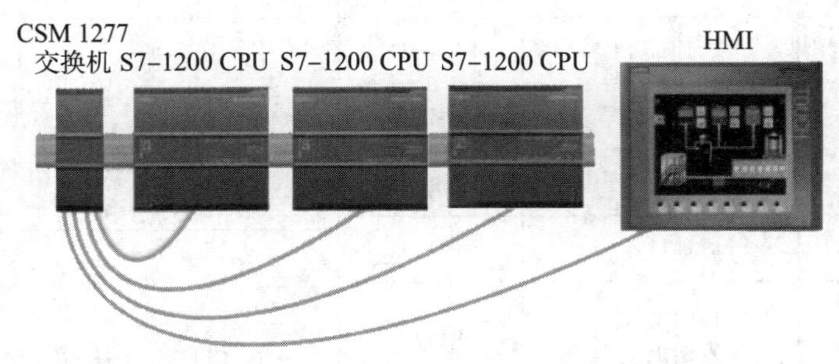

图 9-1-2　多个通信设备的网络连接

二、读取/写入（GET/PUT）指令

S7 单边通信时，需要在客户端调用 GET/PUT 指令。GET 指令用于从远程 CPU 读取数据，PUT 指令用于将数据写入远程 CPU。GET/PUT 指令的表示形式及功能说明见表 9-1-1，参数的数据类型见表 9-1-2。

表 9-1-1　GET/PUT 指令的表示形式及功能说明

指令名称	LAD/FBD	功能说明
读取指令	"GET_SFB_DB_1" GET Remote - Variant EN　ENO REQ　NDR ID　ERROR ADDR_1　STATUS ADDR_2 ADDR_3 ADDR_4 RD_1 RD_2 RD_3 RD_4	从远程 S7 CPU 中读取数据。远程 CPU 可处于 RUN 或 STOP 模式。插入指令时会自动创建该 DB
写入指令	"PUT_SFB_DB" PUT Remote - Variant EN　ENO REQ　DONE ID　ERROR ADDR_1　STATUS ADDR_2 ADDR_3 ADDR_4 SD_1 SD_2 SD_3 SD_4	将数据写入远程 S7 CPU。远程 CPU 可处于 RUN 或 STOP 模式。插入指令时会自动创建该 DB

表 9-1-2　GET/PUT 指令参数的数据类型

参数		定义	数据类型	备注
输入	EN	使能输入位	Bool	0=禁用，1=启用
	REQ	请求输入位	Bool	在上升沿时，激活数据交换功能
	ID	标识符	CONN_PRG（Word）	连接号，要与创建连接时的连接号（十六进制）一致
输入 输出	ADDR_1	地址 1	REMOTE	远程 CPU 中存储待读取（GET）或待发送（PUT）数据的存储区
	ADDR_2	地址 2	REMOTE	
	ADDR_3	地址 3	REMOTE	
	ADDR_4	地址 4	REMOTE	本地 CPU 中存储待读取（GET）或待发送（PUT）数据的存储区 允许的数据类型：Bool（只允许单个位）、Byte、Char、Word、Int、DWord、DInt 或 Real 注：如果该指针访问 DB，则必须指定绝对地址，如 P#DB10. DBX5. 0 Byte 10，在此情况下，10 代表 GET 或 PUT 的字节数
	RD_1（GET） SD_1（PUT）	接收地址 1 发送地址 1	Variant	
	RD_2（GET） SD_2（PUT）	接收地址 2 发送地址 2	Variant	
	RD_3（GET） SD_3（PUT）	接收地址 3 发送地址 3	Variant	
	RD_4（GET） SD_4（PUT）	接收地址 4 发送地址 4	Variant	

续表

参数		定义	数据类型	备注
输出	NDR（GET）	新数据就绪	Bool	0=请求尚未启动或仍在运行 1=接收到新数据
	DONE（PUT）	完成	Bool	0=请求尚未启动或仍在运行 1=发送完成
	ERROR	错误	Bool	（1）ERROR=0 STATUS 值为 0000H 表示既没有警告也没有错误 STATUS 值不为 0000H 表示警告，STATUS 提供详细信息 （2）ERROR=1 出现错误，STATUS 提供有关错误性质的详细信息
	STATUS	状态	Word	

1. GET 和 PUT 指令的使用要求

可以使用 GET 和 PUT 指令通过 PROFINET 和 PROFIBUS 连接与 S7 CPU 通信。仅当本地 CPU 在“保护和安全”属性中为远程 CPU 激活了“允许借助 PUT/GET 通信从远程伙伴访问”功能后，才可进行以下操作：

（1）访问远程 CPU 中的数据。S7-1200 CPU 在 ADDR_x 输入字段中只能使用绝对地址对远程 CPU（S7-200/300/400/1200）的变量寻址。

（2）访问标准 DB 中的数据。S7-1200 CPU 在 ADDR_x 输入字段中只能使用绝对地址对远程 S7 CPU 标准 DB 中的 DB 变量寻址。

（3）访问优化 DB 中的数据。S7-1200 CPU 不能访问远程 S7-1200 CPU 的优化 DB 中的 DB 变量。

（4）访问本地 CPU 中的数据。S7-1200 CPU 可使用绝对地址或符号地址分别作为 GET 或 PUT 指令的 RD_x 或 SD_x 的输入。

注意，V4.x 的 GET/PUT 运行不会自动启用。要启用 GET/PUT 访问，必须双击项目树中的“设备组态”选项，打开巡视窗口，单击“属性”选项卡下的“防护与安全”选项。必须确保 ADDR_x（远程 CPU）与 RD_x 或 SD_x（本地 CPU）参数的长度（字节数）和数据类型相匹配。“Byte”后的数字是 ADDR_x、RD_x 或 SD_x 参数引用的字节数。

2. GET 和 PUT 指令字节数的要求

通过 GET 指令接收或通过 PUT 指令发送的字节总数有一定的限制。具体限制取决于 4 个可用地址和存储区的使用情况：

（1）如果仅使用 ADDR_1 和 RD_1/SD_1，则 1 个 GET 指令最多可获取 222 个字节，1 个 PUT 指令最多可发送 212 个字节。

（2）如果使用 ADDR_1、RD_1/SD_1、ADDR_2 和 RD_2/SD_2，则 1 个 GET 指令最多可获取 218 个字节，1 个 PUT 指令最多可发送 196 个字节。

（3）如果使用 ADDR_1、RD_1/SD_1、ADDR_2、RD_2/SD_2、ADDR_3 和 RD_3/SD_3，则 1 个 GET 指令最多可获取 214 个字节，1 个 PUT 指令最多可发送 180 个字节。

（4）如果使用 ADDR_1、RD_1/SD_1、ADDR_2、RD_2/SD_2、ADDR_3、RD_3/SD_3、ADDR_4、RD_4/SD_4，则 1 个 GET 指令最多可获取 210 个字节，1 个 PUT 指令最多可发送 164 个字节。

各个地址和存储区参数的字节数之和必须小于或等于定义的限值。如果超出限值，则 GET 或 PUT 指令将返回错误。

3. GET 和 PUT 指令参数的装载要求

当 REQ 参数的上升沿出现时，读操作或写操作将装载 ID、ADDR_1 和 RD_1（GET）或 SD_1（PUT）参数。

（1）对于 GET 指令：从下次扫描开始，远程 CPU 会将请求的数据返回接收区（RD_x）。成功完成读取操作后，NDR 参数将置 1。新操作必须在之前的操作完成后才能开始。

（2）对于 PUT 指令：本地 CPU 将数据（SD_x）发送到远程 CPU 中的存储位置（ADDR_x）。写操作顺利完成后，远程 CPU 返回执行确认。PUT 指令的 DONE 参数将置 1。新操作必须在之前的操作完成后才能开始。

为确保数据的一致性，应始终在访问数据或启动另一读/写操作前评估已经完成的操作。对于 GET 指令，NDR=1 表示已经正确完成读操作；对于 PUT 指令，DONE=1 表示已经正确完成写操作。

任务实施

一、任务准备

实施本任务所使用的元器件可参考表 9-1-3。

表 9-1-3 实训元器件清单

序号	设备名称	型号及规格	数量	备注
1	可编程序控制器	S7-1200 CPU 1214C DC/DC/DC，固件版本 V4.6	1 台	配 C45 导轨
2	可编程序控制器	S7-200 SMART CPU ST60，固件版本 V2.7	1 台	配 C45 导轨
3	编程电缆	以太网电缆	3 条	
4	低压断路器	DZ47-63 C10，1P	1 个	QF，电源开关
5	开关型稳压电源	S-150-24，AC 220 V/DC 24 V，150 W	1 台	
6	交换机	西门子 CSM 1277	1 台	
7	配电盘	600 mm×900 mm	1 块	

二、绘制并安装 PLC 控制线路

S7-1200 与 S7-200 SMART PLC 之间的 S7 通信控制系统的接线如图 9-1-3 所示。

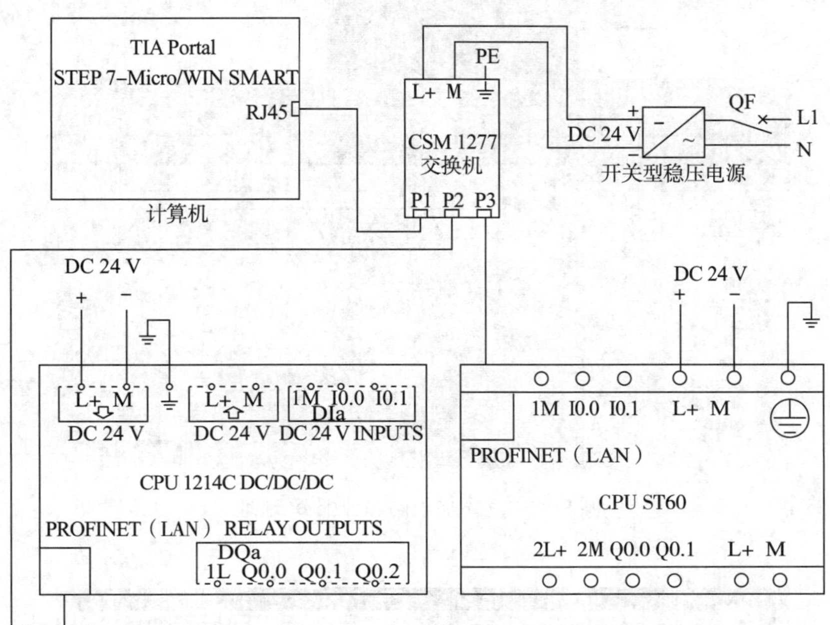

图 9-1-3　S7-1200 与 S7-200 SMART PLC 之间的 S7 通信控制系统接线图

三、S7-1200 PLC 侧组态和编程

1. 新建项目

启动 TIA Portal V16 软件并创建一个新项目。

2. 添加一个 S7-1200 PLC 站点

在项目视图中添加新设备，添加的 PLC 型号为 CPU 1214C DC/DC/DC，命名为“PLC_1”，并为其添加子网（PN/IE_1）和分配 IP 地址（192. 168. 10. 4），如图 9-1-4 所示。

3. 激活时钟存储器

单击“系统和时钟存储器”选项，勾选“启用系统存储器字节”和“启用时钟存储器字节”复选框。

4. 建立连接机制

单击“防护与安全”中的“连接机制”选项，勾选“允许来自远程对象的 PUT/GET 通信访问”复选框。

5. 创建 S7 连接

在网络视图中单击“连接”按钮创建一个新的连接，然后在其右侧的连接选项下拉列表中选择“S7 连接”。右击网络视图中的 CPU，单击“添加新连接”选项，如图 9-1-5 所示。

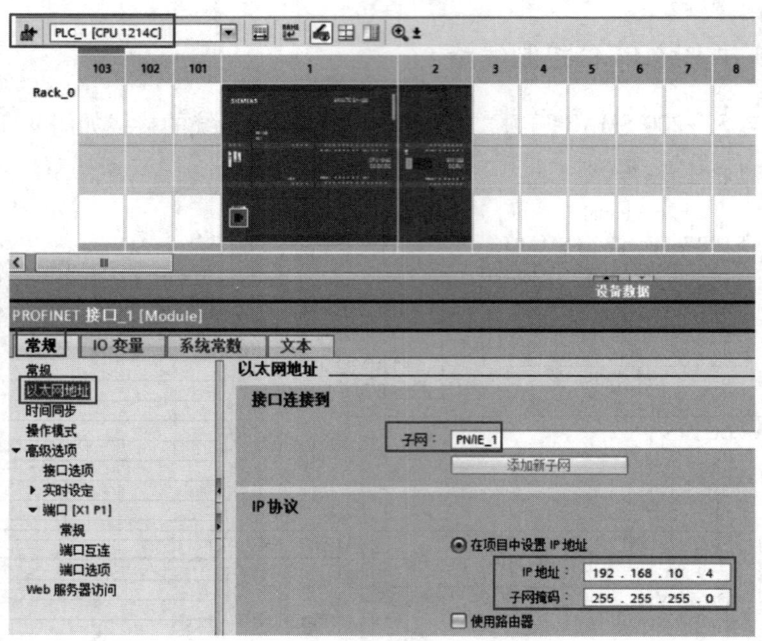

图 9-1-4　添加子网和分配 IP 地址

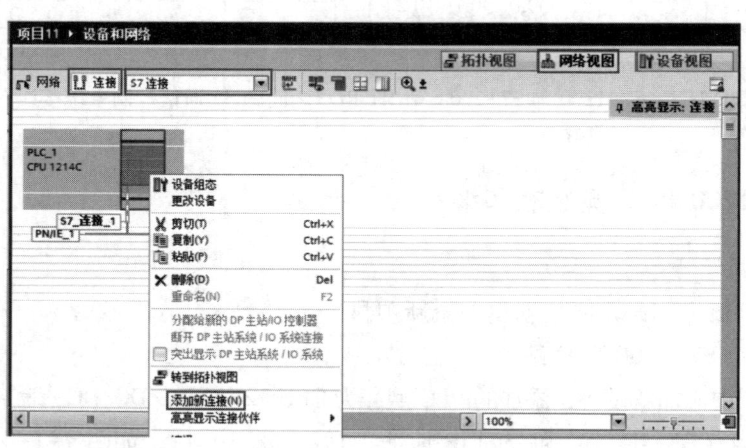

图 9-1-5　单击“添加新连接”选项

在弹出的“添加新连接”对话框中，设置类型为“S7 连接”，单击“未指定”选项，指定本地 ID（十六进制）为“100”，如图 9-1-6 所示，然后单击“添加”→“关闭”按钮。连接的本地 ID 为“16#100”，将在 PLC_1 编程中使用。

6. 组态 S7 连接参数

在网络视图中单击“连接”选项卡，在“本地连接名称”下拉列表中选择“S7_连接_1”，然后单击“属性”→“常规”选项卡，设置伙伴方 S7-200 SMART PLC 的 IP 地址为“192. 168. 10. 1”，如图 9-1-7 所示。

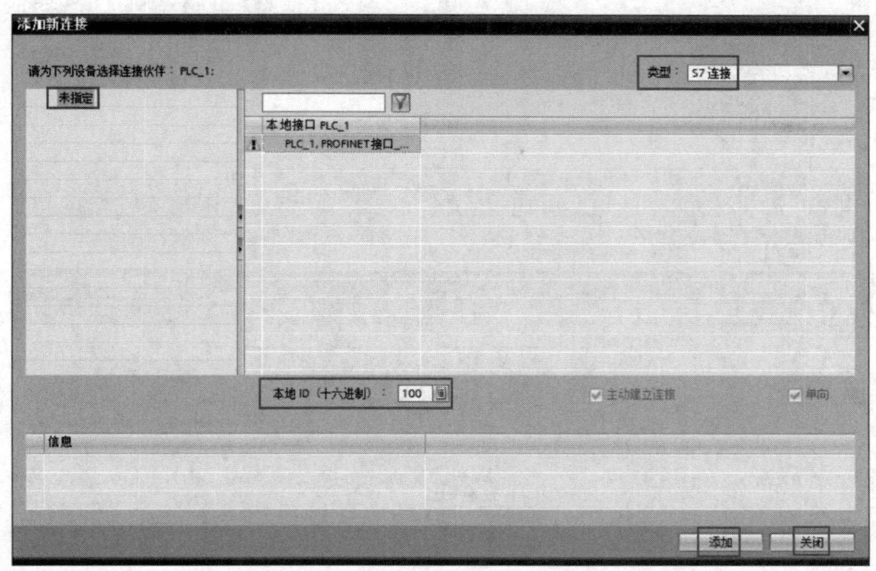

图 9-1-6　添加 S7 连接

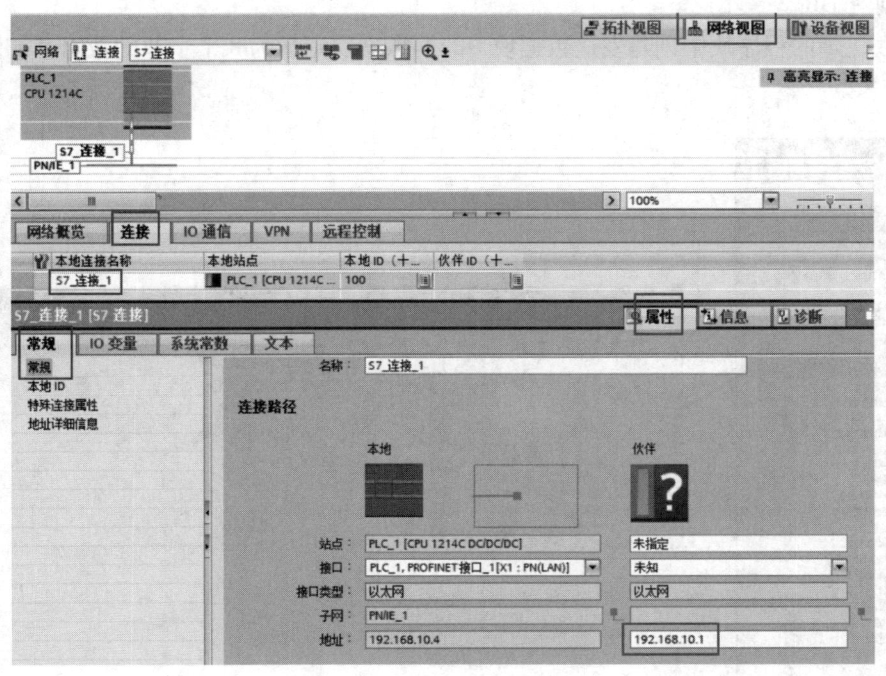

图 9-1-7　设置伙伴方 S7-200 SMART PLC 的 IP 地址

单击“地址详细信息”选项，可以显示伙伴方 S7-200 SMART PLC 的机架/插槽和 TSAP（传输服务访问点）。注意，S7-200 SMART PLC 侧的 TSAP 只能设置为“03.00”或“03.01”，如图 9-1-8 所示。

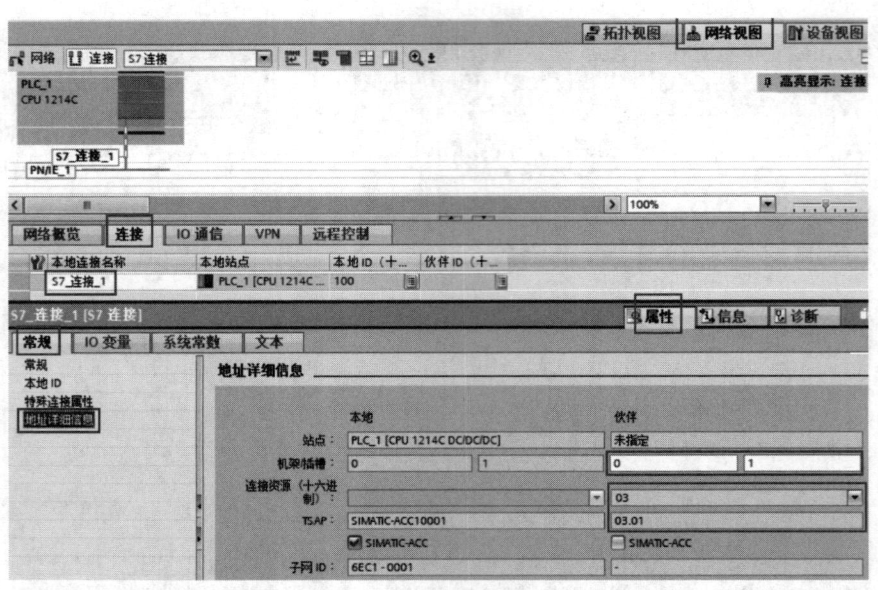

图 9-1-8　设置伙伴方 S7-200 SMART PLC 的 TSAP

7. 创建 DB

在 PLC_1 的程序块中创建发送数据块 DB1，数据块定义为 8 个字节的数组，如图 9-1-9 所示。

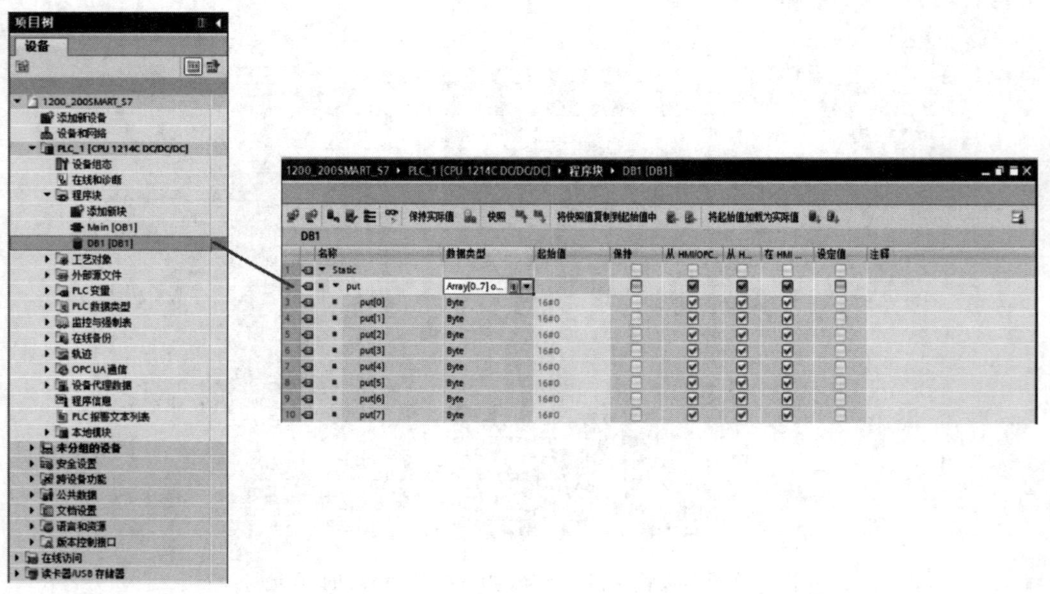

图 9-1-9　创建发送数据块 DB1

右击项目树中的“DB1［DB1］”，单击“属性”选项，在弹出的“DB1［DB1］”对话框中单击“属性”选项，取消勾选“优化的块访问”复选框，如图 9-1-10 所示。数据块 DB1 创建完毕后对其进行编译。

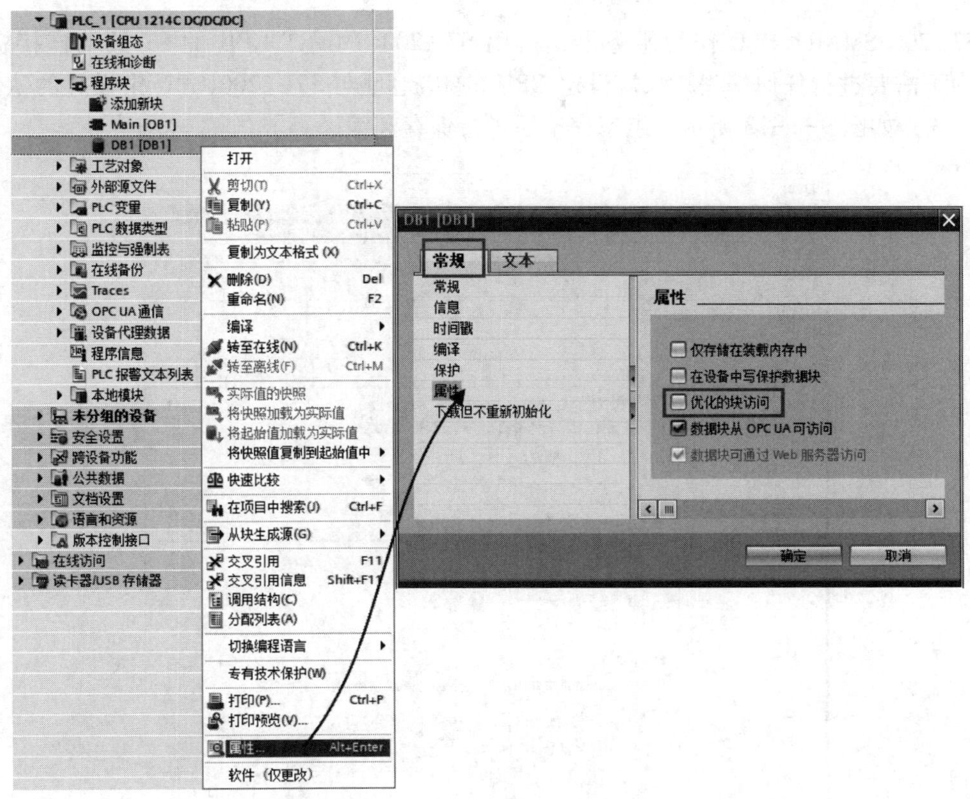

图 9-1-10　取消勾选“优化的块访问”复选框

8. 调用 PUT/GET 指令

打开 PLC_1 主程序 OB1 的编辑窗口，添加 PUT 指令至程序段 1，自动生成名称为“PUT_DB”的背景数据块，如图 9-1-11 所示。添加 GET 指令至程序段 2，自动生成名称为“GET_DB”的背景数据块，如图 9-1-12 所示。完成组态和编程后进行保存和编译。

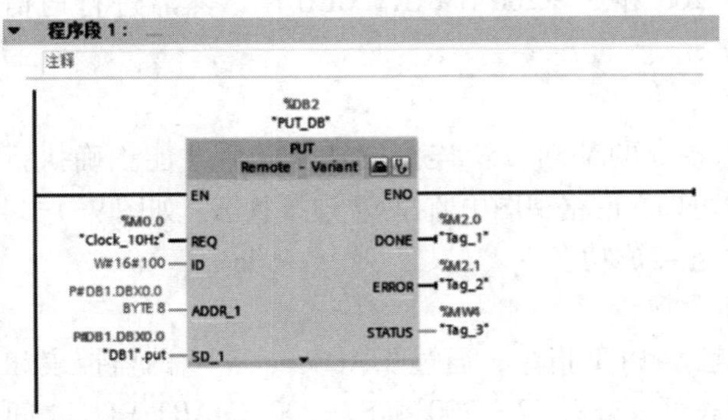

图 9-1-11　添加 PUT 指令

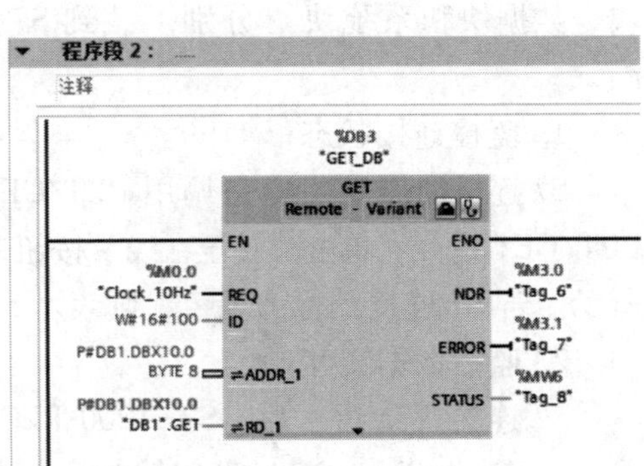

图 9-1-12　添加 GET 指令

四、S7-200 SMART PLC 侧组态

S7-200 SMART PLC 作为服务器，占用 S7-200 SMART CPU 的 S7 被动连接资源，CPU 中不需要进行任何编程，只需设定 CPU 的 IP 地址与 S7-1200 CPU 中设置的伙伴 IP 地址一致，如图 9-1-13 所示。组态完毕后进行保存和编译。

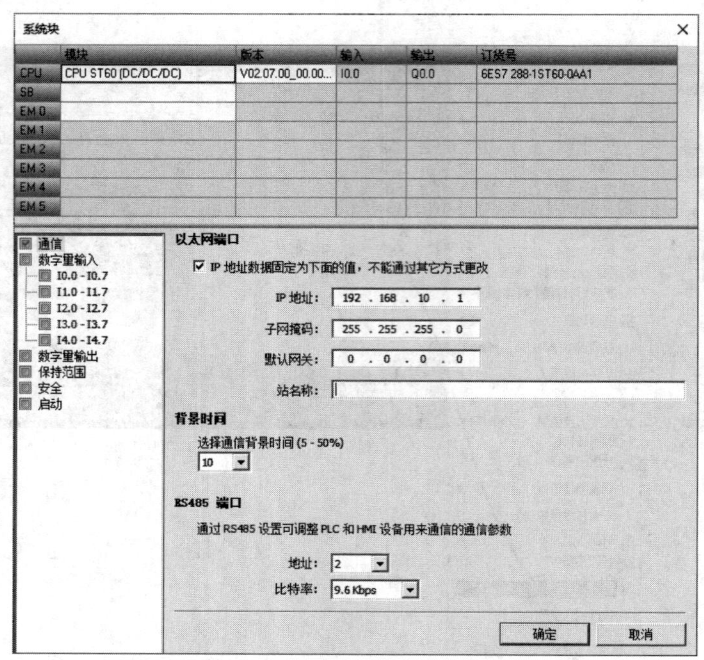

图 9-1-13　S7-200 SMART PLC 侧组态

五、调试

运行 TIA Portal V16 和 STEP 7-Micro/WIN SMART 的计算机与 PLC 之间建立通信连接后，将 S7-1200 PLC 侧的组态及主程序和 S7-200 SMART PLC 侧的组态及主程序（空程序块、数据块和系统块）分别下载到 S7-1200 和 S7-200 SMART CPU 中，然后进行通信测试。

1. 监控连接状态

S7 连接的成功建立是调用 PUT/GET 指令的基础，S7 连接成功建立后才能正确执行 PUT/GET 指令。单击“转至在线”按钮，可以在网络视图中监控 S7 连接状态，如图 9-1-14 所示。若 S7 连接图标为绿色，则表示 S7 连接成功。

2. 监控数据交互

S7 连接成功建立后，S7-1200 PLC 触发 PUT 指令，通过 TIA Portal V16 的监控表和 STEP 7 Micro/WIN SMART 软件的状态图表可以查看 S7-1200 和 S7-200 SMART PLC 之间的数据交互是否正确，如图 9-1-15 和图 9-1-16 所示。

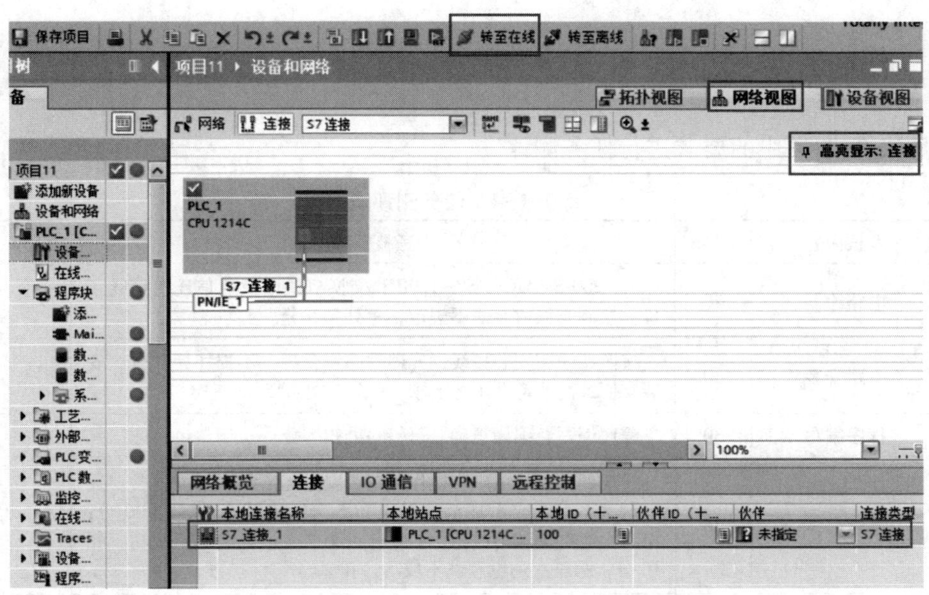

图 9-1-14　监控连接状态

1200_200SMART_S7 ▸ PLC_1 [CPU 1214C DC/DC/DC] ▸ 程序块 ▸ DB1 [DB1]

DB1

	名称	数据类型	偏移量	起始值	监视值
1	Static				
2	put	Array[0..7] of Byte	0.0		
3	put[0]	Byte	0.0	16#0	16#66
4	put[1]	Byte	1.0	16#0	16#77
5	put[2]	Byte	2.0	16#0	16#88
6	put[3]	Byte	3.0	16#0	16#00
7	put[4]	Byte	4.0	16#0	16#00
8	put[5]	Byte	5.0	16#0	16#00
9	put[6]	Byte	6.0	16#0	16#00
10	put[7]	Byte	7.0	16#0	16#00

图 9-1-15　S7-1200 PLC 的监控表

状态图表

	地址	格式	当前值	新值
1	VB0	十六进制	16#66	
2	VB1	十六进制	16#77	
3	VB2	十六进制	16#88	
4	VB3	十六进制	16#00	
5	VB4	十六进制	16#00	
6	VB5	十六进制	16#00	
7	VB6	十六进制	16#00	
8	VB7	十六进制	16#00	
9		有符号		
10		有符号		
11		有符号		
12		有符号		

图 9-1-16　S7-200 SMART PLC 的状态图表

任务测评

按照表 9-1-4 中的要求进行任务测评。

表 9-1-4　任务测评表

序号	考核内容	配分	考核标准	扣分	得分
1	电路绘制	20	S7-200 SMART、S7-1200 和交换机供电及通信连接接线正确。绘制有误或画法不规范，每处扣 5 分		
2	电路安装	30	按照接线图安装接线，元器件布置合理，不损坏元器件，安装牢固，配线符合工艺要求。每错一处扣 5 分		
3	程序编写	30	程序编写、编译正确。每错一处扣 5 分		
4	通电调试	20	通电调试步骤正确，操作规范，安全无事故，功能正常。通电调试不正确或不规范，每次扣 5 分；出现事故，扣 20 分；第一次通电调试不成功，扣 5 分；第二次通电调试不成功，扣 10 分；第三次通电调试不成功，扣 20 分		
5	安全与文明生产		遵守国家相关专业安全与文明生产规程，如有违反，酌情扣分		
开始时间		结束时间		成绩	

知识拓展

扫描右侧二维码，可了解 ERROR 和 STATUS 参数的相关知识。

任务 2　两台 S7-1200 PLC 之间的 Modbus-TCP 通信

学习目标

1. 了解 Modbus-TCP 通信。
2. 掌握 MB_CLIENT 和 MB_SERVER 指令的功能、表示形式和使用方法。
3. 能正确使用 MB_CLIENT 和 MB_SERVER 指令编写两台 S7-1200 PLC 之间的 Modbus-TCP 通信程序，并进行通信测试。

任务引入

为了实现不同 PLC 之间的数据交换和协作，Modbus-TCP 通信协议成为一种常见的选择。Modbus-TCP 是用于管理和控制自动化设备的 Modbus 系列通信协议的派生产品，

Modbus-TCP 通信结合了以太网物理网络和 TCP/IP 网络标准，采用包含 Modbus 应用协议数据的报文传输方式。Modbus 设备间的数据交换是通过功能码实现的，有些功能码是对位操作，有些功能码是对字操作。Modbus-TCP/IP 为 CS 架构，客户端不断地向服务器发出请求，服务器被动响应提供数据或被写入。Modbus-TCP 通信协议是开放协议，很多设备都集成此协议，如 PLC、机器人、智能工业相机等。

本任务要求使用 MB_CLIENT/MB_SERVER 指令设计两台 S7-1200 PLC 之间的 Modbus-TCP 通信控制系统，并完成安装和调试。控制要求如下：

1. 两台 S7-1200 CPU 进行 Modbus-TCP 通信，其中一台作为客户端（PLC_1），另外一台作为服务器（PLC_2）。

2. 将客户端通信数据区的 4 个字的数据写入服务器的接收数据区。

任务分析

西门子 S7-1200 PLC 集成的以太网接口支持 Modbus-TCP 通信，可以作为 Modbus-TCP 客户端或服务器。Modbus-TCP 使用 OUC 连接作为 Modbus 通信路径，通信时将占用 S7-1200 PLC 的开放式用户通信连接资源，通过调用 MB_CLIENT 指令和 MB_SERVER 指令进行数据交换。

相关知识

一、Modbus-TCP 通信

Modbus 协议是一项应用层报文传输协议，包括 ASCII、RTU、TCP 三种报文类型。标准的 Modbus 协议物理层接口有 RS232、RS422、RS485 和以太网接口，采用 master/slave（主站/从站）方式通信。Modbus 设备可分为主站和从站，主站只有一个，从站有多个；主站向各从站发送请求帧，从站给予响应。使用 TCP 通信时，主站为客户端，主动建立连接；从站为服务器，等待连接。

Modbus-TCP 是标准的网络通信协议，它使用 CPU 上的 PROFINET 连接器进行 TCP/IP 通信，不需要额外的通信硬件模块。与传统的串口方式相比，Modbus-TCP 插入一个标准的 Modbus 报文头到 TCP 报文中，不再具有差错校验和地址域，如图 9-2-1 所示。MBAP（Modbus 应用协议）为报文头，长度为 7 字节。

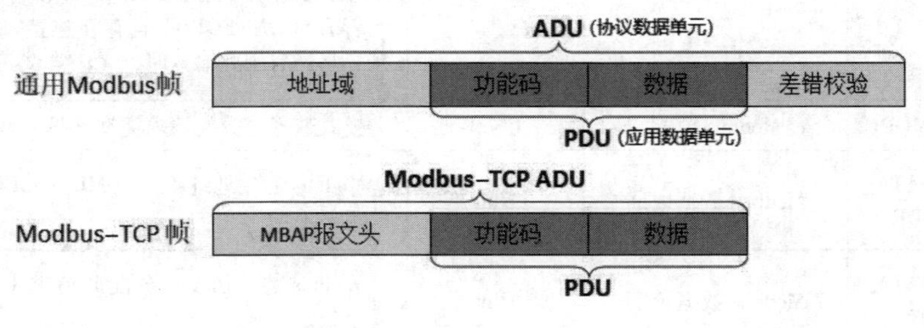

图 9-2-1　Modbus 报文帧

二、MB_ CLIENT/MB_ SERVER 指令

1. MB_ CLIENT 指令

固件版本为 V4. 0 的 S7-1200 PLC 支持 MB_ CLIENT 指令和最高 V3. 1 版本的库。固件版本为 V4. 6 及更高版本的 S7-1200 PLC 和 S7-1500 PLC 支持 MB_ CLIENT 指令的所有版本的库。使用该指令时，无须任何其他硬件模块。自指令版本 V6. 0 起，可以使用 Modbus 功能 23，该功能用于将数据写入 Modbus 服务器，并在一个作业中从 Modbus 服务器读取数据。

MB_ CLIENT 指令的表示形式及功能说明见表 9-2-1，参数的数据类型见表 9-2-2。

表 9-2-1　MB_ CLIENT 指令的表示形式及功能说明

指令名称	LAD/FBD	功能说明
MB_ CLIENT 指令	"MB_CLIENT_DB" MB_CLIENT EN　ENO REQ　DONE DISCONNECT　BUSY MB_MODE　ERROR MB_DATA_ADDR　STATUS MB_DATA_LEN MB_DATA_PTR CONNECT	可进行客户端—服务器连接、发送 Modbus 功能请求、接收响应以及控制 Modbus-TCP 服务器的断开

表 9-2-2　MB_ CLIENT 指令参数的数据类型

参数		定义	数据类型	备注
输入	EN	使能输入位	Bool	0=禁用，1=启用
	REQ	请求输入位	Bool	与服务器之间的通信请求，上升沿有效 0=无 Modbus 通信请求 1=请求与 Modbus-TCP 服务器通信
	DISCONNECT	断开输入位	Bool	允许程序控制与 Modbus 服务器设备的连接和断开 若 DISCONNECT=0 且不存在连接，则 MB_ CLIENT 尝试连接到分配的 IP 地址和端口号 若 DISCONNECT=1 且存在连接，则尝试断开连接。每当启用此输入时，无法尝试其他操作
	MB_ MODE	Modbus 模式	USInt	模式选择：分配请求类型（读、写或诊断）
	MB_ DATA_ ADDR	Modbus 数据地址	DInt	Modbus 起始地址：分配 MB_ CLIENT 访问的数据的起始地址
	MB_ DATA_ LEN	Modbus 数据长度	UInt	Modbus 数据长度：分配此请求中要访问的位数或字数

续表

参数		定义	数据类型	备注
输入输出	MB_DATA_PTR	Modbus 数据指针	Variant	指向 Modbus 数据寄存器的指针：寄存器缓冲数据进入 Modbus 服务器或来自 Modbus 服务器。指针必须分配一个未进行优化的全局 DB 或 M 存储器地址
	CONNECT	连接	Variant	引用包含系统数据类型为 TCON_IP_v4 的连接参数的数据块结构 还支持的数据类型为：TCON_IP_v4_SEC、TCON_QDN 和 TCON_QDN_SEC
输出	DONE	完成	Bool	上一请求已完成且没有出错后，DONE 位将在一个扫描周期内置 1
	BUSY	忙	Bool	0=无 MB_CLIENT 操作正在进行 1=MB_CLIENT 操作正在进行
	ERROR	错误	Bool	MB_CLIENT 指令因错误而结束执行后，ERROR 位将在一个扫描周期内置 1。STATUS 参数中的错误代码仅在 ERROR=1 的一个扫描周期内有效
	STATUS	状态	Word	错误代码

Modbus-TCP 客户端支持的最大并发连接数为 PLC 允许的开放式用户通信最大连接数。PLC 的连接总数（包括 Modbus-TCP 客户端和服务器）不得超过支持的开放式用户通信最大连接数。

单独的并发客户端连接必须遵循以下规则：

（1）各 MB_CLIENT 连接必须使用一个唯一的背景数据块。

（2）必须为各 MB_CLIENT 连接分配一个唯一的服务器 IP 地址。

（3）必须为各 MB_CLIENT 连接分配一个唯一的连接 ID。

（4）各 MB_CLIENT 连接是否需要唯一的 IP 端口号取决于服务器组态情况。

各个背景数据块必须使用不同的连接 ID。总之，背景数据块和连接 ID 成对使用，且对每个连接而言必须是唯一的。

Modbus-TCP 客户端（主站）必须通过 DISCONNECT 参数控制客户端—服务器连接，操作为：连接到特定服务器（从站）IP 地址和 IP 端口号；启动 Modbus 消息的客户端传输，并接收服务器响应；根据需要断开客户端和服务器的连接，以便与其他服务器连接。

2. MB_SERVER 指令

固件版本为 V4.0 的 S7-1200 PLC 支持 MB_SERVER 指令和最高 V3.1 版本的库。固件版本为 V4.1 及更高版本的 S7-1200 PLC 和 S7-1500 PLC 支持 MB_SERVER 指令的所有版本的库。

MB_SERVER 指令的表示形式及功能说明见表 9-2-3，参数的数据类型见表 9-2-4。

表 9-2-3　MB_SERVER 指令的表示形式及功能说明

指令名称	LAD/FBD	功能说明
MB_SERVER 指令	"MB_SERVER_DB" MB_SERVER EN　ENO DISCONNECT　NDR MB_HOLD_REG　DR CONNECT　ERROR STATUS	可接收与 Modbus-TCP 客户端的连接请求、接收 Modbus 功能请求并发送响应消息

表 9-2-4　MB_SERVER 指令参数的数据类型

参数		定义	数据类型	备注
输入	EN	使能输入位	Bool	0=禁用，1=启用
输入	DISCONNECT	断开输入位	Bool	尝试与伙伴设备进行被动连接 若 DISCONNECT=0 且不存在连接，则可以启动被动连接 若 DISCONNECT=1 且存在连接，则启动断开操作。每当启用此输入时，无法尝试其他操作
输入	CONNECT	连接	Variant	指向连接描述结构的指针。引用包含系统数据类型为 TCON_IP_v4 的连接参数的数据块结构。另外还支持 TCON_IP_v4_SEC、TCON_QDN 和 TCON_QDN_SEC 数据类型
输入输出	MB_HOLD_REG	Modbus 保持寄存器	Variant	指向 MB_SERVER Modbus 保持寄存器的指针：保持寄存器必须是一个未经优化的全局 DB 或 M 存储器地址。储存区用于保存允许 Modbus 客户端使用 Modbus 寄存器功能 3（读）、6（写）、16（写）和 23（写/读）访问的数据
输出	NDR	新数据接收	Bool	新数据就绪：0=没有新数据，1=Modbus 客户端已写入新数据
输出	DR	数据读取	Bool	0=未读取数据，1=Modbus 客户端已读取该数据
输出	ERROR	错误	Bool	MB_SERVER 指令因错误而结束执行后，ERROR 位将在一个扫描周期内置 1。STATUS 参数中的错误代码仅在 ERROR=1 的一个扫描周期内有效
输出	STATUS	状态	Word	错误代码

可以创建多个服务器连接。单个 PLC 可与多个 Modbus-TCP 客户端建立并发连接。

Modbus-TCP 服务器支持的最大并发连接数为 PLC 允许的开放式用户通信最大连接数。PLC 的连接总数（包括 Modbus-TCP 客户端和服务器）不得超过支持的开放式用户通信最大连接数。可在客户端和服务器类型的连接之间共享 Modbus-TCP 连接。

单独的并发服务器连接必须遵循以下规则：

（1）各 MB_SERVER 连接必须使用一个唯一的背景数据块。

（2）必须为各 MB_SERVER 连接分配一个唯一的 IP 端口号。每个端口只能用于一个连接。

（3）必须为各 MB_SERVER 连接分配一个唯一的连接 ID。

（4）必须为每个连接（带有各自的背景数据块）单独调用 MB_SERVER 指令。

各个背景数据块必须使用不同的连接 ID。总之，背景数据块和连接 ID 成对使用，且对每个连接而言必须是唯一的。

任务实施

一、任务准备

实施本任务所使用的元器件可参考表 9-2-5。

表 9-2-5　实训元器件清单

序号	设备名称	型号及规格	数量	备注
1	可编程序控制器	S7-1200 CPU 1214C DC/DC/DC，固件版本 V4.6	2 台	配 C45 导轨
2	编程电缆	以太网电缆	3 条	
3	低压断路器	DZ47-63 C10，单极	1 个	QF，电源开关
4	开关型稳压电源	S-150-24，AC 220 V/DC 24 V，150 W	1 台	
5	交换机	西门子 CSM 1277	1 台	
6	配电盘	600 mm×900 mm	1 块	

二、绘制并安装 PLC 控制线路

两台 S7-1200 PLC 之间的 Modbus-TCP 通信控制系统的接线如图 9-2-2 所示。

三、组态和编程

1. 新建项目

启动 TIA Portal V16 软件并创建一个新项目。

2. 添加两个 S7-1200 PLC 站点

在项目视图中添加新设备，添加的两个 PLC 型号都为 CPU 1214C DC/DC/DC，分别命名为“客户端”和“服务器”，并为它们添加子网（PN/IE_1），然后分别分配 IP 地址（客户端为 192.168.0.4，服务器为 192.168.0.2）。

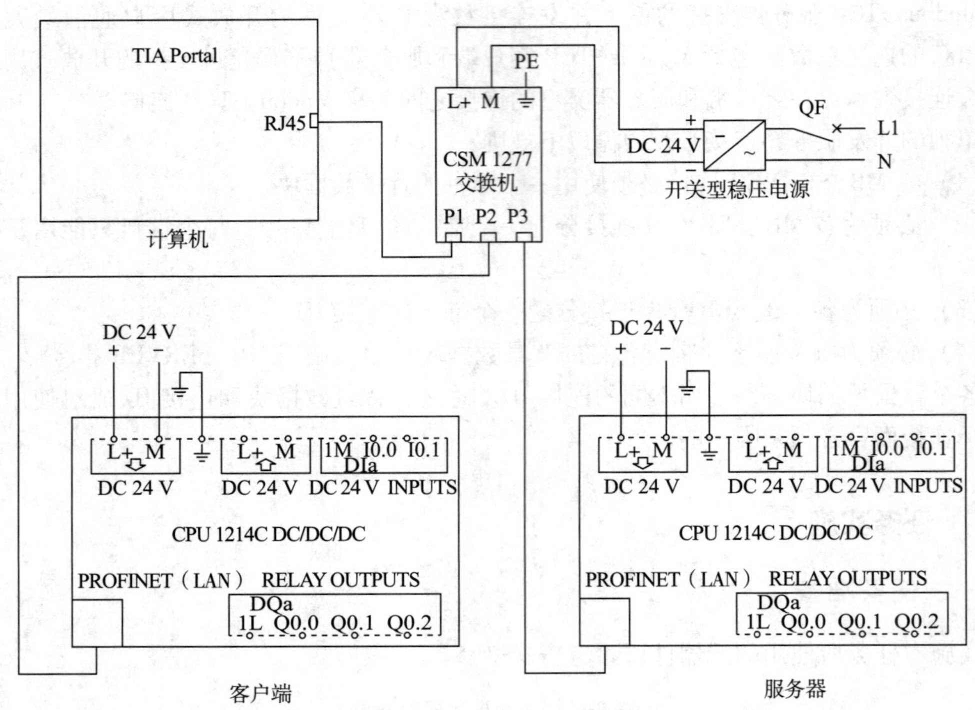

图 9-2-2 两台 S7-1200 PLC 之间的 Modbus-TCP 通信控制系统接线图

3. 激活时钟存储器

在客户端和服务器中单击“系统和时钟存储器”选项，勾选“启用系统存储器字节”和“启用时钟存储器字节”复选框。

4. 建立连接机制

在客户端和服务器中单击“防护与安全”下的“连接机制”选项，勾选“允许来自远程对象的 PUT/GET 通信访问”复选框。

5. 建立 PROFINET 网络连接

打开设备的网络视图，服务器与客户端因为分配同一子网而自动连接，如图 9-2-3 所示。

6. 服务器侧编程

（1）调用 MB_SERVER 指令。添加 MB_SERVER 指令至程序段 1 中，自动生成名称为“MB_SERVER_DB”的背景数据块，如图 9-2-4 所示。

（2）定义 CONNECT 引脚内容。首先在服务器的程序块中创建一个新的全局数据块 DB2，然后双击打开新生成的 DB2 数据块，定义变量名称为“A”，然后直接输入变量 A 的数据类型为“TCON_IP_v4”（注意：TCON_IP_v4 是系统数据类型，不是在 PLC 数据类型中创建的），如图 9-2-5 所示。

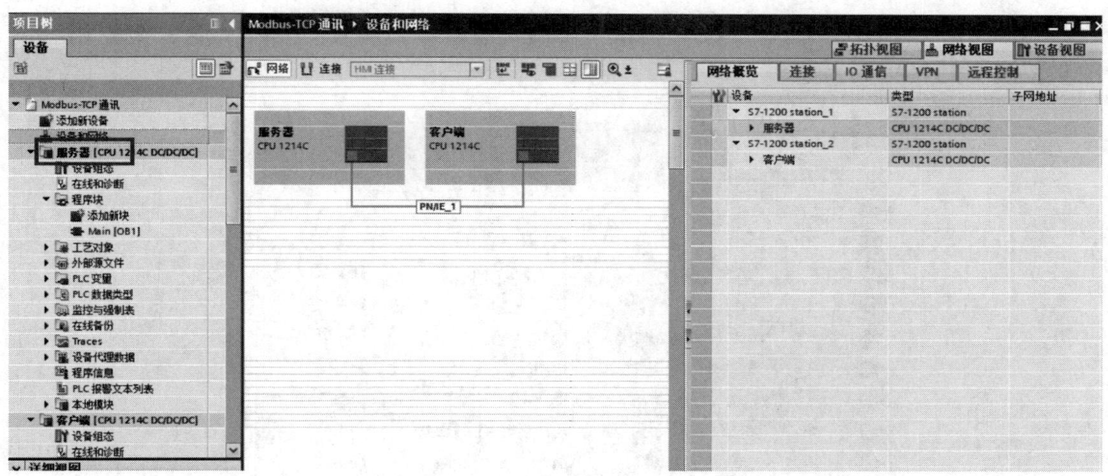

图 9-2-3　建立 PROFINET 网络连接

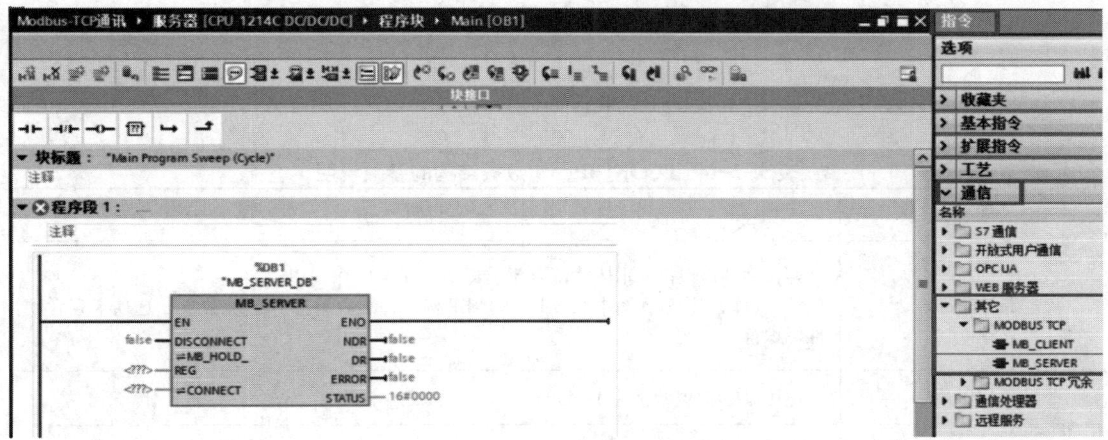

图 9-2-4　添加 MB_ SERVER 指令

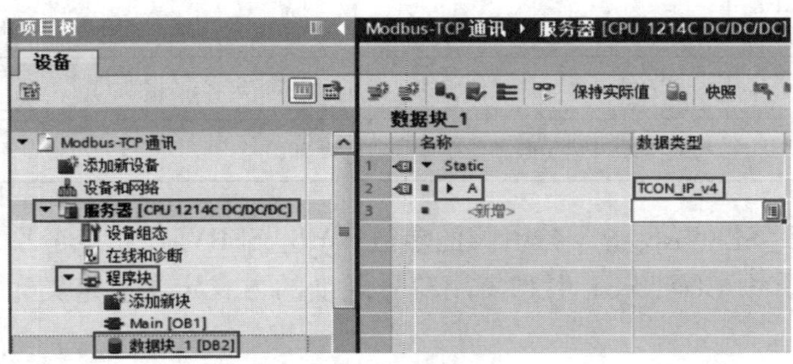

图 9-2-5　建立数据块 DB2 的变量

单击图 9-2-5 中变量 A 左侧的▶按钮，定义 MB_SERVER 服务器侧的 CONNECT 引脚，如图 9-2-6 所示，数据块 DB2 创建完毕后要对其进行编译。TCON_IP_v4 数据结构的参数说明见表 9-2-6。

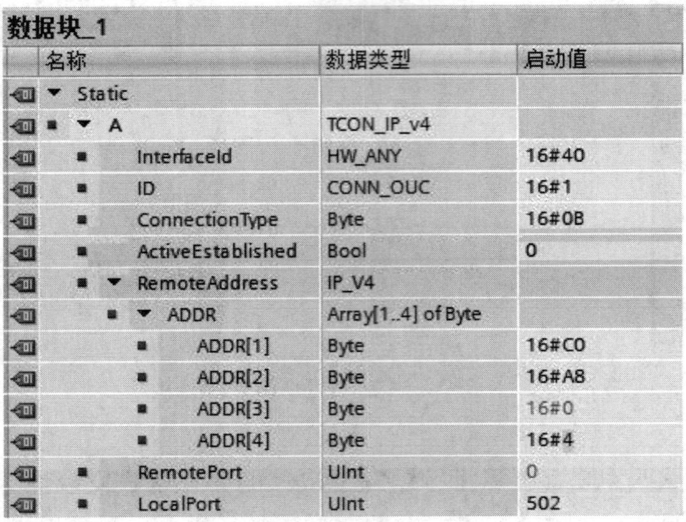

数据块_1

名称	数据类型	启动值
▼ Static		
▼ A	TCON_IP_v4	
InterfaceId	HW_ANY	16#40
ID	CONN_OUC	16#1
ConnectionType	Byte	16#0B
ActiveEstablished	Bool	0
▼ RemoteAddress	IP_V4	
▼ ADDR	Array[1..4] of Byte	
ADDR[1]	Byte	16#C0
ADDR[2]	Byte	16#A8
ADDR[3]	Byte	16#0
ADDR[4]	Byte	16#4
RemotePort	UInt	0
LocalPort	UInt	502

图 9-2-6　MB_SERVER 服务器侧的 CONNECT 引脚定义

表 9-2-6　TCON_IP_v4 数据结构的参数说明

参数	说明
InterfaceId	网口硬件标识符。本体网口为 64，即 16#40 注：可以在设备视图中双击 PROFINET 接口，然后单击“系统常数”选项卡查看硬件标识符
ID	连接 ID。取值范围为 1~4095
ConnectionType	连接类型。TCP 连接默认为 16#0B
ActiveEstablished	建立连接。主动为 1（客户端），被动为 0（服务器）
ADDR	远程端的 IP 地址（客户端 192.168.0.4，也可以不指定客户端 IP 地址）
RemotePort	远程端口号（一般使用默认值 0，即不指定客户端端口）
LocalPort	本地端口号（服务器端口号默认为 502）

（3）定义 MB_SERVER 指令各引脚的参数。MB_SERVER 指令各引脚参数的定义如图 9-2-7 所示，其中 CONNECT 引脚需用符号寻址的方式定义。定义完毕后进行保存和编译。

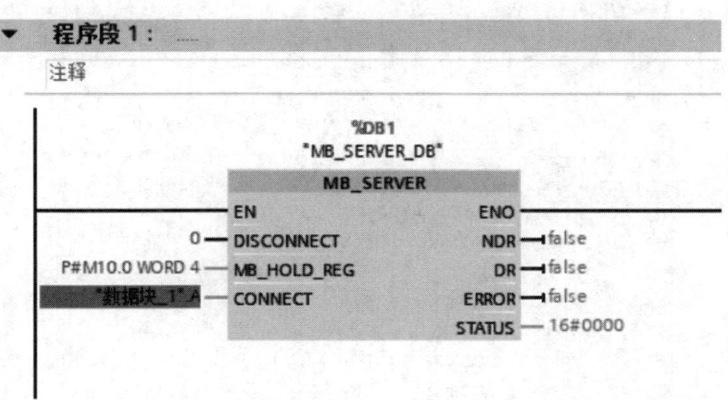

图 9-2-7　MB_ SERVER 指令各引脚参数的定义

7. 客户端侧编程

（1）调用 MB_ CLIENT 指令。添加 MB_ CLIENT 指令至程序段 1，自动生成名称为“MB_ CLIENT_ DB”的背景数据块，如图 9-2-8 所示。

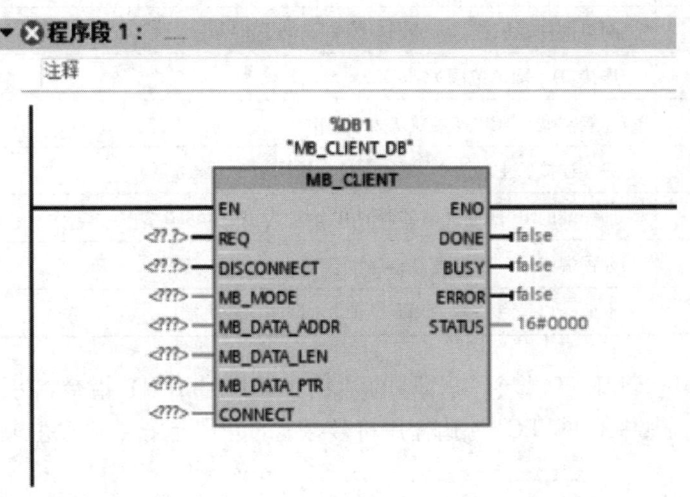

图 9-2-8　添加 MB_ CLIENT 指令

（2）定义 CONNECT 引脚内容。首先在客户端的程序块中创建一个新的全局数据块 DB2，并在数据块 DB2 的属性中取消勾选“优化的块访问”复选框。然后双击打开新生成的 DB2 数据块，定义变量名称为“B”，直接输入变量 B 的数据类型为“TCON_ IP_ v4”。单击变量 B 左侧的▶按钮，定义 MB_ CLIENT 客户端侧的 CONNECT 引脚，如图 9-2-9 所示，数据块 DB2 创建完毕后要对其进行编译。TCON_ IP_ v4 数据结构的参数说明见表 9-2-7。

数据块_1

名称	数据类型	启动值
▼ Static		
▼ B	TCON_IP_v4	
InterfaceId	HW_ANY	16#40
ID	CONN_OUC	16#1
ConnectionType	Byte	16#0B
ActiveEstablished	Bool	1
▼ RemoteAddress	IP_V4	
▼ ADDR	Array[1..4] of Byte	
ADDR[1]	Byte	16#C0
ADDR[2]	Byte	16#A8
ADDR[3]	Byte	16#0
ADDR[4]	Byte	16#02
RemotePort	UInt	502
LocalPort	UInt	0

图 9-2-9 MB_ CLIENT 客户端侧的 CONNECT 引脚定义

表 9-2-7 TCON_ IP_ v4 数据结构的参数说明

参数	说明
InterfaceId	网口硬件标识符。本体网口为 64，即 16#40
ID	连接 ID。取值范围为 1～4095
ConnectionType	连接类型。TCP 连接默认为 16#0B
ActiveEstablished	建立连接。主动为 1（客户端），被动为 0（服务器）
ADDR	远程端的 IP 地址（服务器的 IP 地址为 192. 168. 0. 2）
RemotePort	远程端口号（服务器端口号默认为 502）
LocalPort	本地端口号（一般使用默认值 0，即使用随机端口）

（3）定义 MB_ CLIENT 指令各引脚的参数。MB_ CLIENT 指令各引脚参数的定义如图 9-2-10 所示，其中 CONNECT 引脚需用符号寻址的方式定义。定义完毕后进行保存和编译。

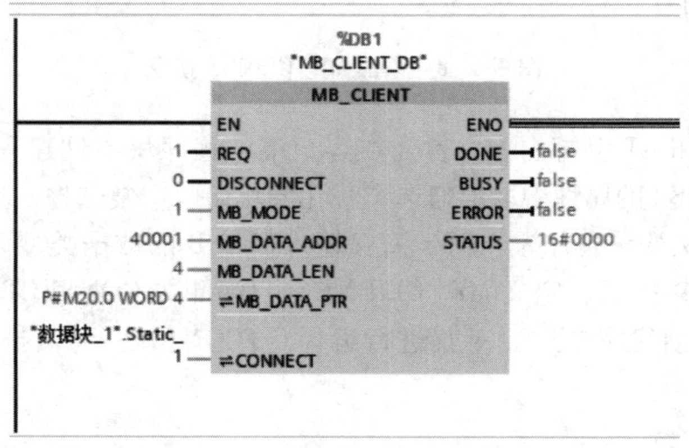

图 9-2-10 MB_ CLIENT 指令各引脚参数的定义

四、调试

在 TIA Portal V16 中，分别将两台 S7-1200 PLC 的组态和主程序下载到各自的 CPU 中，然后进行通信测试。

1. 监控连接状态

单击“转至在线”按钮，可以在网络视图中监控 Modbus-TCP 连接状态。

2. 监控数据交互

Modbus-TCP 连接成功建立后，为服务器和客户端各添加一个监控表，在客户端为 MB_CLIENT 指令的 REQ 引脚输入一个上升沿，监控数据发送情况，如图 9-2-11 所示。

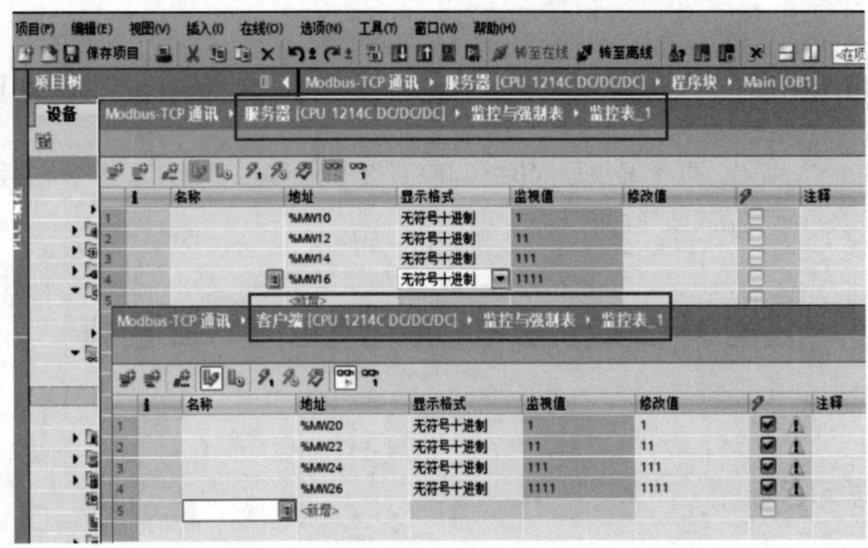

图 9-2-11　监控数据交互

任务测评

按照表 9-2-8 中的要求进行任务测评。

表 9-2-8　任务测评表

序号	考核内容	配分	考核标准	扣分	得分
1	电路绘制	20	主电路与控制电路分开绘制，有短路和接地保护，PLC 供电、I/O 端口接线正确。绘制有误或画法不规范，每处扣 2 分		
2	电路安装	30	按照接线图安装接线，元器件布置合理，不损坏元器件，安装牢固，配线符合工艺要求。每错一处扣 5 分		
3	程序编写	30	程序编写、编译正确。每错一处扣 5 分		

续表

序号	考核内容	配分	考核标准	扣分	得分
4	通电调试	20	通电调试步骤正确，操作规范，安全无事故，功能正常。通电调试不正确或不规范，每次扣 5 分；出现事故，扣 20 分；第一次通电调试不成功，扣 5 分；第二次通电调试不成功，扣 10 分；第三次通电调试不成功，扣 20 分		
5	安全与文明生产		遵守国家相关专业安全与文明生产规程，如有违反，酌情扣分		
开始时间			结束时间		成绩

知识拓展

扫描右侧二维码，可了解根据 MB_ CLIENT 指令和 MB_ SERVER 指令的 STATUS 参数判断通信失败原因的方法。

任务 3　三相异步电动机远程启停 PLC 控制

学习目标

1. 了解 PROFIBUS 和 PROFINET 的概念、特点和应用。
2. 熟悉 ET 200SP 分布式 I/O 系统的结构。
3. 能正确建立 S7-1200 CPU 与 ET 200SP 之间的 PROFINET 通信，并完成三相异步电动机远程启停 PLC 控制系统的设计、安装和调试。

任务引入

在集散控制系统中，分散在现场的、用来采集控制仪表及传感器等信号数据的系统称为分布式系统。分布式系统组态灵活、使用方便，在工控领域有广泛的应用。各大自动化控制厂商都有自己的分布式系统产品，如西门子 ET 200 的分布式系统产品众多，有适用于中小型控制系统的 ET 200S、ET 200SP，有适用于中大型控制系统的 ET 200M、ET 200MP，以及不需要控制柜、防护等级在 IP65 以上的 ET 200pro、ET 200AL、ET 200eco、ET 200eco PN 等。西门子 ET 200SP 如图 9-3-1 所示，它同时支持 PROFIBUS 和 PROFINET 总线；I/O 模块的设计更加紧凑，支持数字量、模拟量、工艺模块等多种模块；单个模块最多支持 16 个通道；支持故障安全模块；模块支持热插拔；可以使用 TIA 博途集成系统进行组态和编程。

图 9-3-1　西门子 ET 200SP

本任务要求通过建立西门子 S7-1200 CPU 和 ET 200SP 之间的 PROFINET I/O 通信，设计、安装与调试三相异步电动机远程启停控制系统。控制要求如下：

1. 建立西门子 S7-1200 CPU 和 ET 200SP 之间的 PROFINET I/O 通信，控制一台三相异步电动机的正反转启停。

2. 按下 S7-1200 CPU 侧自锁按钮，ET 200SP 侧才能控制电动机的正反转启停。

3. 按下 ET 200SP 侧的正转或反转启动按钮，三相异步电动机可正向或反向启动运行。

4. 按下 ET 200SP 侧的停止按钮或电动机发生过载故障，三相异步电动机立即停止正向或反向运行。

5. 具有短路、过载保护等必要的保护措施。

任务分析

在工业自动化系统中，西门子 PLC 通常与分布式 I/O 模块共同建立 PROFINET I/O 通信，以实现远程通信和数据交换。本任务要求 S7-1200 CPU 和 ET 200SP 建立 PROFINET I/O 通信，S7-1200 CPU 作为 I/O 控制器，ET 200SP 作为 I/O 设备，以实现对远程电动机的控制。PROFINET I/O 通信不使用通信指令，只需进行硬件组态和网络组态、配置数据传输地址，就能够实现数据交互。

相关知识

一、PROFIBUS 和 PROFINET 简介

1. PROFIBUS

PROFIBUS 是程序总线网络（process field bus）的简称，是一种串行通信协议。PROFIBUS 的最高传输速率为 12 Mbit/s，响应时间的典型值为 1 ms，使用屏蔽双绞线电缆或光缆，最长通信距离为 9. 6 km 或 90 km，最多可以接 127 个从站。

PROFIBUS 提供 PROFIBUS-DP（分布式外设）、PROFIBUS-PA（过程自动化）和 PROFIBUS-FMS（现场总线报文规范）三种通信服务。

（1）PROFIBUS-DP 的应用最多，特别适用于 PLC 与现场级分布式 I/O（如西门子 ET 200）设备之间的通信。主站之间的通信为令牌方式，主站与从站之间的通信为主从方式及这两种方式的组合。

（2）PROFIBUS-PA 用于 PLC 与过程自动化的现场传感器和执行器的低速数据传输，特别适用于过程工业，可以用于防爆区域的传感器和执行器与中央控制系统的通信。PROFIBUS-PA 使用屏蔽双绞线电缆，由总线提供电源。

（3）PROFIBUS-FMS 用于车间级监控网络，是一个令牌结构、实时多主网络。PROFIBUS-FMS 已基本被以太网通信取代，现在很少使用。

PROFIBUS 提供三种数据传输类型：用于 DP 和 FMS 的 RS485 传输、用于 PA 的 IEC1158-2 传输和光纤传输。

2. PROFINET

PROFINET 是基于工业以太网技术的开放的现场总线，可以将分布式 I/O 设备直接连接到工业以太网。PROFINET 网络和外部设备的通信由 PROFINET I/O 实现。

PROFINET I/O 系统包括 I/O 控制器（如 S7-1200 PLC）、I/O 设备（如 ET 200 SP）和 I/O 监控器。

二、西门子 ET 200SP

西门子 ET 200SP 是一个高度灵活的可扩展分布式 I/O 系统，用于通过现场总线将过程信号连接到上一级控制器。可使用多种 CPU/接口模块连接到 PROFINET I/O、PROFIBUS DP、EtherNet/IP 或 Modbus-TCP。ET 200SP 配有 CPU，可进行智能预处理，以减轻上一级控制器的负荷压力。

西门子 ET 200SP 分布式 I/O 系统可安装在导轨上，它包括：

1. CPU/接口模块。可用作 PROFINET I/O 系统中的 I/O 设备，连接 ET 200SP 和 I/O 控制器，通过背板总线与 I/O 模块进行数据交换。

2. I/O 模块。I/O 模块最多为 64 个，可按任意组合方式插入基座单元。I/O 模块可分为数字量输入（DI、F-DI、Ex-DI）、数字量输出（DQ、F-DQ PM、F-DQ PP、F-RQ、Ex-DQ）、模拟量输入（AI、F-AI、Ex-AI）、模拟量输出（AQ、Ex-AQ）、工艺模块（TM、F-TM-C）、通信模块（CM）和电源模块（F-PM-E）。

3. 电动机启动器（最多 31 个）。

4. 服务器模块。服务器模块随 CPU/接口模块一同提供，负责完成 ET 200SP 的组态。

任务实施

一、任务准备

实施本任务所使用的元器件可参考表 9-3-1。

表 9-3-1　实训元器件清单

序号	设备名称	型号及规格	数量	备注
1	可编程序控制器	S7-1200 CPU 1214C DC/DC/DC，固件版本 V4.6	1台	配 C45 导轨
2	ET 200SP 接口模块	IM 155-6 PN BA 6ES7 155-6AR00-0AN0	1个	配 C45 导轨
3	ET 200SP DI 模块	DI 8×DC 24V ST 6ES7 131-6BF00-0BA0	1个	配基座单元
4	ET 200SP DQ 模块	DQ 8×DC 24V/0，5A ST 6ES7 132-6BF00-0BA0	1个	配基座单元
5	ET 200SP 服务器模块	6ES7 193-6PA00-0AA0	1个	
6	交换机	西门子 CSM 1277	1台	配 C45 导轨
7	编程电缆	以太网电缆	3条	
8	低压断路器	DZ47-63 C10，1P	2个	QF1、QF2，电源开关
9	开关型稳压电源	S-150-24，AC 220 V/DC 24 V，150 W	1台	
10	熔断器	RT28-32/2	3个	电动机 M 主电路短路保护
11	自锁按钮	LAY39B-11BNZS	1个	SB1（绿），PLC 侧上电按钮
12	按钮	LA38-11/203	3个	SB2（绿）、SB3（红）、SB4（绿），正转启动、停止、反转启动
13	交流接触器	CJ20-10，线圈电压 220 V	2个	KM1、KM2，电动机 M 正反转控制
14	中间继电器	RXM2LB2BD+RXZE1M2C	2个	KA1、KA2，控制 KM1、KM2
15	热继电器	JR20-10L，整定电流范围为 0.15~0.23 A	1个	FR，电动机 M 过载保护
16	配电盘	600 mm×900 mm	1块	

二、分配输入/输出端口

输入/输出端口分配见表 9-3-2。

表 9-3-2　输入/输出端口分配表

输入端口			输出端口		
输入继电器	输入元器件	作用	输出继电器	输出元器件	作用
I0.0	自锁按钮 SB1	PLC 侧上电	Q2.0	中间继电器 KA1	控制 KM1
I2.0	热继电器 FR	过载保护	Q2.1	中间继电器 KA2	控制 KM2
I2.1	按钮 SB2	正转启动			

续表

输入端口			输出端口		
输入继电器	输入元器件	作用	输出继电器	输出元器件	作用
I2. 2	按钮 SB3	停止			
I2. 3	按钮 SB4	反转启动			

三、绘制并安装 PLC 控制线路

三相异步电动机远程启停 PLC 控制系统的接线如图 9-3-2 所示。主电路同课题二任务 4。安装时，中间继电器 KA1 和 KA2 线圈暂时不接到 ET200 SP 的 DQ 模块的输出端 Q2. 0 和 Q2. 1，待程序调试通过后再连接。安装完毕，要用万用表检测电路的通断情况是否正确，用兆欧表检测电路的绝缘电阻值是否符合要求。

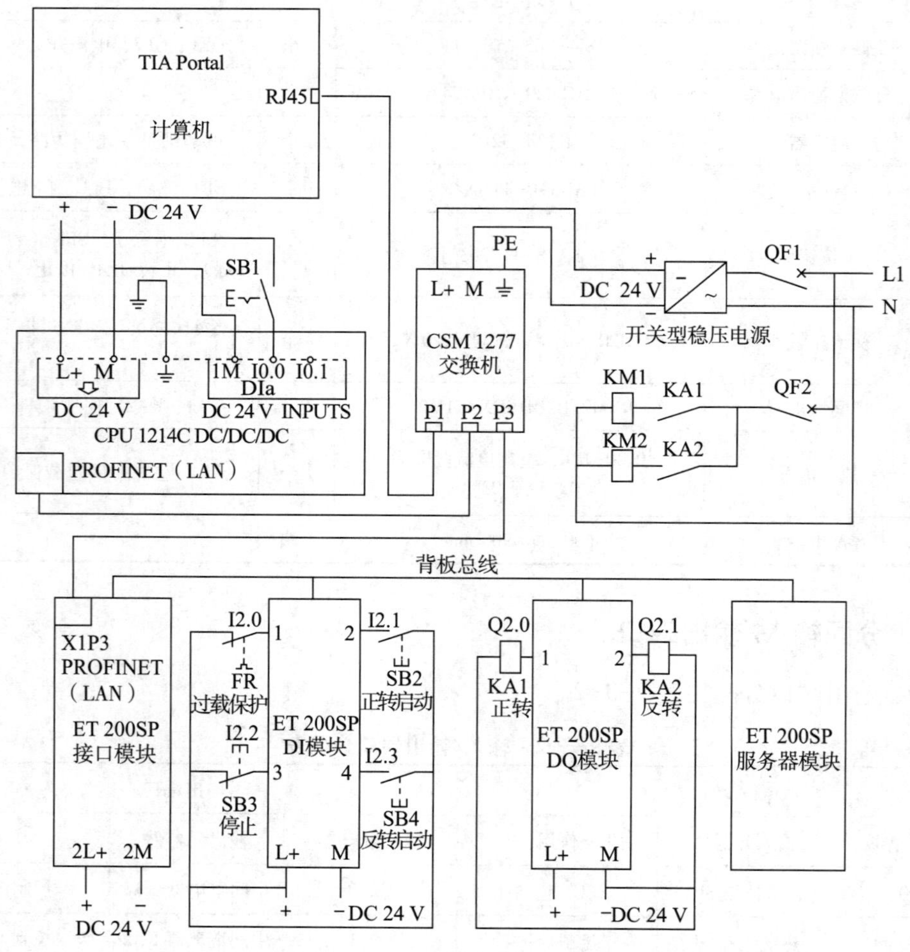

图 9-3-2　三相异步电动机远程启停 PLC 控制系统接线图

四、组态与编程

1. 新建项目

启动 TIA Portal V16 软件并创建一个新项目。

2. 添加一个 S7-1200 PLC 站点

在项目视图中添加新设备，添加的 PLC 型号为“CPU 1214C DC/DC/DC”，命名为“1200”，并为其添加子网“PN/IE_1”，分配 IP 地址为“192.168.0.1”，子网掩码为“255.255.255.0”。

3. 添加分布式 I/O 设备

打开网络视图，在硬件目录中双击“分布式 I/O”→“ET 200SP”→“接口模块”→“PROFINET”→“IM 155-6 PN BA”，将订货号为“6ES7 155-6AR00-0AN0”的接口模块拖拽到网络视图中，生成 I/O 设备 ET 200SP，如图 9-3-3 所示。ET 200SP 站点的 IP 地址为默认值“192.168.0.2”，子网掩码为“255.255.255.0”。

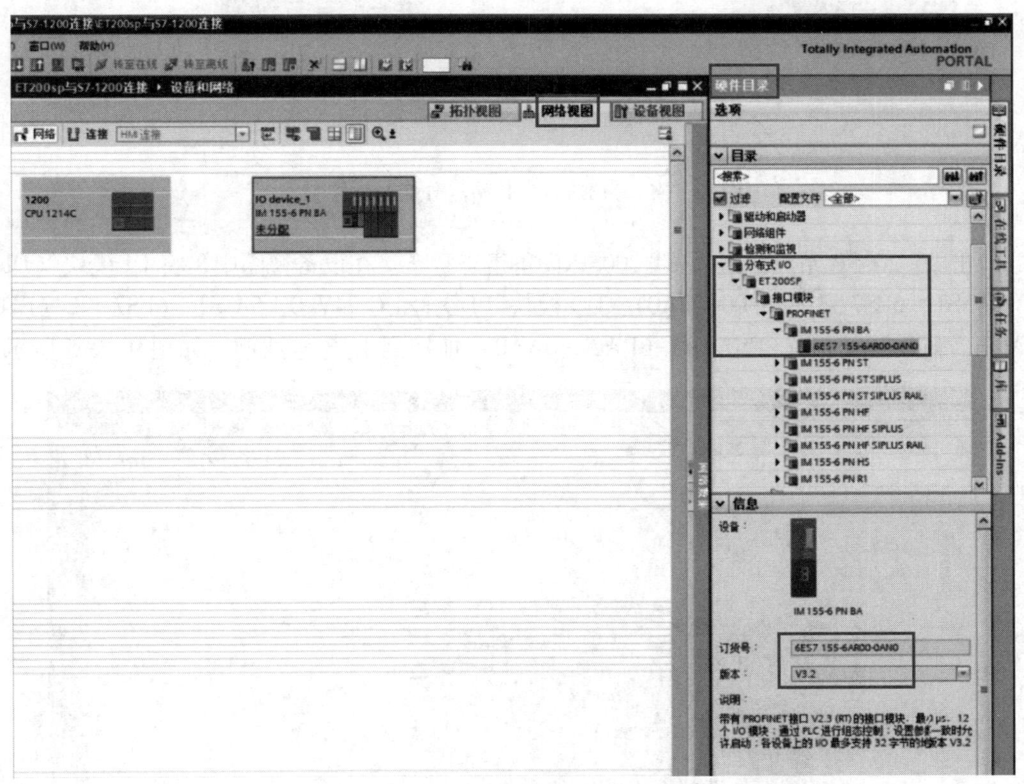

图 9-3-3　添加 ET 200SP 接口模块

单击 ET 200SP 接口模块中的“未分配”，为 ET 200SP 站点分配 I/O 控制器“1200.PROFINET 接口_1”，如图 9-3-4 所示。

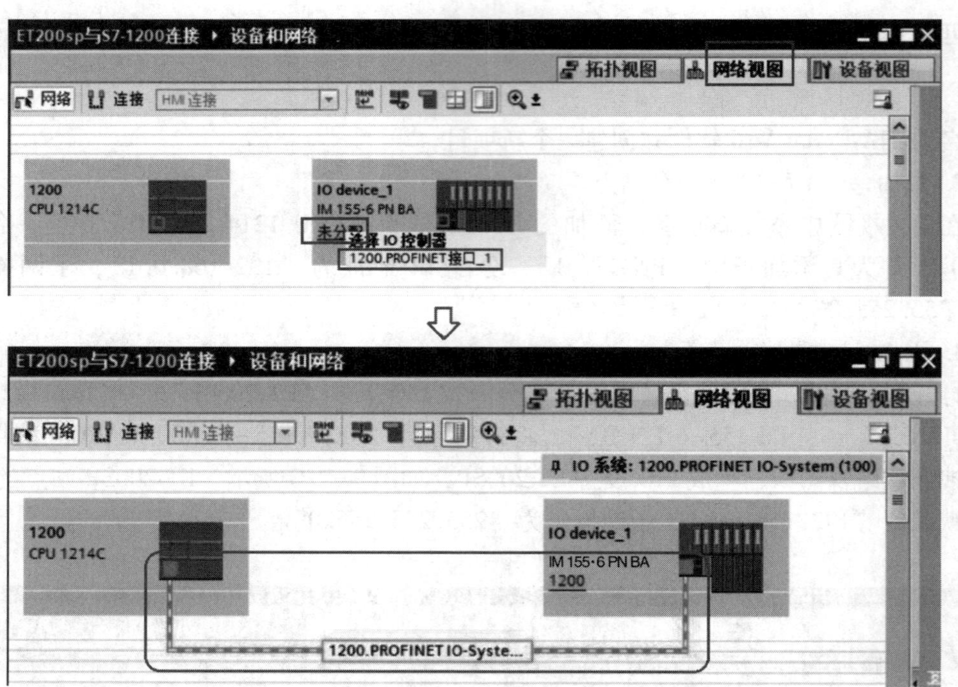

图 9-3-4　为 ET 200SP 站点分配 I/O 控制器

双击 ET 200SP 站点，进入 ET 200SP 设备组态状态。在设备视图中，将 DI 模块（DI 8×DC 24V ST，6ES7 131-6BF00-0BA0）、DQ 模块（DQ 8×DC 24V/0，5A ST，6ES7 132-6BF00-0BA0）、服务器模块（6ES7 193-6PA00-0AA0）拖拽到 1～3 号插槽，如图 9-3-5 所示。

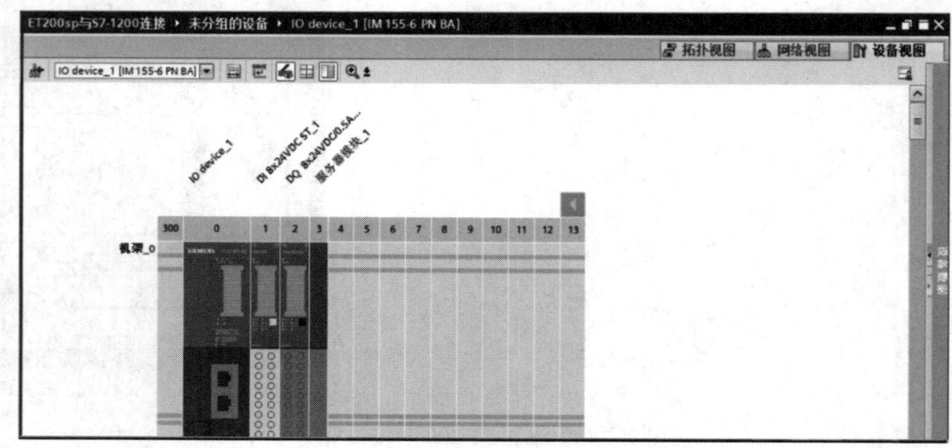

图 9-3-5　拖拽 DI、DQ 及服务器模块

双击 ET 200SP 网口，查看其 IP 地址和子网掩码是否和 S7-1200 PLC 在同一个网段下，并将 PROFINET 设备命名为“et200sp”，如图 9-3-6 所示。

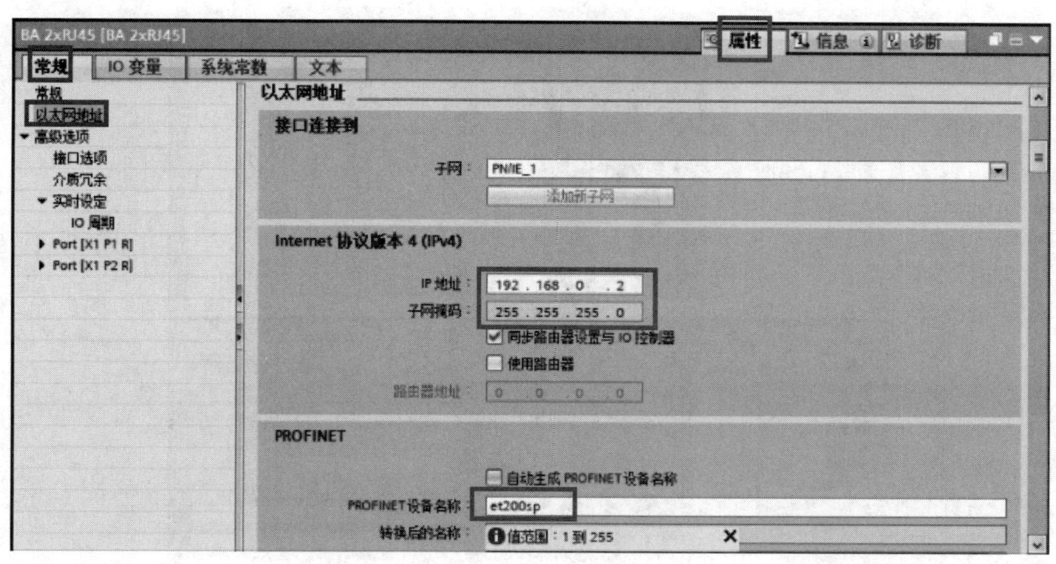

图 9-3-6　查看以太网地址并为 PROFINET 设备命名

4. 分配信号模块的 I/O 地址

分配 ET 200SP 的 DI 模块的输入信号地址，如图 9-3-7 所示。

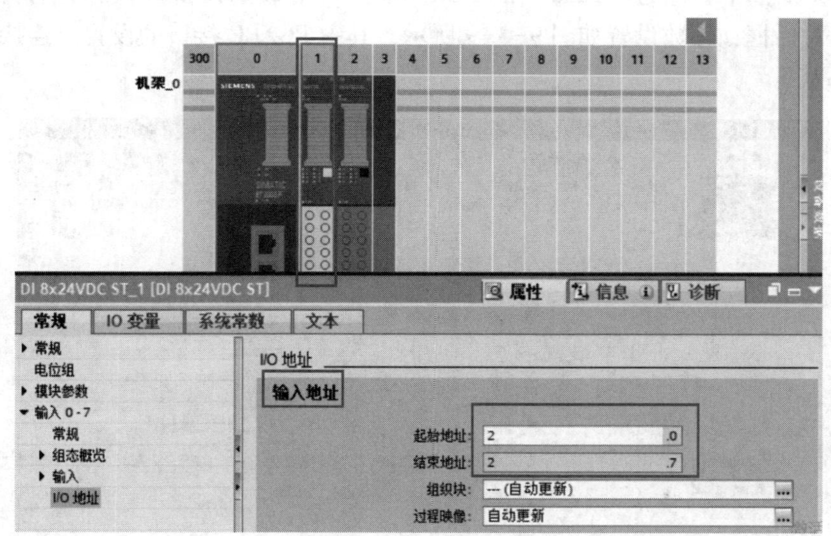

图 9-3-7　分配 DI 模块的输入信号地址

分配 ET 200SP 的 DQ 模块的输出信号地址，如图 9-3-8 所示。

5. 检查基座单元

在设备视图中检查 ET200 SP 的基座单元，要与实物一致，尤其要注意颜色和版本号。

6. 编译项目

进行项目编译，要求没有编译错误。

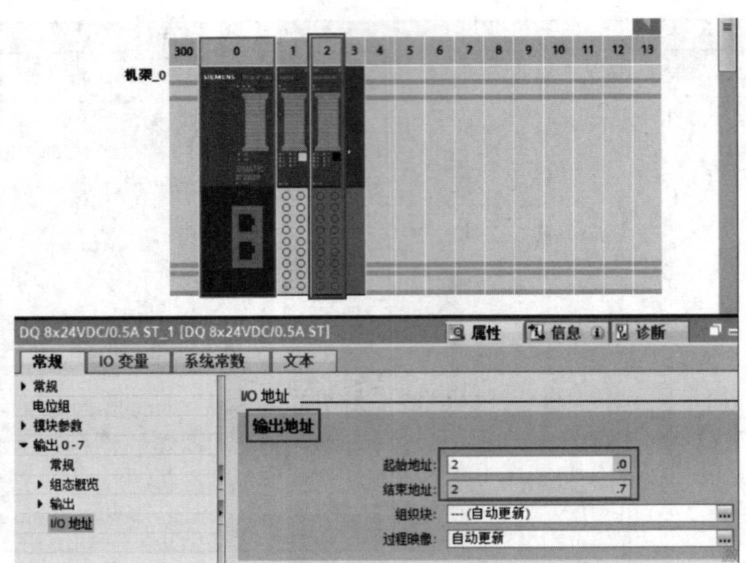

图 9-3-8　分配 DQ 模块的输出信号地址

7. 下载组态

在项目树中选中名称为“1200”的 PLC，单击“下载到设备”按钮，打开“扩展下载到设备”对话框，参数设置如图 9-3-9 所示，其中 PG/PC 接口的设置以连接 CPU 的实际以太网卡为准。

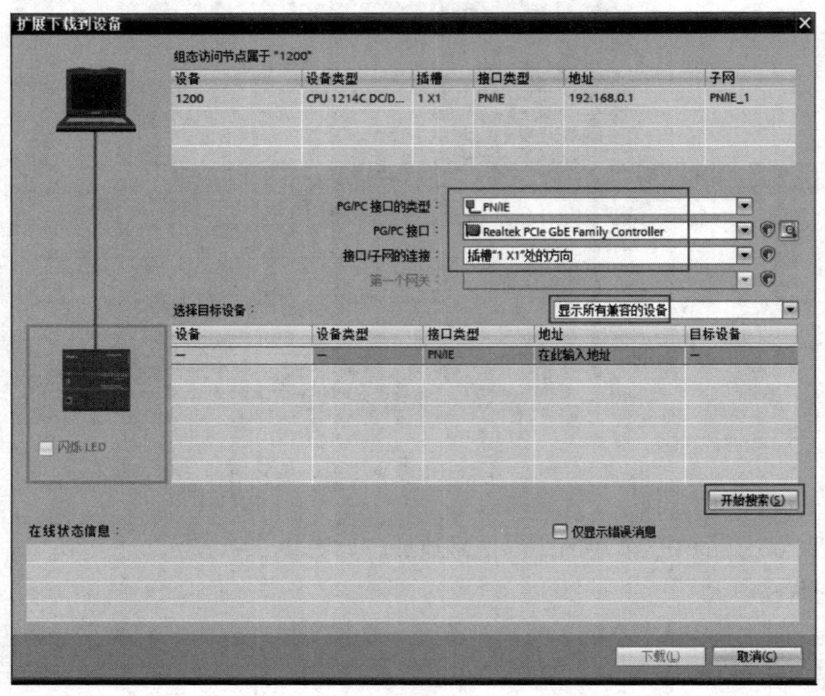

图 9-3-9　“扩展下载到设备”对话框的参数设置

单击“开始搜索”按钮，搜索网络连接的兼容设备，从可访问设备中选择对应的设备，单击“下载”按钮下载组态，如图 9-3-10 所示。

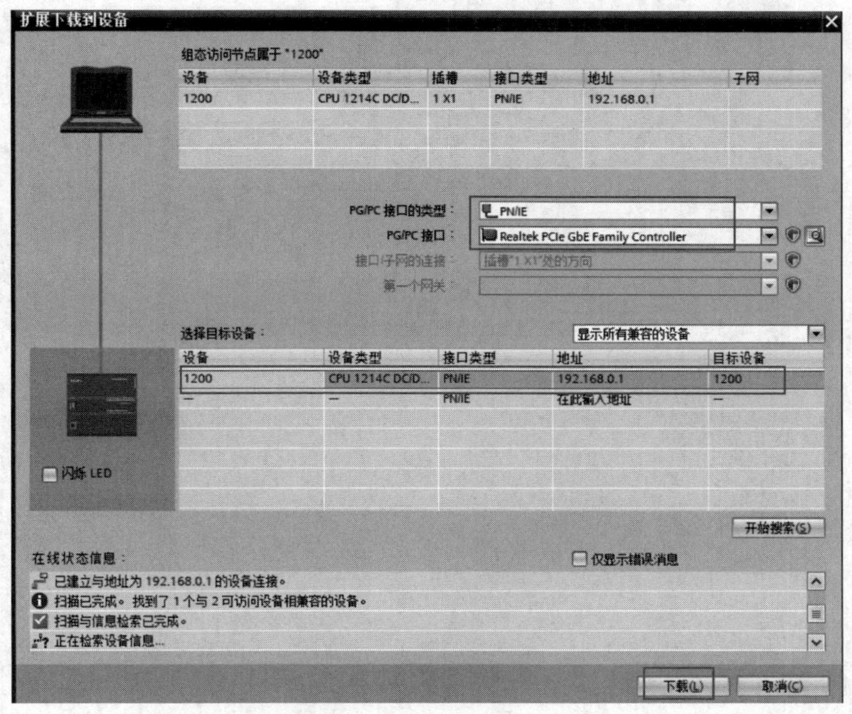

图 9-3-10　下载组态

组态下载完成后，如需启动模块，则在“下载结果”对话框中单击“启动模块”选项，然后单击“完成”按钮关闭对话框。

8. 分配设备名称

在网络视图中右击 PN 网络，在弹出的菜单中单击“分配设备名称”选项，打开“分配 PROFINET 设备名称”对话框。依次选择要组态的“PROFINET 设备名称”、要在线访问的“PG/PC 接口的类型”和“PG/PC 接口”，单击“更新列表”按钮，在更新的“网络中的可访问节点”中选择需要被分配的设备，单击“分配名称”按钮分配设备名称，如图 9-3-11 所示。操作完成后，单击“关闭”按钮关闭本对话框。

9. 检查 PROFINET 通信状态

在网络视图中选中 PLC，单击“转至在线”按钮，检查 PROFINET 通信状态。

10. 编程

（1）编辑变量表

本任务的变量表如图 9-3-12 所示。

（2）程序编写

在 I/O 控制器（S7-1200 PLC）的主程序 OB1 中编写本任务的控制程序，如图 9-3-13 所示。PLC 侧上电信号接通后，分布式 I/O 系统才能控制电动机的正反转运行。

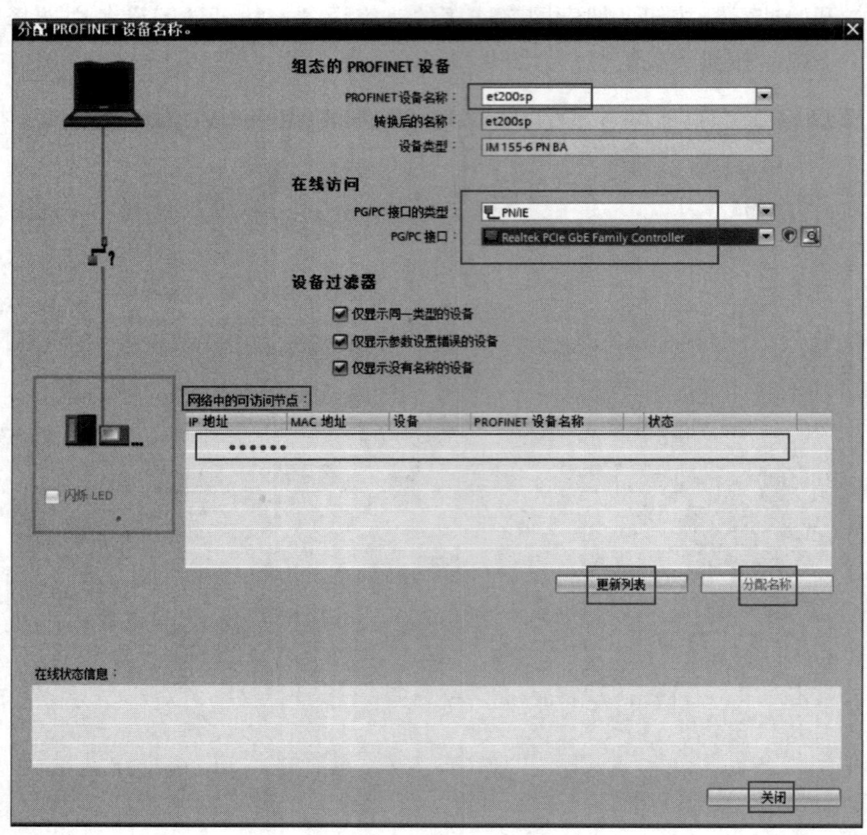

图 9-3-11　分配设备名称

默认变量表

		名称	数据类型	地址	保持	从 H...	从 H...	在 H...	注释
1		电动机正转	Bool	%Q2.0	☐	☑	☑	☑	
2		电动机反转	Bool	%Q2.1	☐	☑	☑	☑	
3		过载保护	Bool	%I2.0	☐	☑	☑	☑	
4		电动机正转启动	Bool	%I2.1	☐	☑	☑	☑	
5		电动机停止	Bool	%I2.2	☐	☑	☑	☑	
6		PLC侧上电信号	Bool	%I0.0	☐	☑	☑	☑	
7		电动机反转启动	Bool	%I2.3	☐	☑	☑	☑	

图 9-3-12　变量表

▼ 程序段 1：....

注释

%I0.0 "PLC侧上电信号"　%I2.1 "电动机正转启动"　%I2.2 "电动机停止"　%I2.0 "过载保护"　%Q2.1 "电动机反转"　%Q2.0 "电动机正转"

%Q2.0 "电动机正转"

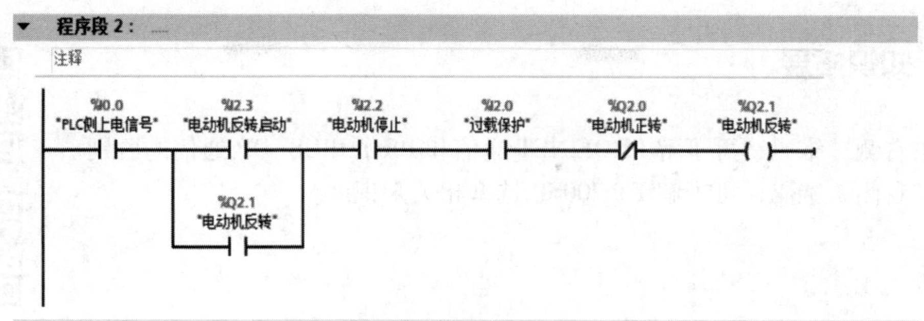

图 9-3-13　三相异步电动机远程启停 PLC 控制梯形图程序

五、调试

1. 模拟调试

使用程序状态功能或监控表模拟调试程序。

2. 联机调试

在断电的情况下，将中间继电器 KA1 和 KA2 线圈接到 ET200 SP 的 DQ 模块的输出端 Q2. 0 和 Q2. 1，然后按步骤进行联机调试。注意，若联机调试过程中出现故障，应立即切断电源，分析原因，检查电路。排除故障后，方可重新进行调试，直到调试成功。

任务测评

按照表 9-3-3 中的要求进行任务测评。

表 9-3-3　任务测评表

序号	考核内容	配分	考核标准	扣分	得分
1	I/O 端口分配	10	I/O 端口分配正确。分配错误或遗漏，每处扣 5 分		
2	电路绘制	20	主电路与控制电路分开绘制，有短路和接地保护，PLC 供电、I/O 端口接线正确。绘制有误或画法不规范，每处扣 2 分		
3	电路安装	25	按照接线图安装接线，元器件布置合理，不损坏元器件，安装牢固，配线符合工艺要求。每错一处扣 5 分		
4	程序编写与仿真	25	程序编写及仿真正确。每错一处扣 5 分		
5	通电调试	20	通电调试步骤正确，操作规范，安全无事故，功能正常。通电调试不正确或不规范，每次扣 5 分；出现事故，扣 20 分；第一次通电调试不成功，扣 5 分；第二次通电调试不成功，扣 10 分；第三次通电调试不成功，扣 20 分		
6	安全与文明生产		遵守国家相关专业安全与文明生产规程，如有违反，酌情扣分		
开始时间		结束时间		成绩	

知识拓展

扫描右侧二维码，可了解 PROFINET 通信和 PROFIBUS-DP 通信的区别。

扫描右侧二维码，可了解 ET 200SP 选型相关知识。

课题十　PLC 与触摸屏的综合应用

触摸屏是人机交互的窗口，用户只要用手指触碰屏幕上的图形符号，就能实现与设备的对话。触摸屏具有操作直观、交互信息量大、控制功能强等优点，常用于控制设备运行和显示设备运行过程中的信息。

任务 1　基于 PLC 和触摸屏的三相异步电动机启停控制

学习目标

1. 了解触摸屏的工作原理、组成和分类。

2. 熟悉 TPC7062Ti 触摸屏的接口与连接方式。

3. 了解 MCGS 组态软件和触摸屏的组态与运行过程。

4. 能正确完成基于 PLC 和触摸屏的三相异步电动机启停控制系统的设计、安装和调试。

任务引入

随着工业自动化的发展，触摸屏和 PLC 已成为工业控制系统的核心组成部分。触摸屏为用户提供了直观的操作界面，而 PLC 则负责处理控制逻辑和数据。

本任务要求使用 PLC 和触摸屏设计一台三相异步电动机的启停控制系统，并完成安装和调试。控制要求如下：

1. 可以通过 PLC 输入端的启动按钮和停止按钮实现对电动机的启动和停止控制。

2. 可以通过单击触摸屏屏幕上的启动按钮和停止按钮实现对电动机的启动和停止控制，屏幕上有相应指示灯显示电动机的运行状态。

3. 当电动机发生过载时，电动机立即停止运行。

4. 本系统的操作由昆仑通态 TPC7062Ti 触摸屏实现，触摸屏控制画面如图 10-1-1 所示。

5. 具有短路保护等必要的保护措施。

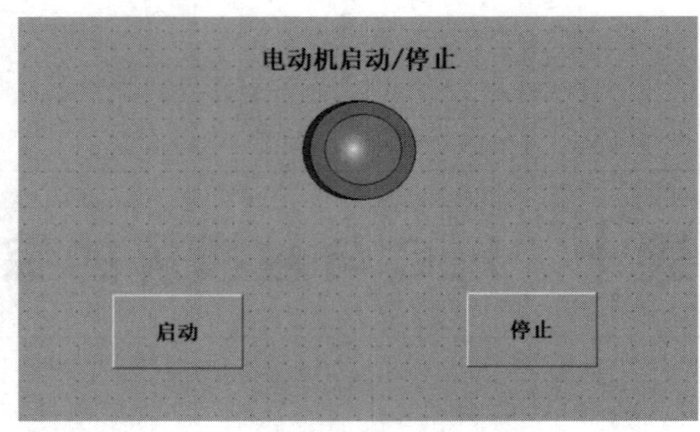

图 10-1-1　三相异步电动机启停系统的触摸屏控制画面

任务分析

本任务使用 PLC 和触摸屏共同控制一台电动机的启停，并在触摸屏屏幕上显示电动机的运行状态。也就是要用触摸屏屏幕上的启动按钮和停止按钮触摸键代替控制电动机的启停按钮，因此要在触摸屏的控制画面上制作启动按钮和停止按钮并组态。另外，触摸屏的屏幕上还应包含显示电动机运行状态的指示灯，因此要在触摸屏的控制画面上制作指示灯并组态。

本任务需编写的控制程序很简单，但由于在 PLC 的基础上加入了触摸屏控制，因此要考虑触摸屏的变量与 PLC 寄存器的对应关系，在 PLC 梯形图程序中要体现触摸屏变量的控制作用。本任务主要学习 PLC 和触摸屏的通信，包括组态触摸屏通信连接和组态触摸屏控制画面。

相关知识

一、触摸屏的工作原理、组成和分类

触摸屏可以代替鼠标或键盘输入各种信息。工作时，必须先用手指或其他物体触摸安装在显示器前端的触摸屏，系统会根据触摸的图标或菜单位置定位并选择信息输入。

触摸屏由触摸检测部件和触摸屏控制器组成，触摸检测部件用于检测用户触摸位置，将触摸信息发送至触摸屏控制器；而触摸屏控制器的主要作用是接收触摸信息并将它转换成触点坐标发送给 CPU，它同时能接收 CPU 发送的命令并加以执行。

根据工作原理和传输信息介质的不同，触摸屏分为电阻式、电容感应式、红外线式以及表面声波式四种类型。

二、TPC7062Ti 触摸屏的接口与连接方式

TPC7062Ti 触摸屏如图 10-1-2 所示。该触摸屏是嵌入式一体化触摸屏，采用了 7 in 高亮度 TFT 液晶显示屏（分辨率 1 024×600），是四线电阻式触摸屏，具有 2 个串口（COM1：RS232，COM2：RS485）、2 个 USB（1 主 1 从）、1 个网口（10 M/100 M 自适

应），工作电源为 DC 24 V±20%。预装了 MCGS 嵌入式组态软件，具备强大的图像显示和数据处理功能。

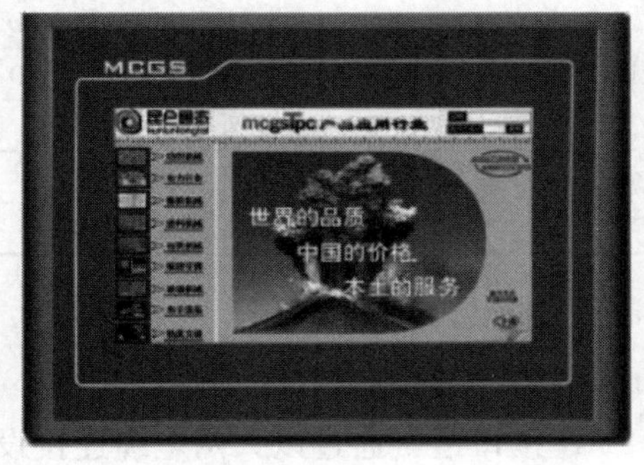

a）

b）

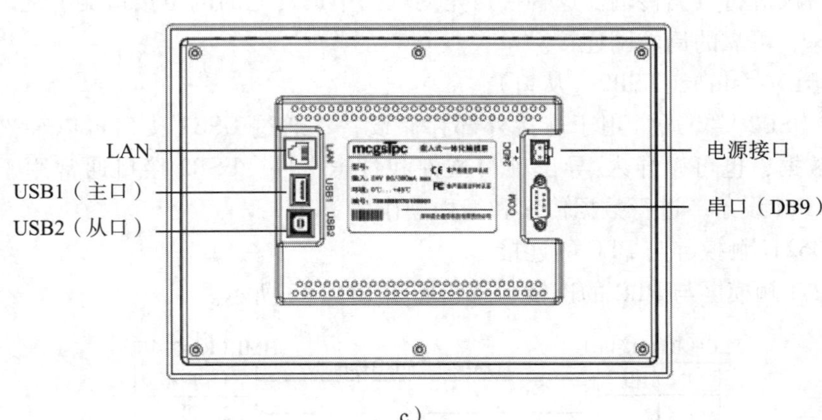

c）

图 10-1-2　TPC7062Ti 触摸屏

a）正面　b）背面　c）接口

1. TPC7062Ti 触摸屏的接口

（1）电源接口

电源接口及定义见表 10-1-1，建议采用直径为 1. 02 mm（AWG18）的电源线。

表 10-1-1　电源接口及定义

电源接口示意图	PIN	定义
2 1	1	+
	2	-

（2）串口（DB9）

串口引脚及定义见表 10-1-2。

表 10-1-2　串口引脚及定义

串口引脚示意图	接口	PIN	引脚定义
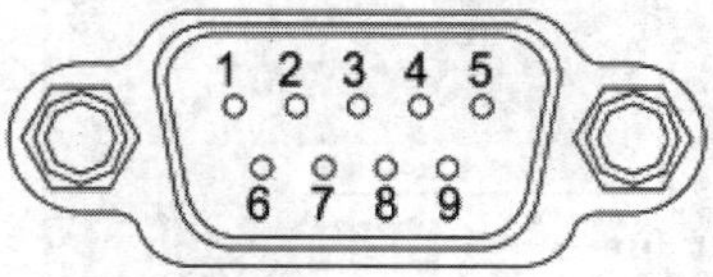 1 2 3 4 5 6 7 8 9	COM1	2	RS232 RXD
		3	RS232 TXD
		5	GND
	COM2	7	RS485+
		8	RS485-

（3）LAN

LAN 接口一般用于连接局域网中的设备，如计算机、打印机、路由器、交换机等，使它们能够通过局域网进行数据通信和资源共享。LAN 接口通常通过以太网电缆连接设备，使用以太网协议进行数据传输。这种接口是局域网中最常见的网络接口类型之一，它为设备提供了快速、可靠的局域网连接。

（4）USB1（主口）、USB2（从口）

USB1 与 USB2 接口通常用于连接外部存储设备，通过 USB1 接口可以轻松地备份程序、参数和数据，也可以导入/导出项目文件和日志文件。USB2 接口通常用于连接计算机、PLC 或 HMI 设备，进行数据传输和编程操作。

2. TPC7062Ti 触摸屏与 PLC 的连接

TPC7062Ti 触摸屏与 PLC 的连接示意图如图 10-1-3 所示。

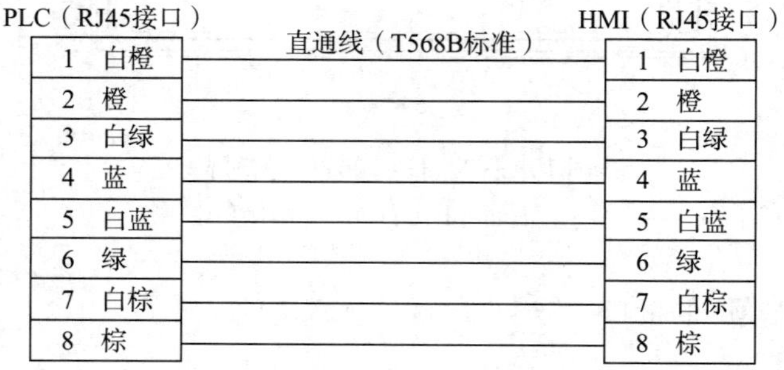

PLC（RJ45接口）	直通线（T568B标准）	HMI（RJ45接口）
1　白橙		1　白橙
2　橙		2　橙
3　白绿		3　白绿
4　蓝		4　蓝
5　白蓝		5　白蓝
6　绿		6　绿
7　白棕		7　白棕
8　棕		8　棕

图 10-1-3　TPC7062Ti 触摸屏与 PLC 的连接示意图

三、MCGS 组态软件

MCGS 7.7 嵌入版是一款功能强大的工业自动化控制软件，它具有以下特点：

1. 功能完善。能够实现对油田、油井、管道、储罐、化工厂等的监控和控制，优化生产过程，提高产品质量，预防生产事故。

2. 操作、维护简便。具有操作简单、可视性好、可维护性强的特点，适合工业过程控制和实时监控领域使用。

四、触摸屏的组态与运行

触摸屏的组态与运行示意图如图 10-1-4 所示。

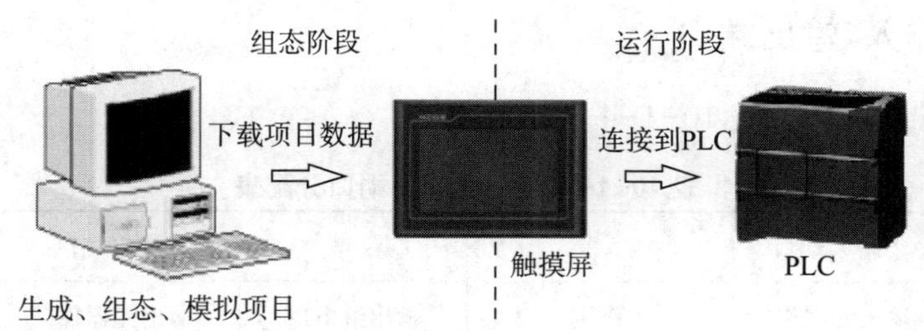

图 10-1-4 触摸屏的组态与运行示意图

1. 组态。使用组态软件制作满足用户要求的控制画面，将控制画面中的图形符号与PLC存储器的地址关联，即可通过PLC实现对设备的控制。

2. 下载项目文件。软件可将生成的控制画面自动编译成触摸屏可以执行的文件，并将可执行文件下载到触摸屏的存储器。

3. 运行。控制系统运行时，通过触摸屏和PLC之间的通信来交换信息，从而实现触摸屏的各种控制功能。

任务实施

一、任务准备

实施本任务所使用的元器件可参考表10-1-3。

表 10-1-3 实训元器件清单

序号	设备名称	型号及规格	数量	备注
1	可编程序控制器	CPU 1214C AC/DC/Rly	1台	配C45导轨
2	编程电缆	以太网电缆	3条	带水晶接头
3	交换机	西门子CSM 1277	1台	配C45导轨
4	触摸屏	昆仑通态TPC7062Ti	1台	
5	开关型稳压电源	S-150-24，AC 220 V/DC 24 V，150 W	1台	
6	低压断路器	DZ47-63 D10，3P	1个	QF1，电源开关，主电路短路保护
7	低压断路器	DZ47-63 C10，1P	3个	QF2、QF3、QF4，电源开关
8	熔断器	RT28-32/2	3个	电动机M主电路短路保护
9	按钮	LA38-11/203	2个	SB1（红）、SB2（绿），停止、启动按钮
10	交流接触器	CJ20-10，线圈电压220 V	1个	KM，电动机M运行控制
11	热继电器	JR20-10L，整定电流范围为0.15~0.23 A	1个	FR，电动机M过载保护
12	接线端子排	TB-1520，20位	1条	
13	配电盘	600 mm×900 mm	1块	
14	三相异步电动机	YS5024，40 W，380 V	1台	

二、分配输入/输出端口

输入/输出端口分配见表 10-1-4。

表 10-1-4　输入/输出端口分配表

输入端口			输出端口		
输入继电器	输入元器件	作用	输出继电器	输出元器件	作用
I0.0	热继电器 FR	过载保护	Q0.0	交流接触器 KM	控制电动机
I0.1	按钮 SB1	停止			
I0.2	按钮 SB2	启动			

三、绘制并安装 PLC 控制线路

基于 PLC 和触摸屏的三相异步电动机启停控制系统的接线如图 10-1-5 所示。安装时，交流接触器 KM 线圈暂时不接到 PLC 的输出端 Q0.0，待程序调试通过后再连接。安装完毕，要用万用表检测电路的通断情况是否正确，用兆欧表检测电路的绝缘电阻值是否符合要求。

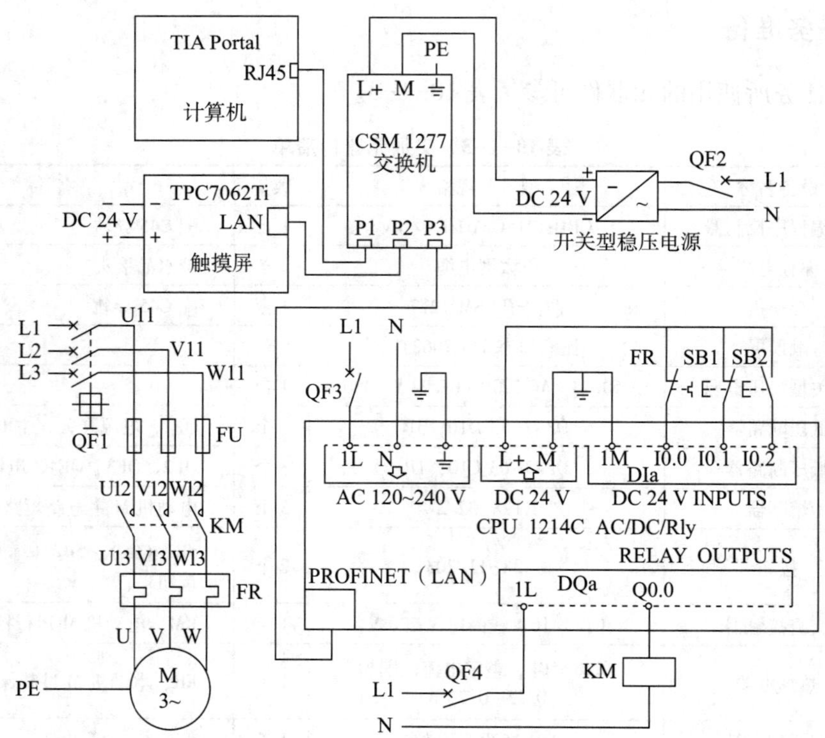

图 10-1-5　基于 PLC 和触摸屏的三相异步电动机启停控制系统接线图

四、程序编写

1. 新建项目

启动 TIA Portal V16 软件并创建一个新项目。

2. 添加一个 S7-1200 PLC 站点

在项目视图中添加新设备，添加的 PLC 型号为 CPU 1214C AC/DC/Rly，命名为“PLC_1”，分配 IP 地址为“192. 168. 0. 1”，子网掩码为“255. 255. 255. 0”。

3. 编辑变量表

本任务的变量表如图 10-1-6 所示。

默认变量表

	名称	数据类型	地址	保持	从 H...	从 H...	在 H...
1	启动	Bool	%I0.2	☐	☑	☑	☑
2	停止	Bool	%I0.1	☐	☑	☑	☑
3	过载保护	Bool	%I0.0	☐	☑	☑	☑
4	KM线圈	Bool	%Q0.0	☐	☑	☑	☑
5	<新增>			☐	☑	☑	☑

图 10-1-6　变量表

4. 设计程序

基于 PLC 和触摸屏的三相异步电动机启停控制梯形图程序如图 10-1-7 所示。

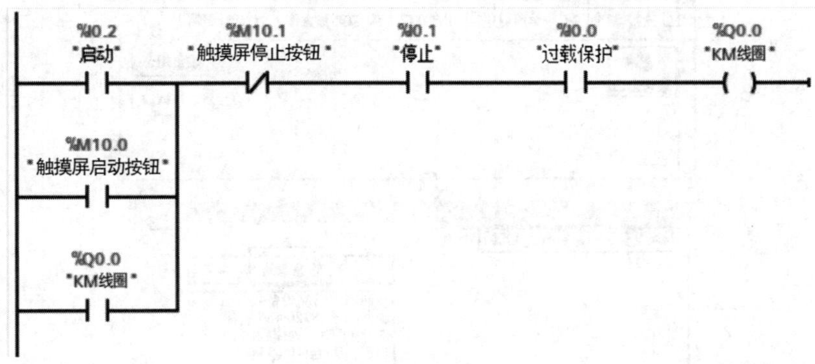

图 10-1-7　基于 PLC 和触摸屏的三相异步电动机启停控制梯形图程序

五、组态画面

1. 建新工程

（1）新建工程设置。双击“MCGSE 组态环境”图标，单击工具栏中的🗋（新建）按钮，弹出“新建工程设置”对话框，设置 TPC 类型为“TPC7062Ti”，单击“确定”按钮，如图 10-1-8 所示。

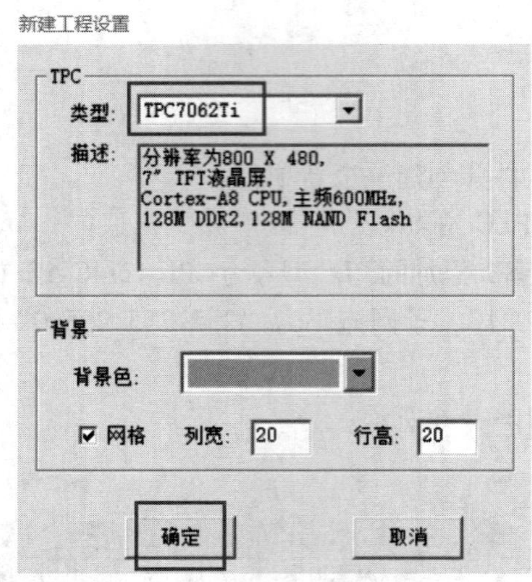

图 10-1-8 新建工程设置

（2）设备管理。在新建的工程中，单击“设备窗口”选项卡，双击“设备窗口”图标，打开“设备组态：设备窗口”对话框。右击任意空白处，在弹出的菜单中选择“设备工具箱”选项，打开“设备工具箱”对话框，单击“设备管理”按钮，双击其中的“Siemens_1200”选项，“设备组态：设备窗口”对话框左侧显示添加成功的设备，如图 10-1-9 所示。

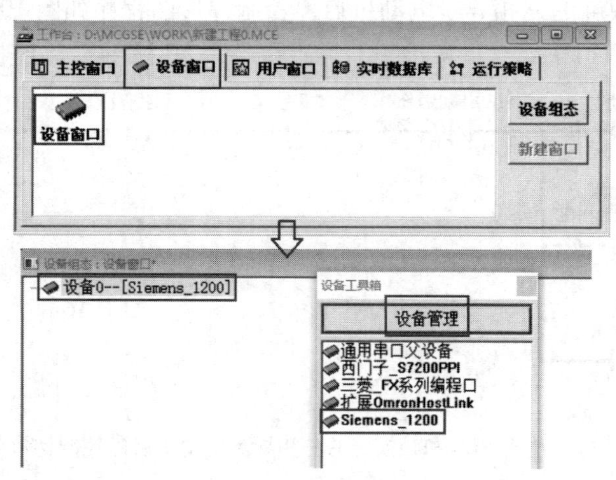

图 10-1-9 添加“Siemens_1200”

双击图 10-1-9 中添加的设备，弹出“设备编辑窗口”对话框，单击“删除全部通道”按钮，更改本地 IP 地址和远端 IP 地址，单击“确认”按钮，如图 10-1-10 所示。

2. 创建用户窗口

单击“用户窗口”选项卡和“新建窗口”按钮，创建一个新的用户窗口，以图标形式显示，如“窗口 0”，如图 10-1-11 所示。

图 10-1-10　更改本地和远端 IP 地址

图 10-1-11　新建窗口

3. 设置用户窗口属性

单击“窗口属性”按钮，将“窗口 0”的名称改为“电动机启动/停止”，如图 10-1-12 所示。

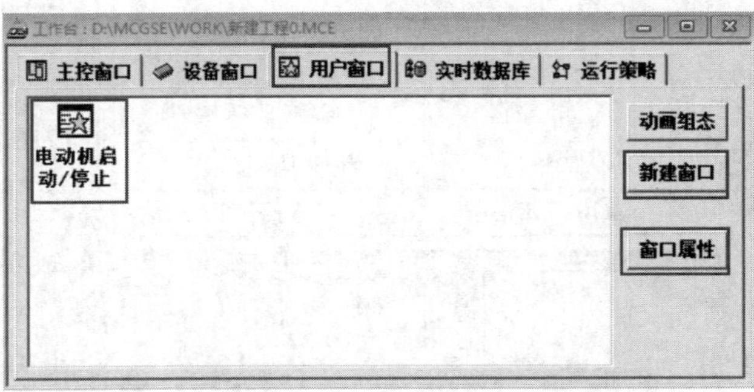

图 10-1-12　设置用户窗口属性

4. 制作画面标签

双击图 10-1-12 中的“电动机启动/停止”图标，进入“动画组态电动机启动/停止”界面。单击工具箱中的**A**按钮，弹出“标签动画组态属性设置”对话框，单击“扩展属性”选项卡，在文本内容输入框中输入“电动机启动/停止”，如图 10-1-13 所示。还可以单击“属性设置”选项卡，对标签的填充颜色、文本颜色、字体、字形等进行修改。

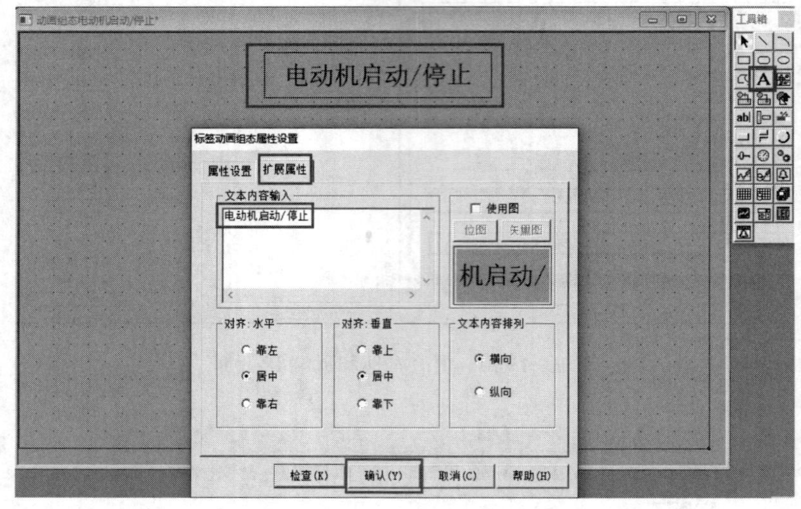

图 10-1-13　制作“电动机启动/停止”标签

5. 组态启动按钮和停止按钮

（1）绘制按钮。如图 10-1-14 所示，单击工具箱中的按钮，分别绘制“启动”按钮和“停止”按钮，可根据需要更改文本颜色、背景色、边线色等。

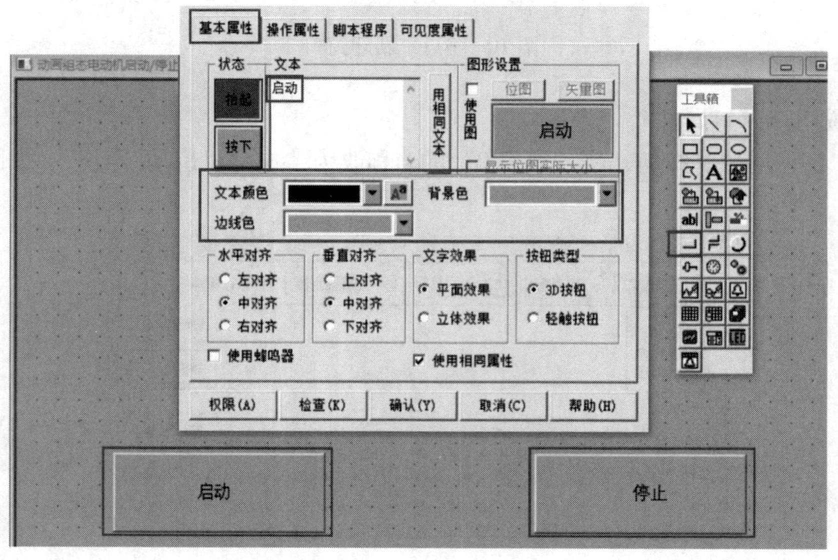

图 10-1-14　绘制按钮

（2）关联按钮。双击“启动”按钮，弹出“标准按钮构件属性设置”对话框，单击“操作属性”选项卡，勾选“数据对象值操作”复选框，选择“按 1 松 0”选项，如图 10-1-15a 所示。单击右侧的?按钮，弹出“变量选择”对话框。在“变量选择”对话框中，选中“根据采集信息生成”单选按钮，将通道类型设置为“M 内部继电器”，通道地址设置为“10”，数据类型设置为“通道的第 00 位”（即触摸屏“启动”按钮分配地址为 M10.0），读写类型设置为“读写”，如图 10-1-15b 所示，单击“确认”按钮。

用同样的方法关联“停止”按钮，注意将“数据类型”设置为“通道的第 01 位”（即触摸屏“停止”按钮分配地址为 M10.1），其余设置相同。

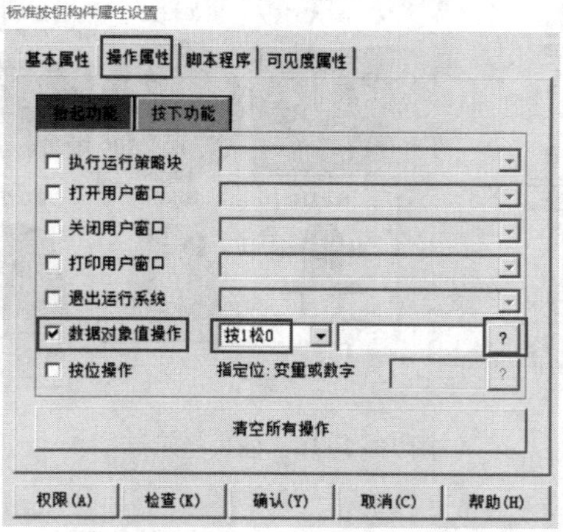

a）

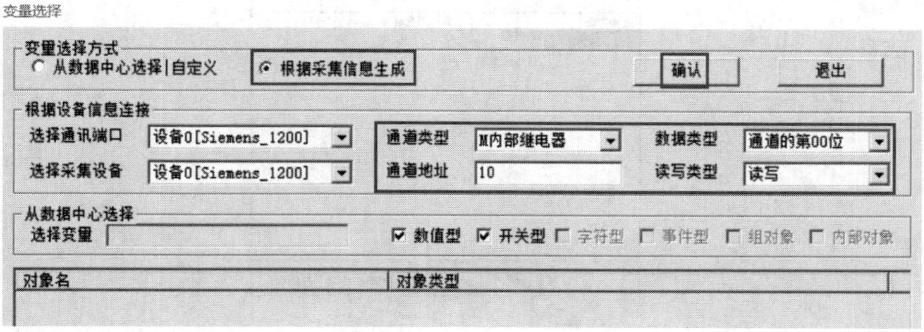

b）

图 10-1-15　关联按钮
a）设置操作属性　b）选择变量

6. 组态运行状态指示灯

（1）插入指示灯。单击工具箱中的按钮，弹出“对象元件库管理”对话框，双击“图形对象库”→“指示灯”文件夹，单击“指示灯 3”图形对象→“确定”按钮，如图 10-1-16 所示。选中插入的指示灯，可以将其移动到需要的位置。

（2）关联指示灯。双击画面中的指示灯，弹出“单元属性设置”对话框，单击“数据对象”选项卡→“可见度”或“@开关量”选项→?按钮，如图 10-1-17a 所示。弹出

“变量选择”对话框。在“变量选择”对话框中，选中“根据采集信息生成”单选按钮，将通道类型设置为“Q 输出继电器”，通道地址设置为“0”，数据类型设置为“通道的第00 位”（即电动机运行指示灯分配地址为 Q0.0），读写类型设置为“读写”，单击“确认”按钮，如图 10-1-17b 所示。

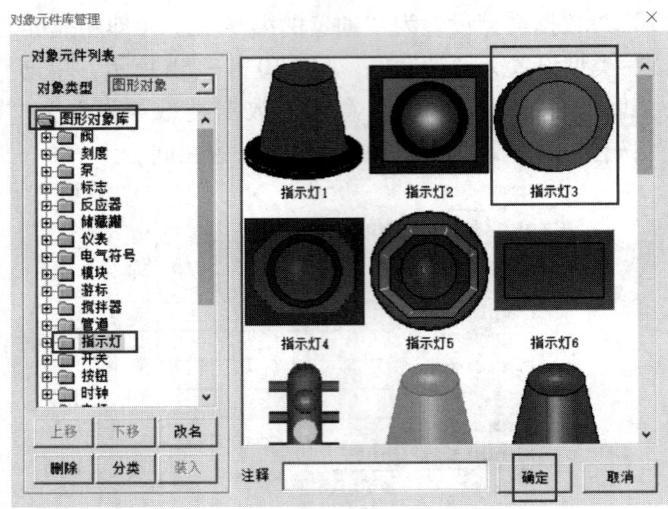

图 10-1-16 插入指示灯

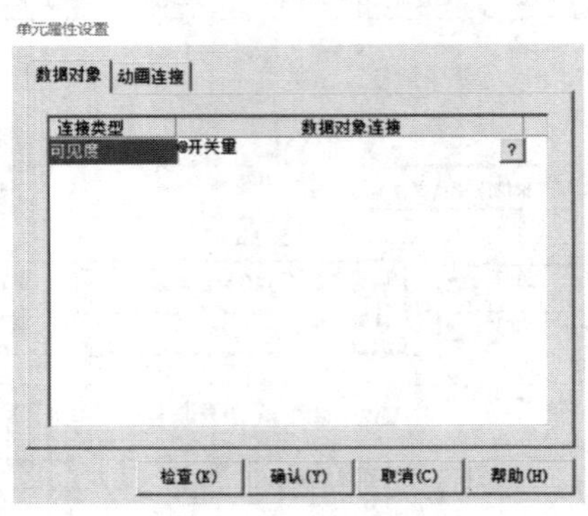

a）

变量选择
变量选择方式
从数据中心选择|自定义 根据采集信息生成
确认 退出
根据设备信息连接
选择通讯端口 设备0[Siemens_1200]
选择采集设备 设备0[Siemens_1200]
通道类型 Q输出继电器
通道地址 0
数据类型 通道的第00位
读写类型 读写
从数据中心选择
选择变量
数值型 开关型 字符型 事件型 组对象 内部对象

b）

图 10-1-17 关联指示灯

a）设置单元属性 b）选择变量

组态的触摸屏画面效果同图 10-1-1。

六、模拟调试

1. 建立通信

（1）硬件连接

1）使用以太网电缆将计算机、PLC 和触摸屏连接到交换机。

2）合上电源开关 QF2 和 QF3，接通交换机和触摸屏的 DC 24 V 电源以及 PLC 的供电电源。

（2）设置计算机和 PLC 的 IP 地址

将计算机和 PLC 的 IP 地址分别设置为“192. 168. 0. 3”和“192. 168. 0. 1”。使用默认的子网掩码“255. 255. 255. 0”。不需要设置网关的 IP 地址。

（3）设置触摸屏的通信参数

如果触摸屏是第一次通电，则必须设置触摸屏的通信参数。进入触摸屏“启动属性”界面，单击“系统信息”选项卡→“系统维护”按钮，如图 10-1-18a 所示。弹出“系统维护”窗口，单击“设置系统参数”选项，如图 10-1-18b 所示。在弹出的“TPC 系统设置”窗口中单击“IP 地址”选项卡，设置触摸屏的 IP 地址和子网掩码，分别为“192. 168. 0. 2”和“255. 255. 255. 0”，如图 10-1-18c 所示。触摸屏与 PLC 的 IP 地址的前三位必须相同，否则无法通信。更改后，单击“重新启动”按钮，如图 10-1-18d 所示。

2. 下载硬件组态数据、梯形图程序及组态画面

（1）将硬件组态数据和梯形图程序下载到 CPU 1214C AC/DC/Rly 中。

（2）将组态画面下载到触摸屏。单击组态软件工具栏中的按钮，弹出“下载配置”对话框，单击“连机运行”按钮，修改目标机名为“192. 168. 0. 2”（即触摸屏 IP 地址），然后单击“工程下载”按钮，如图 10-1-19 所示。

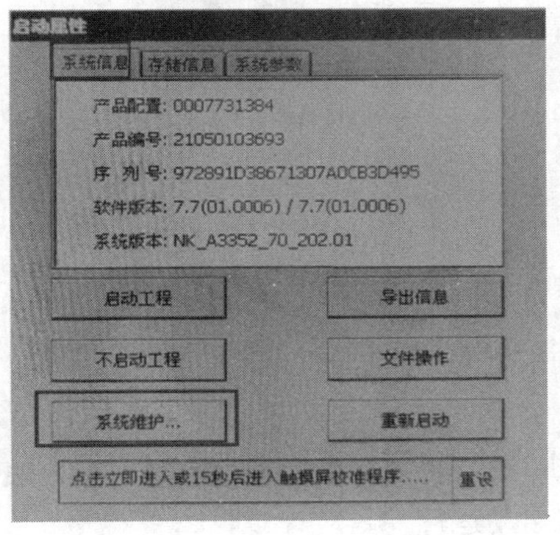

a）

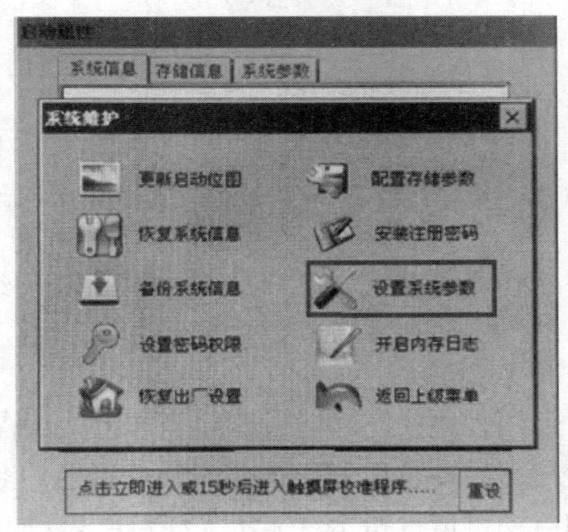

b）

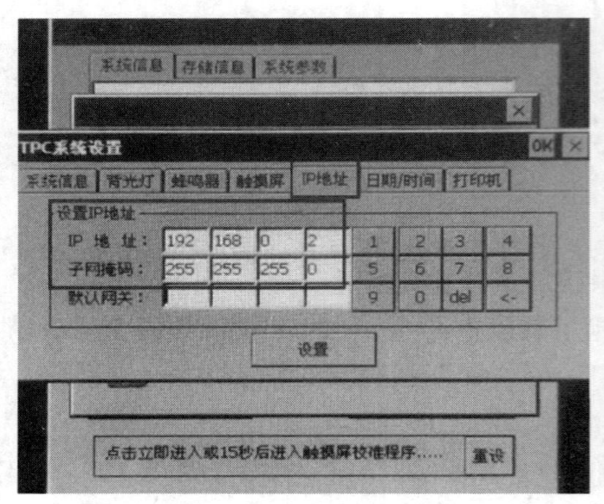

c）

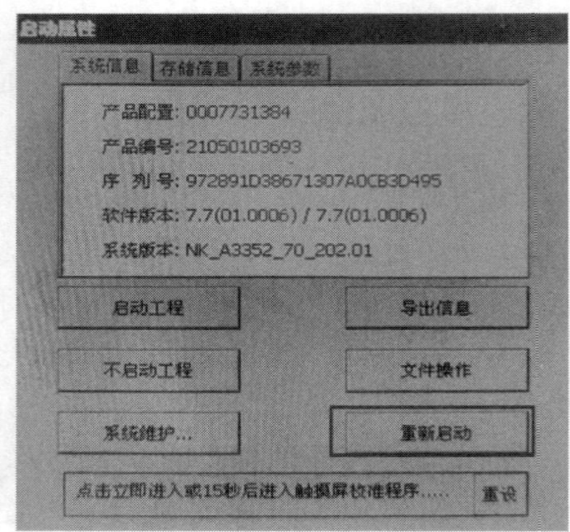

d）

图 10-1-18 设置触摸屏通信参数

a）单击“系统维护”按钮 b）单击“设置系统参数”选项

c）设置触摸屏 IP 地址 d）单击“重新启动”按钮

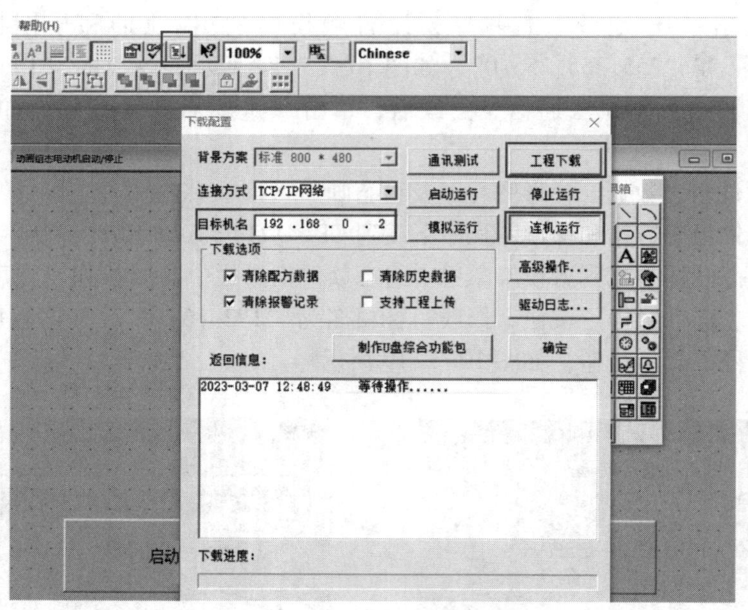

图 10-1-19 将组态画面下载到触摸屏

3. 调试程序

使用程序状态功能或监控表模拟调试程序。

按下启动按钮 SB2 或单击触摸屏上的“启动”按钮，Q0.0 状态指示灯点亮，触摸屏上的电动机运行指示灯显示为绿色，表示电动机启动运行。

按下停止按钮 SB1 或单击触摸屏上的“停止”按钮，Q0.0 状态指示灯熄灭，触摸屏上的电动机运行指示灯显示为红色，表示电动机停止运行。

七、联机调试

在断电的情况下，将交流接触器 KM 线圈接到 PLC 的输出端 Q0.0，然后按步骤进行联机调试。注意，若联机调试过程中出现故障，应立即切断电源，分析原因，检查电路。排除故障后，方可重新进行调试，直到调试成功。

任务测评

按照表 10-1-5 中的要求进行任务测评。

表 10-1-5　任务测评表

序号	考核内容	配分	考核标准	扣分	得分
1	I/O 端口分配	10	I/O 端口分配正确。分配错误或遗漏，每处扣 5 分		
2	电路绘制	20	主电路与控制电路分开绘制，有短路和接地保护，PLC 供电、I/O 端口接线正确。绘制有误或画法不规范，每处扣 2 分		
3	电路安装	25	按照接线图安装接线，元器件布置合理，不损坏元器件，安装牢固，配线符合工艺要求。每错一处扣 5 分		
4	程序编写与仿真	25	程序编写及仿真正确。每错一处扣 5 分		
5	通电调试	20	通电调试步骤正确，操作规范，安全无事故，功能正常。通电调试不正确或不规范，每次扣 5 分；出现事故，扣 20 分；第一次通电调试不成功，扣 5 分；第二次通电调试不成功，扣 10 分；第三次通电调试不成功，扣 20 分		
6	安全与文明生产		遵守国家相关专业安全与文明生产规程，如有违反，酌情扣分		
开始时间			结束时间	成绩	

任务 2　基于 PLC 和触摸屏的三相异步电动机启停与报警控制

学习目标

能正确完成基于 PLC 和触摸屏的三相异步电动机启停与报警控制系统的设计、安装和调试。

任务引入

触摸屏作为人机交互界面，可以反馈设备当前状态，当设备出现故障时，触摸屏可以显示当前的报警信息，为安全生产提供了有力的保障。

本任务要求使用 PLC 和触摸屏设计一台三相异步电动机的启停与报警控制系统，并完成安装和调试。控制要求如下：

1. 可以通过 PLC 输入端的启动按钮和停止按钮实现对电动机的启动和停止控制。

2. 可以通过单击触摸屏屏幕上的启动按钮和停止按钮实现对电动机的启动和停止控制，屏幕上有相应指示灯显示电动机的运行状态。

3. 当电动机发生过载故障或前、后车门打开故障时，电动机停止运行，触摸屏自动报警并显示故障现象和排除故障的措施，便于生产人员及时发现和处理现场故障。排除故障后，报警窗口文本信息自动消失、报警指示灯自动熄灭。

4. 本系统的操作由昆仑通态 TPC7062Ti 触摸屏实现，触摸屏有 2 个用户画面，控制画面用来控制电动机运行，如图 10-2-1a 所示；报警画面用于显示电动机过载故障、前车门打开故障和后车门打开故障，如图 10-2-1b 所示。

5. 具有短路保护等必要的保护措施。

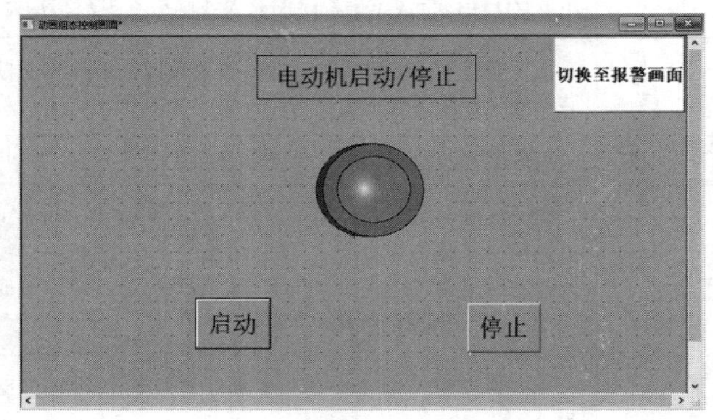

a）

过载报警灯

报警画面

切换至控制画面

前车门打开报警灯

后车门打开报警灯

日期	时间	当前值	报警描述
2024/07/03	13:36:34	1	后车门打开，请检查车门是否关好或PLC输入的I0.4
2024/07/03	13:36:34	1	前车门打开，请检查车门是否关好或PLC输入的I0.3
2024/07/03	13:36:34	1	电动机过载，请检查热继电器FR或PLC输入点I0.0

b）

图 10-2-1　触摸屏用户画面

a）控制画面　b）报警画面

任务分析

本任务使用 PLC 和触摸屏共同控制一台电动机的启停，且在触摸屏屏幕上显示电动机的运行状态、报警状态及报警内容。本任务在上一个任务的基础上增加了一个用户画面，主要学习组态画面切换方法和报警画面的制作方法。

任务实施

一、任务准备

实施本任务所使用的实训设备可参考表 10-1-3，另外需要增加两个行程开关（型号 YBLX-K1/211），分别用于前、后车门限位。

二、分配输入/输出端口

输入/输出端口分配见表 10-2-1。

表 10-2-1　输入/输出端口分配表

输入端口			输出端口		
输入继电器	输入元器件	作用	输出继电器	输出元器件	作用
I0.0	热继电器 FR	过载保护	Q0.2	交流接触器 KM	控制电动机
I0.1	按钮 SB1	停止			
I0.2	按钮 SB2	启动			
I0.3	行程开关 SQ1	前车门行程开关			
I0.4	行程开关 SQ2	后车门行程开关			

三、绘制并安装 PLC 控制线路

基于 PLC 和触摸屏的三相异步电动机启停与报警控制系统的接线可参考图 10-1-5，请读者自行绘制。安装时，交流接触器 KM 线圈暂时不接到 PLC 的输出端 Q0.2，待程序调试通过后再连接。安装完毕，要用万用表检测电路的通断情况是否正确，用兆欧表检测电路的绝缘电阻值是否符合要求。

四、程序编写

1. 新建项目

启动 TIA Portal V16 软件并创建一个新项目。

2. 添加一个 S7-1200 PLC 站点

在项目视图中添加新设备，添加的 PLC 型号为 CPU 1214C AC/DC/Rly，命名为“PLC_1”，分配 IP 地址为“192.168.0.1”，子网掩码为“255.255.255.0”。

3. 编辑变量表

本任务的变量表如图 10-2-2 所示。

默认变量表

	名称	数据类型	地址	保持	从 H...	从 H...	在 H...	注释
1	启动按钮	Bool	%I0.2	☐	☑	☑	☑	
2	停止按钮	Bool	%I0.1	☐	☑	☑	☑	
3	过载保护	Bool	%I0.0	☐	☑	☑	☑	
4	前车门限位开关	Bool	%I0.3	☐	☑	☑	☑	
5	后车门限位开关	Bool	%I0.4	☐	☑	☑	☑	
6	电动机运行	Bool	%Q0.2	☐	☑	☑	☑	
7	<新增>			☐	☑	☑	☑	

图 10-2-2　变量表

4. 设计程序

基于 PLC 和触摸屏的三相异步电动机启停与报警控制梯形图程序如图 10-2-3 所示。

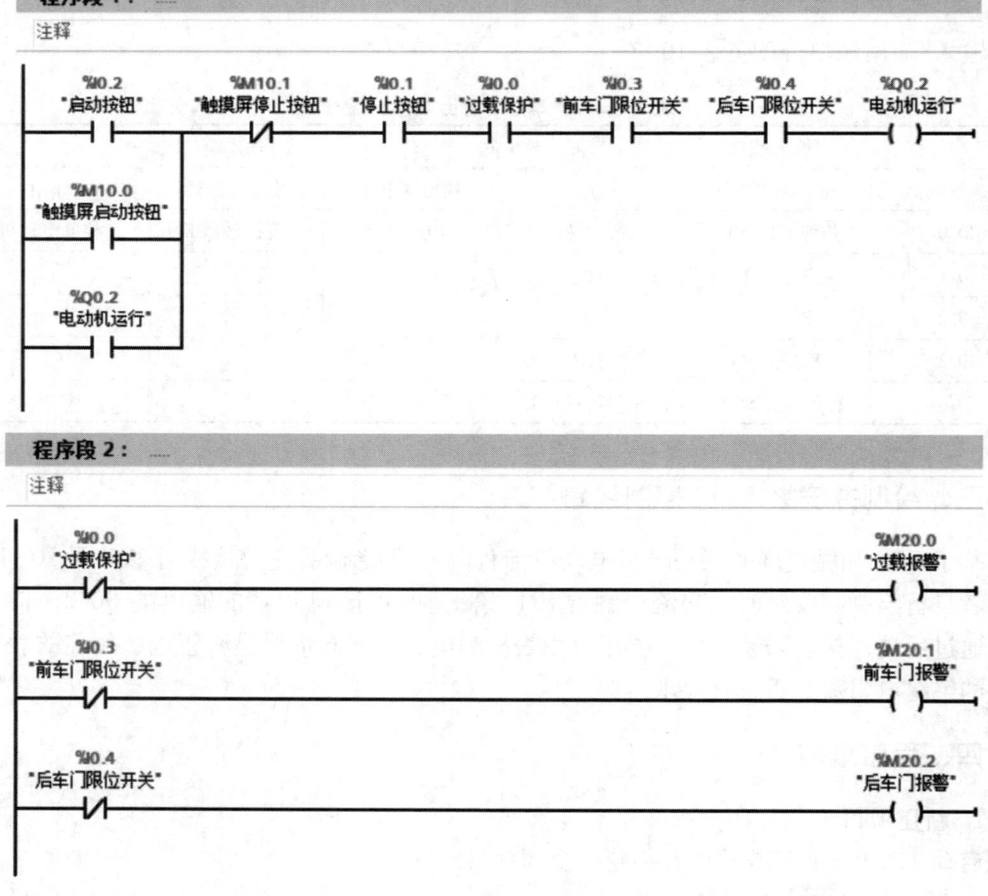

图 10-2-3　基于 PLC 和触摸屏的三相异步电动机启停与报警控制梯形图程序

五、组态画面

1. 新建工程

打开 MCGSE 组态软件，单击工具栏中的按钮，弹出“新建工程设置”对话框，设置 TPC 类型为“TPC7062Ti”，单击“确定”按钮。

2. 创建用户窗口

单击“用户窗口”选项卡，创建 2 个用户窗口，如图 10-2-4 所示。

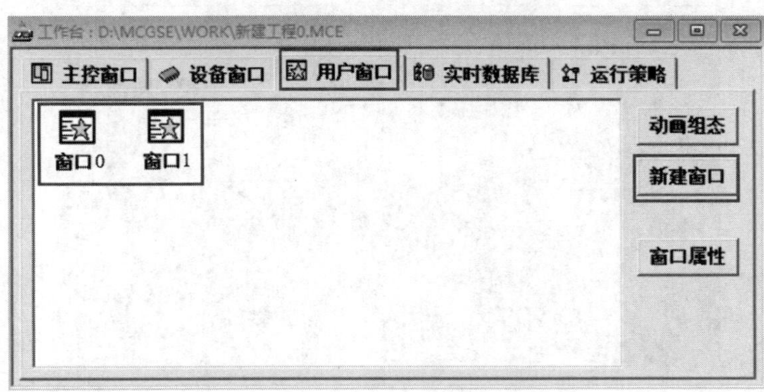

图 10-2-4　创建用户窗口

3. 设置用户窗口属性

单击“窗口属性”按钮，将“窗口 0”和“窗口 1”的名称分别改为“控制画面”和“报警画面”，如图 10-2-5 所示。

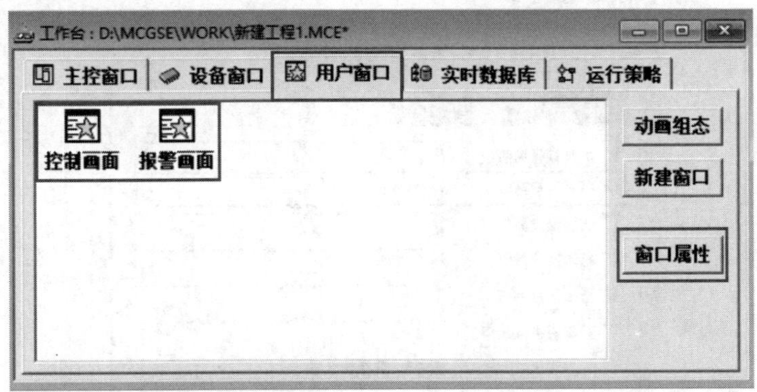

图 10-2-5　设置用户窗口属性

4. 制作画面标签

（1）制作“控制画面”的标签。双击图 10-2-5 中的“控制画面”图标，进入“动画组态控制画面”界面。单击工具箱中的 **A** 按钮，弹出“标签动画组态属性设置”对话框，单击“扩展属性”选项卡，在文本内容输入框中输入“电动机启动/停止”。

（2）制作“报警画面”的标签。双击图 10-2-5 中的“报警画面”图标，进入“动画组态控制画面”界面。单击工具箱中的A按钮，弹出“标签动画组态属性设置”对话框，单击“扩展属性”选项卡，在文本内容输入框中输入“报警画面”。

5. 组态按钮

（1）组态控制画面的按钮。单击工具箱中的按钮，分别绘制“启动”按钮、“停止”按钮和“切换至报警画面”按钮，如图 10-2-6 所示。关联按钮时，“启动”按钮分配地址为 M10. 0，“停止”按钮分配地址为 M10. 1。

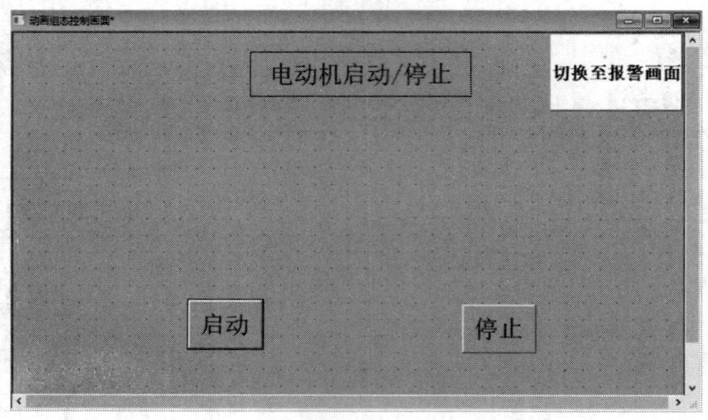

图 10-2-6 绘制控制画面的按钮

双击“切换至报警画面”按钮，弹出“标准按钮构件属性设置”对话框，单击“操作属性”选项卡，勾选“打开用户窗口”复选框，单击右侧的按钮并选择“报警画面”，如图 10-2-7 所示。

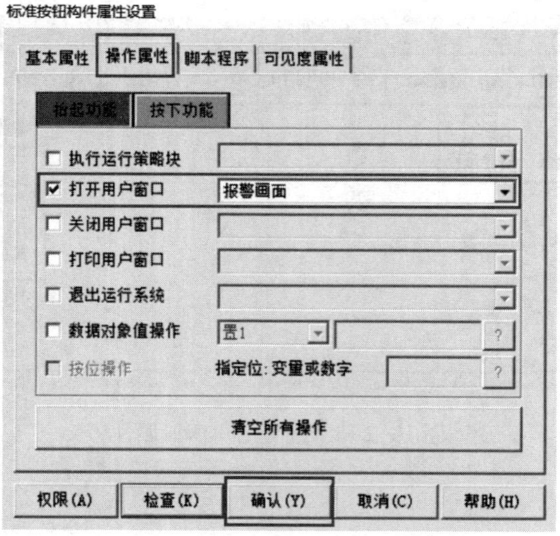

图 10-2-7 设置“切换至报警画面”按钮的操作属性

（2）组态报警画面的按钮。单击工具箱中的按钮，绘制“切换至控制画面”按钮，如图 10-2-8 所示。

图 10-2-8　绘制“切换至控制画面”按钮

双击“切换至控制画面”按钮，按钮操作属性的设置如图 10-2-9 所示。

标准按钮构件属性设置
基本属性　操作属性　脚本程序　可见度属性
抬起功能　按下功能
☐ 执行运行策略块
☑ 打开用户窗口　控制画面
☐ 关闭用户窗口
☐ 打印用户窗口
☐ 退出运行系统
☐ 数据对象值操作　置1
☐ 按位操作　指定位：变量或数字
清空所有操作
权限(A)　检查(K)　确认(Y)　取消(C)　帮助(H)

图 10-2-9　设置“切换至控制画面”按钮的操作属性

6. 组态控制画面指示灯

参照图 10-2-1a，在控制画面中插入指示灯图形对象。关联指示灯时，电动机运行指示灯分配地址为 Q0. 2。

7. 组态报警画面报警灯

（1）绘制报警灯及报警标签，如图 10-2-10 所示。

双击某一报警灯进行属性设置，对填充颜色、字符颜色等进行修改，并勾选“闪烁效果”复选框，如图 10-2-11 所示。

单击“闪烁效果”选项卡，设置闪烁效果，表达式填写对应输出点，选中“用图元属性的变化实现闪烁”单选按钮，设置填充颜色为黄色，单击“确认”按钮，如图 10-2-12 所示。

对其他报警灯的属性和闪烁效果进行设置。

注：从上到下依次为过载报警闪烁灯（M20. 0）、前车门报警闪烁灯（M20. 1）、后车门报警闪烁灯（M20. 2），过载报警为黄灯闪烁、前车门报警为绿灯闪烁、后车门报警为红灯闪烁。

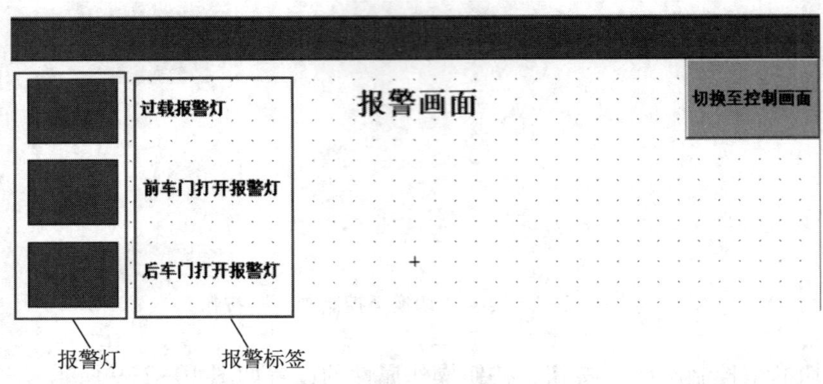

图 10-2-10 绘制报警灯及报警标签

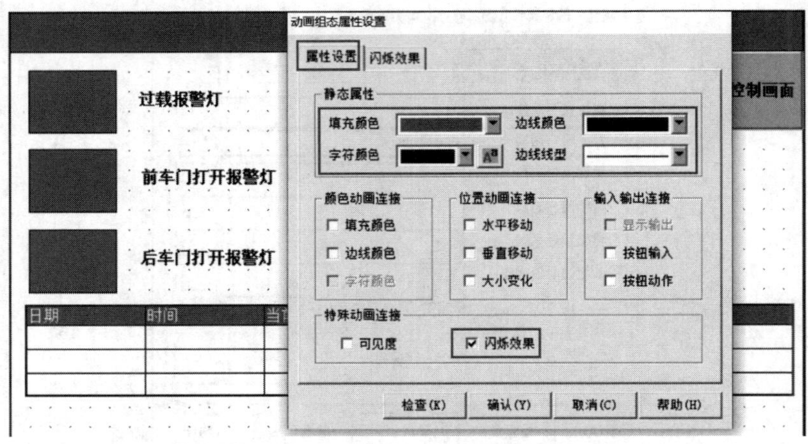

图 10-2-11 设置报警灯属性

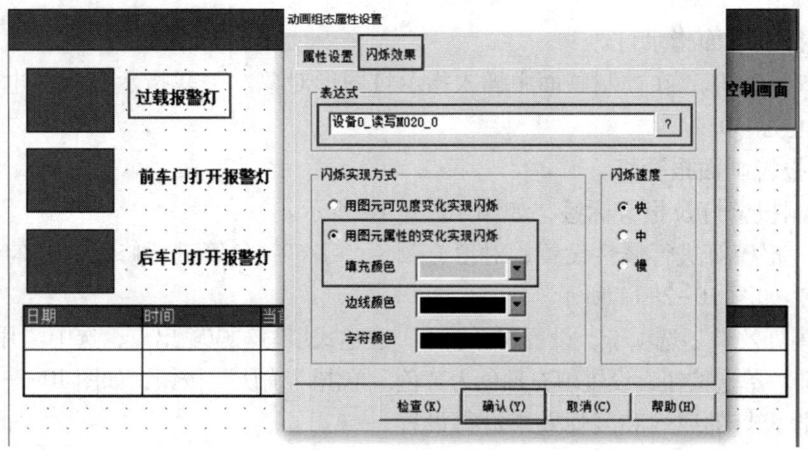

图 10-2-12 设置过载报警灯闪烁效果

（2）报警信息设置。完成上述操作并保存后返回工作台，单击“实时数据库”选项卡，对 3 个报警灯关联的 M 内部继电器进行编辑，如图 10-2-13 所示。

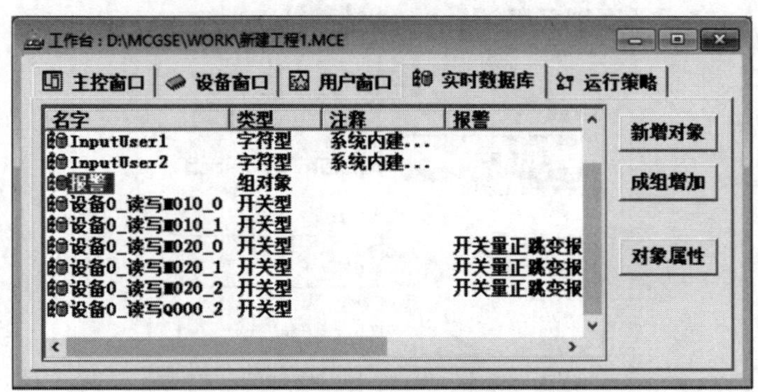

图 10-2-13　选择要编辑的 M 内部继电器

单击某个 M 内部继电器，弹出“数据对象属性设置”对话框，单击“基本属性”选项卡，将对象初值设置为“0”（3 个 M 内部继电器均设为“0”），对象类型设置为“开关”（3 个 M 内部继电器均设为开关量），如图 10-2-14a 所示。单击“存盘属性”选项卡，勾选“自动保存产生的报警信息”复选框，如图 10-2-14b 所示。单击“报警属性”选项卡，勾选“允许进行报警处理”和“开关量正跳变报警”复选框，在“报警注释”输入框中填写对应的报警信息，如 M20.0 对应的报警注释为“电动机过载，请检查热继电器 FR 或 PLC 输入点 I0.0”，如图 10-2-14c 所示。

完成上述编辑后返回实时数据库，单击“成组增加”按钮，弹出“成组增加数据对象”对话框，将对象名称设置为“报警”，对象类型设置为“组对象”，如图 10-2-15 所示。

在“数据对象属性设置”对话框中找到编辑好的报警对象组，将对应的 3 个 M 内部继电器添加到组对象成员列表中，如图 10-2-16 所示。

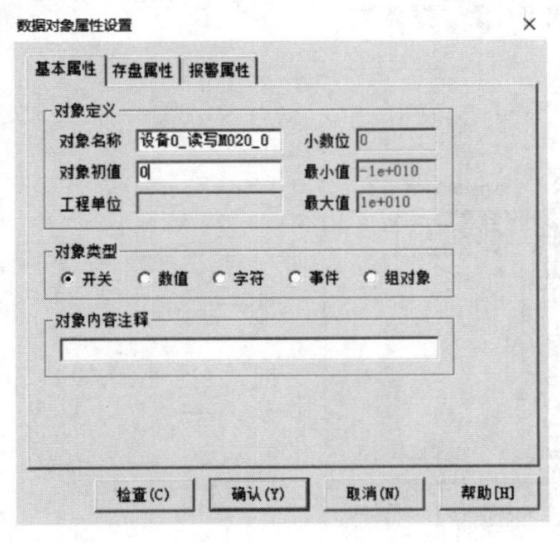

a）

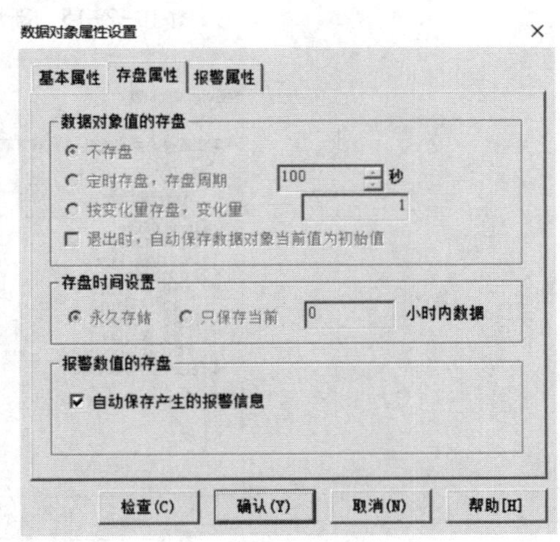

b）

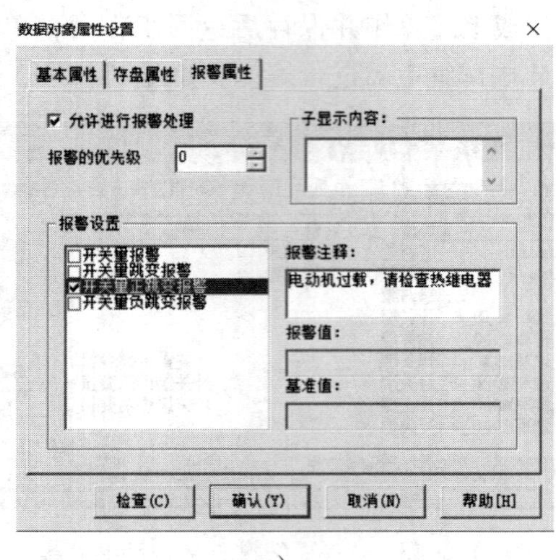

c）

图 10-2-14　数据对象属性设置

a）基本属性设置　b）存盘属性设置　c）报警属性设置

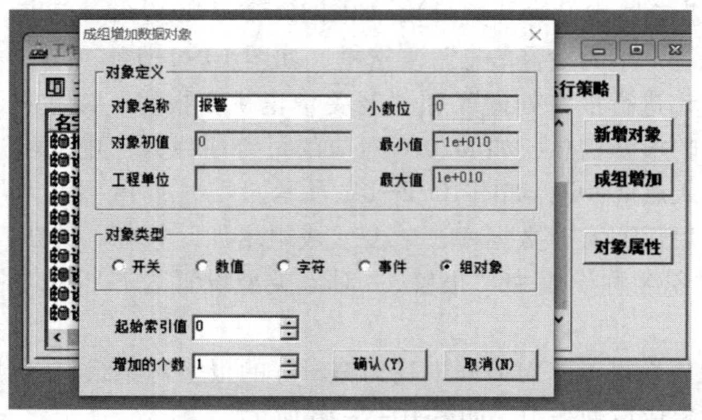

图 10-2-15　新增成组对象“报警”

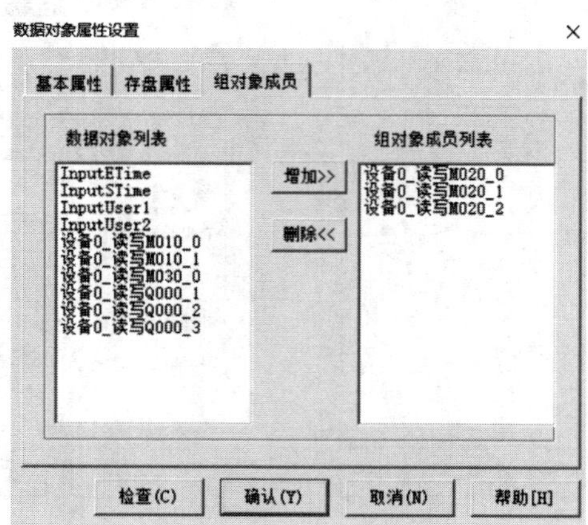

图 10-2-16　将 3 个 M 内部继电器添加到组对象成员列表

（3）报警浏览表格设置。返回报警画面，单击工具箱中的按钮，绘制报警浏览表格，如图 10-2-17 所示。

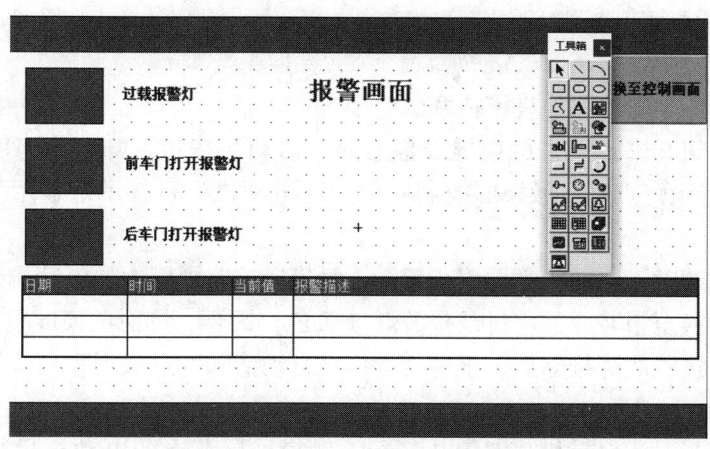

图 10-2-17　绘制报警浏览表格

双击绘制的报警浏览表格，弹出“报警浏览构件属性设置”对话框，在“显示模式”中对建立好的报警组对象进行关联，如图 10-2-18 所示。

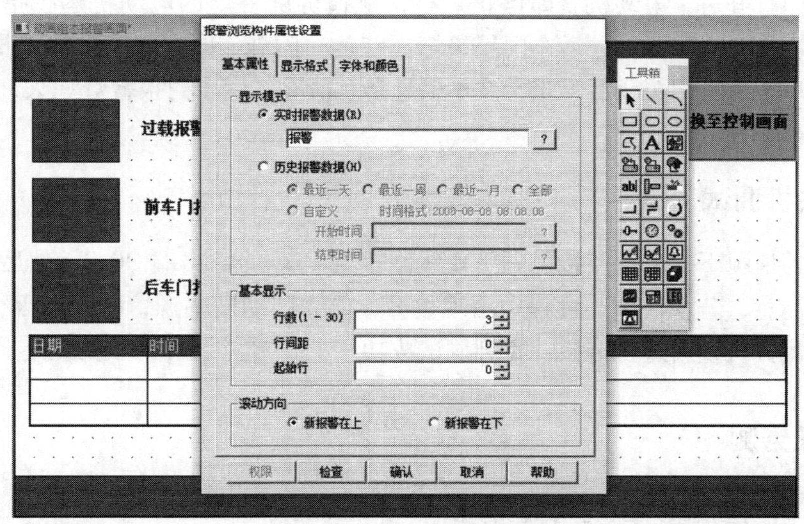

图 10-2-18　关联报警组对象

六、模拟调试

1. 建立通信

（1）硬件连接。

（2）设置计算机和 PLC 的 IP 地址。

（3）设置触摸屏的通信参数。

2. 下载硬件组态数据、梯形图程序及组态画面

（1）将硬件组态数据和梯形图程序下载到 CPU 1214C AC/DC/Rly 中。

（2）将组态画面下载到触摸屏。

3. 调试程序

使用程序状态功能或监控表模拟调试程序。

按下启动按钮 SB2 或单击触摸屏屏幕上的“启动”按钮，I0.2 或 M10.0 常开触点闭合，Q0.0 状态指示灯点亮，触摸屏控制画面中的电动机运行指示灯显示为绿色，表示电动机启动运行。

当电动机过载时，电动机立即停止运行，触摸屏控制画面中的电动机运行指示灯变为红色，触摸屏切换至报警画面，过载报警灯（黄色）闪烁，同时触摸屏显示报警日期、时间等文本信息。过载故障排除后，报警文本信息自动清除，过载报警灯熄灭，电动机可以重新启动运行。

当前车门打开时，电动机立即停止运行，触摸屏屏幕上的电动机运行指示灯变为红色，触摸屏切换至报警画面，前车门报警灯（绿色）闪烁，同时触摸屏显示报警日期、时间等文本信息。前车门关闭后，报警文本信息自动清除，前车门报警灯熄灭，电动机可以重新启动运行。

当后车门打开时，电动机立即停止运行，触摸屏屏幕上的电动机运行指示灯变为红色，触摸屏切换至报警画面，后车门报警灯（红色）闪烁，同时触摸屏显示报警日期、时间等文本信息。后车门关闭后，报警文本信息自动清除，后车门报警灯熄灭，电动机可以重新启动运行。

七、联机调试

在断电的情况下，将交流接触器 KM 线圈接到 PLC 的输出端 Q0.2，然后按步骤进行联机调试。注意，若联机调试过程中出现故障，应立即切断电源，分析原因，检查电路。排除故障后，方可重新进行调试，直到调试成功。

任务测评

按照表 10-2-2 中的要求进行任务测评。

表 10-2-2　任务测评表

序号	考核内容	配分	考核标准	扣分	得分
1	I/O 端口分配	10	I/O 端口分配正确。分配错误或遗漏，每处扣 5 分		
2	电路绘制	20	主电路与控制电路分开绘制，有短路和接地保护，PLC 供电、I/O 端口接线正确。绘制有误或画法不规范，每处扣 2 分		
3	电路安装	25	按照接线图安装接线，元器件布置合理，不损坏元器件，安装牢固，配线符合工艺要求。每错一处扣 5 分		

续表

序号	考核内容	配分	考核标准	扣分	得分
4	程序编写与仿真	25	程序编写及仿真正确。每错一处扣 5 分		
5	通电调试	20	通电调试步骤正确，操作规范，安全无事故，功能正常。通电调试不正确或不规范，每次扣 5 分；出现事故，扣 20 分；第一次通电调试不成功，扣 5 分；第二次通电调试不成功，扣 10 分；第三次通电调试不成功，扣 20 分		
6	安全与文明生产		遵守国家相关专业安全与文明生产规程，如有违反，酌情扣分		
开始时间		结束时间		成绩	